한국군 국방개혁의 변화와 지속

- 818계획, 국방개혁 2020, 국방개혁 307을 중심으로 -

권 영 근 지음

● **일러두기**

이 책을 집필하며 참고한 문헌 및 자료의 출처는 각주로 대체한다.

저자 서문

1959년부터 본격적으로 추진된 한국군 국방개혁은 3군이 합동으로 싸우는 방법의 문제를 중심으로 진행되었다. 이 같은 맥락에서 육군은 군정과 군령을 완벽히 통합한 단일군을 주장한 반면 해군과 공군은 합참, 국방부, 합동참모대학교와 같은 합동조직을 3군 균형 편성하고 있으며, 각 군이 독자적인 군정 조직을 운영하고 있는 미군의 경우를 한국군에 적용해야 한다고 주장했다. 1954년에 체결된 한미합의의사록으로 인해 한국군에서 육군의 파워가 상대적으로 막강했다는 점으로 인해 지난 수십 년 동안의 국방개혁을 통해 한국군이 점차 육군 중심 단일군으로 변모해갔다. 결과적으로 한국군은 지상전만을 제대로 수행할 수 있을 것으로 보이는 조직으로 바뀌었으며 미군이 없는 상태에서는 국가안보를 제대로 지킬 수 없을 것으로 보이는 조직으로 변모해갔다. 오늘날 미군이 행사하고 있는 한국군에 대한 작전통제권을 전환하면 안 된다고 한국군의 고위급 인사 또는 한국군에서 고위급을 역임한 인사들이 주장하고 있는 것이 이 같은 현실과 무관치 않을 것이다.

한국국방연구원 부속 국방정보체계연구소에서 한국군 지휘 통제체계 건설의 문제를 놓고 고민하던 필자가 국방개혁의 문제, 합동의 문제에 관심을 갖게 된 것은 합참에서 제기한 『합동 C4I체계 발전연구』란 과제를 책임 연구했던 1997년이다. 연구 과정에서 필자는 미군이 말하는 합동과 한국군이 생각하고 있던 합동이 근본적으로 상이한 개념임을 알았다. 한국군이 생각하고 있던 합동은 각 군의 조직을 통폐합하여 단일군을 만들어 육군이 주도하는 전쟁을 해군과 공군이 지원하도록 한다는 개념이었다. 이 같은 개념에 근거하여 전력을 건설하고 있었다. 반면에 미군이 말하는 합동은 각 군이 독자성을 유지한 상태에서 유기적으로 노력을 통일하는 문제에 관한 것이었다. 육군, 해군 및 공군을 빨강, 노랑 및 파랑이란 3원색에 비유해보면 한국군이 말하는 합동은 이들 3가지 색을 모두 합해 단일의 색을 만드는 개념이었던 반면 미군이 말하는 합동은 필요에 따라 이들 3가지 색을 적절히 배합하여 무수히 많은 색을 만드는 개념이었다. 전시 대적하게 될 적의 능력에 관해 정확히 알 수 없으며, 이들 능력을 제대로 파악하고 있는 경우에도 전쟁 상황이 시시각각으로 변한다는 점에서 보면 단일의 방안으로 상황에 대응하고자 함은 단일의 색으로 색상에 관한 다양한 소요를 충족시키고자 노력하는 것과 마찬가지로 대단히 위험한 발상일 것이다. 2010년에 벌어진 천안함 사태와 연평도 포격사태는 지난 수십 년 동안 추진해온 한국군 국방개혁의 문제점과 실상을 만천하에 노출시킨 사건이었다.

이 같은 한국군 국방개혁의 실상에 관해 필자가 글을 쓰고자 했던 것은 문제를 정확히 진단해야 만이 국가안보를 보장할 수 있는 올바른 방안이 나올 수 있을 것이란 인식 때문이었다.

오늘날 우리는 한미동맹을 지나치게 과신하고 있는 듯 보인다. 동맹이 상호 이익에 근거하고 있다는 점에서 보면 한미동맹에 무한정 의존할 수 없을 것이다. 1905년 고종황제는 기울어가는 국가의 운명을 미국에 의존하여 지켜보겠다는 일념에서 당시 한국을 방문한 테오도르 루스벨트(Theodore Roosevelt | Theodore Roosevelt Jr) 미국 대통령의 딸과 사위를 극진히 대접했다. 그런데 이들은 "조선을 일본이 지배하고 필리핀을 미국이 지배

한다"는 내용을 담고 있는 카스라-테프트 조약의 체결을 위해 일본에 왔던 미국인들과 동행한 후 별도로 한국에 들른 것이었다. 국제관계는 이처럼 비정한 것이다. 지난 60여 년 동안에도 이 같은 상황은 여러 번 있었다. 1970년대 당시 미국은 박정희 대통령의 간곡한 만류에도 불구하고 한반도에서 전면 철수를 추구한 바 있다. 이 같은 사실을 고려하여 한국군은 미군의 도움을 전제하지 않은 상태에서 국방을 개혁해야 할 것이다. 도움을 전제로 국방을 개혁하면 미군의 도움이 없는 경우 절름발이에 다름없는 군대가 되기 때문이다.

본 책에서는 지난 수십 년 동안 대통령이 바뀔 때마다 신문의 1면을 장식할 정도로 시끌벅적하게 국방개혁이 진행되었음에도 불구하고 한국군이 천안함 사태 및 연평도 포격 사태와 같은 간단한 상황도 제대로 대처하지 못하게 된 이유뿐만 아니라 이 같은 군을 어떻게 바꾸어야 할 것인지에 관한 내용을 담고 있다. 엄청날 정도의 예산이 소요되는 문제인 반면, 국가경제가 최대한 효율적인 예산 사용을 강제하고 있다는 점에서 보면 효율적이고도 효과적인 국방개혁의 중요성은 아무리 강조해도 지나치지 않을 듯 보인다.

한국군 국방개혁의 제반 문제를 다루고 있는 본 책은 통합군, 합동군과 같은 군 구조, 한미관계 특히 한국군에 대한 미국의 작전통제권 행사의 역사, 1959년 이후 11차례 추진된 국방개혁의 역사, 그리고 818계획, 국방개혁 2020 및 국방개혁 307에 관한 기술과 분석이란 4개 부분으로 구성되어 있다.

이 책은 군 구조 분야, 정치학, 국방개혁에 전문성이 없는 일반 독자, 군사적 측면에서 국방개혁의 문제를 바라보는 군인, 정치학 이론의 관점에서 국방개혁을 바라보는 정치학도 모두를 대상으로 기술되었다. 일반 독자들의 경우 1장, 2장 2절(국방개혁 선행연구) 부분을 살펴본 다음 3장 이후를 읽으면 이해에 별다른 무리가 없을 것으로 보인다. 군사 전문가들의 경우 여기에 통합군 및 합동군과 같은 군 구조의 문제를 다루고 있는 2장 1절을 추가적으로 읽으면 될 것이다. 정치학도의 경우 이 책 전부를 읽으면 좋을 것이다.

이 책은 바쁘신 가운데에도 인터뷰에 응해주신 50여 명에 달하는 국방개혁 전문가들의 도움의 산물이다. 이분들의 진솔된 조언과 인터뷰가 없었더라면 이 책은 현재의 모습을 할 수 없었을 것이다. 그러나 이 책에 잘못된 부분이 있다면 이는 전적으로 필자의 잘못으로서 강호제현의 질책과 좋은 의견을 접하게 되면 이를 겸허히 수용해 고쳐 나갈 것을 약속드린다.

저자 권 영 근

개요

이 책의 목적은 한국군이 국무회의에 상정하는 국방개혁안에서 지속적으로 목격되는 부분과 변화되는 부분을 식별하고 이들을 초래한 조건들을 규명하는 것이다. 지속적으로 목격되는 부분은 지구상 국가들이 육군, 해군 및 공군을 중심으로 합동으로 작전을 수행하고 있는 오늘날 국방개혁을 할 때마다 한국군이 보다 더 육군 중심의 조직이 되고 있다는 사실이다. 변화되는 부분은 이처럼 육군 중심의 구조가 강화되고 있음에도 불구하고 한국군이 추진한 개개 국방개혁 간에는 어느 정도 차이가 있다는 점이다. 818계획 당시 대통령의 선호가 단일군(통합군)제였던 반면 통제형 합참의장제로 귀결되었다면 국방개혁 2020 당시 대통령의 선호가 3군 합동작전을 보장하는 구조였던 반면 지상화력을 대거 증강시키면서 공군과 육군 간에 작전영역 중첩의 문제를 초래하는 등 크게 변질된 형태가 제기되었다. 한편 국방개혁 307은 이명박 대통령이 선호했던 육군 중심 단일군제를 향해 질주했다는 차이가 있다.

먼저 이 책에서는 합동작전 측면에서 양극단의 군 구조를 도출하고 있는데, 이는 이들 군 구조를 도출해야 만이 국방개혁 측면에서 변화의 방향과 성격을 규명할 수 있기 때문이다. 이론적 논의를 통해 이 책에서는 합동작전 측면에서 양극단의 군 구조로 비통제형 합참의장제와 단일군(통합군)제를 제시했다.

이 책의 종속변수라고 할 수 있는 국방개혁의 지속과 변화에서 변화를 통합형, 합동형, 통합 절충형, 합동 절충형으로 유형화했다. 통합형은 변화 추구 이전의 군 구조를 기준으로 대통령이 통합군(단일군)을 선호했으며, 이 같은 대통령의 선호가 제대로 구현된 경우를, 합동형은 변화 추구 이전의 군 구조를 기준으로 대통령이 비통제형 합참의장제를 선호했으며 이 같은 대통령의 선호가 제대로 구현된 경우를 말한다. 반면에 통합 절충형은 대통령의 선호가 통합군이었던 반면 절충된 경우를, 합동 절충형은 대통령의 선호가 비통제형 합참의장제이었던 반면 절충된 경우를 말한다.

국방개혁에 관한 국내 연구는 국방개혁에 영향을 미치는 요인들을 도출하거나, 몇몇 요인이 국방개혁에 영향을 미치고 있다는 형태를 보이고 있다. 이들 연구에서는 위협환경, 한미동맹, 국방비와 경제력, 지도자의 의지와 같은 변수를 이용해 국방개혁을 설명하고 있다. 국외 연구는 주로 교리와 특정 군의 싸우는 방식의 변화에 따른 군의 변화에 초점을 맞추고 있으며 이들을 설명하기 위해 전략문화, 조직문화, 국제체제 이론, 조직이론, 지도자 선택 이론 등을 선별적으로 이용하고 있다.

한국군 국방개혁을 보면 대통령이 동맹환경과 위협환경의 변화, 지지세력의 선호를 반영하여 국방개혁에 관한 자신의 선호를 결정하고 국방부에 지시를 내리면 자신의 선호 준수를 강조하는 대통령과 조직 이익 차원에서 노력하는 국방부 및 각군 간에 상호작용이 시작된다. 여기서 국방부의 정체성은 한국군이 육군 중심의 비대칭 구조를 유지하고 있다는 사실과 "전쟁은 육군이 주도하고 해군과 공군이 육군을 지원해야 한다"는 육군의 전통적인 문화에 의해 결정된다. 즉 국방부는 육군의 선호를 대변한다. 한편 이 같은 육군문화로 인해 육군은 전통적으로 통합군을 선호한 반면, 해군과 공군은 3군 균형 발전을 보장하는 비통제형 합참의장제를 선호했다. 국방개혁에 관한 의사를 최종 결정하는 과정에서 대통령은 자신의 개인적인 성향과 여론과 같은 의사결정 환경을 반영하게 된다.

이 책의 주장은 다음과 같다. 국방개혁에 관한 대통령의 선호가 국방부의 선호와 같으면, 즉 통합군이면 해군과 공군, 일부 언론매체와 정치권이 저항하게 된다. 의사결정 과정에서 대통령이 해군과 공군의 이견을 반영하면 통합 절충형 성격의 국방개혁안이 국무회의에 상정되는 반면 이견을 고려하지 않으면 통합형 국방개혁안이 상정된다. 대통령과 국방부의 선호가 다르면 합동 절충형이 상정된다. 합동형은 한국군 구조가 3군 균형 편성이 되어야만 가능할 것이다.

상기 주장을 이 책의 사례에 적용하면 다음과 같다. 안보환경보다는 육군의 선호를 반영하여 노태우 대통령은 통합군을 지시했다. 국방부가 통합군을 추진하자 공군과 해군의 현역 및 예비역 장교뿐만 아니라 언론매체, 김영삼, 김대중, 김종필 야당 총재가 격렬히 반발했다. 평소 불화와 대립보다는 타협과 절충을 선호했으며, 수십 년 동안 3군 병립적인 지휘구조를 유지하고 있던 한국군이 통합군(단일군)으로 곧바로 전환하면 적지 않은 부작용이 따르기 때문에 중간 단계로 통제형 합참의장제가 바람직하다는 일부 육군들의 관점을 반영하여 노태우 대통령은 통제형 합참의장제란 통합 절충형 국방개혁안을 선택했다. 이명박 대통령 또한 자신의 지지 세력인 육군의 선호인 그리고 육군 중심 사고를 견지하고 있던 일부 민간인들의 선호인 통합군을 선호했으며, 국방부가 이것을 지원했다. 해군과 공군의 현역과 예비역 장교뿐만 아니라 국방부장관, 합참의장을 역임한 많은 예비역 육군 장군들의 거센 반발에도 불구하고 이명박 대통령은 통합군을 선택했다. 이는 이 대통령이 신뢰하고 있던 안보전문가들, 특히 민간 출신 전문가들이 통합군의 정당성을 강조했다는 사실, 국방개혁 307 추진 당시의 상부지휘구조인 통제형 합참의장제와 이명박 대통령이 추구한 통합군제 사이에 절충안이 존재하지 않았다는 사실, 옳다고 생각하면 강력히 추진하는 이명박 대통령의 성향 때문이었다.

진보 성향 지원 세력의 선호를 고려하여, 중국의 부상과 일본의 보통국가화란 안보환경 변화를 고려하여 노무현 대통령은 3군 균형발전을 선호했다. 이 같은 대통령의 선호에 국방부가 저항했는데 이는 대통령의 선호가 국방부의 선호와 배치되었기 때문이다. 결과적으로 대통령은 자신의 선호를 국방부(육군) 선호와 절충해야만 했다. 이는 국방부가 아젠다 설정능력을 갖고 있었으며, 국방에 관한 정보를 충분히 갖고 있지 않아 대통령이 국방개혁 과정을 상세 통제할 수 없었으며, 자신의 구미에 맞는 인물을 선정해 국방개혁을 추진하는 것도 쉬운 일이 아니었기 때문이었다. 국방개혁 2020이 전시작전통제권 전환의 필요조건이란 점에서 시간에 맞추어 추진할 필요가 있었던 반면 육군 중심 국방부가 강력히 반발했기 때문이었다. 또한 노무현 대통령이 탄핵을 당했으며, 국방개혁 추진 당시 윤광웅 국방장관 해임결의안을 한나라당이 국회에 상정하겠다고 압박하는 등 대통령의 입지가 대거 약화되었기 때문이다. 60여 년간 현행 작전 중심으로 운용해온 한국공군이 자군의 작전영역을 침해하는 형태로 육군 작전지역을 대거 확대하고 있던 국방개혁안의 문제점을 간파할 능력이 없었기 때문이었다.

이 책이 국방개혁 연구에 주는 주요 함의는 "지상전은 한국군이, 공중전, 해전 및 합동전은 미군이 수행한다"는 냉전 당시 미국의 한반도 국방정책의 산물인 육군 중심 국방제도와 "전쟁은 육군이 주도하고 해군과 공군이 육군을 지원해야 한다"는 육군문화가 미국의 한반도 정책 변화를 포함하여 안보환경의 일대 변화에도 불구하고 지속적으로 국방개혁에 지대한 영향을 끼치고 있다는 사실이다. 합동작전 수행이 곤란하며, 국가안보를 보장할 수 없는 육군 중심 국방개혁을 강제하고 있다는 사실이다. 미군의 경우와 달리 국방개혁 과정에서 이 같은 육군문화가 부각될 수 있었던 것은 육군 중심 국방제도 때문이다. 한국군 국방개혁이 각 군 내부의 개혁이 아니고 각 군 간의 개혁이란 점에서 대통령, 합참의장, 각 군 참모총장이 함께 고민하여 해결해야 하는 형태임에도 불구하고 국방부를 중심으로 국방개혁을 추진하는 한편 국방부장관과 합참의장을 육군 출신으로 보임시키고, 국방부를 육군 중심으로 편성함에 따라 국방부가 육군의 정체성과 이익을 대변하는 에이전트가 되었기 때문이었다.

이처럼 비정상적인 구조에서 진행된 한국군의 국방개혁을 사례로 분석하고 있다는 점에서 여기서 얻은 결론을 여타 국가에 적용하는 데는 어느 정도 한계가 있을 것이다. 국방부장관을 민간인으로 하고 합참의장을 순환 보임시키며, 합동 조직을 균형 편성하는 상황에서의 한국군 국방개혁을 설명하는 데에도 한계가 있을 것이다.

핵심이 되는 말 : 국방개혁, 선호, 정체성, 조직문화, 제도, 육군 중심 비대칭구조, 한미동맹, 안보환경, 합동작전, 통합형, 합동형, 통합 절충형, 합동 절충형

목차

제 1 장

한국군 국방개혁의 지평

제1장
한국군 국방개혁의 지평

제1절 한국군 국방개혁 연구 : 왜 흥미로운가?

인류 역사는 전쟁의 역사다. 전쟁에 대비할 목적에서 평시 국가는 여타 국가와 동맹을 체결하는 한편 내부적으로는 군사력을 건설하고 있다. 평시 적정 수준의 적절한 군사력을 건설하여 전시 올바로 운용할 목적에서 지구상 각국은 위협과 동맹, 과학기술, 국가의 경제력과 같은 안보환경의 변화를 고려하여 군을 끊임없이 변화시키고 있다. 소위 말해 끊임없이 국방을 개혁하고 있다. 국가적으로 엄청난 예산이 소요되는 일일 뿐만 아니라 전승을 좌우할 수 있다는 점에서 보면 효과적이고도 효율적인 군사력 건설과 운용을 염두에 둔 국방개혁이 중요한 의미가 있다.

19세기 초반 나폴레옹이 유럽 제국들과의 전쟁에서 지속적으로 승리할 수 있었던 것은 프랑스군을 올바른 방향으로 개혁했기 때문이었다. 나폴레옹은 시민군 개념에 입각하여 대규모 병력을 동원했을 뿐만 아니라 군단 및 사단과 같은 효율적인 조직을 창안해내었다. 마찬가지로 2차 세계대전 초반 독일군이 주변국들과의 전쟁에서 지속적으로 승리할 수 있었던 것은 독일군이 보유하고 있던 항공기 및 전차와 같은 하드웨어가 우수하거나 이들 하드웨어의 규모가 상대적으로 방대했기 때문이 아니었다. 이는 이들을 효과적으로 운용하기 위한 개념인 전격전(電擊戰) 이론을 고안해낼 수 있었기 때문이었다. 이 같은 이유로 미군과 같은 선진국의 군대는 평시에도 지속적으로 군을 개혁하고 있다. 이처럼 국방개혁이 중요한 주제란 점으로 인해 오늘날에는 군의 변화에 관한 연구가 활발히 진행되고 있다.

한국군 국방개혁은 여타 국가의 국방개혁에서는 볼 수 없는 몇몇 흥미로운 부분이 있다. 이들 중 가장 중요한 부분은 지구상 각국이 다양한 위협에 대응하기 위한 군으로 변모하고자 적극 노력하고 있는 오늘날 박정희 대통령 이후 정권이 바뀔 때마다 추진된 국방개혁[1]을 통해 한국군이 지상전 위주의 전쟁 수행을 염두에 둔 육군 중심 단일군으로 점차 변모해가고 있다는 사실이다.[2]

818계획 당시 노태우 대통령과 육군은 육군 중심 단일군[3]제를 선호한 반면 해군과 공군은 미국처럼 합참의장과 무관하게 별도의 전구(戰區 : Theater)[4] 사령관을 운용하면서 대통령과 국방부장관이 합참의장을 통해

1) 박정희 대통령과 전두환 대통령 당시의 국방개혁에 관해서는 이 책의 3장 참조. 당시 국방부는 육군 중심의 단일군을 적극 추진했다.

2) 공중전을 공군, 해전을 해군, 지상전을 육군이 주도해야 한다는 점에서 보면 육군이 말하는 전쟁은 지상전을 의미한다. 문제는 한반도에서의 전쟁은 공중, 지상 및 해상에서 동시에 진행된다는 사실이다. 이는 한국군이 한반도 전쟁에 제대로 대비할 수 없는 구조로 점차 변모해가고 있다는 의미다.

3) 2장 1절에서 보다 자세히 다루겠지만 한국군이 말하는 통합군은 학문적으로는 단일군제이다.

4) 동일한 전략목표를 겨냥해 지상, 해상 및 공중 전력이 함께 작전을 수행하는 지역을 의미. 북한을 적으로 가정하는 경우 한반도는 단일 전구를 구성하고 있다. 시리아 등 다수의 상이한 적과 대적하고 있는 이스라엘은 다수의 전구를 설정하고 있다.

전구사령관을 지휘하는 비통제형 합참의장제[5], 합동조직의 3군 균형 편성, 합참의장의 윤번제 또는 순번제, 각 군 참모총장의 인사권 행사를 선호했다. 또한 대통령과 육군이 군정 조직의 완벽한 통합을 원한 반면 해·공군은 독자적인 군정 조직을 선호했다.[6] 국방부는 합참의장이 미국의 합참의장과 전구사령관의 역할을 수행하는 통제형 합참의장제를 선택한 반면 합동조직의 3군 균형 편성과 합참의장의 윤번제를 반영하지 않았으며 일부 군정 조직을 통합하는 형태의 개혁안을 국무회의에 제기했다. 또한 주요 지휘관과 합동조직에 대한 합참의장의 인사권을 보장하고자 노력했다. 각군의 유사 기능을 통합하여 국군정보사령부, 국군통신사령부, 국방참모대학을 설립했으며, 합참의 정보·작전 기능을 강화하고, 각군 본부의 기획·관리 기능과 정보·작전 기능을 통합했다.[7] 노태우 대통령 당시의 국방개혁은 단일군제와 비통제형 합참의장제를 절충한 성격이지만 육군 중심 단일군제에 한발 다가간 형태였다. 노태우 정부가 종료되기 이전인 1991년과 1993년에도 한국군은 단일군으로의 전환을 추구했다.[8]

북한 위협의 급격한 감소와 남북한 평화 공존 또는 통일 가능성이 높

5) 이는 합참의장이 군령과 관련하여 국방부장관을 보좌하는 반면 작전부대를 지휘 통제하지 않는 형태를 의미한다.

6) 방진석, "제6공화국의 군구조개편정책에 관한 연구."(석사학위논문, 국방대학교, 1994), pp. 69-72.

7) 대통령자문 정책기획위원회, 『참여정부 정책보고서 2-46(국방개혁 2020)』(2008), p. 135.

8) "합참의장에게는 합참 간부에 대한 인사권을 주되 현재 군령권이 없는 각 군 참모총장을 군령계선상에 편입시켜 군령권을 행사할 수 있도록 한다는 것이다.…육군, 해군 및 공군 본부에 지상군, 해군 및 공군사령부를 병설, 각군 참모총장들이 각각 사령관을 겸임토록 해 합참의장의 군령계선상에 편입시킴으로써 군령권을 행사할 수 있도록 한다는 것이다." 윤홍인 기자, "군통수권 「종적 체계화」/군조직 전면 개편 추진 배경", 『경향신문』(1991. 8.30). 그런데 이는 국방개혁 307에서 추진하고 있는 것과 동일한 모습이다.; "이필섭 합참의장은 「통합군제 추진기획단」을 발족시키겠다고 밝혀 통합군 추진을 공식화시켰다." 김재홍 기자, "군부 오랜 요구 공론화/「국군 통합군제」 재추진 배경", 『동아일보』(1993. 1. 21).

다고 판단하는 등 21세기 안보환경의 일대 변화를 예측한 김영삼 정부는 1995년~2010년 목표의 "21세기 대비 미래 국방정책 발전"을 위한 통일 이후의 군 구조와 배비 계획을 구상하면서 육군 중심 단일군을 추구했다. 당시 논의된 안에서는 국방부 본부와 합참의 단일 조직화, 군정과 군령의 통합, 각군을 총사령부로 조직하는 내용이 포함되어 있었다. 또한 병기본부, 관리본부, 법무본부, 국군사관학교, 국군군수사와 같은 국직부대를 신설하는 등의 안이 포함되어 있었다. 그러나 해군과 공군의 강력한 반발로 국방개혁 연구 자체가 무산되었다.[9]

한편 IMF 사태 이후 등장한 김대중 정부는 경제위기 극복 차원에서 효율적인 군 운용을 촉구했다. 결과적으로 1군과 3군을 해체하고 지상군작전사령부를 창설하며, 2군사령부를 후방작전사령부로 개편하고, 국군체육부대와 간호사관학교를 해체하며, 국방대학원, 국방참모대학, 국방정신연구원을 통합하고, 국군수송사령부와 화생방사령부를 창설하는 내용의 단일군 중심 개혁안이 작성되었다. 그러나 김대중 대통령의 국방개혁은 국방대학원, 국방참모대학 및 국방정신연구원의 통합, 국군수송사령부와 국군화생방사령부의 창설로 국한되었다.[10]

1990년대 초반 이후, 특히 2001년의 9.11 테러 이후 미국은 한국군에 대한 작전통제권을 한국군이 행사하도록 하는 등 한반도 전쟁을 한국군이 주도하고 미군이 지원하는 형태로의 한미지휘구조 변환을 추구했다. 결과적으로 노무현 대통령은 국방개혁 2020을 추진했다. 국방개혁 2020에서는 3군 균형 발전, 북한위협 대비 외에 주변국 위협 대비 포함, 병력 중심에서 과학기술 중심으로의 전환을 추구했다. 그러나 818계획 당시 추구했던 바와 달리 전체 합참 직위를 육군, 해군 및 공군 간에 2 : 1 : 1로 편성

9) 대통령자문 정책기획위원회, 『참여정부 정책보고서 2-46(국방개혁 2020)』, p. 135.

10) 위의 책, p. 136.

한 것이 아니고 필수직위와 공통직위로 구분하고는 공통직위의 육군, 해군 및 공군 비율을 2 : 1 : 1로 법제화하는 수준으로 끝냈다.[11] 또한 공군 작전지역을 침해[12]하며 육군 작전지역을 대거 넓혔으며[13], 이들 작전지역을 감당하기 위한 종심 타격 수단을 공군과 별도로 육군이 대거 보유하도록[14] 했다는 점에서 보면 작전사령부 수준에서의 지휘구조와 전력구조는 합동 성격이 아니었다. 또한 2020에서 가정하고 있던 271조 규모 전력투자비의 절반 정도를 육군에 배정했다는 점에서 보면 2020은 육군 병력(사병) 감축을 육군 전력 보강으로 대체한 개혁안이었다.[15] 결과적으로 3군 균형 발전, 합동성, 주변국 고려 측면에서 대단히 미흡한 수준이었다.

천안함 폭침 사태와 연평도 피격 사태를 계기로 이명박 정부는 북한 비대칭 위협에 대응할 수 있도록 국방개혁 307을 추진했다. 국방개혁 307은 단일군을 향하여 한발 더 나아간 경우였다. 여기서는 각군 작전사령부를

---

11) 위의 책, p. 107; "나중에 국방부에 가 보았더니 2 : 1 : 1로 운용할 줄 알았는데 5 : 1 : 1 비율로 운용하더라. 그래 약속이 틀리다며 항의했더니 '주요 보직을 제외하고 2 : 1 : 1이라는 것이다.' 해·공군은 허수아비냐고 이의를 제기했다." 김종호 전 해군참모총장과의 2012년 7월 25일 인터뷰.

12) 공군작전영역은 전방전투지경선(FB) 너머 지역과 한반도 영공이다. 이 같은 이유로 전시 전방전투지경선 너머 지역에서 진행되는 작전은 공군구성군사령관이 통제한다. 국방개혁 2020이 추진된 2005년 5월 이후 한국육군은 자군 작전지역이 전방전투지경선 너머 지역으로 대거 확대된 것으로 가정하여 육군전력을 건설했다. 이는 육군이 공군 작전영역을 침해했다는 의미다.

13) 국방개혁 2020에서는 육군 군단 작전지역을 30Km*70Km에서 100Km*150Km로 확대했다. 대통령자문 정책기획위원회, 『참여정부 정책보고서 2-46(국방개혁 2020)』, p. 104.

14) 확장된 작전지역을 근거로 육군이 다연장로켓(MLRS), 유도탄, 무인정찰기와 같은 상당한 규모의 전력을 건설하게 되면서 공군과 육군 전력의 중복 건설을 초래했다. 뿐만 아니라 전시 우군이 발사한 미사일에 우군 항공기가 격추되는 우군 살상 가능성이 초래되었다. 이정훈 기자, "국방개혁 2020 수정안과 공군의 전력증강." 『제12회 항공우주력 국제학술회의』(2009. 6. 24); 김종대, "국방부장관의 자가당착에 갈 길 잃은 국방개혁." 『월간조선』(2009. 1), pp. 88-103; 이정훈, "육군 유도탄사를 공군으로 옮겨라." 『신동아』(2007. 12. 1), pp. 294-300.

15) 이 부분과 관련해서는 이 책의 5장 1절 참조.

각군 본부와 통폐합하여 각 군 참모총장이 군정과 군령을 행사하게 만들고자 노력했으며, 이 같은 각군 참모총장을 합참의장이 지휘토록 했다. 또한 합참의장에게 일부 인사권을 주고자 노력했다. 이외에도 육군, 해군 및 공군대학을 합동군사대학으로 통합하고 각군 교육사령부와 군수사령부의 통합을 추구했으며 서북도서사령부를 창설했다.

이처럼 국방개혁을 통해 국방부, 합참, 합동참모대학과 같은 합동조직이 보다 더 육군 중심 조직이 되었으며 각군의 군정 조직을 육군 중심으로 통폐합함에 따라 한국군이 육군 중심 단일군에 보다 가까운 형태가 되었다.

둘째, 한국군 국방개혁은 합동 교리 및 전략과 같은 소프트웨어 중심이 아니고 항공기, 전차 및 함정과 같은 하드웨어 구입에 관한 것이다. 하드웨어가 전략 및 교리와 같은 소프트웨어에 입각하고 있다는 점에서 보면 소프트웨어의 변화와 소프트웨어에 대한 이해가 없는 상태에서의 하드웨어 구입과 운용은 과녁이 불분명한 상태에서 화살을 쏘는 것과 별로 다르지 않을 것이다. 한국군의 국방개혁이 합동교리와 같은 소프트웨어가 결여되어 있는 상태에서 진행되었음을 국내외 전문가들 또한 지적하고 있다. "미군의 경우와 달리 한국군의 국방개혁은 주로 의욕적인 무기 현대화와 네트워크중심 전력 구축으로 국한되어 있다."[16]는 인하대학교 남창희 교수의 지적, "자주국방은 신무기체계 구입 이상의 문제다. 전투수행교리 측면에서 일대 변혁이 요구되는 개념이다.…한국군 현대화 측면에서 보면 합동교리 정립과 합동훈련이 가장 중요한 문제다."[17]는 한미연합사에서 근무한 바 있는 미군 장군의 지적, "미군과의 빈번한 접촉과 연합

16) Chang-hee Nam, "Realigning the U.S. Forces and South Korea's Defense Reform 2020", *The Korean Journal of Defense Analysis*, vol. 19, no. 1(Sep 2007), p. 165.

17) Ronald S. Mangum, "Joint Force Training : Key to ROK Military Transformation", *The Korean Journal of Defense Analysis*, vol. 16, no. 1(Spring 2004), pp. 118, 129.

훈련에도 불구하고 한국군은 군사혁신 개념의 적용 측면에서 문제가 있다.…한국은 신무기 구입만으로는 군의 효과성을 증진시킬 수 없음을 보여준 사례다."[18]는 국방개혁 연구가인 마이클 라스카(Michael Raska)의 지적은 한국군 국방개혁의 본질적인 문제를 지적하고 있다. 그런데 항공기, 전차, 함정과 같은 하드웨어의 도입 및 적용과 비교하여 합동 교리 및 전략과 같은 소프트웨어의 도입과 적용은 훨씬 어려운 반면 훨씬 중요한 부분이다.[19]

셋째, 상부지휘구조를 육군 중심으로 또는 3군 균형으로 편성해야 할 것인지의 문제, 전구 항공력을 공군구성군사령관이 통합적으로 운용하도록 해야 할 것인지 또는 육군 군단장이 분할 통제하도록 해야 할 것인지의 문제에 관한 것이란 점에서 한국군 국방개혁은 각 군 내부 개혁이 아니고 각 군 간의 개혁이다. 미군의 경우를 보면 이 같은 각 군 간의 개혁은 대통령과 합참의장, 그리고 각 군 참모총장이 지혜를 모아 해결하고 있다.[20] 반면에 한국군 국방개혁 의사결정 구조는 육군 출신 고

18) Michael Raska, "RMA Diffusion Paths and Patterns in South Korea's Military Modernization", *The Korean Journal of Defense Analysis*, vol. 23, No. 3(Sep 2011), p. 361; "소프트웨어(예를 들면 교리, 전술, 조직 형태 등)와 비교해 테크놀로지와 하드웨어가 훨씬 쉽게 전파된다.…무기 측면에서의 우위는 오래가지 않는다. 새로운 테크놀로지를 이용하고자 할 때 필요한 소프트웨어를 개발하거나 적절히 적응시키는 능력이 진정한 의미에서 국가의 군사력을 측정하기 위한 보다 중요한 일일 수 있다.…새로운 테크놀로지를 습득하는 일은 가장 쉬운 일이다. 군을 실제적으로 효과적으로 만드는 전술 및 행정 그리고 훈련 측면의 기구를 성공적으로 도입하거나 발전시키는 일은 보다 어려운 일이다." Emily O. Goldman and Andrew L. Ross, "The Diffusion of Military Technology and Ideas–Theory and Practice", Edited by Emily O. Goldman and Leslie C. Eliason, *The Diffusion of Military Technology and Ideas* (Stanford, California : Stanford University Press, 2003), p. 382.

19) "…하드웨어 측면에서의 이점은 일시적이며 피상적인 성격이다. 신기술의 이용에 필요한 소프트웨어를 획득, 개발 또는 적응시키는 능력은 진정한 의미에서 국가의 군사력을 평가할 당시 훨씬 중요한 요소일 수 있다.…일반적으로 소프트웨어는 하드웨어와 비교해 도입이 쉽지 않다." Emily O. Goldman and Andrew L. Ross, *The Diffusion of Military Technology and Ideas*, pp. 382. 397.

20) 국방개혁과 관련한 아이젠하워 대통령, 합참의장, 각 군 참모총장 간의 논쟁에 관해서는

위급 장교를 위원장으로 하고 육군이 다수를 점유하는 국방부[21] 또는 합참[22]에 구성된 위원회에 상대적으로 계급이 낮고 구성원이 적은 해군과 공군 장교가 참여하여 안을 작성하는 한편 국방부 대표(육군)가 청와대와 협의하는 형태다.[23] 한편 국방개혁안에 관한 국방 차원의 최고위급 위원회인 군무회의의 경우 정족수 12명 가운데 공군과 해군은 각 1명(공군참모총장과 해군참모총장)이다.[24] 결과적으로 해군과 공군의 관점과 비교하여 육군의 관점이 보다 쉽게 반영될 수 있는 구조에서 국방개혁의 문제를 논의했다.

넷째, 여타 국가의 경우와 달리 한국군 국방개혁에서는 위협 요인과 비교하여 동맹 요인이 보다 큰 영향력을 행사하고 있다. 일반적으로 군의 변

다음 책을 참조할 것. Mark Perry, *Four Stars* (Boston, Massachusetts : Houghton Mifflin Company, 1989).

21) "국방부에서 근무하는 현역 장군 중 90% 이상이 육군 소속인 것으로 나타났다.…국방부 본부의 현역 장군 직위 13자리 가운데 12자리에 육군 장성이 보임돼 있다고 지적했다.… 국방부 28개 고위직 중 육군 장성이나 육군 출신이 18개 직위를 차지하고, 민간인은 9개 직위, 해군과 공군 현역 장성의 경우 단 1개 직위에 그친 셈이다." 장석범 기자, "국방부? 육방부!…'별' 9할이 육군." 『문화일보』(2011. 9. 15).

22) "합참의 장성 33명의 구성을 보면 육군 18명, 해군 7명, 공군 8명이며, 핵심보직과 고위직으로 갈수록 육군 편중현상은 심화되는 양상을 보이고 있다. 대장 1명과 중장 5명 가운데 3명이 육군이다. 소장은 육군 7명, 해군 3명, 공군 2명으로 구성되어 있다." 홍장기 기자, "합참, 합동작전 몰두한다면서 '육군 일색'." 『내일신문』(2011. 5. 17).

23) 818계획, 국방개혁 2020, 국방개혁 307 당시 국방부 또는 합참에 편성되어 있던 위원회는 이 같은 성격이었다.; 국방개혁 2020과 307 당시 민간인 중심의 외부 위원회가 편성되었지만 2020 당시 황병무 위원장을 중심으로 한 위원회는 주도적인 역할을 하지 못했다. "국방발전자문위원회는 대통령에게 정책을 자문하고…그러나 주요 안은 합참 중심으로 만들었다. 전력구조, 병력구조 등을 갖고 왔다. 합참이 만든 안을 중심으로 넣었다 뺐다 하는 일을 했다. 그러나 큰 변화는 없었다." 전 국방발전자문위원회 위원장 황병무 교수와의 2012년 7월 25일 인터뷰; 국방개혁 307 당시 편성된 이상우 박사 중심의 위원회는 육군의 선호인 통합군을 지지하는 인사 중심으로 편성되었다. "10여 명에 달했던 국방선진화 위원회의 대부분 위원이 통합군을 지지했다. 그 문제점을 지적했던 사람은 거의 없었다." 예비역 공군중장 조원건 장군의 2012년 9월 27일 증언. 한편 이상우 박사 중심의 국방선진화위원회에서 작성한 안을 국방부가 이어받아 추진했다.

24) 2013년 4월 1일 군 실무자와의 통화. 합동참모회의는 9명으로 구성.

화에 가장 큰 영향을 주는 요인은 위협 요인과 동맹 요인일 것이다. 그러나 동맹은 100% 신뢰할 수 있는 부분이 아니란 점에서 위협 요인이 보다 중요한 역할을 해야 할 것이다. 소위 말해 국가가 직면하고 있는 위협의 변화를 고려하여 국방을 개혁해야 할 것이다. 예를 들면 미국으로부터 전폭적인 지원을 받고 있음에도 불구하고 이스라엘과 같은 국가는 주변국이 제기하는 위협 중심으로 군사력을 건설하고 있다. 그러나 한국군 국방개혁에서는 미군이 해상 및 공중 전력을 담당해준다는 점을 전제로 하고 있었다. 예를 들면 3군 균형발전을 표방한 국방개혁 2020이 본격적으로 추진되던 2005년 11월 한국국방연구원 부원장 출신의 예비역 육군대령 권태영 박사는 북한군이 지상군 중심으로 구성되어 있으며 전시 미군이 정보, 해군 및 공군 위주로 지원해줄 것임을 고려하면 해군 및 공군과 비교하여 육군 상비군의 규모가 작다고 주장했다.[25)]

다섯째, 한국군의 국방개혁은 많은 갈등을 초래하며 진행된 반면 결과는 시원치 않았다. 어느 국방개혁에나 갈등은 있게 마련이다. 그러나 한국군 국방개혁에서와 같은 수준의 갈등이 목격되는 경우는 많지 않을 것이다.

이들 공통적인 특징에도 불구하고 한국군이 추진한 개개 국방개혁 간에는 어느 정도 차이가 있다. 818계획의 경우 대통령이 단일의 군인이 군정권과 군령권을 통합적으로 행사하는 단일군(통합군)제를 요구한 반면 합참의장이 군령권을 행사하고 각군 참모총장이 군정권을 행사하는 통제형 합참의장제로 귀결되었다. 국방개혁 2020의 경우는 대통령이 3군 합동작

25) 권태영, "21세기 한국적 군사혁신과 국방개혁 추진." 『전략연구』. 제12권 제3호 통권 제35호(2005. 11), p. 50; 여기서는 적 지상군을 지상군으로 대적해야 하며 미군이 향후에도 해상 및 공중 전력을 대기 지원해줄 것으로 가정하고 있었다. 적 지상군에 지상군으로 대항해야 한다는 주장의 오류와 관련해서는 2장 4절 1항 참조; 한편 재정 적자로 고생하는 미군이 향후에도 지속적으로 한반도 전쟁에서 해상 및 공중 전력을 대거 지원해줄 수 있을 것인지 의문이다.

전을 보장하는 군 구조를 선호한 반면 육군 사병 숫자를 줄이는 대신 공군 작전영역을 침해하며 육군 작전지역을 대거 확대하고 해당 작전지역을 감당하기 위한 지상 전력을 대거 증강시켜 우군살상과 중복전력 건설의 문제를 초래하는 등 그 내용이 크게 변질된 형태가 제기되었다. 반면에 국방개혁 307은 이명박 대통령이 선호했던 육군 중심 단일군제를 향해 질주했다는 차이점이 있다.

이 같은 현상이 발생한 것은 무슨 이유 때문인가? 이들 현상은 한국군 국방개혁에 관한 연구를 보다 흥미롭게 만드는 부분일 것이다.

이들 의문점을 해소하기 위해 한국군 국방개혁의 변화와 지속이란 주제를 다루고 있는 이 책에서는 다음과 같은 구체적인 질문을 던지고 있다. 첫째, 지구상 각국이 3군 합동 차원에서 위기에 대처하고자 적극 노력하고 있는 오늘날 한국육군이 끊임없이 육군 중심 단일군을 추구하고 있는 것은 무슨 이유 때문인가? 반면에 해군과 공군이 단일군과 정반대되는 비통제형 합참의장제를 추구하고 있는 것은 무슨 이유 때문인가? 한국군의 각군이 수십 년 동안 진행된 국방개혁 과정에서 필사적으로 자신의 입장을 고수하고자 노력하는 현상을 어떻게 설명할 수 있을까? 해·공군과 육군은 이처럼 본질적으로 시각이 다른 것인가? 그렇다면 왜 미국, 일본 등 여타 국가에서는 한국군에서와 같은 현상이 나타나지 않을까?[26)] 둘째, 노태우 대통령과 이명박 대통령이 육군 중심 단일군을 강력히 추구한 반면 노무현 대통령이 3군 균형 발전을 추구했던 것은 무슨 이유 때문인가? 이

26) 예를 들면 전구의 모든 전력을 단일지휘관이 지휘하고 전구의 모든 공중, 지상 및 해상 전력을 각각 단일의 공중, 지상 및 해상 구성군사령관이 지휘통제하는 단일지휘구조(Unified Command Structure)가 전구 차원의 전쟁에 대비한 최상의 지휘구조란 점에 미국의 육군, 해군, 공군 및 해병대 작전참모부장이 동의하고 있다. Thomas A Cardwell III, *Command Structure for Theater Warfare : The Quest for Unity of Command* (Maxwell Air Force Base Alabama : Air University Press, 1984), pp. 99-134; 근 100권에 달하는 미 합동교리는 단일지휘구조를 근간으로 하고 있다.

들이 한반도 안보환경 측면에서 육군 중심 단일군제 또는 3군 균형발전을 보장하는 비통제형 합참의장제가 최상이었다고 생각했기 때문인가? 이들의 의사결정에 영향을 준 요인에는 어떠한 것들이 있는가? 셋째, 노태우 대통령과 노무현 대통령의 선호가 제대로 관철되지 못하고 일부 절충된 반면 이명박 대통령이 자신의 선호를 관철시킬 수 있었던 것은 무슨 이유 때문인가?[27] 넷째, 818계획을 추진하던 1988년 당시 거의 모든 육군 장교들이 통합군(단일군)의 정당성을 신봉했던 반면 국방개혁 307이 추진된 2010~2011년 당시 국방부장관과 합참의장, 한미연합사부사령관을 역임한 다수의 예비역 육군 장군들이 통합군에 반대했던 것은 무슨 이유 때문인가? 다섯째, 국방개혁을 추진하기 위한 국방개혁 기구를 육군의 관점 반영이 쉬운 반면 해군과 공군의 관점 반영이 어려운 형태로 조직했던 것은 무슨 이유 때문인가? 어떻게 이 같은 기구가 가능했을까? 여섯째, 국방개혁 2020 이후 육군들이 공군 작전영역을 침범해가면서 자군 작전지역을 대거 넓히고 넓혀진 작전지역을 감당하기 위한 전력을 대거 건설한 것은 무슨 이유 때문인가? 자군 작전영역을 침범했음에도 불구하고 공군이 침묵으로 일관했던 것은 무슨 이유 때문인가? 일곱째, 한국군이 합동 교리 및 전략과 같은 소프트웨어를 간과한 것은 무슨 이유 때문인가? 여덟째, 육군이 해상 및 공중 전력 지원 중심의 한미동맹을 고려한 전력건설을 강조한 반면 해군과 공군이 한국군 독자적 작전이 가능한 전력건설을 강조하고 있는 것은 무슨 이유 때문인가?

이 같은 질문에 답변하기 위한 이 책에서는 한국군이 국무회의에 상정하는 국방개혁안에서 지속적으로 목격되는 부분과 변화되는 부분을 초래

27) 이 책에서는 국무회의에 상정된 국방개혁안을 기준으로 하고 있다. 이명박 대통령은 자신의 선호인 통합군 중심의 국방개혁안을 국무회의에 상정시킬 수 있었다. 반면에 노태우 및 노무현 대통령은 자신의 선호를 절충한 형태의 국방개혁안을 국무회의에 상정시켰다.

한 조건들을 규명하고 있다.

국방개혁에 관한 국내의 기존 연구는 국방개혁에 영향을 미치는 요인들을 도출하거나, 몇몇 요인이 국방개혁에 영향을 미치고 있음을 보이는 형태이다. 이들 연구에서는 위협환경, 한미동맹, 국방비와 경제력, 지도자의 의지와 같은 변수를 이용해 국방개혁을 설명하고 있다. 국외 연구는 주로 교리와 특정 군의 싸우는 방식의 변화에 따른 군의 변화에 초점을 맞추고 있으며 이들을 설명하기 위해 전략 및 조직문화, 국제체제 이론, 조직이론, 지도자 선택 이론 등을 개별적으로 이용하고 있다.

1954년에 체결된 한미합의의사록으로 인해 한국군의 구조가 육군 중심 비대칭구조가 되었으며, 장기간 동안 유지된 미국의 한반도 국방정책인 "지상전은 한국군이, 공중전, 해전 및 합동전은 미군이 수행한다"[28]는 정책으로 인해 제도 및 문화적으로 육군 중심 구조로 고착화되었다는 점에서 본고에서는 "전쟁은 육군이 주도하고, 해군과 공군이 육군을 지원해야 한다"는 육군의 전통적인 문화[29]와 육군 중심 국방제도란 요인을 주요 변인으로 추가했다.[30]

한편 국방개혁의 주요 요인에 민간의 정치가와 군인 가운데 누가 국방개혁을 주도해야 할 것인가란 문제와 국방개혁 동인(動因)의 문제가 있다.

---

28) 공중전을 미군이 주도한다고 함은 항공작전 계획수립을 미군이 주도한다는 의미다. 이처럼 작성된 계획에 근거하여 미군과 한국군의 항공력이 임무를 부여 받아 수행하게 된다. 한국군에 대한 미군의 작전통제권 행사는 합동전 수행에 관한 권한이다.

29) 필자와 인터뷰한 많은 사람들이 한국육군의 이 같은 문화를 지적했다. 이 부분과 관련해서는 이 책의 3장 3절 2항 참조. 그런데 이는 미 육군에서도 그대로 목격되는 현상이다. 이 같은 육군문화로 인해 전통적으로 육군들은 육군 중심 단일군을 추구하고 있다.

30) 미 육군 또한 점차 중요성을 더해가는 해군과 공군에 대항하여 자군이 충분한 자원을 확보할 수 있도록 총참모장(Chief of General Staff System)이 상부지휘구조를 통제할 수 있는 체제를 원하고 있었지만 미국의 경우 3군이 균형 편성되어 있었다는 점에서 이것의 관철이 쉽지 않았다. 그러나 미 육군이 추구했던 총참모장제와 한국육군이 추구한 육군 중심 단일군은 전혀 다르다. 이 부분과 관련해서는 이 책의 2장 참조.

한국군 국방개혁이 각 군 내부 개혁이 아니고 각 군 간 개혁이란 점에서 대통령이 국방개혁을 주도해야 할 것이다. 또한 국방개혁에 영향을 주는 주요 안보환경 변화에 위협환경, 동맹환경, 과학기술 및 경제적 상황 변화가 있지만 이 책에서 다루고 있는 국방개혁들은 과학기술 변화 또는 경제적 변화로 인해 초래되지 않았다. 국방개혁을 추진하는 과정에서 과학기술이 적용되었을 뿐이다. IMF 상황에서도 국방예산은 크게 영향 받지 않았다. 한편 정권 유지에 관심이 많은 정치가란 점에서 대통령은 자신의 지지 세력의 선호를 반영하고자 할 것이다. 그러나 대통령이 시작한 국방개혁은 국방조직의 제도와 문화에 의해 많은 부분 여과되어 최종안이 결정된다.[31] 자신의 선호와 국방조직과의 상호작용을 통해 국방개혁안을 최종적으로 결정하는 과정에서는 대통령의 성향과 의사결정 환경이 많은 영향을 준다.

그러면 이들 변수와 대통령이 선택하는 국방개혁안과의 관계는 무엇인가?

31) Edited by Emily O. Goldman and Leslie C. Eliason, *The Diffusion of Military Technology and Ideas,* pp. 9, 237.

제2절 한국군 국방개혁 : 어떻게 접근해야 할 것인가?

이 책에서는 한국군 국방개혁에서 지속적으로 목격되는 부분과 변화되는 부분을 규명하기 위해 818계획, 국방개혁 2020, 국방개혁 307을 연구 대상으로 하고 있다.

818계획, 국방개혁 2020, 국방개혁 307을 연구 대상으로 선정한 것은 다음과 같은 이유 때문이다. 먼저 이들 국방개혁은 몇몇 공통점이 있다. 첫째, 이들 국방개혁은 자군의 생존을 위해 노력하는 해군과 공군이 자군의 세력을 확대하고자 노력하는 육군에 대항하는 형태다. 육군의 파워가 강하다 보니 결과적으로 국방개혁을 통해 육군의 몸집이 커졌다. 둘째, 여타 국방개혁과 달리 이들 국방개혁은 국방부가 국무회의에 개혁안을 상정했다. 셋째, 이들 국방개혁은 청와대가 주도했다.

한편 이들 국방개혁은 몇몇 차이점이 있다. 첫째, 818계획이 비통제형 합참의장제와 육군 중심 단일군제를 절충한 형태라면, 국방개혁 2020은 3군 균형발전을 추구한 반면 상부지휘구조 측면에서 3군 균형발전을 제대로 구현하지 못했으며, 작전사령부 수준의 지휘구조 측면에서 그리고 전력구조 측면에서 육군 중심 단일군을 겨냥한 경우다. 반면에 국방개혁 307은 상부지휘구조 측면에서 육군 중심 단일군을 겨냥해 나아간 경우다. 둘째, 국방개혁 2020의 경우 주변국을 위협 대상에 포함시킨 반면 818계획과 국방개혁 307은 북한 위협만을 강조했다. 셋째, 818계획과 국방개혁 2020에서는 주한미군의 철수 가능성을 고려한 반면 307에서는 강력한 한미동맹을 강조했다. 넷째, 818계획과 국방개혁 307의 경우 육군의 선호가 대통령의 선호에 영향을 주었던 반면 국방개혁 2020의 경우는 진보 진영의 선호와 안보환경 변화가 대통령의 선호에 영향을 주었다는 차이가 있다. 이 같은 점에서 이들 국방개혁은 타당성 있는 비교 대상이 되고 있다.

이 책의 주요 분석대상은 지휘구조, 병력구조, 전력구조 및 부대구조, 특히 지휘구조와 전력구조다. 먼저 이 책에서는 합동작전 측면에서 양극단의 군 구조를 도출하고 있는데, 이는 이들 군 구조를 정립해야만이 국방개혁 측면에서 변화의 성격과 방향을 규명할 수 있기 때문이다. 이론적 논의를 통해 이 책에서는 합동작전 측면에서 양극단의 군 구조로 비통제형 합참의장제와 단일군(통합군)제를 도출했다.

이 책은 역사적 사실들을 단순 설명하는 것이 아니고 인과관계 규명을 통해 역사적 사실의 설명은 물론이고 가설 도출과 이론의 일반화를 추구하는 과정-추적방법론에 역점을 두고 있다. 이 책에서는 연역적 방법론에 과정-추적방법론을 절충하여 한국군 국방개혁의 변화와 지속을 설명하고자 한다.

818계획이 시작된 1988년 이전에 이미 국방부가 육군 중심 비대칭구조와 육군문화로 정의되는 정체성을 갖고 있었음을 보이기 위해 한미합의의사록으로 인해 형성된 육군 중심 비대칭구조를 보다 더 강화하고자 "전쟁은 육군이 주도하고 해군과 공군이 육군을 지원해야 한다"는 육군문화를 국방에 강요하는 등 이들 문화를 육군 장교들이 이용하는 과정을 살펴볼 것이다. 이 같은 노력은 국방대학과 같은 학교 기관에서의 개념 정립 노력, 정립된 개념을 전파하기 위한 노력, 이들 개념을 국방문서체계에 반영하기 위한 노력, 이들 개념을 이행하기 위한 노력으로 구분하여 생각할 수 있을 것이다. 이들 노력을 살펴본다는 차원에서 군 구조 측면에서 한국군 장교들이 작성한 논문, 한국국방연구원과 같은 국방연구기관의 연구결과, 국방 문서체계, 국방개혁 활동들을 살펴볼 것이다.

폐쇄적인 군 조직에서 군인들 간에 특정 이익을 놓고 진행되는 부분을 살펴보고자 하는 경우 주요 쟁점 사안을 놓고 진행된 논쟁의 성격과 형태뿐만 아니라 그 내용을 파악해야 할 것이다. 뿐만 아니라 대통령의 선호는 무엇이며 이 같은 선호가 국방부에 반영되는 모습에 관해서도 잘 알고 있어야 할 것이다. 실무자들 간에 진행되고 있는 논의뿐만 아니라 각군 참모총장, 국방부장관, 합참의장 중심의 군무회의 수준에서 논의되고 있는 부분, 청와대 수준에서 논의되고 있는 부분 또한 파악해야 할 것이다. 이들은 대부분 문서로 정리되어 있지 않으며 문서로 정리되어 있는 경우에도 그 내용이 공개되어 있지 않을 수 있다. 이 같은 점에서 개개 국방개혁안의 작성에 참여했던 주요 행위자들과의 인터뷰가 중요할 것으로 보인다. 오랜 기간이 경과했다는 점에서 인터뷰에 응하는 사람의 진술이 정확하지 않을 수 있을 것이다. 따라서 동일 사안에 관한 다양한 행위자들의 진술을 종합해볼 필요가 있을 것이다. 일정 부분 여과되어 있는 것은 사실이지만 언론매체를 통해 보도된 자료가 인터뷰 내용을 확인하는 과정에서 도움이 될 수 있을 것이다. 국가기관에서 간행한 공식 문서뿐만 아니라 국회 자료가 도움이 될 것이다. 이외에도 국방 차원에서 발간된 문서들을 가능한 한 획득해 이용하고자 노력할 것이다.

가능한 한 본 연구에서는 변수들 간의 인과관계와 정책 결정과정을 파악하기 위해 분석적인 접근 방법을 시도할 것이다.

2장 1절에서는 합동작전 측면에서 양극단의 군 구조를 도출하고 있다. 국방개혁을 통해 한국군이 추구하는 군 구조를 파악하려면 합동작전 측면에서 양극단의 군 구조를 규명하고 이들 군 구조의 특성에 관해 알아야 하기 때문이다. 특정 극단의 군 구조를 겨냥한 진전은 이 같은 군 구조가 갖는 특성 중 일부를 기존의 군 구조가 추가한 경우일 것이기 때문이다. 마찬가지로 또 다른 극단을 겨냥한 진전을 파악하기 위해서는 합동작전 측면에서 또 다른 극단의 군 구조의 특성을 파악하고 있어야 하기 때문이다. 여기서는 이들 양극단의 군 구조인 비통제형 합참의장제와 단일군제의 장점과 문제점뿐만 아니라 이 같은 군 구조가 갖는 특성을 살펴보고 있다. 또한 이들 군 구조에서 공중, 지상 및 해상 전력이 운용되는 방식을 살펴보고 있다.

2장 2절에서는 1988년 이전 육군 장교들이 통합군(단일군)을 추구하며 국방대학교, 합동참모대학교 등 학교 기관을 통해 발표한 군 구조 관련 논문과 이들 육군 장교의 논문에 대항한 해군과 공군 장교들의 논문을 소개 및 분석하고 있다. 이론적 논의와 기존 논문에 대한 비판적인 분석을 통해 2장 3절에서는 한국군 국방개혁의 변화와 지속을 설명해줄 수 있는 변수들을 규명하고 있다. 국방부의 정체성이 육군 중심 문화와 제도란 특성을 갖고 있으며, 한국군 국방개혁이 각 군 내부의 개혁이 아니고 각 군 간의 개혁임에도 불구하고 대통령, 합참의장, 각 군 참모총장이 머리를 맞대고 해결하는 것이 아니고 육군 중심 국방부가 주축이 되어 추진하고 있다는 사실을 살펴보고 있다. 국방부가 육군의 정체성을 견지하는 에이전트로 기능하면서 대통령이 국방개혁을 통제할 수 없는 상황이 초래되고 있음을 보이고 있다. 이 같은 일관성에도 불구하고 매번 국방개혁안의 성격에 차이가 나는 이유를 규명하기 위해 대통령 지지 세력의 선호, 대통령의 성향과 대통령의 의사결정 환경인 국내 및 국외 환경 요인을 살펴보고 있다.

2장 4절에서는 국방개혁의 동인에서 시작하여 최종 국방개혁안이 작성되기까지의 메커니즘을 도시하고 있다. 대통령의 선호와 대통령과 국방부 간의 상호작용에 의해 국방개혁안이 통합형, 합동형, 통합절충형, 합동절충형으로 귀결되는 방식을 규명하고 있다.

3장에서는 해방 이후부터 818계획 이전까지 한국군이 점차 육군 중심의 제도와 문화를 갖는 조직으로 변모해가는 과정을 살펴보고 있다. 이는 이처럼 정착된 국방 문화와 제도가 한국군 국방개혁에 지속적으로 영향을 끼쳤기 때문이다. 3장 1절에서는 한국군이 창군과 한미상호방위조약 및 한미합의의사록의 체결을 통해 기형적인 출발을 하게 된 배경을 설명하고 있다. 3장 2절에서는 한국군의 군 구조가 외견상으로는 합동군이지만 실제적으로는 육군 중심 단일군이란 점을 살펴보고 있다. 3장 3절에서는 이처럼 한국군이 육군 중심 단일군이란 기형적인 모습을 갖게 된 원인을 규명하고 있다. 3장 4절에서는 818계획, 국방개혁 2020, 국방개혁 307을 역사적 관점에서 조명해보고 있다.

4장, 5장 및 6장에서는 국방개혁 818, 국방개혁 2020, 국방개혁 307을 분석해보고 있다. 위협환경과 동맹성격의 변화, 지지 세력의 선호란 요인으로 인해 대통령의 선호가 영향을 받으며, 대통령과 국방부 간의 상호작용에 의해 대통령의 선택이 결정되는 과정을 살펴보고 있다. 7장에서는 국방개혁 사례를 비교 분석한 후 이론 및 실재적 함의를 도출하고 있다.

제 2 장

한국군 국방개혁에 관한 대안 모색

제2장
한국군 국방개혁에 관한 대안 모색

이 책에서 다루게 될 국방개혁의 대상은 군 구조로 국한된다. 2장에서는 한국군 국방개혁에서 목격되는 변화와 지속이란 부분을 설명하기 위한 가설을 설정하고, 분석의 틀을 모색하고 있다. 이를 위해 먼저 변화의 성격과 방향 측면에서 기준이 되는 양극단의 군 구조를 고찰해볼 것이다. 또한 국방개혁 분석에 관한 기존의 접근법, 연구 현황과 추이를 살펴볼 것이다. 이들 연구의 제한점을 분석 및 종합하고, 그 대안으로 새로운 분석의 틀을 제시할 것이다.

제1절 국방개혁의 이해

여기서는 한국군이 말하는 국방개혁의 정의와 대상을 살펴보고 있다. 또한 국방개혁의 성격과 방향 측면에서 기준이 되는 군 구조들을 이론 및 실제적 측면에서 고찰해보고 있다.

1. 국방개혁의 정의

군의 변화를 설명하는 용어에 혁신(Innovation), 개혁(Reform), 군사혁신(Revolution in Military Affairs), 변혁(Transformation)이 있다. 이들 가운데 한국군 국방개혁을 설명해주는 용어는 개혁이다.

혁신에 관해서는 몇몇 정의가 있다. 스티븐 로젠(Stephen Rosen)은 "혁신을 특정 군(육군, 해군 및 공군을 지칭)의 주요 병과(兵科)의 전투 수행 방식 측면에서의 변화 또는 새로운 전투 병과의 창안"[1]으로 정의하고 있다. 예를 들면, 육군의 보병, 포병 및 기갑과 같은 특정 전투 병과의 싸우는 방식 측면에서의 변화로 정의하고 있다. 이 같은 점에서 보면 전간기[2] 당시의 항공모함전, 기갑전, 공군의 전략폭격은 혁신으로 말할 수 있다. 혁신에 관한 로젠의 정의에 따르면 혁신이 가능해지려면 군의 병과 중 한 병과가 전투수행 방식을 근본적으로 바꾸거나 새로운 전투병과의 창안이 요구된다.

혁신이 어려운 것은 전승에 관한 새로운 이론이 요구되기 때문이다. 새로운 전쟁 수행 방식을 추구하는 전문장교들의 진로를 보장해줄 제도화가 요구되기 때문이다. 이들 새로운 전문장교가 승승장구할 수 있도록 하려면 혁신을 추진하는 세력들은 군에서 군사적으로 신망이 있어야 한다. 요약해 말하면 "평시 군의 혁신은 군사적으로 명망이 있는 군의 고위급

1) Stephen Peter Rosen, *Winning the Next War* (Ithaca, New York: Cornell University Press, 1991), p. 7.

2) 1차 세계대전과 2차 세계대전 사이의 기간을 의미.

지도자들이 지적(知的) 및 조직적 차원을 망라하는 혁신을 염두에 둔 전략을 구상할 당시 가능해진다."[3]

개혁은 보다 포괄적인 변화를 망라하는 개념이란 점에서 혁신에 관한 로젠의 정의와 구분된다. 개혁은 식별된 결함을 교정할 목적의 상당 수준의 새로운 프로그램 또는 정책을 창안하거나 이 같은 정책의 개선을 의미한다. 개혁을 위해 특정 조직의 핵심 과업 측면에서의 변화가 요구되는 것은 아니다. 이외에도 개혁은 새로운 전투 수행 방식 또는 효과에 관한 새로운 측정 방식을 요구하지 않는다.[4]

이들 외에 군사혁신이 있다. 미 국방성에서 각국의 군사능력을 평가하는 분석평가국(Office of Net Assessment)의 책임자인 마셜(Andrew Marshall)은 "군사혁신은 신기술을 획기적으로 적용하고, 과학기술에 발맞추어 교리, 작전개념, 조직개념 등을 갱신하여 군 작전의 성격을 근본적으로 바꾸는 것"으로 정의하고 있다. 군사혁신을 옹호하는 사람들은 정보통신기술의 비약적인 발전과 탈냉전시대에서의 분쟁의 성격 변화로 인해 오늘날의 군 조직이 "전쟁수행 수단, 형태 및 방법 측면에서 엄청난 수준의 불연속적이고도 체제 파괴적이며 혁신적인 패러다임 전환의 순간에 있다"[5]고 주장하고 있다. 즉 군사혁신은 혁신 및 개혁과 비교해 보다 근본적인 성격의 것이다. 혁신이 특정 병과의 전투 수행 방식에만 초점을 맞추었다면 군사혁신은 전쟁 수행 방식의 변화, 과학기술 변화 등 군의 물질 및 관념적 부분을 포함한 모든 측면에서의 근본적인 변화를 의미한다.

군의 변혁(變革: Transformation)은 군사혁신을 창안해 활용하는 행위를 의

3) Stephen Peter Rosen, *Winning the Next War*, pp. 20–21.

4) James Q. Wilson, *Bureaucracy: What Government Agencies Do and Why They Do It* (New York : Basic Books, Inc, 1989), p. 222.

5) Bitzinger, R., "The Revolution in Military Affairs and the Global Defense Industry: Reactions and Interactions," *Security Challenge*, 4(4)(2008), pp. 1–12.

미한다. 이 같은 변혁이 가능해지려면 색다른 방식으로 전쟁을 수행하기 위한 새로운 과학기술, 운용개념, 조직 구조가 요구된다.[6] 럼스펠드 당시의 미 국방은 군의 변혁을 적극 추진한 바 있다.

이미 언급한 바처럼 혁신, 개혁, 군사혁신 및 변혁에는 차이가 있다. 그러나 이들을 추구하는 사람은 많은 도전에 직면하게 된다. 거대 조직에서 기존의 일처리 방식을 탈바꿈함에 따른 난관뿐만 아니라 조직문화, 이해관계, 불확실성의 문제를 관리해야 할 필요가 있기 때문이다. 또한 기업의 오너와 달리 군의 지휘관은 자원을 마음대로 통제할 수 없다는 점에서 정치적으로 지원을 받을 필요가 있다. 뿐만 아니라 군의 경우 실패에 따른 비용과 불확실성이 매우 높다.

전시작전통제권 전환과 같은 한미동맹의 성격 변화에 따른 한국군의 변화는 개혁 또는 혁신 차원이 아니며, 군사혁신이 되어야 마땅할 것이다. 왜냐하면 한국군이 전쟁을 주도하고 미군이 지원하게 되면서 한반도 전쟁과 관련해 전략 및 작전적 수준의 교리와 개념뿐만 아니라 전쟁을 지휘하기 위한 상부지휘구조 정립, 첨단 정보 수집 및 정찰 자산 등 군의 물질 및 관념적 구조 측면에서 일대 변혁이 요구되는 개념이기 때문이다. 그러나 한국군의 변화를 군사혁신으로 지칭할 수 없을 것인데, 이는 한국군이 합동 교리 및 전략과 같은 관념적인 부분보다는 군구조란 물질적인 부분에 치중하고 있기 때문이다. 또한 혁신으로 지칭할 수도 없을 것이다. 왜냐하면 한국군 변화의 성격이 특정 병과의 전투수행 방식 측면에서의 획기적인 변화만을 요구하는 형태가 아니기 때문이다. 결과적으로 보면 오늘날 한국군이 추구하는 변화를 가장 잘 설명해주는 용어는 개혁이다.

---

6) Edited by Hans Binnendijk, *Transforming American Military*(Washington D.C : National Defense University Press, 2002), p. XVII.

2. 국방개혁의 대상 : 군 구조(병력구조, 지휘구조, 부대구조, 전력구조)

한국군 국방개혁의 대상에는 국방 문민화, 병영문화 개선, 군 구조 개선이 있다. 그러나 이 책에서는 병력구조, 지휘구조, 부대구조, 전력구조로 구성되는 군 구조로 연구 범위를 국한시키고자 한다.

여기서 전력구조란 군사목표를 달성하고 군사전략 개념을 구현하기 위해 가용한 인력과 예산 범위를 고려하여 전력배비개념, 인력규모, 유형별 부대 수 및 무기체계 등의 전력을 개략적으로 구사하는 것으로 정의된다. 부대구조는 전력구조를 기초로 합동부대, 제병협동부대, 전투부대, 전투지원 및 전투 근무지원부대로 구분하여 단위 제대별 전투력을 발휘하는데 필요한 인원 및 장비를 배분하고 지휘관계를 설정하는 것으로 정의된다. 지휘구조는 국방부 및 합참에서 전투부대에 이르기까지 형성되어진 지휘관계 구조를 의미한다. 상부구조는 정책을 결정하고 전략을 수립하며 군사력 건설을 담당하는 각 군 본부 이상의 구조를 의미한다. 하부구조는 각 군 본부 내의 부대 간 관계를 결정하는 구조를 의미한다.[7)]

3. 국방개혁의 방향 : 단일군제, 총참모장제, 합참의장제

국방개혁을 통해 한국군이 효율 및 효과적인 합동작전을 수행할 수 있는 방향으로 군 구조를 발전시키고 있는지를 파악하려면 합동작전 측면에서의 양극단의 군 구조를 도출하고 이들 군 구조의 특성을 파악해야 한다. 왜냐하면 3군 합동작전 측면에서의 특정 극단의 군 구조를 겨냥한 진전은 이 같은 군 구조가 갖는 특성 중 일부 특성을 기존의 군 구조에 추가

7) 공군본부, 『2011 외국 군구조 편람』(공군본부 : 국군인쇄창, 2011), p. 14.

한 경우일 것이기 때문이다. 마찬가지로 또 다른 극단의 군 구조를 겨냥해 진전되고 있는지를 파악하기 위해서는 이 같은 군 구조가 갖는 특성을 파악해야 하기 때문이다. 여기서는 이론적 논의를 통해 이들 양극단의 군 구조로 비통제형 합참의장제와 단일군제를 설정하고 이들 군 구조의 장점과 단점뿐만 아니라 이 같은 군 구조가 갖는 특성을 살펴볼 것이다. 또한 이들 군 구조에서 공중, 지상 및 해상 전력이 운용되는 방식을 살펴볼 것이다.

가. 국방체제[8)]

국방이란 외세의 침략을 억제하거나 침략을 받을 경우 적절히 대응하여 국가의 평화와 독립을 수호하고 생존을 유지함을 의미한다. 국가의 3요소인 국민, 주권, 영토를 수호하고자 하는 경우 국가방위는 필수적인 부분이다. 외부 위협으로부터 국가를 방위하고자 하는 경우 정치, 경제, 군사 및 정보와 같은 국력의 제반 수단을 적절히 결합해 통합적으로 운용해야 할 것인데, 국방체제는 국력의 군사적 수단을 통합적으로 운용하기 위한 구조, 기능, 절차 등을 총칭하는 개념이다. 즉 국방의 2대 기능인 군정(양병기능)과 군령(용병기능)의 일원화를 기하고 전략과 전력의 조화를 도모함으로써 국가목표 달성을 위한 정책 구상과 집행을 담당하기 위한 체제를 말한다.

국방체제는 군정과 군령으로 구분된다. 일반적으로 군정은 군사행정과 군사정책 분야, 군령은 군사작전과 군사전략 분야로 대별된다. 미국은 전자를 양병과 행정, 후자를 용병과 작전 분야로 구분하고 있다.

8) 김건태, 『국방조직의 이론과 실제』 (서울 : 국방대학교 출판사, 1996), pp. 182-183, 191-194.

[표 2-1] 군정과 군령의 비교

구분	군정	군령
국방기능	군사정책(양병)	군사전략(용병)
군사기획	군사력조성(유지)	군사력사용(운용)
환류과정	건설-유지-관리	사용-수정-요구
통솔과 지휘계통	행정	작전
담당자	민간인	군인
기관	국방부 본부	합참

관점에 따라 차이가 있지만 일반적으로 국방체제는 최고통수권자, 국방정책결정기구, 국력동원기구, 군정 및 군령 통할기구, 군정 및 군령 집행기구란 5개 부분으로 구성된다.

통수권이란 국가의 최고통수권자인 국가원수가 자국 군대를 지휘하는 권한을 말한다. 통수권은 지휘계통의 원천일 뿐만 아니라 계급, 군기 및 복종에 대한 엄격한 요구의 원천이기도 하다. 통수권은 최고통수권자가 갖고 있다. 국가의 정치 권력체제에 따라 최고통수권자가 달라진다. 한국처럼 대통령 중심제 국가에서는 대통령이 통수권을 갖고 있는 반면 내각책임제 국가에서는 내각수반(수상)이 통수권을 갖고 있다.

통수권은 간접 행사하는 것이 일반적이다. 민주주의 국가에서 대통령은 법적인 절차에 따라 국방부장관을 통해 군정권과 군령권을 문서 형태로 간접 행사한다. 대한민국 헌법 제74조에는 "대통령은 헌법과 법률이 정하는 바에 의하여 국군을 통수한다."고 명시되어 있다. 제82조에는 "대통령의 국법상 행위는 문서로써 하며, 이 문서에는 국무총리와 관계 국무위원이 부서한다. 군사에 관한 것도 같다."고 명시되어 있다.

통수권 행사를 보좌 또는 지원하는 기구에 국방정책결정기구와 국력동원기구가 있다. 국방정책결정기구는 최고통수권자의 의사결정을 보필하는 기구다. 국가안전보장회의가 여기에 해당한다. 국방정책결정기구는 평시에는 국외, 국내 및 군사 정책을 상의하는 기능을, 전시에는 전쟁지도 기능을 수행한다. 국력동원기구는 유사시 국력의 제반 수단을 동원하는 역할을 수행한다. 미국의 내각, 중국의 국무원, 대만의 행정원, 북한의 정무원이 이에 해당한다.

국방체제의 구조

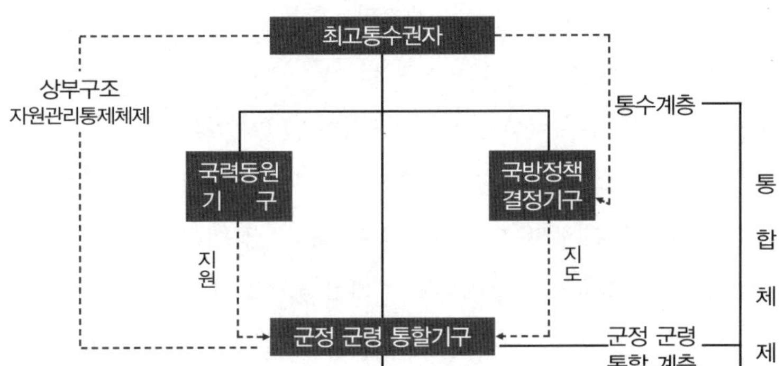

[그림 2-1] 국방체제의 구조

군정 및 군령 통합기구는 군사정보의 수집·연구 및 판단 그리고 군사전략의 구상과 계획 수립 및 실시에 이르기까지 국방 업무 전반을 관장하여 국방체제 중에서 상하를 연결하는 핵심적인 위치에 있다. 국방부는 국방의 2대 기능인 군정과 군령 업무를 계획·조정 및 통제하는 군정 및 군령 통합기구다. 국방부 내국은 국방자원 관리의 경제 및 기술적 효과성을 극대화하기 위한 기구인 반면 합참은 야전에서의 군사력 운용의 효율성을 극대화하기 위한 기구다.

군정 및 군령 집행기구는 국방체제의 하부구조로서 군정 및 군령 통합기구인 국방부와 합참의 군정 및 군령 관련 의사결정 사항을 집행하는 기구다. 양병 측면에서의 집행기구는 각군 본부인 반면 용병 측면에서의 집행기구는 미국의 경우를 보면 태평양사령부와 같은 통합사령부(Unified command)를 의미한다. 일반적으로 대부분의 국가는 군정 및 군령 통할기구와 집행기구를 분리해 운용하고 있다. 하지만 한국군은 이들 기구를 분리하지 않고 있다. 예를 들면 한국군의 합참은 군사력 운용이란 군령 집행기구에서의 문제와 군사력 소요 제기란 군령 통할기구에서의 문제를 동시에 수행하고 있다.[9)]

국방체제의 원칙에는 병정일원화와 지휘통일이 있다.

병정일원화란 최고통수권자의 통수권 행사를 보필하는 국방부장관이 국방의 양대 기능인 군정과 군령을 일원적으로 통할하는 경우를 의미하는 반면 병정 이원화란 통수권자가 군령기능을 직접 행사하는 경우를 의미한다. 제국 일본군대와 이승만 대통령 당시의 한국군은 병정을 이원화했던 반면 민주주의 국가에서는 민간인 국방부장관을 통한 병정일원화를 추구했다.[10)] 지휘통일(Unity of Command)이란 조직의 모든 구성원이 오직 한 사람의 상관으로부터만 명령을 받으며 그에게만 보고해야 한다는 원칙이다. 우수한 지휘관 2명이 지휘하는 것보다 우둔한 지휘한 1명의 지휘가 보다 좋다고 말할 정도로 군에서 지휘통일은 중요한 의미가 있다.

나. 군 구조에 관한 한국군의 인식

한국군은 군 구조를 '국방 및 군사임무 수행에 관련되는 전반적인 군

9) 한국군은 미국의 통합사령부처럼 용병만을 전담하는 합동군사령부를 설치할 필요가 있다.; 1954년 이승만 대통령은 이형근 장군에게 합참을 만들게 한 후 합참의장이 군령과 관련하여 자신에게 직접 책임을 지도록 했다. 국방부장관은 군정만을 통할하게 했다. 이형근, 『군번 1번의 외길 인생』(서울 : 중앙일보사, 1994), p. 94.

10) 위의 책, p. 94.

사력의 조직 및 구성관계로서 육군·해군·공군이 상호 관련되는 체계'[11]로 정의하고는 병력구조, 지휘구조, 전력구조, 부대구조를 포함시키고 있다. 그러나 군종 중심별(3군 병립제, 합동군제, 통합군제, 단일군제), 지휘체계 중심별(통제형 합참의장제, 비통제형 합참의장제, 합동형 합참의장제, 단일참모총장제), 병종 중심별(기능군 사령관형, 통합군 사령관형, 단일군형)로 분류[12]하고 있다는 점에서 보면 한국군은 또한 군 구조를 지휘구조 측면에서 생각하고 있다.

여기서 3군 병립제는 각 군 참모총장이 각 군의 군정과 군령을 통합적으로 행사하는 경우이며, 합동군제는 군정은 각군 참모총장이 행사하고 군령은 단일 지휘관(합참의장 또는 국방참모총장)이 통합적으로 행사하는 경우로 정의하고 있다. 또한 통합군제는 3군은 존재하나 각군의 작전부대에 대한 군정과 군령을 단일지휘관이 통합적으로 행사하는 경우로 단일군제는 3군 구분 없이 단일의 군인이 군정과 군령을 통합적으로 행사하는 경우로 정의하고 있다.[13] 그러나 이들 분류는 보편적인 것이 아니고 한국군이 임의로 정한 것이다.[14]

---

11) 『국방개혁에 관한 법률』, 제3조 3항 (법률 제10217호, 2010.3.31).

12) 공군본부, 『2011 외국 군구조 편람』, pp. 17-19.

13) 위의 책, p. 17.

14) "세계 모든 국가가 나름대로 군 구조와 지휘체계를 가지고 있으나 자기 나라의 군제를 합동군제 또는 통합군제라고 부르는 나라가 없으며…군제의 개념과 명칭은 한국군이 자체적으로 정립한 것이다." 장성 전 한미연합사 부사령관, "군 구조 개편안 이대로는 안 된다." 『성우소식』. 제7호 부록(2011. 5), p. 1; "통합군, 합동군, 단일군, 합동 참모총장제, 단일참모총장제 등의 용어에 대한 개념이 명확히 정립되어 있느냐에 대해 필자는 상당한 의문을 가지고 있다." 김국헌, "군 구조 개편에 관한 소고." 『향군』(1990, 1), p. 124; 전 국방부장관 조영길은 "군제에는 총참모장제, 합참의장제, 총사령관제(단일군제)가 있습니다. 통합군이란 것은 없습니다. 이는 총사령관제를 한국에서 임의로 변형해 만든 것입니다."고 말했다. 국회사무처, "303회 국방개혁관련법 개정공청회 회의록 : 국방소위 제3차 법률심사위원회(2011. 1. 21)" ; "한국군은 군의 상부지휘구조를 통합군, 3군 병립형, 합동군 등 몇몇 형태로 분류하고 있는데, 이는 한국군이 임의로 분류한 것이다." 권영근, 『합동성 강화 : 전시작전통제권 전환의 본질』 (서울 : 연경문화사, 2006), p. 153; "군제, 특히 통합군제에 대한 명확한 정의 없이 통합군제를 목표로 일방적인 논리를 전개함으로써 통

전 세계 각국의 군 구조를 연구 및 분석하고 있는 "군 구조 개편에 관한 소고"란 제목의 논문에서 육군중령 김국헌 박사는 오늘날 군사지휘구조상의 세계적인 추세는 최고위 직업 군인이 대통령과 국방부장관에 대한 주요 군사보좌관이면서 위임된 권한의 범위, 주로 군사력 운용 측면에서 군을 통할하는 것이라고 말하고 있다.[15] 즉 군정은 국방부 내국을 통해 군령은 국방부 외국인 합참과 같은 조직을 통해 통할하는 형태라고 말하고 있다. 또한 단일의 군인이 군정과 군령권을 행사하는 국가는 없다고 말하고 있다.[16]

이 같은 관점에서 보면 국방부장관 휘하 단일의 군인이 군정과 군령을 지휘하는 형태로 한국군이 정의하고 있는 통합군제 또는 단일군제는 전 세계 어디에도 존재하지 않는다.[17] 한국군이 통합군제로 분류하고 있는 중국, 터키, 폴란드, 이스라엘, 북한과 같은 국가에서 총참모장(Chief of General

---

합전력 발휘를 보장하기 위해서는 가능한 한 조직도 통합되어야 한다는 인식을 주게 되어…군제와 지휘구조를 동일시하여 군제연구에 참여한 군인들과 군인학자들이…군제를 구상하는데 스스로 융통성을 제한하여 버렸다." 육군대령 양완식, "선진국의 군제발전 추세와 미래군제 발전방향." 『합참지』 3호(1993. 12. 1), p. 34.

15) 김국헌, "군 구조 개편에 관한 소고." p. 130.

16) "이스라엘이나 공산권의 총참모장제를…이들 국가의 총참모장들이 강력한 독재적 군사권을 행사하는 것으로 오해하는 경우가 있다.…이스라엘의 총참모장은…수상을 총사령관, 국방부장관을 부사령관으로 하는 이스라엘군 최고사령부의 참모장에 지나지 않는다.…따라서 총참모장은 군사에 관한 실무만을 책임지는 지위에 불과한 것이다.…공산권 국가에서도 마찬가지다." 김국헌, "군 구조 개편에 관한 소고." p. 129; "한국군이 통합군 또는 단일군의 대명사로 생각하는 6일 전쟁 당시의 이스라엘 군대 또한 통합군 또는 단일군이 아니었다. 당시 군정과 군령을 지휘한 단일의 군인은 있지 않았다. 6일전쟁에서의 영웅은 이 같은 군인이 아니고 모세 다이안 국방상이었다." 조영길 전 국방부장관과의 2012년 6월 21일 인터뷰; 북한과 중국을 포함한 전 세계 어느 나라도 군정과 군령을 단일의 군인이 행사하는 경우는 없다, 군정과 군령의 분리는 전승을 위한 불가피한 선택이다. 전 한미연합시부사령관 예비역 육군대장 장성, "참모총장이 작전지휘권을 가져야 한다고?", 미발간 자료. 2012.

17) 2장 2절에서 알게 되겠지만 한국군이 말하는 통합군 개념은 외국의 사례 또는 군사이론에 근거한 것이 아니고 1950년대 당시 한국군에서 출현한 것이다.

Staff)은 일반적으로 군령의 문제를 통할하지만 군정은 관여하지 않으며 지휘권을 행사하지도 않는다. 예를 들면 중국군에서 군령의 통할은 총참모부가, 군수 및 수송의 통할은 총후근부, 무장의 통할은 총장비부가 권한을 행사하며, 인사의 경우 총정치국과 국방부장관이 행사한다. 그러나 군의 전력에 대한 지휘권은 심양군구사령관과 같은 군구사령관이 행사한다.[18] 한국군이 통합군제로 분류하고 있는 중국, 이스라엘, 터키, 북한과 같은 국가의 군제는 학술적인 용어로 보면 총참모장제다.[19] 또한 한국군이 추구하는 통합군제와 이들 국가의 군제인 총참모장제는 전혀 다르다. 한국군이 말하는 통합군은 인류 역사상 처음이자 마지막으로 캐나다 군이 운용했던 단일군을 의미한다.[20][21] 이들 국가의 군제인 총참모장제와 미국

18) Anthony H. Cordesman, *Chinese Military Modernization and Force Development*, CSIS Arleigh A. Burke Chair in Strategy(2006. 8. 11), pp. 10–14.

19) 중국, 소련, 이스라엘, 터키, 북한과 같은 군에서는 '전쟁의 천재(Genius for War)' 유형의 총참모(General Staff)들이 군을 주도함을 주목할 필요가 있다.; 이들 국가의 총참모를 '전쟁의 천재'와 동일시한 부분과 관련해서는 독일군 총참모들의 역사를 다룬 다음 서적을 참조하시오, T.N. Depuy, *A Genius For War*(McLean, Virginia : Nova Publications, 1995).; 독일군 총참모제도가 2차 세계대전 이후 이들 국가로 전파되었다.

20) "통합군이란 용어는 학문적으로 말하면 총사령관제(단일군제)입니다. 총사령관제, 합참의장제…총참모장제 이런 몇 가지 유형이…" 국회사무처, "303회 국방개혁관련법 개정 공청회 회의록 : 국방소위 제3차 법률심사위원회(2011. 1. 21); "통합군(Unified forces)란 용어는 단일군…." 『군구조 관련 논문 발표집』(공군본부, 1998. 1), pp. 23–24; "한국군이 추구한 것은 인류 역사상 처음이자 마지막으로 캐나다 군이 시도해본 단일군, 특히 지상군 중심의 단일군이었다." 권영근, "실패한 캐나다 단일군제, 따를 이유 없다." 『디펜스21』(2012, 5), p. 98; 예비역 육군소장 김국헌 박사는 통합군, 합동군, 단일군, 합참의장제, 단일참모총장제 등의 용어 정의가 명확치 않다고 말하고 있다. 김국헌, "군 구조 개편에 관한 소고." p. 124; 캐나다 군은 단일군을 유지했을 당시의 자군을 통합군(Unified force)로 표현하고 있다. K.W. Bailey, "Integration and Unification Equals Jointness In 21st Century Canadian Forces." *Canadian Forces College* /CSC 28/ CCEM 28(2002. 5. 6), p. 2; 이 책의 2장 2절과 3장 3절에서 살펴보겠지만 1970년대까지만 해도 한국군은 단일군과 통합군을 동일 의미로 사용했다.

21) 오늘날 한국군은 중국과 같은 국가의 군제를 통합군으로 그리고 통합군의 경우 군정과 군령을 단일의 군인(예를 들면 총참모장)이 행사하는 경우로, 합동군은 군정을 각군 참모총장, 군령을 합참의장 또는 합동군사령관이 담당하는 경우로 정의하고 있는데, 이

군제의 주요 차이는 군사력 소요를 제기하고 군의 효율적인 운용을 위한 군령 통합기구, 예를 들면 대한민국의 합참에 근무하는 참모가 자군의 이익을 고려해 행동할 수밖에 없는 합동참모(Joint Staff)인지 아니면 순수 국익 차원에서 행동하는 '전쟁의 천재'들인 총참모(General Staff)인지란 사실뿐이다.[22]

마찬가지로 한국군은 합동군제를 군정은 각군 참모총장이 군령은 단일 지휘관, 예를 들면 합참의장 또는 국방참모총장이 통합적으로 행사하는 경우로 정의하고 있다. 그러면서 합참의장이 작전부대를 통합 지휘하는 오늘날의 한국군을 합동군제로 말하고 있지만 지구상 어디에도 군령 통합기구의 부서장, 예를 들면 미국의 합참의장, 영국의 국방참모총장 또는 중국의 총참모장이 작전 부대에 대한 지휘권을 행사하는 경우는 없다.[23] 한국군이 합동군제의 대표적인 경우로 생각하고 있는 미군[24]

는 한국군이 임의로 정한 것이다. 이는 앞에서 언급한 학문적인 정의에 배치된다. 러시아, 중국과 같은 국가의 군제의 핵심은 군정과 군령을 단일의 군인이 행사하고 있다는 사실이 아니고 총참모가 군사력을 건설한다는 사실이다. 중국만 해도 군정과 군령을 단일의 군인이 행사하지 않는다. 예를 들면 중국에서 군령은 총참모장이 행사하는 반면 군사력 건설에 해당하는 군정은 총후근부장과 총장비부장이 담당한다. 공군본부, 『2011 외국 군구조 편람』, p. 17; Anthony H. Cordesman, *Chinese Military Modernization and Force Development,* pp. 10–14.

22) Kimberly Marten Zisk, *Engaging The Enemy* (Princeton, NJ: Princeton University Press, 1993), pp. 8–10; 1980년대 당시의 캐나다의 경우를 제외하면 지구상의 모든 국가는 Integration 유형의 합동성을 추구하고 있다.

23) 이는 국방부장관에게 군령과 관련해 조언하는 성격인 합동참모본부를 한미연합사령부와 같은 전구사령부로 생각했던 이승만 대통령의 인식에 기인하고 있는 듯 보인다. 이 같은 사실은 "3군을 지휘하는 합참의장 되어주게"라고 말하면서 합동참모본부 창설을 이형근 장군에게 지시한 1954년 당시의 이승만 대통령의 발언에 잘 나타나 있다. 이형근, 『군번 1번의 외길 인생』, pp. 94–99.

24) 공군본부, 『2011 외국 군구조 편람』, p. 26; "합참의장은 대통령과 국방부장관의 지휘권 행사를 보좌한다. 합참의장은 대통령 또는 국방부장관이 내린 명령을 전투사령관들에게 전달하며, 이들 사령부의 행위를 감독한다. 대통령 또는 국방부장관이 내린 명령은 통상 국방부장관의 권한과 지시 아래 전달된다." Joint Publication 1, Doctrine for the Armed Forces of the United States(2007. 5. 2), p. xiii.

과 영국군[25]은 합참의장 또는 국방참모총장이 군령 통할기구로서의 역할을 수행하는 반면 합동 차원에서 군령을 집행하는 별도의 합동군사령부를 유지하고 있다.[26] 합참의장이 작전부대를 지휘하는 한국군 지휘구조의 문제점을 한미연합사령부에서 근무한 바 있는 미군 장군 또한 지적하고 있다.[27] 즉 선진국의 경우처럼 비통제형 합참의장제의 창설을 주장하고 있다. 마찬가지로 독일군은 4군 병립제[28]가 아니며 호주군은 통합군제[29]가 아니다. 이들 국가는 미국과 마찬가지로 군정은 대통령과 국방부장관의 명을 받아 각군 참모총장이 행사하고 군령은 미 태평양사령관과 같은 합동군사령관이 합참의장을 경유한 대통령과 국방부장관의 명령을 이행하는 비통제형 합참의장제를 유지하고 있다.

보다 자세히 알게 되겠지만 통합군제, 단일군제, 합동군제와 같은 개념

---

25) 공군본부, 『2011 외국 군구조 편람』, p. 138; "국방참모총장(Chief of the Defence Staff)는 전문가로서의 군의 수장이다.…국방참모총장은 군사작전과 관련한 국방부장관의 주요 보좌관이다." 인터넷 자료 http://en.wikipedia.org/wiki/Chief_of_the_Defence_Staff_(United_Kingdom)(검색일 : 2012.5); 합동작전을 영국이 주도하는 경우 이것의 수행을 위한 합동군본부(JFHQ)가 국방참모총장실과 별도로 국방참모총장실 예하에 자동으로 설치된다. 이것과 유사한 형태의 지휘구조를 다수의 동맹국들이 채택하고 있다. *Joint Warfare Publication 3-00*(JWP 3-00)(March 2004), pp. 1-6, 1-7.

26) 한국군은 이것을 비통제형 합참의장제로 정의하고 있다.

27) "한국군은 합참 휘하에 합동작전 지휘를 위한 별도 사령부를 설치해야 한다." Ronald S. Mangum, "Joint Force Training : Key to ROK Military Transformation." *The Korean Journal of Defense Analysis*, vol. 16, no. 1(Spring 2004). pp. 130-133.

28) 공군본부, 『2011 외국 군구조 편람』, p. 149; "군사령관으로서의 임무를 수행할 당시 국방부장관을 국방참모총장(Chief of Defense)과 각군 총장이 보좌하고 있다. 국방참모총장과 각군 참모총장은 미국의 합동참모회의와 유사한 군사 지휘위원회를 구성하고 있다. 국방참모총장 휘하에는 독일군의 합동작전사령부가 위치해 있다." http://en.wikipedia.org/wiki/Bundeswehr(검색일 : 2012년 12월 2일)

29) 공군본부, 『2011 외국 군구조 편람』, p. 453; 호주군에서 국방군총장(Chief of Defense Forces)은 군인으로서 최고 선임자다.… 국방군총장은 군사작전과 관련해 국방부장관을 보좌한다.…군사작전은 합동작전지휘관(Chief of Joint Operations)이 수행한다.…합동작전지휘관은 국방군총장에게 직접 보고한다. http://en.wikipedia.org/wiki/ Chief_of_the_Defence_Force_(Australia)

은 1960년대, 70년대, 80년대에 한국군이 임의로 정의한 것이다.

김국헌 박사가 주장했듯이 공중, 지상 및 해상에서의 상이한 작전을 지원하기 위한 군정은 각군의 특수성을 감안해 각 군 독자적으로 운용하는 것이 세계적인 추세다. 때문에 군정은 합동 차원에서 통합적으로 운용할 수 있는 성격이 아니다. 따라서 여기서는 문제를 군령 통할 및 집행 기구로 국한시킬 것이다. 이미 살펴본 바처럼 군령 통할기구인 합참이 작전부대에 대한 지휘권을 행사하는 국가는 대한민국이 유일하다. 군령 통할기구와 집행기구에서 중심적인 개념에 합동성이 있다.

다. 합동성

오늘날 한국군의 각군은 합동성 강화를 주장하고 있다. 이처럼 주장하면서 육군은 지상 작전의 중요성을 강조하고 각 군의 인사, 군수, 정보와 같은 군정 조직의 통폐합과 합참 및 합동참모대학과 같은 합동조직을 육군 중심으로 편성해야 한다고 주장하고 있다. 마찬가지로 합동성을 강조하면서 해군과 공군은 각군이 상호 독자적인 군정 조직을 유지하고 합동조직에 동일 계급과 비율의 참모가 편성되어야 할 것이라고 주장하고 있다. 이처럼 합동성을 강조하면서 육군과 해·공군이 상반된 주장을 전개하고 있는 것은 합동성이란 용어가 갖고 있는 상호 대립되는 의미 때문이다. 한국육군이 말하는 합동성과 해·공군이 말하는 합동성의 의미가 서로 다르기 때문이다.

합동성은 각군의 존재를 인정하는 효율통합(Integration) 유형의 합동성과 각군의 존재를 부정하는 조직통합(Unification) 유형의 것이 있다.[30] 각군

30) John A. Clauer(Col, USMC), "In Defense of the Joint Vision," *Marine Corps Gazette*, vol. 82, no. 3(March 1998), p. 50.

의 존재를 부정하는 형태의 합동성을 지원하기 위한 군제를 단일군제(총사령관제)라고 한다면 각군의 존재를 인정하며 합동성을 지원하기 위한 군제에 총참모장제와 합참의장제가 있다.[31)]

조직통합이란 의미의 합동성은 육군, 해군 및 공군을 미 해병대처럼 단일군으로 만드는 것을 의미한다.[32)] 여기서는 교리, 조직 및 전력구조 측면에서 특정 결과[33)]를 추구한다. 달리 말하면 국가의 군대와 지원 기반구조를 단일 지휘계통의 단일 조직으로의 병합(Merge)을 추구한다.[34)] 미 해병대는 막강한 항공력, 지상전력 및 해상전력을 보유하고 있지만 이들 전력은 항공력 이론가, 지상전 이론가 그리고 해양력 이론가들의 이론에 따라 움직이는 것이 아니고 상륙작전을 목적으로 움직인다. 즉 미 해병대 예하의 지상전력, 해양전력 및 항공전력은 육군, 해군 및 공군이 아니다.[35)] 국가는 전략적으로 결정적인 능력과 전력에 자원을 집중 투자해야 할 것으로 가정한다. 즉 결정적인 전력 휘하에 여타 군을 예속시켜야 한다고 주장한다.[36)] 이는 가상 적(敵)의 행동을 완벽히 예견할 수 있으며 통제할 수 있다

31) Kimberly Marten Zisk, *Engaging The Enemy*, pp. 8–10.

32) Lieutenant Colonel Dennis W. Tighe, Unification of Forces : The Road to Jointness? (School of Advanced Military Studies, United States Army Command and General Staff College, Second Term 90–91), p. 11; 그러나 이스라엘 항공력은 듀헤 및 미첼과 같은 항공력 이론가들의 이론에 의해 움직인다. 따라서 미 해병대와는 성격이 다르다. Richard P. Hallion, 백문현, 권영근 번역, 『현대전의 알파와 오메가』 (서울 : 연경문화사, 2001), pp. 114–120. 따라서 엄밀한 의미에서 이스라엘 군은 조직통합되어 있다고 볼 수 없다.

33) 각군이 별도의 교리, 조직 및 전력구조를 유지하는 것이 아니고 이들을 병합(Merge)시킨다는 의미다.

34) Major J. R. Boucher, "Unification of the Canadian Forces: It's Hard to Be Green." *Canadian Forces College* CSC 29(2003. 5. 9), p. 4/19.

35) 권영근, "합동교리 문헌체계에 관한 소고." 『합동군사연구』 제17호(2007. 11), pp. 207–208.

36) Col Mackubin T. Owens, USMCR(Ret), "The Use and Abuse of Jointness." *Marine Corps Gazette*(November 1997), p. 55.

는 가정에 근거하고 있다. 즉 세상이 역동적으로 움직이며 불확실성으로 점철되어 있다는 가정을 거부하고 있다. 결과적으로 군에 단일 비전을 강요하게 된다. 이 같은 비전이 올바른 경우 문제가 없지만 그렇지 않은 경우 문제를 초래하게 된다.[37]

각군의 존재를 인정하지만 조직통합에 의존하는 합동성과 다름없는 경우가 있다. 해군과 육군을 배제한 채, 전술공군[38]을 간과한 채 소련과의 핵전쟁에 대비해 전략적 수준의 핵전력에 집중 투자한 아이젠하워 대통령 당시의 뉴룩(New Look) 정책은 대표적인 경우다. 베트남전쟁을 겪으면서 케네디(John Fitzgerald Kennedy) 대통령은 저강도 분쟁에서 핵전쟁에 이르는 다양한 분쟁에 대비할 수 있는 전력을 구비해야 한다는 유연반응전략(Strategy of Flexible Response)으로 방향을 선회했다.[39] 1991년의 걸프전을 보며 군사혁신을 옹호하는 사람들은 주도적인 전력을 중심으로 군사력을 건설해야 할 것이라고 주장했다. 예를 들면 항공력 중심의 군사력 건설을 주장했다. 즉 육군과 해군을 공군에 예속시키는 형태를 구상했다.[40]

일반적으로 해군과 공군은 효율통합이란 의미의 합동성을 선호하며 균형된 구조를 추구하고 있는 반면 임무수행 과정에서 공군과 해군에 의존

---

37) *Ibid.*,

38) 1980년대까지만 해도 미 공군은 공군을 전술공군(Tactical Air Force)과 전략공군(Strategic Air Force)로 구분했다. 이는 전투기의 성능이 매우 미흡했다는 점에서 중폭격기들만이 전략적 수준의 효과를 낼 수 있었기 때문이었다. 전투기들을 중심으로 전술공군을 전폭기들과 핵미사일을 중심으로 전략공군을 편성했다. 그러나 정밀유도무기가 출현하면서 F-117과 같은 전투기들이 전쟁을 종료시킬 수 있을 정도의 전략적 효과를 낼 수 있게 되었다. 결과적으로 미군은 전술공군과 전략공군이란 구분을 없앴다. 예전에 오산에는 전술항공통제본부(Tactical Air Control Center)가 있었는데 이는 당시의 F-5, F-4와 같은 전투기들이 전술적 효과만을 생성할 수 있는 수준이었기 때문이다. 그 후 이것이 전구항공통제본부(Theater Air Control Center)로 개칭되었다. 이는 오늘날 F-15와 같은 전투기들이 한반도 전구에서 엄청난 효과를 생성할 수 있기 때문이다.

39) Col Mackubin T. Owens, USMCR(Ret), "The Use and Abuse of Jointness." pp. 55-56.

40) *Ibid.*, pp. 55-56, 58.

해야 하는 육군은 조직통합이란 의미의 합동성을 선호하고 있다.[41] 조직통합이란 의미의 합동성에서는 육군, 해군 및 공군 교리와 같은 각군 교리를 부정하며 합동교리가 이들 교리를 대체하는 것으로 가정하고 있다.[42] 그러나 이는 잘못이다. 과학기술 발전에도 불구하고 전쟁에서 목격되는 '불확실성'과 '안개'의 문제는 해결이 불가능하다. 『전쟁론』이란 제목의 책에서 클라우제비츠(Karl von Clausewitz)는 "전쟁에서는 모든 것이 간단하다. 그런데 간단한 것이 가장 어렵다."고 말한 바 있다.[43] 지상, 해상 및 공중전력 간의 균형이 깨지고, 특정 전력이 군을 주도할 가능성이 있으며, 융통성과 창의성이 저해될 가능성도 있다. 또한 군의 사기가 크게 저하될 가능성도 없지 않다.[44]

1970년대 당시 캐나다 군은 조직통합이란 의미의 합동성, 즉 단일군제를 추구했다. 그러나 그 후 효율통합이란 의미의 합동성으로 개념을 바꾸었다.[45] 오늘날 지구상 국가들은 조직통합이 아니고 효율통합을 통한 합동성을 추구하고 있다.[46] 다시 말해 단일군제가 아니고 합참의장제 또는

41) *Ibid.*, p. 52; 한국군의 경우는 합동교리 또한 부정하고 있다. 육군교리가 합동교리를 대체한다는 생각을 갖고 있다.

42) *Ibid.*, p. 57; Colonel J. G. Guy Simard, "Jointness-It's a Matter of Attitude." AMSC 4, p. 12/24; 한국군의 경우 합동교리를 육군교리가 대체하고 있다.

43) Col Mackubin T. Owens, USMCR(Ret), "The Use and Abuse of Jointness." pp. 55.

44) Logan Johns, Lieutenant Commander, United State Navy, "Toward the Valued Ideal of Jointness." Naval War College(2000. 2. 8), p. 13에서 재인용; Congress, Senate, Committee on Naval Affairs, Unification of the Armed Forces, Hearing before the Committee on Naval Affairs, 79차 Con, 2차 ses(1946. 5. 9), pp. 167-172.

45) Col Mackubin T. Owens, USMCR(Ret), "The Use and Abuse of Jointness." pp. 50-51.

46) "전쟁 목적을 달성하기 위해 각군 전력을 효율통합해야 한다는 사실을 역사는 보여주고 있다.…그러나 잘못된 의미에서의 합동성인 조직통합이란 개념이 작전 및 교리와 같은 군의 노력에 부정적인 영향을 끼치고 있다." Col Mackubin T. Owens, USMCR(Ret), "The Use and Abuse of Jointness." pp. 50, 51, 58; "역사적 전례나 이론적으로 보면 조직통합이란 개념은 지지할 수 없다." Lieutenant Colonel Dennis W. Tighe, "Unification of Forces : The Road to Jointness?", p. Abstract; "3군을 조직통합해 단일군으로 유지한다는 정책

총참모장제를 추구하고 있다. 1986년 당시 골드워터 니콜스 법안을 만든 사람들이 추구한 것은 조직통합이 아니고 효율통합이란 의미의 합동성이었다.[47]

효율통합이란 의미의 합동성에서는 기존 조직들의 효과성을 증진시킬 목적으로 절차의 개선[48]을 강조하고 있다. 여기서는 상호 독립적이며 자

이 거의 35년 동안 지속되었다. 처음에 이는 여타 국가들이 모방할 것이며, 국방 투자비를 늘려줄 대담한 시도로 인식되었다. 그런데 이들 중 어느 것도 달성되지 못했다. 육·해·공군을 단일군으로 조직통합한다는 캐나다 군의 선례를 따라한 국가는 없다.…" Canadian Alliance, *Defence Policy White Paper of the Official Opposition*, The North Strong and Free(Ottawa: House of Commons, 2003), p. 3; "조직을 통합하면 문제의 규모와 복잡성 해소 측면에서 전혀 성과가 없다. 이 같은 조직통합이 아니고 진정한 의미에서 행위와 사고(思考)의 통일(Unity)을 추구해야 한다." Congress, Senate, Committee on Naval Affairs, Unification of the Armed Forces, p. 150. 다음 논문에서 재인용. Logan Johns, Lieutenant Commander, United State Navy, "Toward the Valued Ideal of Jointness." p. 4; "각군의 고유성을 상실할 정도로 합동성을 추구하면 융통성과 창의성이 사라지며, 무엇보다도 적의 입장에서 아측 전력이 예측 가능한 형태가 된다. 각군의 독특한 문화가 전투수행 측면에서 수행하는 귀중한 가치를 미래와 현재의 계획가들은 인정해야 한다. 이는 억압할 것이 아니고 잘 이용해야 할 특성이다." Bernard E. Trainer, "Jointness, Service Culture, and the Gulf War," *Joint Forces Quarterly*(Winter 1993/94), p. 74; "합동성을 지나치게 강조(조직통합)하면 문제가 발생한다. 지나친 합동성 강조로 각군의 정체성이 약화되면 각군의 사기와 목적의식, 결과적으로 각군의 효과성이 위협받게 된다. 육군, 해군, 및 공군을 단일 조직으로 완벽히 흡수하는 형태의 합동성이 바람직하지 않다는 사실은 이 같은 것을 진지하게 제기하는 사람이 없다는 사실에서 잘 알 수 있다." Seth Cropsey, "The Limits of Jointness." *Joint Forces Quarterly*(Summer, 1993), p. 76, 또는 David E. Fautua, "The Paradox of Joint Culture." *Joint Forces Quarterly*(Autumn, 2000), p. 81; "각군을 병합하여 단일군(보라색 군대)을 유지하는 것보다는 별도의 각군을 효율통합하는 방식으로 합동군을 만들면 교리 혁신, 각군 핵심 능력의 개발, 연구 개발의 다양성 등 많은 이점이 있다.…각군을 단일의 개체로 흡수하게 되면 문제가 발생한다. 존스(David C. Johns) 대장이 말한 것처럼 합동성을 강조하면서도 각군의 정체성을 보장해야 한다." Michael W. Carrell, "Inculcating Jointness: Officer Joint Education and Training from Cradle to Grave," Naval War College, Newport, RI(2000, 2), p. 2.

47) Col Mackubin T. Owens, USMCR(Ret), "The Use and Abuse of Jointness." p, 51.

48) 육군, 해군 및 공군이 별도 교리, 조직 및 전력구조를 유지한 상태에서 상대방을 지원하고 상대방으로부터 지원받기 위한 효율적인 방법의 문제에 치중한다는 의미다.

율성이 있는 육군, 해군 및 공군의 존재를 가정하고 있다.[49] 여기서 육군, 해군 및 공군은 지상전력, 해양전력 및 항공전력이란 의미가 아니고, 클라우제비츠 및 손자(孫子)와 같은 지상군 이론가, 마한(Alfred Thayer Mahan) 및 코르벳(Julian Corbett)와 같은 해양력 이론가, 듀헤(Giulio Douhet) 및 미첼(Billy Mitchell)과 같은 항공력 이론가들의 이론에 의해 각각 움직이는 전력을 의미한다. 즉 자군의 작전환경에서는 자군의 싸우는 개념에 근거해 전투를 수행하는 군을 의미한다.[50] 각군은 자군의 작전환경에서 최상의 방식으로 싸울 수 있는 전력을 구비해 운용하게 된다.[51] 육군, 해군 및 공군 교리 외에 합동교리를 유지하며, 합동성은 합동교리를 통해 달성하는 것으

49) 효율통합이란 의미에서의 합동성의 본질은 다음과 같다. "효과적인 합동성이란 육군, 해군 및 공군이란 상이한 색채(3원색)를 적절히 혼합해 무지개를 만드는 방식으로 군의 효과성 측면에서 승수효과를 추구하는 것이다. 이는 이들 3원색의 물감을 항아리에서 개별적인 속성을 상실할 정도로 섞는다는 의미가 아니다.…균형 잡힌 군사적 판단과 전투효과는 육군, 해군 및 공군의 개성, 문화, 훈련 그리고 전장에 대한 해석에 의해 좌우된다. 합동성의 본질은 각 군의 개성을 융통성 있는 방식으로 섞는 것이다." John E. Greenwood(Col, USMCR (ret)), "Editorial: The Evolution of Jointness," *Marine Corps Gazette*(November 1997).

50) "오늘날에는 합동성 차원에서 군의 모든 부분을 생각하는 것이 유행이 되었다. 그러나 이는 타당성이 없다. 합동성은 최적의 승수효과를 달성하기 위해 군의 구성군들의 노력을 적절히 배합해 동시통합(Synchronization)하고자 할 당시 합동 지휘 및 통제가 필요한 전쟁의 작전적 수준에서의 문제다.…합동작전에 필요한 전쟁 수행 능력을 배양하고자 하는 경우 육군, 해군 및 공군은 지상, 해상 및 공중에 관한 전문성을 견지해야 한다." Colonel Berthier Desjardins, "Joint Doctrine for the Canadian Forces: Vital Concern or Hinderance?." Canadian Forces College Advanced Military Studies Course 2(1999. 11. 6), p. 19/28. 즉 구성군사령부 이하에서는 각군 교리와 개념에 의해 군이 운용된다는 것이다. 그런데 클라우제비츠 및 조미니의 이론과 같은 지상군이론은 지상에서 최상의 방식으로 싸우기 위한 방안이다. 마찬가지로 해상에서는 마한 및 코르벳, 공중에서는 듀헤 및 미첼과 같은 이론가들의 이론이 최상의 싸우는 방안이다. Kenneth Allard, 권영근 번역, 『미래전 어떻게 싸울 것인가?』(서울 : 연경문화사, 1999), pp. 451-457.

51) "합동작전에 필요한 전투 능력을 발전시키고자 하는 경우 육군, 해군 및 공군 내부에서 전문성을 유지하고 발전시켜야 한다." Colonel Berthier Desjardins, "Joint Doctrine for the Canadian Forces: Vital Concern or Hinderance?." p. 20/28.

로 생각한다.[52] 효율통합은 지원(Supporting) 및 피지원(Supported) 개념에 근거한다.[53] 육군, 해군 및 공군 교리는 지상, 해상 및 공중에서 가장 막강한 사자, 상어 및 독수리처럼 각군 전력을 최상의 방식으로 운용하도록 해주는 성격의 것이다. 반면에 합동교리는 독수리, 사자 및 상어가 동일 목표를 겨냥해 조화를 이루며 움직이도록 하는 성격일 뿐만 아니라 독수리, 사자 및 상어가 타군의 지원을 받아 보다 막강한 독수리, 사자 및 상어가 되도록 하는 성격의 것이다. 자군의 작전환경에 대비해 건설한 군사력을 필요한 경우 여타 군의 작전환경에서도 사용할 수 있게 한다는 의미다.[54] 즉 융통성과 적응성이 있는 합동 차원의 전력구조를 만들기 위해 각군의 능력에 의존한다는 의미다. 각군은 나름의 강점이 있으며 이들 능력을 최대한 이용해야 한다는 논리다.[55]

여기서는 첨단 과학기술의 발전에도 불구하고 클라우제비츠가 말한 전쟁의 '안개'와 '불확실성'을 제거할 수 없다고 가정한다. 미래 위협을 정확히 예측할 수 없기 때문에 빨강, 노랑 및 파랑이란 3원색을 적절히 배합하여 모든 색을 표현하듯이 각군 전력을 적절히 배합해 위기에 대처해야 할 것으로 가정하고 있다.[56] 각군 전력의 효율통합[57]을 통해 무수히 많은

52) Colonel J. G. Guy Simard, "Jointness–It's a Matter of Attitude." p. 12/24; Rebecca Grant, "Closing the Doctrine Gap." *Air Force Magazine*, vol. 80, no. 1(January 1997), p. 51.

53) 권영근, "합동교리 문헌체계에 관한 소고." p. 213–215.

54) 위의 글, pp. 207–208.

55) Col Mackubin T. Owens, USMCR(Ret), "The Use and Abuse of Jointness." p. 58

56) John E. Greenwood, "Editorial: The Evolution of Jointness." p. 2; Maj Alexander P. de Seversky, *Victory Through Air Power* (Garden City, New York: Garden City Publishing Co. INC, 1942), pp. 254–261; 전구(戰區) 차원의 위협에 대처할 목적의 전역(戰役 : Campaign) 계획은 육·해·공군의 '주요 작전' 및 보조 작전을 상호 연계시킨 것이다. 위협의 성격에 따라 전역계획(戰役計劃 : Campaign plan)에 들어가는 작전 형태뿐만 아니라 개개 작전이 전역계획에서 차지하는 비중은 달라진다.

57) 조직통합(Unification)이 조직의 병합(Merge)에 입각하고 있다면 효율통합(Integration)은 각군 조직의 정체성을 인정한 상태에서 진행된다. 예를 들면 공군의 전투기가 육군을 근

유형의 전력을 만들어낼 수 있다는 점에서 상대방 적(敵)은 아측에 대한 대응이 보다 어려워진다.[58] 이 같은 방식으로 계획을 수립함으로써 분쟁의 성격에 무관하게 효율성을 증진시키고, 승수효과를 높이며, 전반적으로 군사력의 효과성을 증진시킬 수 있다. 또한 각군 간 건전한 경쟁의식 조장을 통해 상황 적응 능력과 혁신을 조장할 수 있다고 옹호론자들은 주장하고 있다. 전간기 당시 등장한 전략폭격, 항공모함, 기갑전, 잠수함 및 대잠전, 상륙작전은 각군의 창의성에 입각한 군사혁신이었다.[59]

그러나 혁신을 조장하는 것이 아니고 관료적 타성과 제도적 경직성으로 인해 각군이 변화를 거부할 것이란 반론도 없지 않다.[60] 각군 중심의 관료정치로 인해 최적의 방안이 아니고 가장 용이하고도 손쉬운 방안을 추구할 가능성도 없지 않다는 반론도 있다.[61] 각군이 불필요한 중복전력을 건설함으로써 낭비와 비효율을 초래할 것이란 주장도 있다. 1992년 당시 미 상원위원 샘 넌(Sam Nunn)은 미국의 육군, 해군, 공군 및 해병대가 항공력을 중복 보유하고 있다고 주장했으며, 미국에 4개의 공군이 있고 육군과 해병대가 경보병을 보유하고 있다고 주장했다. 이 같은 주장에 대해 미 합참의장 콜린 파월(Colin Powell)은 중요한 것은 이들 전력의 사용을 정당화해줄 수 있는 전략개념(Strategic Concept)의 존재 유무라며, 미국의 각군은 이 같은 전략개념을 갖고 있다고 주장했다.[62] 전 세계를 상대로 전쟁을 수

접항공지원(Close Air Support)하는 경우를 생각할 수 있다. 근접항공지원 임무를 부여받은 공군 항공기는 육군 지휘관이 원하는 시점과 장소에서 원하는 효과를 유발시킨 후 또 다른 임무를 수행하기 위한 준비를 하게 된다. 여기서 공군 조종사는 자신이 평소 연습한 바대로 임무를 수행한다.

58) Col Mackubin T. Owens, USMCR(Ret), "The Use and Abuse of Jointness." p. 54.

59) *Ibid*.

60) *Ibid*.

61) *Ibid*.

62) *Ibid*., pp. 54-55; "오늘날 미국의 각군이 항공력을 보유하고 있다는 점으로 인해 일부 사

행하는 미국의 각군은 나름의 전략개념으로 인해 육군, 해군, 공군 및 해병대가 별도 항공력을 보유하고 있지만 한반도와 같은 전구 차원의 전쟁에서는 공군구성군사령관이란 단일 지휘관이 항공력을 통합적으로 지휘하며, 해병대 및 육군과 같은 지상전력 또한 지상에서 단일 지휘관이 지휘하고 있다.[63]

각군의 존재를 인정하는 효율통합이란 의미의 합동성과 관련해서는 다양한 시각이 있다. 1986년에 제정된 골드워터-니콜스 법안에서는 합동성을 각군의 권한과 경쟁의식을 줄이는 문제로 생각했다. 반면에 미 상원 군사위원장이던 샘 넌은 합동성을 각군이 중복적으로 보유하고 있는 무기체계를 통합하는 문제로, 각군 임무와 역할의 중복을 제거하는 문제로 인식했다.[64] 미 합참의장을 역임한 콜린 파월은 합동성을 팀워크와 상호협조 측면에서 생각했다. 즉 합동군사령관 수준에서의 노력통일(Unity of effort)로 생각했다. 그러나 이들 모든 정의는 합동군사령관 수준에서의 각군 능력들의 효율적인 통합에 초점을 맞추고 있다.[65]

골드워터-니콜스 법안에서는 각군의 권한 삭감과 경쟁의식 완화 차원에서 합동성을 바라보았다.[66] 각군 간의 경쟁의식은 각군의 작전환경인

람들이 미국에 '4개의 공군'이 있다고 주장할 수 있는 상황이 되었습니다. 사실은 신속하고도 지속적으로 공세 및 방어적 성격의 항공작전을 수행하는 것이 자신의 임무인 공군이 미국에는 오직 하나 있습니다. 타군의 경우 자군의 고유 임무와 기능 측면에서 필수적인 항공무기를 보유하고 있습니다. 그런데 이들 각군은 미국의 항공력을 해외로 투사할 당시 합동 차원에서 일하고 있습니다.…" James H. Kurtz, *Military Roles and Missions : Past Revisions and Future Prospects* (Institute For Defense Analysis, March 2009), p. 33.

63) 이는 공중, 지상 및 해상이란 작전환경에서의 지휘통일이란 전쟁원칙에 근거하고 있다. 미군의 경우 전구의 모든 항공력을 공군구성군사령관이 지휘 통제한다는 사실을 알고자 하는 경우 이 책의 3장 3절 2항 참조.

64) Seth Cropsey, "The Limits of Jointness." p. 72.

65) Dr Don M. Snider, "The US Military in Transition to Jointness Surmounting Old Notions of Interservice Rivalry." *Airpower Journal*(Fall 1996), pp. 18-19.

66) Lederman, 김동기, 권영근 번역, 『합동성 강화 : 미 국방개혁의 역사』 (서울 : 연경문화사,

공중, 지상 및 해상이 상이하다는 사실에 기인한다. 그 결과 전쟁에서 중요한 의미가 있는 상대방 국가의 중심(重心: Center of Gravity)에 대한 인식이 달라진다. 눈앞의 적군과 대적하고 있는 육군 입장에서 보면, 상대방 적군은 온갖 노력을 경주해 격멸해야 할 중심으로 생각할 수 있다. 눈앞에 적이 없는 공군은 상대방 국가의 지도자가 중요시 여기는 부분, 핵심 산업시설과 같은 것을 중심으로 생각하는 경향이 있다. 반면에 해군은 해상통제에 관한 부분을 중심으로 간주하는 경향이 있다. 결과적으로 공군은 적진 깊숙한 곳에 있는 적의 심장부를 강타하기 위한 고성능 항공기를, 육군은 지상작전을 지원하기 위한 무기를, 해군은 해상통제를 위한 무기를 우선적으로 구입해야 할 것이라고 주장하게 된다. 이처럼 군사력건설 측면에서의 각군의 경쟁의식은 군사력 운용 과정에서도 그대로 목격된다. 육군은 군의 자산 중에서 가능한 한 많은 부분을 지상작전 목적으로, 공군은 적의 심장부를 강타할 목적으로, 해군은 해상통제를 목적으로 운용해야 할 것이라고 주장하게 된다.[67] 이처럼 각군이 자군의 시각에서 군사력을 건설 및 운용하고자 하는 경향을 완화할 목적에서 2차 세계대전 이후 미국은 육군, 해군 및 공군 구성군으로 구성되어 있는 합동군(Joint Force)[68][69]

2002).

67) Dennis M. Drew and Donald M. Snow, *Making Twenty-First-Century Strategy*(Maxwell AFB, Alabama: Air University Press, 2006), pp. 206-209. 또는 권영근 번역, 『21세기 전략기획』 (서울 : 한국국방연구원, 2010), pp. 213-214.

68) 이는 한국군이 말하는 합동군과 다르다.
이는 전구의 모든 전력을 단일지휘관이 지휘하며, 전구의 모든 공중 전력을 공군구성군사령관이, 전구의 모든 해상 전력을 해상구성군사령관이, 전구의 모든 지상 전력을 지상구성군사령관이 지휘 통제하는 형태다. 합동군에는 통합사령부(Unified Command), 특수사령부(Specified Command), 합동기동부대(Joint Task Force)가 있다. 합동참모본부, 미 합동교범 0-2 번역본(2003. 12), pp. 106-116.
한국군이 말하는 합동군은 군정은 각군 참모총장이 군령은 합참의장이 지휘 통제하는 형태를 의미한다.

69) 2005년 필자는 중국 국방대학교에서 장교들이 합동작전 교리를 포함한 합동교리를 공부

을 지구상 도처에 설치했으며, 이들 합동군의 전력 중에서 모든 지상, 해상 및 공중 전력을 각각 단일 지휘관이 지휘하도록 했다.

미군이 합동군을 유지하고 있었음에도 불구하고 1982년 당시의 미 합참의장인 공군대장 존스(David C. Johns)는 미 합참의장제를 재조직할 필요가 있다고 미 하원에서 증언했다. 이 같은 존스의 증언이 발단이 되어 1986년 미국은 골드워터-니콜스 법안을 제정했다. 법안에서는 합동성을 각군 간의 경쟁의식 완화와 각군 권한의 삭감 측면에서 바라보았다. 법안에서는 각군의 상호협조 증진을 위해 군의 교육체제를 바꾸고, 장교들의 보직과 진급에 대한 각군의 통제 정도를 줄이며, 장교들이 합동 부서에 보다 많이 근무할 수 있도록 했다. 이 같은 방식으로 각군의 권한을 줄이고자 노력했다. 법안에서는 합동 차원에서 사고 및 행동하기 위한 구체적인 모델을 제시하지 않았다. 반면에 각군 대학의 교과 과정에 관한 명확한 지침을 제시했으며, 장교의 승진 자격을 구체화했을 뿐만 아니라 주요 무기체계의 획득 권한과 책임을 국방부장관실로 이전하기 위한 기반을 마련했다. 법안에서는 군의 지휘계통에 대해서도 동일한 접근 방안을 적용했다. 미 의회는 각군 간의 갈등을 해소하고 각군의 노력을 통일할 수 있도록 합참의장과 합동참모의 권한을 강화하고자 노력했다. 합동 차원에서의 군사력 운용을 위해 합동기획과 합동교육을 강조하고, 합동교리 발간을 지시했다. 또한 국방부, 합참과 같은 합동부서에 근무하는 육·해·공군 장교들이 숫자와 직위 측면에서 균형을 유지하도록 했다.

샘 넌 상원의원은 각 군의 중복 전력 통폐합 측면에서 합동성을 바라보았다. 전 세계 도처에서 전쟁을 수행하는 미국의 각군은 타군의 지원이 없

히는 모습을 목격했다. 또한 중국 국방무관을 역임한 임태일 예비역 해군대령은 중국군이 자군의 구조를 영어로 Joint Force로 표기한다고 말했다. 한편 이스라엘 무관을 역임한 예비역 공군준장 이태인은 이스라엘이 자군을 Joint Force로 지칭한다고 말했다. 중국의 심양군구는 대표적인 합동군이다.

이도 임무를 수행할 수 있도록 하기 위해 적극 노력했다. 예를 들면, 태평양에서의 해전을 고려해 미 해군은 미 공군에 못지않은 막강한 항공력을 건설했다. 미 해병대와 육군도 마찬가지다. 결과적으로 미국의 각군은 막강한 항공력과 정보(Intelligence) 전력을 보유하고 있다. 1992년 미 상원 군사위원장이던 샘 넌(Sam Nunn)은 12개 영역에서의 중복 전력 통폐합이 합동성 측면에서 중요한 의미가 있다고 주장했는데, 이들 중 8개 영역이 항공력과 관계가 있었다. 이 같은 샘 넌의 주장에 클린턴 대통령이 동조했다.[70] 샘 넌의 주장을 검토한 보고서에서 당시의 미 합참의장 파월은 다음과 같이 답변했다. "오늘날 미국의 각군이 항공력을 보유하고 있다는 점으로 인해 일부 사람들이 미국에 '4개의 공군'[71]이 있다고 주장할 수 있는 상황이 되었습니다. 사실은 신속하고도 지속적으로 공세 및 방어적 성격의 항공작전을 수행하는 것이 자신의 임무인 공군이 미국에는 오직 하나뿐입니다. 타군의 경우 자군의 고유 임무와 기능 측면에서 필수적인 항공무기를 보유하고 있습니다. 그런데 이들 각군은 미국의 항공력을 해외로 투사할 당시 합동 차원에서 일하고 있습니다.…"[72]고 답변했다.

파월의 논리는 미 해군 항공력의 경우 태평양에서의 자신의 주요 임무와 역할을 수행하는 과정에서 필수적인 전력이지만 한반도와 같은 곳에서 작전을 수행하는 경우 육군, 해병대 및 공군 항공력과 함께 합동군공군

70) 클린턴은 다음과 같이 말했다. "미군의 기본 조직을 새롭게 검토해야 할 시점이 되었다는 샘 넌(Sam Nunn) 상원위원의 의견에 동의합니다. 우리는 해병대, 육군, 해군 및 공군 모두가 독자적으로 항공력을 유지하고 있습니다. 육군 및 해병대가 보병을 유지하고 있습니다.…각군의 고유 능력을 존중하면서 우리는 불필요한 부분을 제거하는 방식으로 수십억 달러를 절약하고 보다 잘 작전을 수행할 수 있을 것입니다." James H. Kurtz, *Military Roles and Missions : Past Revisions and Future Prospects*, p. 33.

71) 미 상원위원이던 골드워터(Barry Goldwater)는 미국이 지구상에서 유일하게 4개의 공군을 보유하고 있는 국가라고 말했다. *Ibid.*, p. 45.

72) *Ibid.*, p. 35.

구성군사령관(JFACC)이란 단일 지휘관의 지휘 아래 통합적으로 전투를 수행하기 때문에 중복 전력으로 볼 수 없다는 것이었다. 해병대 및 육군 항공력 또한 마찬가지지란 인식이었다. 이 같은 파월의 주장에도 불구하고 각군의 중복 전력을 제거해야 할 것이란 의견이 지속적으로 제기되었는데, 미국 경제가 어려워지면서 이 같은 의견이 보다 설득력이 있게 되었다. 한반도에서 합동 차원에서 전쟁을 수행하게 될 한국군의 각군이, 즉 자군 나름의 전략개념이 없는 한국군의 각군이 항공력(미사일 및 항공기)을 독자적으로 보유할 이유는 있는가? 독자적으로 보유하는 경우 누가 지휘 통제해야 하는가? 합참의장 또는 합동군사령관이 지휘 통제해야 하는가? 이들이 항공력을 지휘 통제해야 한다면 왜 육군과 해병대의 지상 전력은 이들이 지휘 통제하지 않는가? 특정 구성군사령관이 통합적으로 지휘 통제해야 한다면 각군이 별도 항공력을 보유할 이유는 있는가? 각군이 독자적으로 항공력을 지휘 통제해야 한다면 우군살상과 중복전력 건설의 문제는 어떻게 할 것인가? 국방개혁 2020 당시 한국육군이 작전지역을 넓힘에 따라 공군 작전영역과 중첩되면서 중복전력 건설의 문제뿐만 아니라 동일 표적을 공군과 육군이 공격함에 따른 우군살상과 전력 낭비의 문제를 초래했다.[73)]

콜린 파월은 타군에 대한 신뢰 구축 측면에서 합동성을 바라보았다. "합동전은 팀 차원의 전쟁이다."[74)]라고 파월은 말했다. 합동성은 타군의

73) 권영근, "한국공군의 전략적 혁신 : 항공력의 효율적인 지휘구조 정립을 중심으로." 『제14회 항공우주력 국제학술회의』(2011. 6. 28), pp. 49-50; 김종대, "국방개혁 2020 논란 - 국방부장관의 자가당착에 갈 길 잃은 국방개혁." 『월간조선』(2009, 1), pp. 88-103; 이정훈, "육군 유도탄사를 공군으로 옮겨라." 『신동아』(2007. 12. 1), pp. 294-300; 이정훈, "국방개혁2020 수정안과 공군의 전력증강." 『제12회 항공우주력 국제학술회의』(2009. 6. 24). 당시의 발표에서 이정훈은 육군이 작전지역을 확대함에 따라 공군과 작전지역이 중첩된다는 사실을 중점적으로 설명했다.

74) Joint Publication, *Joint Warfare of Armed Forces of the United States*(10 January of 1995), p. I.

능력을 이해하고 이들 군이 이 같은 능력을 올바로 사용할 것이란 점을 신뢰하는 일에서 시작된다. 군사력 운용 측면에서 보면, 합동군 예하 각 구성군은 합동군사령관과 여타 구성군이 최상의 방식으로 전쟁을 수행할 것이란 점을 신뢰해야 한다. 전시 육군과 해군은 공군이 최선을 다해 자신을 지원해줄 것임을 신뢰해야 한다. 해군과 공군은 적의 지상공격으로부터 육군이 최선을 다해 항만과 비행장을 보호해줄 것임을 신뢰해야 한다. 공군과 육군은 해상을 통해 북한 특작부대가 침투하지 못하도록 해군이 최선을 다할 것으로 믿어야 한다. 전시 적의 지상 공격으로부터 비행장이 안전할 것이라고 믿을 수 없는 경우 공군의 조종사들은 안심하고 작전을 수행할 수 없을 것이다. 육군을 믿지 못하는 경우 공군은 비행장을 방어하기 위한 지상 전력을 별도 구축할 필요가 있다고 주장할 수도 있을 것이다.

해군 및 육군의 경우도 상황은 마찬가지다. 미 해군이 항공력을 보유하고 있는 것은 제2차 세계대전 당시 목격된 바처럼 태평양과 같은 대양에서의 해전이 본질적으로 항공전이기 때문이다.[75] 미 해병대가 항공력을 보유하게 된 주요 이유는 여타 군에 대한 불신 때문이었다.[76] 미 육군이 헬리콥터를 대거 보유하게 된 것은 한국전쟁 당시 미 공군으로부터 근접항공지원을 제대로 받지 못했다는 인식 때문이었다.[77] 3장에서 살펴보겠지

75) 태평양전쟁에서 목격되었듯이 오늘날의 해전은 본질적으로 항공전의 성격을 띠고 있다. Donald M. Snow/Dennis M. Drew, 권영근 번역, 『미국은 왜? 전쟁을 하는가』 (서울 : 연경문화사, 2003), p. 199.

76) "미 해병대가 자군 지상군에 대한 근접항공지원 임무를 유지하고 있는 것은 필요한 순간에 공군 또는 해군이 지원해주지 않을 것으로 믿고 있기 때문이다." 미 해군대령 James D. Hefferman, "The Shaping of Services Roles Through History-Get Back to Fundamentals", US Army War College(2003), p. 17.

77) "한국전쟁 당시의 경험으로 인해 그리고 월남전에서 헬리콥터가 근접항공지원에 효과가 있었다는 점으로 인해 미 육군은 헬리콥터 전력을 개발했다." George T. Simpson, "Toward a Single Air Force: Will Tactical Air Be Part of The Marine Corps' Future?", U.S.

만 한국육군은 전 세계 도처에서 지상전을 수행하는 미 육군에 못지않은 조직, 인력 및 전력을 구비하고 있다. 반면에 해군과 공군, 특히 공군은 자군이 수행해야 할 다수 임무 중에서 일부분만을 수행하는 전력과 조직을 구비하고 있다. 육군 입장에서 보면, 해군과 공군, 특히 현행 작전 중심의 임무를 수행하는 공군[78]을 신뢰하기 곤란할 것이다. 결과적으로 공군의 지원을 받기보다는 자신에게 필요한 항공력을 직접 건설하겠다는 충동이 생길 수도 있을 것이다.

문제는 이처럼 하는 경우 합동 차원이 아니고 육군 중심의 군사력 건설과 운용, 중복전력 건설과 운용이 이루어질 것이란 점이다. 국방 차원에서 보면 이것이 아니고 공군을 신뢰할 수 있는 수준으로 보강해야 할 것이다. 육군 및 해군과 관련해서도 동일하게 말할 수 있을 것이다. 합동성 측면에서 중요한 부분에 각군이 가장 잘 할 수 있는 부분(핵심 능력)을 규명하는 문제가 있다. 일반적으로 의사는 자신이 타고 다니는 자동차를 직접 만들지 않으며, 자동차를 만드는 사람은 부상을 입은 경우 자신이 직접 치료하는 것이 아니고 의사의 도움을 받게 된다. 이처럼 우리는 문제를 가장 잘 해결할 수 있는 사람에게 의존해 해결하고자 노력해야 한다. 군의 문제 또한 상황은 마찬가지다. 해군의 핵심 능력은 해상 및 해저에서의 작전 수행 능력이며, 육군의 핵심 능력은 모든 지형에서의 지상 작전 수행을 위한 것이다. 공군의 핵심 능력은 공중을 통제할 목적의 것이다. 간략히 말하면 각군의 주요 임무는 공중, 지상 및 해상이란 상이한 작전환경에서 전투를 수행하는 것이다. 오늘날 각군 전력은 합동군사령관 휘하에서 통합

Army War College(1993), p. 32; 그러나 미 육군은 육군헬리콥터가 공군의 항공임무명령서(ATO)에 포함되어 공군이 통제하게 되는 현상을 우려해 헬리콥터를 근접항공지원 전력이 아니고 기동 전력으로 운용하고자 노력했다. James H. Kurtz, *Military Roles and Missions : Past Revisions and Future Prospects*, p. 37.

78) 지상과 해상이 겹치지 않다는 점으로 인해 육군은 해군과 대립되는 부분이 없다.

적으로 운용되어야 한다. 독자적으로 운용되는 경우 공중, 지상 및 해상이란 작전환경에서 진행되는 전쟁(Warfare)을 최대한 이용할 수 없기 때문이다.[79] 한편 함께 공조하며 작전을 수행하는 경우 이들 전력이 상호 지원할 수 있을 뿐만 아니라 효과적인 전투력으로 기능할 수 있기 때문이다. 육군, 해군 및 공군은 자군 작전환경에서의 주요 작전을 수행할 목적이 아닌 능력을 개발하면 안 될 것이며, 이들 능력과 관련해서는 타군에 의존해야 할 것이다. 즉 상대방 군을 신뢰해야 할 것이다.

라. 군령 통할기구 : 총참모장제, 합참의장제, 단일참모총장제

군령 통할기구에서는 군사력 소요를 결정하고 국가의 항공력, 지상전력 및 해상전력을 효율 및 효과적으로 운용하기 위한 합동교리, 합동개념서, 군사전략서 등을 정립한다. 또한 군령 측면에서 국방부장관과 최고통수권자를 보좌하게 된다.

군령 통할기구의 형태에는 총참모장제, 합참의장제, 단일참모총장제가 있다. 합참의장제는 이들 일을 수행하는 군령 통할기구가 육군, 해군 및 공군 장교들로 구성되는 합동참모(Joint Staff)에 의해 움직이는 경우인 반면 총참모장제는 육군, 해군 및 공군은 존재하지만 각군의 이익을 초월한 총참모(General Staff)들에 의해 움직이는 경우를 말한다.[80] 총참모장제는 구소련, 중국, 북한, 이스라엘, 터키, 폴란드와 같은 국가들이 운용하는 체제인 반면 합참의장제는 미국, 영국, 일본, 프랑스, 독일, 대한민국과 같은 국가가 운용하는 체제다.

79) 공중, 지상 및 해상에서 진행되는 전쟁이 동일 목표를 겨냥하도록 하고자 하는 경우 단일 지휘관이 이들 전쟁을 상호 조정해야 한다.

80) Kimberly Marten Zisk, *Engaging The Enemy,* pp. 8–10.

단일참모총장제는 육군, 해군 및 공군참모총장을 없애고 단일참모총장을 중심으로 군령 통할 및 집행기구가 구성되어 있는 경우를 말한다. 1960년대 당시 캐나다 군은 단일참모총장제를 추구한 바 있다.[81] 오늘날 지구상에서 단일참모총장제를 운용하고 있는 국가는 없다.[82] 818계획 당시 한국군은 단일참모총장제를 추구했는데, 이는 2차 세계대전 이후 미 육군의 콜린스(Collins)가 제기한 총참모장제를 단일참모총장제로 오인했기 때문일 것이다.[83] 또 다른 한편에서는 구소련, 중국, 북한, 이스라엘, 터키, 폴란드와 같은 국가의 군제를 각군이 존재하지 않는 단일군으로 오인했기 때문일 것이다. 이 부분에 관해서는 한국군 군제와 국방개혁의 역사를 다루고 있는 2장 2절과 3장 3절에서 보다 자세히 살펴볼 것이다.

총참모장제의 본질을 파악하려면 구(舊) 독일군의 군 구조를 살펴봐야 한다. 독일군에서 유래한 총참모장제는 '전쟁의 천재'인 총참모(General Staff)들로 하여금 군사력 건설과 운용의 문제를 책임지도록 하는 제도다. 총참모는 진급이 보장되어 있을 뿐만 아니라 자유롭게 발언할 수 있는 등 정치적으로 신분이 보장된 장교다. 이들은 교리를 작성하고, 전략을 기획하며 작전을 계획하고, 군사이론을 발전시키며, 군의 소요(所要)를 제기하는 등 군의 주요 업무를 수행한다. 총참모로 발탁되면 전역할 때까지 신분을 보장받게 된다. 독일군 총참모 제도는 샤론호스트(Sharnhorst) 장군에

81) Col Mackubin T. Owens, USMCR(Ret), "The Use and Abuse of Jointness." pp. 50-51.

82) 818 당시 한국군이 말하는 단일참모총장제는 통합군제를 말한다. 공군 기참차장 조건환 장군은 "단일참모총장제는 옛날 육군이 이야기하던 통합군제도이라고 말했다." "역대 공군참모총장 초청 818계획 설명회." 일시(1989. 2. 2). 장소(공군본부), 대상(역대 공군참모총장 11명), p. 20/29; 전 국방부장관 조영길은 "통합군제는 학술적인 용어로 총사령관제라고 하는데, 이것을 사용하는 국가는 오늘날 없습니다."고 말했다. 국회사무처, "303회 국방개혁관련법 개정공청회 회의록 : 국방소위 제3차 법률심사위원회(2011. 1. 21)".

83) 캐나다 군의 경우 육군, 해군 및 공군 참모총장을 없앴다. 그러나 미군의 경우 각군 참모총장이 없는 단일참모총장제라기 보다는 총참모장제로 볼 수 있다. 당시 미국은 독일과 같은 총참모들이 군을 이끄는 모습을 구상하고 있었다.

의한 1800년대 초반의 개혁의 결과다. 예나(Jena) 전투에서 패배한 독일군은 통수권자의 능력에 무관하게 국가안보가 유지되도록 재능 있는 엘리트 장교들이 군의 주요 문제를 전담해야 할 것으로 생각했다. 이들 총참모는 신분 또는 재산이 아니고 지적인 능력과 검증된 자질에 입각해 선발되어 엄격하고도 총체적인 교육과 훈련을 받았다. 총참모로 발탁된 장교들은 별도 관리되었다. 이들은 진급과 지휘 측면에서 특별대우를 받았으며, 야전장교들과 비교해 상급 부서로 진출할 기회가 훨씬 많았다. 예를 들면 독일군 역사에서 총참모 출신이 아니면서 야전군 원수로 승진한 사람은 롬멜(Erwin Johannes Eugen Rommel) 뿐이었다.[84] 1914년 독일 육군에는 29,000여 명의 장교가 있었는데, 이들 중 622명(2.14%)이 총참모였다. 총참모 출신 장교들은 규모가 작았다는 점으로 인해 서로를 매우 잘 알고 있었다. 그 결과 이들 간에는 자유스런 논쟁과 토론이 가능했으며, 일반적인 인식에서 벗어나는 견해 또한 어느 정도 수용되었다.[85]

독일육군과 마찬가지로 독일해군과 독일공군 또한 총참모 제도를 운용했다. 그러나 독일군은 육군총사령부(OKH), 공군총사령부(OKL), 해군총사령부(OKM)에서는 총참모를 운용했지만 이들 총사령부를 통합 지휘하기 위한 독일군총사령부(OKW)에서는 각군을 초월한 총참모를 운용하지 않았다. 이는 히틀러와 막역한 사이였던 독일공군 총사령관인 괴링이 이곳에서 각군을 초월해 일하는 총참모를 유지하는 경우 독일육군에 의해 항공력이 운용될 수 있음을 우려했기 때문이었다.[86] 또한 독일군총사령부는

84) Geoffrey P. Megargee, *Inside Hitler's High Command* (Lawrence Kansas : University Press of Kansas, 2000), p. 97.

85) James S. Corum, *The Luftwaffe: Creating the Operational Airwar(1918-1940)* (Lawrence Kansas : University Press of Kansas, 1999), pp. 66-67.

86) Geoffrey P. Megargee, *Inside Hitler's High Command*, p. 63.

야전 부대에 대한 지휘권한을 행사하지 않았다.[87]

구독일, 소련, 중국, 북한, 터키, 이스라엘, 대만, 폴란드, 베트남과 같은 국가에서는 이처럼 신분이 보장되어 있으며 각군에 편향되어 있지 않은 '전쟁의 천재' 유형의 총참모들이 군령 통합기구를 이끌고 있다. 군의 소요를 각군 이익이 아니라 국가안보 측면에서 총참모들이 통합적으로 제기한다는 점에서 군사력 건설을 위한 각군 차원에서의 문서 행위가 대폭 줄어들 수 있다. 또한 전력을 획득해 공급하는 일을 총참모부 예하의 군사력 운용 조직이 아닌 별도 조직에서 전담할 수 있으며, 총참모부 예하 조직은 전력을 유지 관리하고 운용하는 부분으로 업무를 국한시킬 수 있다. 소위 말해 총참모부 예하 조직은 군령의 집행에 치중할 수 있다.

2차 세계대전 직후 미군은 상부지휘구조 문제를 놓고 격론을 벌였다. 미 육군은 단일 장관이 국방예산을 통제하는 단일화된(Unified) 형태의 국방성과 단일 장교가 각 군 조직을 지휘하는 단일화된 국방조직을 선호했다. 반면에 해군은 단일화된 형태의 상부지휘구조에 반대했다. 미 육군이 단일화된 상부지휘구조를 선호했던 것은 단일의 의사결정권자가 자원을 할당하지 않는 경우 향후의 전쟁에서 점차 주요 역할을 수행하게 될 공군과 해군에 자원을 빼앗길 가능성이 있다는 우려 때문이었다. 단일화된 예산을 단일 장교 또는 민간인이 통제하는 경우 해군에 배정될 예산의 규모가 줄어들지 모른다는 점을 해군은 우려했다.[88] 강력한 형태의 단일지휘관이 출현하는 경우 그가 궁극적으로는 민주국가의 전복을 획책할 독재자가 될 가능성도 없지 않다는 이론을 내세워 해군은 자군의 입장을 정당화시켰다.[89] 미군 전체를 대변하는 총참모 냄새가 나는 모든 사항에 해군

87) *Ibid.*, p. 65.

88) Kenneth Allard, 권영근 번역, 『미래전 어떻게 싸울 것인가?』, pp. 199-200.

89) 위의 책, p. 203.

은 강력히 반대했다. 총참모 개념에 반대하던 사람들은 군 전체를 대변하는 단일지휘관과 마찬가지로 군 전체를 대변하는 총참모를 편성하게 되면 군국주의가 조장되며, 이들이 선거에 의해 선출된 민간정부를 전복시킬 가능성도 없지 않다고 주장했다. 이들은 독일에 군국주의가 출현해 미군이 피를 흘리며 싸우지 않을 수 없었던 것은 독일군 총참모들 때문이었다고 주장했다. 군을 대변하는 단일 지휘관과 총참모의 출현을 두려워했던 미 의회는 1947년 국가안보법(National Security Act)에서 각군 참모총장을 위원으로 하는 합동참모회의를 구성하고는 대통령과 국방부장관에게 군사문제에 관해 조언하는 주요 인물들로 이곳을 지정했다. 국가안보법에서는 합동참모들이 합동참모회의를 지원하도록 했지만 합참의장이란 직분은 설치하지 않았다. 또한 합동참모회의가 각군에 대한 군령권을 행사하지 못하도록 했다. 1949년의 개정안을 통해 미국은 합참의장이란 직분을 신설했다. 이 같은 합참의장제를 대한민국과 같은 국가들이 수용했다. 영국 및 호주와 같은 국가들이 채택하고 있는 국방참모총장제(Chief of Defense Staff)는 합참의장제의 변형이다.

합참의장제 또는 총참모장제인지에 무관하게 지구상 각국은 한반도 또는 태평양과 같은 전구에서 육군, 해군 및 공군을 이용해 합동 차원에서 효율적으로 군사력을 운용하기 위한 전구 지휘구조의 정립을 위해 노력하고 있다.

마. 군령 집행기구 : 전구 지휘구조

합동은 3군을 규합하여 국가가 직면할 수 있는 다양한 위협에 대응하기 위한 방법에 관한 것이다. 합동은 육군, 해군 및 공군이란 이질적인 요소가 동일 목표를 겨냥해 효과적이고도 효율적으로 기능할 수 있도록 평시 이들 군의 군사력을 건설하고 전시 운용하기 위한 방법에 관한 것이다.

합동의 문제를 비교적 잘 정리한 사람에 2차 세계대전 당시 노르망디 상륙작전을 성공적으로 계획수립 및 수행하여 유럽에서의 전쟁을 승리로 이끈 아이젠하워(Dwight David Eisenhower) 장군이 있다. 전후 미국 대통령에 당선된 아이젠하워는 향후의 전쟁은 육군, 해군 및 공군이 함께 힘을 모아 싸우는 형태가 될 것이라며 합동차원에서의 군사력 건설과 운용을 역설했다.[90] 이처럼 3군이 상호 공조하며 합동차원에서 군사력을 건설 및 운용해야만 하게 된 것은 20세기 초반에 등장한 항공기와 같은 첨단 무기 때문이었다. 19세기 당시만 해도 육군과 해군은 지상과 해상을 중심으로 독자적으로 지상전과 해전을 수행해도 특별한 문제가 없었다. 그러나 항공기와 같은 첨단 무기체계가 등장하면서 특정 군의 무기가 여타 군에도 영향을 미치게 되면서 각군 간의 지휘통제 문제가 대단히 복잡해졌다. 결과적으로 합동 차원에서의 군사력 건설과 운용이 절실히 요구되었다. 이 같은 맥락에서 지구상 각국은 육군, 해군 및 공군이 상호 협조하며 효율적으로 작전을 수행하기 위한 군사력을 건설하고, 이처럼 건설된 군사력을 합동차원에서 운용하고자 적극 노력했다.

2차 세계대전을 거치면서 미군은 태평양과 같은 전구에서의 지휘통제를 위해서는 공중, 지상 및 해상에서 벌어지는 전쟁(Warfare)을 각각 단일의

90) "독자적으로 지상·해상 및 공중전을 수행할 수 있었던 시절은 이미 지나갔습니다. 평시 군사력을 건설하고, 군 조직을 정비하고자 할 때는 이 점을 염두에 두어야 할 것입니다. 전략 및 작전기획은 완전 단일화(Unite)되어야 할 것입니다. 군의 전투력은 통합사령부(단일지휘 : Unified Command) 형태로 조직화해야 하며, 이들 통합사령부는 최신의 효율적인 무기체계를 구비하고 있는 상태에서 단일 지휘관이 지휘해야 할 것입니다. 또한 통합사령부 휘하의 전력은 소속 군에 상관없이 단일의 개체로 싸울 준비가 되어 있어야 할 것입니다." Lederman, 김동기, 권영근 번역, 『합동성 강화 : 미 국방개혁의 역사』, p. 72 또는 Historical Division, Joint Secretariat, JCS, *Organization Development of the Joint Chiefs of Staff, 1942-1989* (Washington, D.C. U.S. Government Printing Office, 1989), pp. 36-37.

공중, 지상 및 해상 지휘관이 지휘하고 이들 공중, 지상 및 해상 전쟁 전체를 단일지휘관이 지휘하는 단일지휘구조(Unified Command Structure)를 유지해야 한다는 사실을 잘 알고 있었다.[91] 결과적으로 1946년 미국은 전쟁 지역에서의 전투수행을 육군, 해군 및 공군이 합동 차원에서 수행할 수 있도록 지구상 도처에 태평양사령부와 같은 전구사령부를 설치하고는 전구의 모든 지상전력, 해상전력 및 공중전력을 단일의 지상구성군사령관, 해상구성군사령관, 공중구성군사령관이 각각 지휘하고 전구의 모든 전력을 전구사령관이 지휘하는 단일지휘구조를 정립했다.[92] 또한 이들 지상, 해상 및 공중 전력을 각각 클라우제비츠와 같은 지상전 이론가들의 이론, 마한과 같은 해양력 이론가들의 이론, 듀헤와 같은 항공력 이론가들의 이론에 따라 움직이도록 만들었다.

또한 각군 참모총장과 각군성 장관을 거쳐 대통령으로 연결되던 3군 병립적인 상부지휘구조를 개선하기 위해 국방성을 설치하고는 각군성 장관을 국방부장관이 관장하도록 했다.[93] 1958년의 국방재조직에서는 각군 참모총장을 작전지휘계선에서 제외시키고는 전구사령부 소속의 각군 구성군에 대한 행정 지원만을 담당하도록 했다. 즉 대통령으로부터 권한을 위임받은 국방부장관이 합참의장을 통해 전구사령관을 직접 지휘하는 형

---

91) "전구 수준에서 단일지휘구조(Unified Command Structure)를 정립해야 한다는 사실에 대해 각군 간에 이견은 전혀 없었다." David Jablonsky, *War by Land, Sea and Air*(New Haven and London : Yale University Press, 2010), p. 146; "1945년 당시에도 야전에서의 지휘통일에 반대하는 사람은 전혀 없었다." Kenneth Allard, 권영근 번역, 『미래전 어떻게 싸울 것인가』, p. 207.

92) Kenneth Allard, 권영근 번역, 『미래전 어떻게 싸울 것인가?』, pp. 208-209; 이것을 통합사령부 구조로 지칭하기도 한다.

93) Kenneth Allard, 권영근 번역, 『미래전 어떻게 싸울 것인가?』, pp. 197-198, 208-209, 450-457; Thomas A. Cardwell III Colonel, USAF, *Command Structure for Theater Warfare : The Quest for Unity of Command*(Maxwell Air Force Base, Alabama : Air University Press, 1984), pp. 41-44.

태가 되도록 만들었다.[94] 1986년의 골드워터 니콜스 법(Goldwater-Nichols Act)을 통해 미군은 합동조직에 근무하는 장교들의 전문성을 높이기 위해 합동장교(Joint Specialty Officer) 제도를 만들고, 장군으로 승진하고자 하는 경우 일정 기간 동안 합동조직에서 근무해야 하는 등 일련의 조치를 취했다.[95]

군사력 소요를 제기하고 전략지침을 내리며, 전략과 작전을 기획하는 합동조직을 주도하는 참모가 육군, 해군 및 공군 장교로 구성된 합동참모인지 아니면 각군을 초월한 '전쟁의 천재'들로 구성되는 총참모(General Staff)인지의 차이가 있을 뿐 지구상 각국은 합동 차원에서의 군사력 건설과 운용이 가능한 상부지휘구조를 정립하고자 노력하고 있다.[96] 또한 전구의 모든 전력을 단일 지휘관이 지휘하고, 전구의 모든 지상, 해상 및 공중 전력을 단일의 지상, 해상 및 공중구성군사령관이 지휘토록 하는 단일 지휘구조를 정립하고자 노력하고 있다. 2차 세계대전 당시 독일군이 선보였으며[97] 전후 미군이 채택한 단일지휘구조를 오늘날 나토[98]와 한미연합

94) Lederman, 김동기, 권영근 번역, 『합동성 강화 : 미 국방개혁의 역사』, p. 74; Kenneth Allard, 권영근 번역, 『미래전 어떻게 싸울 것인가?』, pp. 230-231.

95) Lederman, 김동기, 권영근 번역, 『합동성 강화 : 미 국방개혁의 역사』, pp. 195-215.

96) Kimberly Marten Zisk, *Engaging The Enemy,* pp. 8-10.

97) "1940년 5월의 프랑스에 대한 공격에서 독일군이 승리할 수 있었던 주요 이유 중 하나는 Unified Command란 지휘구조였다. 한편 제2차 세계대전 초반 연합군이 신속히 패배했던 이유도 지휘구조와 관련이 있었다. 당시 독일군은 육군, 해군 및 공군이란 각군이 상대방을 지원하는 Unified Command 구조를 유지하고 있었다. 반면에 연합군은 이 같은 지휘구조를 유지하고 있지 않았다." 인터넷 자료 : http://www.historylearningsite.co.uk/command_structure.htm (검색일 : 2012. 1. 9)
500만부 이상이 팔렸으며 영화로 제작된 『항공력을 통한 승리(Victory Through Air Power)』란 제목의 책에서 1943년 알렉산더 세바스키(Alexander Serversky)는 독일군은 육군, 해군 및 공군을 기반으로 하는 Unified command를 유지하고 있는 반면 연합군은 그렇지 못하다고 주장했다. Major Alexander P. De Seversky, *Victory Through Air Power*, pp. 254-261.

98) 인터넷 자료 http://www.historylearningsite.co.uk/command_structure.htm (검색일 : 2012. 1. 9)

사령부[99]가 채택하고 있으며, 러시아가 2010년 7월[100], 일본이 2006년 3월[101]에 채택했다. 중국군의 경우 심양군구 등 7개 군구를 유지하고 있는데 이들은 단일지휘구조다.[102] 자유중국 또한 단일지휘구조를 정립하지 못하고 있는 자군의 현실을 애석해하고 있는 실정이다.[103]

이 같은 단일지휘구조는 'All for one, One for all'이란 원칙과 'Non-rival'란 원칙에 입각해 운용된다. 'All for one, One for all'이란 특정 군이 직면하고 있는 문제를 여타 군이 합심해 대처한다는 의미인 반면, 'Non-rival'이란 예산 및 전력 운용 등 각군 간의 문제를 완력이 아니고 대화와 타협을 통해 해결해야 한다는 원칙이다.[104] 이들 원칙을 준수하고자 하는 경우 육군, 해군 및 공군의 행위를 조정 통제하기 위한 합동조직에 근무하는 육군, 해군 및 공군 장교들의 계급구조와 비율을 동일하게 유지하거나 중국군의 경우처럼 각군의 이익을 초월한 총참모를 이들 합동조직에 보임해야 할 것이다. 미군처럼 합동참모를 보임시키고 있는 국가의 군대들이 합참 및 태평양사령부와 같은 합동조직에 동일 계급과 숫자의 육군, 해군 및 공군 장교를 유지하고 있는 것은 이 같은 이유 때문이다. 한편 지구상 국가들의 육군, 해군 및 공군은 군사력 건설을 위한 독자적인 군정 조

99) 인터넷 자료 http://en.wikipedia.org/wiki/United_Nations_Command_(Korea)(검색일 : 2012. 1. 9)

100) 인터넷 자료 http://www.globalsecurity.org/wmd/library/news/russia/2010/russia-100715-rianovosti02.htm(검색일 : 2012. 1. 9)

101) 인터넷 자료 Japan News, Pacifist Japan Puts Troops Under Unified Command, Tokyo(AFP) (2006. 3. 28). http://www.spacewar.com/reports/Pacifist_Japan_Puts_ Troops_Under_Unified_ Command.html(검색일 : 2012. 1. 9)

102) 인터넷 자료 http://en.wikipedia.org/wiki/People%27s_Liberation_Army#PLA_General_HQ(검색일 : 2012. 1. 11); Anthony H. Cordesman, "Chinese Military Modernization and Force Development," p. 15/102.

103) 인터넷 자료 http://www.chinapost.com.tw/news/2003/04/14/36765/A-unified.htm(검색일 : 2012. 1. 17)

104) Alexander Wendt, *Social Theory of International Politics*(Cambridge, United Kingdom: Cambridge University Press, 1999), p. 205.

직을 운용[105]했는데 이는 인사, 군수, 정보와 같은 각군의 군정 조직이 공중, 지상 및 해상에서의 각군 특유의 싸우는 방식과 직접 관계[106]가 있기 때문이다.

바. 소결론

이 책에서는 군 구조에 초점을 맞추고 있다. 특히 군령 통할기구 및 집행기구와 합동 차원에서의 전력구조에 초점을 맞추고 있다.

3군 균형 발전을 보장하는 이상적인 상부지휘구조에서 군정은 민간인으로 구성되어 있는 국방부 내국이, 군령은 군인들로 구성되어 있는 국방부 외국이 통할해야 할 것이다. 군령 통할기구에는 합참의장제, 총참모장제, 단일참모총장제가 있는데 한국군에 적합한 통할기구는 합참의장제다. 왜냐하면 북한, 구소련 및 중국과 같은 국가의 군대가 운용하고 있는 총참모장제의 경우 일부 엘리트들이 군을 이끌어가는 형태란 점에서 '기회 균등'을 주장하는 한국군 장교들에게 적합하지 않기 때문이다. 엘리트주의를 채택하면 한국군의 문화적 성격상 여기서 제외된 장교들의 조기 복무의욕 저하로 이어지는 등 부정적인 결과가 초래되기 때문이다. 또한 1970년대 당시 캐나다 군이 잠시 운용했던 단일참모총장제는 국가가 직면하게 될 다양한 위협에 대응할 수 없다는 점에서 오늘날 운용하고 있는 국가가 없기 때문이다.

합동참모본부는 육군, 해군 및 공군 장교로 구성되는 합동참모에 의해 주도되는데, 이들 참모는 계급 구조와 인력 구조 측면에서 1 : 1 : 1 균형을

105) "대체로 군사력 건설은 각군의 독자성을 살리는데 중점을 두고 운용은 통합적으로 하여 효율을 강조해야 할 것이다." 김국헌, "군 구조 개편에 관한 소고." p. 127.

106) Kenneth Allard, 권영근 번역, 『미래전 어떻게 싸울 것인가?』, pp. 434-437.

유지해야 한다. 균형을 유지하지 않으면 특정 군 중심으로 평시 전력을 건설하고 전시 군을 운용하게 되면서 국가가 직면하게 될 다양한 위협에 제대로 대응할 수 없게 된다. 합동참모본부의 경우 대통령과 국방장관에 대해 군령을 보좌하며 미래 군사력 소요를 제기하고 군사력의 효율적인 운용을 보장하기 위한 합동군사전략서, 합동개념서, 합동교리를 발전시킬 책임이 있다. 그러나 합참은 작전부대에 대해 지휘권을 행사하면 안 된다.

[표 2-2] 비통제형 합참의장제와 단일군제의 주요 특성

	비통제형 합참의장제	단일군제(단일참모총장제)
지휘 구조	합동조직 : 3군 균형 편성 각 군 참모총장 : 군정 담당 합동군사령관 : 군령 담당 합참의장 : 국방부장관 군령 보좌, 미래기획(합동교리, 합동개념서, 합동군사전략서 작성), 합동소요 제기	합동조직 : 특정 군 중심으로 편성 단일의 군인이 군정과 군령을 통합 지휘
부대 구조	각 군이 공중전, 지상전 및 해상전 수행이 가능한 독자적인 구조 유지	공중전, 지상전 또는 해상전 가운데 특정 전쟁만 수행 가능하도록 특정 군 중심으로 조직 통폐합
병력 구조	3군 합동작전이 가능하도록 병력, 특히 장교 구조 편성	특정 군 중심으로 병력, 특히 장교 구조 편성
전력 구조	공중전, 지상전 및 해전을 동시에 수행할 수 있는 전력구조 유지	특정 작전 공간에서의 전쟁 수행만을 염두에 둔 전력구조 유지

미국 및 영국처럼 군사 선진국의 사례에서 보듯이 합참과 같은 군령통할기구 외에 이상적인 지휘구조에서는 합동 차원에서 군령을 집행하기 위한 기구를 유지해야 한다. 이 같은 기구의 이상적인 모습은 전구의 모든 전력을 합동군사령관이란 단일 지휘관이 지휘하고, 전구의 모든 항공전력, 해상전력 및 지상전력을 각각 단일의 공중, 해상 및 지상 지휘관이 지휘하는 단일지휘구조(Unified Command Structure)다. 이 같은 지휘 구조에서

모든 지상전력은 클라우제비츠 및 조미니와 같은 지상군 이론가들의 이론에 의해 공중 전력은 듀헤 및 미첼과 같은 항공력 이론가들의 이론에 의해 그리고 해상 전력은 마한 및 코르벳과 같은 해양력 이론가들의 이론에 의해 운용된다. 합동군사령관은 정치적 목표를 달성하기 위해 전역계획(戰役計劃 : Campaign Plan)을 구상해 운용하는데 전역계획은 각군의 주요 작전으로 구성된다. 이 같은 합동군사령관은 군령 집행 이외의 문제를 놓고 고민하면 안 된다.

군령 통할기구에서 뿐만 아니라 군령 집행기구에서 육군, 해군 및 공군은 계급구조 및 숫자 측면에서 균형을 유지해야 한다. 한편 각군의 군정 집행기구는 공중, 지상 및 해상에서의 상이한 작전을 지원하기 위한 것이다. 따라서 각군 군정 조직의 단일화, 즉 병합은 올바른 방향이 아니다. 이상적인 군 구조에서는 각군이 독자적인 군정 조직을 유지하고 있다.

미국처럼 전 세계 도처에서 전쟁을 수행하는 군대의 경우 각군이 독자적으로 전쟁을 수행하기 위한 조직과 인력을 구비하고 있다. 그러나 한반도와 같은 전구 차원의 전쟁에서 군의 모든 전력은 단일지휘구조 개념에 의해 움직여야 한다. 이 같은 점에서 보면 한반도에서의 이상적인 지휘구조에서는 육군, 해군 및 공군이 각각 지상, 해상 및 공중 전력을 전적으로 책임져야 할 것이다. 이들 모두를 대변하는 구조는 비통제형 합참의장제다. 따라서 이 책에서는 합동조직에 3군이 동일 비율과 계급 구조로 편성되어 있으며 앞에서 언급한 개념에 의해 운용되는 비통제형 합참의장제를 "이상적인 상부 지휘구조"로 간주할 것이다.

이처럼 이상적인 상부지휘구조와 대별되는 구조에 특정 군 중심의 단일군 구조, 즉 단일참모총장제가 있다. 단일군 구조의 극단적인 경우는 미 해병대다. 미 해병대는 막강한 지상, 해상 및 공중 전력을 보유하고 있지만 이들 전력은 상륙전이란 단일 목적으로 움직인다. 단일의 싸우는 방식을 중심으로 결합되어 있다는 점에서 미 해병대는 단일의 군정 조직을 운용하고 있다. 3군이 존재함에도 불구하고 미 해병대처럼 움직이는 경우가 있는데, 아이젠하워 대통령 당시의 미군은 대표적인 경우다. 오늘날의 한국군 또한 각군이 존재하지만 천안함 및 연평도 사태에서 보듯이 지상 작전이 아닌 여타 작전을 제대로 수행할 수 없다는 점에서 지상군 중심의 단일군에 다름이 없다. 단일군에서는 합동교리를 운용하지 않으며 단일 교리를 강조하게 된다. 한국군의 경우 합동교리를 운용하고 있지만 유명무실한 실정이다. 합참이 합동교리를 1권 또는 5권으로 줄이라고 말하고 있는데 이는 한국군이 합동군이 아니고 특정 군 중심의 단일군임을 보여주는 단적인 사례다.[107)]

극단적인 단일군 구조와 이상적인 비통제형 합참의장제 사이에는 다양한 형태의 군 구조가 존재한다. 818계획으로 인해 출현한 군 구조뿐만 아니라 국방개혁 2020의 결과는 극단적인 단일군 구조와 비통제형 합참의장제의 사이에 위치해 있다. 이 책에서 말하는 합동형이란 변화 추구 이전

---

107) 주변에 적국이 없으며 평화유지 활동 등 매우 낮은 수준의 군사적 업무만 수행하는 캐나다 군 또한 60여 권의 합동교리를 유지하고 있다. 북한군과 대적하고 있는 한국군에서 합동교리는 대단히 중요하다. 그런데 모 합참의장은 합동교리를 1권으로 모 합참의장은 5권으로 줄이라고 지시한 바 있다. 예를 들면 "합동작전과 군사기본 교리 관련 논쟁이 격렬히 진행되던 2000년 한국군은 20여 권에 달하던 합동교리를 10권 미만으로 줄이고자 노력했다.…합동교리가 너무 많다보니 읽는 사람이 없다는 것이 이유였다.…합동교리를 몇 권으로 압축해 작성할 수 있다는 주장은 군의 무기는 가능한 모든 경우에 사용될 수 있어야 한다는 원칙에 위배된다.…현행 작전 중심으로 대부분 업무를 수행하고 있는 한국군 작전장교들의 경우 합동교리를 읽을 필요성을 거의 느끼지 못하고 있는 실정이다." 권영근, "합동교리와 관련된 논쟁." 『합동군사연구』 제14호(2004. 11), p. 171; 이 같은 합참의장의 지시에도 불구하고 합동교리가 일부 유지되고 있는데, 이는 해당 합동교리와 관계가 있는 합참의 부서 때문이다. 해당 부서와 관련이 있는 합동교리가 폐기되는 경우 합참에서 해당 부서의 위상이 줄어든다고 생각하여 해당 부서의 장교들이 해당 합동교리의 폐지를 적극 반대하고 있기 때문이다. 그러나 이들 합동교리는 사용도 측면에서 보면 유명무실한 상황이다. 실질적으로 한국군에서는 육군교리가 합동교리 역할을 하고 있다. 해군 교리는 전구 차원의 전쟁에서 별다른 의미가 없으며, 공군은 작전적 수준의 교리를 일부 유지하고는 있지만 거의 사용하지 않고 있다.

의 군 구조를 중심으로 비통제형 합참의장제를 겨냥해 나아간 경우인 반면 통합형은 단일군제를 겨냥해 나아간 경우를 의미한다.

4. 한국군 국방개혁 : 통합군과 합동군을 둘러싼 논쟁

1960년 이후 한국군은 10여 차례에 걸쳐 통합군 논쟁을 벌여왔다. 논쟁 과정에서 육군과 국방부가 통합군을 선호했던 반면 해군과 공군이 통합군에 격렬히 반대했다. 그런데 통합군은 육군 중심 단일군제인 단일참모총장제를 의미했던 반면 해군과 공군이 선호했던 합동군은 비통제형 합참의장제를 의미했다. 818계획과 국방개혁 307이 군의 상부지휘구조를 육군 중심 단일군으로 몰고 가기 위한 노력이었다면, 국방개혁 2020은 3군 균형발전에 대한 노무현 대통령의 강렬한 염원에도 불구하고 전구 항공력을 육군 중심으로 통합하기 위한 성격의 것이었다.

통합군 논쟁이 벌어질 때마다 해군과 공군이 생존 차원에서 엄청난 노력[108]을 경주했으며, 이 같은 해군과 공군의 노력이 자군 이기주의로 치부되었다. 한편 노태우 대통령 당시의 818계획과 이명박 대통령 당시의 국방개혁 307에서는 대통령이 통합군을 적극 지원했으며 언론매체뿐만 아니라 정치권이 가세하면서 통합군 논쟁이 국가적 관심사항이 되었다. 적어도 1970년 초반부터 현재까지 대한민국은 '통합군 몸살'을 앓아왔다.

이미 살펴본 바처럼 오늘날 한국군이 말하는 통합군인 단일군제를 적용하고 있는 국가는 없다. 또한 단일군제는 군사 이론적으로 문제가 있다.

108) 예비역 모 공군소장은 정보작전부장으로 근무한 2년의 기간 동안 업무의 80% 정도를 통합군에 대항하기 위해 소모했다고 말한 바 있다. 이처럼 통합군 논쟁은 수십 년 동안 한국군의 업무를 마비시킬 정도로 격렬히 진행되었다.

그러면 이 같은 단일군제에 입각하여 육군이 국방 조직을 지속적으로 통폐합했던 것은 무슨 이유 때문인가? 해군과 공군의 거센 반발에도 불구하고 단일군에 대한 육군의 의도가 대부분 관철될 수 있었던 것은 무슨 이유 때문인가? 추후 알게 되겠지만 이는 전쟁 수행 과정에서 해군과 공군의 도움을 절실히 필요로 하는 육군이 육군 중심으로 국방을 통폐합하겠다는 의지뿐만 아니라 이 같은 의지를 관철시킬 수 있을 정도의 파워가 있었기 때문이었다. 육군이 이처럼 국방을 자군 중심으로 통합해야 하겠다고 생각했던 것은 "전쟁은 육군이 주도하고 해군과 공군은 육군을 지원해야 한다"는 육군문화와 관련이 있었다. 이 같은 육군문화가 1954년의 한미합의의사록으로 인해 가능해진 육군 중심 국방제도와 결합되면서 한국군이 점차 육군 중심 조직이 되었던 것이다. 818계획이 추진된 1988년 이전 한국군에는 이미 육군 중심 제도와 문화가 정착되어 있었다. 결과적으로 대부분의 육군들이 통합군을 선호했다. 이 같은 제도와 문화를 배경으로 국방개혁 818, 2020 및 307을 추진했던 것이다. 결과적으로 한국군이 점차 육군 중심의 군대가 되었던 것이다.

2절에서는 이 같은 육군 문화와 파워를 배경으로 1960년 이후 단일군을 구현하기 위해 육군 장교들이 전개한 노력과 이 같은 노력에 대응한 해군과 공군 장교들의 노력을 살펴보고 있다. 계속해서 3절에서는 국방개혁의 변인에 관한 이론적 논의를 전개하고 4절에서는 대안적 모델을 제시하고 있다.

제2절 한국군 국방개혁에 관한 선행 연구

국방기구 개편이 처음 시작된 1959년부터 818계획이 추진된 1988년 이전까지 한국군은 8차례에 걸쳐 통합군을 추진했다. 이들 조직 개편에서는 육군 중심 단일군인 통합군을 최종 목표로 설정하고는 합참의장이 각 군 작전부대를 지휘 통제하는 통제형 합참의장제를 중간 목표로 설정했다.[109] 그런데 이 같은 구상은 1960년 이후 한국육군 장교들이 국방대학교, 합동참모대학교와 같은 학교 기관에 제출한 논문과 성격을 같이 하고 있었다. 이들 논문은 추구 전략 측면에서 차이가 있었을 뿐 통합군을 목표로 하고 있었으며, 중간 단계로서 합참의장이 각 군 작전부대를 지휘 통제하는 통제형 합참의장제를 모색하고 있었다. 여기서 말하는 통합군은 총사령관제[110]인데, 총사령관제는 초대 및 3대 공군참모총장이었던 김정렬 장군이 한국전쟁 초반 3주 동안 육군참모총장 명의에 3군 총사령관 명의를 추가해 명령이 하달되도록 했다는 다음과 같은 우발적인 잘못에 기인하고 있었다.

"…6.25 동란을 다룬 전사(戰史)나 당시의 포고문을 보면 육·해·공군 총

109) 이 책의 3장 3절 3항 참조.

110) 여기서는 단일참모총장제, 단일군, 통합군 등의 용어로 표현하고 있다. 그런데 이들은 총사령관제를 의미한다. 전 국방부장관 조영길은 "통합군제는 학술적인 용어로 총사령관제라고 하는데, 이것을 사용하는 국가는 오늘날 없습니다."고 말했다. 국회사무처, "303회 국방개혁관련법 개정공청회 회의록 : 국방소위 제3차 법률심사위원회(2011. 1. 21)"; "단일참모총장제는 옛날 육군이 이야기하던 통합군제입니다." "역대 공군참모총장 초청 818계획 설명회." 일시(1989. 2. 2), p. 15; "당시 단일군과 통합군의 구분이 없었다.…" 2012년 5월 24일의 이석복 장군과의 인터뷰.

사령관이란 관명이 나온다.…이것의 사용 배경에 궁금해 하는 이가 있을 것이다.…내가 해답을 드릴 수 있다. 왜냐하면 그러한 관명을 부르기 시작한 것이 바로 나였기 때문이다.…전선 시찰을 나가려는 채병덕 육군참모총장을 붙들고는 형님! 형님이 오늘부터 육·해·공군 총사령관이 되셔야 하겠습니다.…나는 육군참모총장 명의에 반드시 육·해·공군 총사령관 겸 육군참모총장이라는 명의를 붙여서 사용하라고 지시했다.…6월 30일 정일권 장군이 육군참모총장에 임명될 때에도 육·해·공군 총사령관 겸 육군참모총장이라는 명의로 발령이 나가게 되었고…7월 15일 한국군의 작전지휘권이 유엔군사령관 맥아더 장군에게 넘겨지면서 이러한 명의는 자연 소멸되었다.…이러한 명의가 계속해서 사용되었다면 그 발안자였던 나는 커다란 문책을 받게 되었을 것이다.…"[111]

마찬가지로 합참의장이 각 군 작전부대를 지휘 통제한다는 개념은 이승만 대통령의 지시로 1954년 이후 몇 년 동안 합참의장이 명목상이나마 각 군 작전부대를 지휘한 바 있다는 사실에 근거하고 있었다. 한국군에 대한 유엔군사령관의 작전통제권 행사에 동의한다는 내용을 담은 한미합의의사록에 서명하기 정확히 9개월 전인 1954년 2월 16일 이승만 대통령은 독자적인 작전통제권 행사를 추구하면서 이형근 장군에게 다음과 같이 말했다. "제너럴 리는 이제부터 육·해·공군을 총지휘하는 JCS가 되게, 그리고 제너럴 정은 육군만을 맡아 지휘해주게." 당시 이승만 대통령이 구상했던 JCS는 미군처럼 국방부장관 예하에 있는 조직이 아니고 행정권만 행사하는 국방부장관의 지원을 받는 가운데 육군, 해군 및 공군 전력을 지휘 통제하면서 대통령에게 직접 책임지는 조직을 의미했다.[112] 1960년 이

111) 김정렬 회고록, 『항공의 경종』, pp. 125-128.

112) "JCS는 절대로 미국처럼 국방장관에게 소속시키지 말고 대통령에게 직속시키게. 또 JCS

후 한국육군 장교들이 추구해온 통합군사령관을 의미했다. 이에 대해 이형근 장군은 다음과 같이 말하고 있다.

"JCS는 Joint Chiefs of Staff의 약어로서 그것은 직책을 나타내는 말이 아니고 미국의 군 조직상 육·해·공군과 해병대의 합동 전략을 관장하는 합동참모회의 내지는 본부라는 기구를 지칭하는 것이었다. 군사(軍事)에 어두웠던 이 대통령이 이 말을 Joint Chief of Staff(Chiefs에서 s가 빠진)로 착각해 육·해·공군을 동시에 지휘하는 총사령관 정도로 생각했던 모양이다.…합동참모본부란 분명 중요한 군사정책을 건의키 위한 국군의 합동회의 기관임이 틀림없었다. 이미 합동참모본부의 의장으로 나를 임명해놓고는 실제로 대통령 직속으로 전군을 통일 지휘하라는 것은 전후가 모순되는 일이었다.…"[113]

이들 잘못에 입각하여 육군 장교들은 육군 중심 단일군을 목표로 설정하고 중간 단계로서 합참의장이 각 군 작전부대를 지휘 통제하는 모습을 그렸다. 한편 이 같은 모습의 정당성을 확보하기 위해 2차 세계대전 이후 미군에서 진행되고 있던 상부지휘구조 논쟁을 자의적으로 해석했다. 여기서는 1988년 이전 군 구조와 관련하여 한국군 장교들이 발표한 이들 논문을 고찰 및 분석해보고자 한다.

는 3군의 작전 협의체가 아니고 3군을 지휘하는 기구로 만들게. 국방장관은 군의 행정을 맡게 하면 될 것 아닌가?…내가 바라는 것은 제너럴 리가 국방장관과 동등한 입장에서 국군을 지휘하고 국방장관은 행정만 담당하게 해 오히려 제너럴 리를 보좌하도록 하자는 것인데 그 말을 못 알아듣겠나…"라고 이승만 대통령은 말했다. 이형근, 『군번 1번의 외길 인생』, pp. 96, 98.

113) 위의 책, pp. 94, 96, 97.

1. 한국군 국방개혁에 관한 선행 연구

2차 세계대전이 종료된 이후부터 1958년까지 미군은 지휘구조와 관련해 엄청난 논쟁을 벌였다. 논쟁의 핵심은 국방부, 합참 및 대통령의 관계, 즉 상부지휘구조였다. 당시 미국의 상부지휘구조는 각군 참모총장에서 육군, 해군 및 공군성 장관을 거쳐 대통령으로 연결되는 형태였다. 즉 대통령 수준에서 각군이 지휘 통일되고 있었다. 이 같은 문제를 해결하기 위해 미국은 대통령 이하 수준에서 이들 각군 장관을 통제하기 위한 방법과 각군의 군령을 통제하기 위한 방법의 문제를 놓고 고민했다. 결과적으로 1947년의 국가안보법(National Security Act)을 통해 국방부장관을 두고 각군 장관이 국방부장관에게 책임지도록 한 반면 합동참모본부를 설치하는 것으로 결론이 났다.

당시 논쟁에서의 주요 이슈는 오늘날의 합참과 같은 합동 조직의 성격에 관한 것이었다. 소련처럼 총참모장 중심의 상부지휘구조를 정립해야 할 것인지 아니면 각군 참모총장들로 구성되는 합동참모회의 중심의 상부지휘구조를 정립해야 할 것인지에 관한 것이었다. 육군이 전자를 해군이 후자를 주장했다. 육군들은 태평양과 같은 전구(戰區)에서의 지휘구조와 동일한 모습의 상부지휘구조를 원했던 반면 해군이 여기에 반대했다. 그 과정에서 많은 논리와 대응 논리가 양산되었다.[114][115]

---

114) 소련군이 운용하고 있던 총참모장제 도입에 반대하는 논리는 다음과 같았다. "총참모장제란 개념은 전투장에서 지휘통일을 달성하려면 워싱턴에서도 군을 지휘 통일할 필요가 있다는 터무니없는 논리에 기반을 두고 있습니다.…총참모장 제도는 개신교, 가톨릭, 유대교로 구성된 위원회를 설치해놓고 그 대표에게 국가의 영혼을 책임지라는 행위와 다름이 없습니다." Kenneth Allard, 권영근 번역, 『미래전 어떻게 싸울 것인가』, pp. 203-204; "야전에서는 지휘를 통일할 필요가 있습니다. 그러나 최고위 전략기획을 단일 지휘 아래 조직하면 문제가 있습니다.…별도의 육군, 해군 및 공군성을 유지하면 전문 지식을 보다 잘 대변할 수 있습니다." David Jablonsky, *War by Land, Sea and Air,* pp. 144-145.

115) 총참모장제 도입에 찬성하는 논리는 다음과 같았다. "야전에서 단일지휘구조를 정립

잠복해 있던 상부지휘구조 문제는 소련 우주비행선 스푸트니크(Sputnik)이 우주로 올라간 1957년에 재현되었다. 스푸트니크의 발사에 충격을 받은 미국은 재차 상부지휘구조 논쟁에 휩싸였다. 200km 이상 날아가는 장거리미사일의 개발임무를 부여받고 있던 미 공군이 전략폭격기 생산에 예산을 집중 배정한 결과 이들 미사일 개발 사업을 효과적으로 추진하지 못했던 반면 200km 이하 미사일만을 개발하도록 되어 있던 미 육군이 자군의 입지 확보 차원에서 장거리미사일 개발에 박차를 가해 이미 1955년에 우주 비행이 가능한 우주선을 개발할 수 있는 입장에 있었다는 것이다. 그러나 공군의 방해로 이것이 곤란해졌다는 주장이 제기되었다. 3군 간의 경쟁으로 인해 미사일경쟁에서 소련에 뒤쳐졌다는 것이다. 이 같은 사실을 전해들은 아이젠하워 대통령은 스푸트니크의 문제를 작전 및 국가적 수준에서의 지휘통일을 강화하기 위한 기회로 삼고자 했으며 그 과정에서 상부지휘구조 중심의 군 통합 문제가 거론됐다.[116] 1940년대 당시의 미국의 국방 통합논쟁과 1957년 당시의 미사일 논쟁을 한국군이 주목했다.[117]

한국군 단일군 논리의 핵심은 1940년대와 50년대 당시 미 육군의 콜린스(J. Lawton Collins), 테일러(Maxwell D. Taylor) 및 가빈(James Gavin) 대장을 중심으로 하는 미 육군 장교들이 주장했던 논리의 변형이다. 단일군에 대항해 한국군이 제기한 논리 또한 미군 내부에서 제기된 논리다. 통합군(단일

해야 했던 이유와 워싱턴에서 단일지휘구조를 정립해야 할 이유는 동일합니다." David Jablonsky, *War by Land, Sea and Air*, p. 147; "스푸트니크 발사로 인해 초래된 각 군 간의 논쟁을 보며…아이젠하워 대통령은 미국의 각 군을 없애버리고 임무부대를 편성해야 할 것이다."고 말했다. Mark Perry, *Four Stars*(Boston, Massachusetts : Houghton Mifflin Company, 1989), pp. 78-79.

116) David Jablonsky, *War by Land, Sea and Air*, pp. 262-268; Mark Perry, *Four Stars*, pp. 80-84.

117) 1956년부터 1959년까지 국방대학교 학생과 교수로 근무했던 예비역 공군준장 이강화님과의 2013년 7월 26일 인터뷰; 윤광웅 전 국방부장관과의 2012년 4월 19일 인터뷰.

군)을 주장하거나 반대하는 한국군 장교들의 논문에서 1940년대와 1950년대 당시의 미군 장교들의 주장과 미군의 실상을 인용하고 있는 것은 이 같은 이유 때문이다. 이들 논쟁에서 제기된 미 육군 장교들의 논리를 한국육군 장교들이 일부는 그대로 일부는 자의적으로 해석했던 것이다. 한편 다음에서 보듯이 한국군 단일군 논쟁의 중심에 전구 항공력 운용의 문제가 있었다.

가. 단일군 추구 : 그 논리와 전략

단일군 추구 논리는 다음과 같았다.

지구상에 육군, 해군 및 공군이 출현한 이후 대부분의 국가들은 이들 군의 군사력을 각군 참모총장이 지휘하도록 했다. 결과적으로 3군이 각각 독자적인 임무를 갖게 되었다. 시대적 요청으로 군이 통합의 길로 나아가고 있음에도 불구하고 3군의 기본 기능에 변함이 없었는데[118], 다음과 같은 이유로 3군을 단일군으로 통합해야만 하는 상황이 되었다는 것이다.

첫째, 과학기술의 발전과 입체전(立體戰) 수행의 필요성 때문이다.[119] 과학기술 발전으로 인해 군을 통합해 단일군으로 개편해야만 하는 상황이 되었다. 예를 들면 미사일을 구비하게 되면서 육군은 전투기가 적의 항공기와 공중 운반체에 대항해 수행하던 요격 임무를 지대공미사일을 이

118) 육군중장 백인엽, "현대전에 있어서 국방개편기구론." 『국방연구』 9호(1960), p. 23; 박동열, "한국 국방기구 개혁을 논함."(석사학위논문, 서울대학교, 1961), pp. 60-61.

119) 육군중장 백인엽, 위의 글, pp. 23-24; 박동열, 위의 글, pp. 62-63; 육군대령 김대윤, "한국의 국방조직개편에 관한 연구 : 통합단일군제를 중심으로." (석사학위논문, 서울대학교, 1967), pp. 82-88, 93-95; 육군대령 김무웅, "통합군제는 시행될 것인가?." 『군사평론』 219호(1981). p. 12; 육군대령 민병국, "한국 군 구조의 발전방향 연구." (석사학위논문, 국방대학교, 1984), p. 124; 한기수, "한국의 국방조직에 관한 연구." (석사학위논문, 연세대학교, 1970), pp. 62-65; 육군대령 이영식, "우리나라 국방체제의 발전 방향." (석사학위논문, 국방대학교, 1981), pp. 15, 17-20.

용해 수행할 수 있게 되었다. 또한 적진 깊숙한 지역과 물체에 대한 폭격기를 이용한 공격을 육군의 지대지미사일을 이용해 수행할 수 있게 되었다. 예전에 공군만이 수행하던 적진 깊숙한 지역에 대한 전략공격(Strategic Attack)을 해군 또한 함대지미사일을 장착한 잠수함을 이용해 수행할 수 있게 되었다. 과학기술혁명으로 인해 아이젠하워가 1958년 4월 3일 미 의회에 제출한 교서에서 말한 바처럼 "독립적인 지상, 해상 및 공중전이 영원히 사라지게 되었으며, 재차 전쟁에 개입한다면 부대와 군은 한 개의 집중된 노력으로 싸우게" 될 수도 있을 것이다.

1958년의 미 국방성 개편으로 인해 모든 미군 전력을 국방부장관이 통합적으로 지휘하게 되었다. 또한 각 작전부대는 합동참모회의에서 작성한 통합된 작전계획에 의하던지 합동참모회의의 통제 아래 육군, 해군 및 공군의 제부대로 구성하여 작전을 수행하게 되었다. 그러나 이것만으로는 충분치 않다. 아이젠하워가 말했듯이 지상, 해상 및 공중 작전이 영원히 사라졌다면 상호 독립적으로 싸울 수 없는 부대와 개별적인 임무를 갖는 육군, 해군 및 공군을 그대로 유지할 이유는 없는 것이다.

둘째, 임무와 역할의 중복 때문이다.[120] 오늘날의 개념으로는 각군의 임무와 역할의 한계가 애매하다. 예를 들면 방공분야에서 육군은 점 방어(Point Defense)와 국지방어를 담당하고 있는 반면 공군은 지역방어 책임이 있다. 이 같은 차이는 육군과 공군이 개량된 장거리 및 중거리 미사일을 보유하게 되면서 점차 애매해지고 있다. 미국의 오마르 브레들리(Omar Bradley) 원수가 말하고 있듯이 "육군, 해군 및 공군의 임무 구분이 점차 어려워지고 있으며 세월의 흐름에 따라 무기의 발달에 따라 이 문제는 보다 더 곤란해질 것이다." 이는 1958년의 미국의 국방재조직과 대부분의 주요 국가들의 군사조직이 해결하지 못한 난제다. 이것을 해결하기 위한 최상

120) 육군중장 백인엽, 위의 글, p. 24; 박동열, 위의 글, pp. 63-65.

의 방안은 각군을 폐지하고 단일군으로 개편하는 것이다.

셋째, 신속한 의사결정의 필요성 때문이다.[121] 지휘통일 원칙 측면에서의 또 다른 문제는 군사력 운용 계획의 작성과 의사결정 권한을 국방부장관 예하의 단일지휘관에게 집중시킴으로써 보다 완전하고도 확실성 있는 계획과 결정을 가능케 해야 한다는 사실이다. 이 문제를 해결하기 위한 방안에 합참의장제(Joint Chiefs of Staff System)와 단일참모총장제(Chief of General Staff Military Planning System)[122]가 있다. 합동참모회의는 통상 1명의 의장과 각군 참모총장으로 구성된다. 합참의장제에서 각군 참모총장은 자군의 수장으로서의 직책과 합동참모회의 위원으로서의 직책을 겸하게 된다. 각군 참모총장은 대국적인 측면에서 합동참모회의에서 국익을 최우선적으로 고려해야 할 것이다. 그러나 자군의 통솔과 사기를 책임지고 있는 한이 같은 각군 참모총장에게 자군에 불리한 결정에 동조하라고 말할 수 없을 것이다. 결과적으로 합동참모회의는 문제 심의 과정에서 타협적인 태도를 취하거나 의견의 불일치를 초래하게 되고, 이로 인해 많은 시간을 낭비하게 될 것이다. 상호 경쟁적인 3군 수뇌부들로 구성되는 거의 통제받지 않는 일종의 위원회가 현대전에서 요구되는 신속하고도 객관적인 결정을 통해 국가안보의 주요 문제를 다룰 수 있을 것으로 생각한다거나 군사력 운용의 통일을 기할 수 있을 것으로 기대하기는 곤란할 것이다.

합동참모회의에서 목격되는 이 같은 문제점들은 합동참모회의가 전혀

121) 육군중장 백인엽, 위의 글, pp. 24-26; 박동열, 위의 글, pp. 65-71; 육군대령 김선길, "국방조직관리개선에 관하여." (석사학위논문, 국방대학교, 1972), pp. 27-29, 34-36; 김종안, "한국 국방조직의 개선 방안 : 통합군제를 중심으로." (석사학위논문, 국방대학교, 1970), pp. 120-121; 홍진표, "한국의 국방조직발전모형에 관한 연구." (석사학위논문, 동국대학교, 1981), pp. 52-55; 윤복원, "한국 국방 조직에 관한 연구." (석사학위논문, 동국대학교, 1975), pp. 37-38. 47-50; 육군대령 이영식, 위의 글, p. 16.

122) 2장 1절에서 설명했듯이 Chief of General Staff Military Planning System은 단일참모총장제가 아니고 총참모장제인데, 총참모장제와 단일참모총장제란 개념을 한국군은 혼동하고 있었다.

타당성이 없는 3군의 군사조직을 전제로 하고 이 같은 전제에 입각하여 회의를 통한 의사결정 방식을 택하고 있기 때문이다. 따라서 군사지휘의 완벽한 통일을 기하기 위한 최상의 방안은 단일지휘관이 군사력 운용을 책임지는 단일참모총장제인 것이다. 북한 또한 3군 분립을 배제하고 포병, 기계화, 유도탄과 같은 기능사령부를 운용하는 지상전 중심의 통합 단일군 개념을 채택하여 보병, 전차, 포병, 공군, 해군 및 특수작전을 통합한 입체적 성격의 전격전 수행 체제를 유지하고 있으며 행정과 군수지원 수단을 통폐합하는 경제적인 군 운용 체제를 발전시키고 있다. 대량 파괴무기의 발달과 고도의 기동화된 무기체계의 출현으로 오늘날의 전쟁은 장기전 양상에서 최단시간에 상대방 국가를 침공하여 군사적 우위를 확보함으로써 자국의 정치적 목표를 관철시키는 속전속결 양상으로 변모되었다. 따라서 현대전에서는 군사작전 관련 주요 의사결정 과정을 신속하고 정확하며 일관성 있게 수행하여 불필요한 조정 시간을 단축시킬 수 있는 지휘체계를 평시부터 유지해야만 하게 되었다.

넷째, 경제성 및 효율성 측면 때문이다.[123] 한국의 국방조직은 자원이 풍부하고 세계 전략 및 전술 공간을 대상으로 하고 있는 미군의 운용개념과 편성을 모방했다. 결과적으로 군수지원체제와 행정지원부대가 지나치게 비대해지는 등 우리의 실정에 맞지 않는다. 또한 각종 중간사령부의 과다로 전투부대와 지원부대가 심각한 불균형을 이루면서 비경제적인 부분이 대거 상존해 있는 실정이다. 무상 군원(軍援) 시절의 정신적 타성과 각 군별 독자성과 기능별 독립성으로 인해 국방 차원에서 노력통일이 곤란한 실정이며, 효율성 제고 측면에서도 적지 않은 문제가 있다. 각군은 다

123) 허동영, "국방조직에 관한 비교연구." (석사학위논문, 동국대학교, 1972), pp. 72-79; 육군대령 민병국, "한국 군 구조의 발전방향 연구." pp. 126-128; 장현군, "국방조직에 관한 연구." (석사학위논문, 국방대학교, 1973), pp. 14-16; 한기수, "한국의 국방조직에 관한 연구." p. 65; 육군대령 이영식, "우리나라 국방체제의 발전 방향." pp. 20-22.

양하고도 절차가 상이한 군수, 정보, 통신, 교육과 같은 행정 조직을 중복 운용하고 있어 자원 낭비가 심각한 수준일 뿐만 아니라 상호 지원이 곤란하여 효율성 측면에서 또한 적지 않은 문제가 있다. 이 같은 점을 고려해 보면 육군, 해군 및 공군을 폐지하고 단일군을 유지함으로써 군수, 교육, 정보, 통신 등 군수지원체제와 행정지원 부대를 효율적으로 운용할 수 있을 것이다.

단일군 추구 전략은 다음과 같았다.

단일군을 옹호하는 육군 장교들의 논문에서는 한국군이 몇십 년 동안 3군 체제를 유지해왔다는 점에서 단계적 접근 방안을 권고하고 있다. 즉 하부구조의 경우 인사, 군수, 교육, 정보, 헌병, 통신과 같은 제반 분야 가운데 통합이 용이한 부분부터 점진적으로 통합할 것을 권고하고 있는 반면, 상부지휘구조는 합동참모본부가 각군 작전부대를 직접 지휘하는 통제형 합참의장제[124]를 거쳐 단일참모총장이 각군의 군정과 군령을 통합적으로 지휘 통제하는 완벽한 형태의 단일군[125]으로 나아갈 것을 촉구하고

124) "대한민국 국방기구의 구상 : 국군 통합사령부 설치문제를 중심으로"란 제목의 1957년의 공군대령 김계진의 국방대학 논문에서 보듯이 1950년대 후반 이후 한국군은 합동참모본부가 각 군 작전부대를 작전 지휘하는 전구사령부란 인식을 견지했다. 이는 소위 말하는 통제형 합참의장제로서 오늘날의 한국군의 모습이다.
이미 언급한 바처럼 이는 국방부장관에게 군령과 관련해 조언하는 성격인 합동참모본부를 한미연합사령부와 같은 전구사령부로 생각했던 이승만 대통령의 인식에 기인하고 있었다. 이 같은 사실은 "3군을 지휘하는 합참의장 되어주게."라고 말하면서 합동참모본부 창설을 이형근 장군에게 지시한 1954년 당시의 이승만 대통령의 발언에 잘 나타나 있다. 이형근, 『군번 1번의 외길 인생』, pp. 94-99.

125) 통합군을 주장하는 1960년대의 논문에서는 한국전쟁 초기인 1950년 7월 며칠 동안 채병덕 장군이 3군 총사령관이었다는 사실을 언급하고 있다. 한국군이 군정과 군령을 동시에 행사하는 단일 지휘관이란 단일참모총장이란 개념, 즉 전 세계 어디에도 없는 단일군 개념을 갖게 된 것은 6.25 전쟁 초반 공군참모총장이던 김정렬 장군의 우발적인 잘못에 기인한 듯 보인다.

있다. 통합군에 관한 30여 편의 논문과 연구보고서[126] 가운데 일부 논문의 추진 전략을 언급하면 다음과 같다.

국방대학의 『국방연구』란 학술지에 기고한 논문에서 1960년 육군중장 백인엽[127]은 다음과 같은 3단계 통합 방안을 제안했다. 1단계에서는 국방부장관이 군의 모든 부문을 통합한다. 2단계에서는 합동참모회의의 권한을 확대하는 반면 각군 참모총장의 권한을 축소한다. 특히 3군의 군수제도를 최대한 통합한다. 또한 정보 및 헌병 기관을 합동참모회의가 통제하며, 각군 대학, 각군 사관학교를 폐지하고 국군지휘참모대학과 국군사관

---

126) 육군중장 백인엽, "현대전에 있어서 국방개편기구론." pp. 15-41; 박동열, "한국 국방기구개혁을 논함." ; 김용관, "한국의 국방조직과 그 개편." (석사학위논문, 서울대학교, 1963); 장응원, "효율적 국방기구의 형성 방향." 합동참모대학(1964); 김대윤, "국방기구개편에 관한 소고." 합동참모대학(1965); 김대윤, "한국의 국방조직개편에 관한 연구"; 한태원, "국방기구의 합리화 방안" 국방대학(1966); 유영록, "한국 국방기구의 개선책" 합동참모대학(1969); 김학곤, "3군통합 지휘체제 연구" 합동참모대학(1970); 김종만, "한국 국방조직의 개선방안." 국방대학(1970); 장태철, "국방기구의 합리화." 합동참모대학(1971); 권영태, "주한미군 감축에 따르는 한국군 작전지휘권에 관한 연구." 합동참모대학(1971); 김선길, "국방조직관리개선에 관하여"(1972); 허동영, "국방조직에 관한 비교연구"(1972); 추광환, "국방조직에 관한 연구." 합동참모대학(1972); 장현군, "국방조직에 관한 연구"(1973); 장맹주, "통합군 편성에 관한 연구." 합동참모대학(1974); 윤복원, "한국 국방조직에 관한 연구"(1975); 라병선, "자주국방을 위한 한국군의 지휘체제." 국방대학(1976); 박기호, "국방체계에 관한 연구." 국방대학(1978); 이영식, "우리나라 국방체제의 발전방향"(1981); 한기수, "한국의 국방조직에 관한 연구"; 한국국방연구원, "군사지휘 및 통제구조 연구"(1981); 김무웅, "통합군제도 시행될 것인가?"(1981); 홍진표, "한국의 국방조직발전모형에 관한 연구"(1981); 김건태, "조직에 관한 실증적 연구." (석사학위논문, 경희대학교, 1982); 진만준, "국가통합방위체제의 발전방향." 국방대학(1983); 정수열, "한국 국방체제에 관한 연구." (석사학위논문, 동국대학교, 1984); 장홍기, "조직의 효과성에 관한 연구." (석사학위논문, 성균관대학교, 1984); 민병국, "한국 군 구조의 발전방향 연구"(1984); 작자 미상, "당면 군사전략에 따른 국방체제 발전방안." 육군대학, 80년대 중반; 석경식, "한국 국방조직 개선방향에 관한 연구." (석사학위논문, 동국대학교, 1986); 정대현, "장차 한국군이 지향할 바람직한 군구조." 육군대학(1988); 김기학, "군사 지휘체제 발전." 『군사발전』 제47호(1988. 7); 온창일, "군 구조 연구." 『세종연구소 발표문』(1988); 박병술, "군구조 개선의 필요성 및 접근방안." 『합참지』 2호(1993. 6. 1); 김종화, "통합군제에 따른 군교육 발전방향." 『합참지』 3호(1993. 12. 1); 신현돈, "국방조직의 발전방안 연구." 육군대학.

127) 육군중장 백인엽, "현대전에 있어서 국방개편기구론." pp. 30-31.

학교를 설치하며, 정보학교 등 제반 교육기관을 합동참모회의가 관장하도록 한다. 육군 야전군과 전술 공군의 일부와 전투함정의 일부로 전투군을 편성하며, 육군 대공포부대와 공군의 일부로 육·공군을 편성한다. 전자는 육군참모총장이, 후자는 공군참모총장이 지휘토록 한다. 합동참모본부의 인원을 증편하고 기구를 확대하는 한편 각군 본부의 기구를 축소한다. 3단계에서는 후방군과 교육본부를 설치하여 전군의 후방과 교육업무를 합동참모회의가 통할하도록 한다. 각군 본부와 합동참모회의를 폐지하고 국군참모총장으로 하여금 합동참모회의와 각군 참모총장의 업무를 인수토록 한다. 결과적으로 단일참모총장의 지휘 아래 전술군, 방공군, 후방군, 교육본부란 4개 기본 업무를 수행하는 기능을 갖게 된다.

1967년의 서울대 석사학위논문에서 육군대령 김대윤[128]은 예비 단계인 1단계, 지휘 및 협조체제를 정비하는 2단계, 지원체제를 통합하는 3단계, 통합전투군을 창설하는 4단계, 육군·해군 및 공군단을 설치하는 5단계, 인사 및 훈련지원체제를 통합하는 6단계 통합 방안을 통해 단일 복장과 단일 계급구조 및 진급체제, 단일 교육체제 등을 갖는 단일군으로의 개편을 주장하고 있다.

1972년의 국방대학 논문에서 육군대령 김선길[129]은 국방부에 국군참모본부를 두고 국군참모총장이 오늘날의 합참처럼 각군 사령관을 지휘 감독하는 방안을 제시하고 있다. 각군은 기능별로 야전군을 편성하고 정보, 교육, 일반행정, 군수, 통신과 같은 지원 분야는 기능별로 사령부를 설치하여 국군참모본부가 통제하도록 하는 방안, 오늘날 말하는 군정과 군령의 통합 조직을 주장하고 있다. 이 같은 조직을 점차적으로 단일군으로 발전시켜야 한다고 주장하고 있다.

128) 김대윤, "한국의 국방조직개편에 관한 연구 : 통합단일군제를 중심으로." pp. 105-116.
129) 육군대령 김선길, "국방조직관리개선에 관하여." pp. 37-43.

1981년 한국국방연구원[130]에서는 오늘날 한국군이 말하는 합동군제(통제형 합참의장제)와 통합군제(단일군제)를 비교 분석하고는 단일군제의 우수성을 강조하고 있다. 결과적으로 정보, 교육훈련, 행정관리, 군수지원, 통신, 인력운용, 물자 및 장비, 시설과 같은 군정 분야의 통합뿐만 아니라 군령의 통합을 주장하고 있다. 1986년에는 "군지휘체제 및 합참조직개선 연구"란 제목의 보고서에서 합참과 합동군사령부를 별도 운영하고 있는 미군의 비통제형 합참의장제를 거쳐 최종적으로 합참이 각군 작전부대를 작전지휘하는 한국군이 말하는 통제형 합참의장제 또는 단일 지휘관이 각군의 군정과 군령을 지휘 통제하는 단일군으로의 전환을 권고하고 있다.[131] 1992년의 "미래군사지휘체제 연구"란 제목의 연구보고서에서는 군정과 군령을 일원화하는 통합군제를 바탕으로 하는 단일참모총장제를 최상의 미래 군사체제로 판단하고 있다.[132]

육군교육사에서 1988년에 발간한 학술지 『군사발전』에 기고한 글에서 육군중령 김기학은 합참 기능을 점차 보강하여 군령 지휘 계선으로 접근시킨 후 각군 본부를 축소시키면서 각군 참모총장을 통합 지휘하는 합참의장제로 발전시키고 종국에는 단일참모총장제로 접근해갈 것을 권고하고 있다.[133]

나. 단일군에 대한 반론 : 역사적 관점

이들은 해군과 공군 장교들이 작성한 것인데, 백인엽을 중심으로 한 육

130) 김건태, 『국방조직의 이론과 실제』, p. 370-377; 한국국방연구원, "군사지휘 및 통제구조 연구"(1981).

131) 한국국방연구원, "군사지휘 및 통제구조 연구"(1981). p. 280.

132) 박병술 외 3명, "미래군사지휘체제 연구." 한국국방연구원(1992.1), p. 150-14.

133) 육군중령 김기학, "군사 지휘체제 발전." p. 103.

군 중심 단일군의 타당성을 반박하는 논문과 미군처럼 합동참모본부와 분리된 별도 합동군사령부를 설치하고 이 같은 사령부의 사령관을 3군이 윤번제로 맡아야 한다는 등 합동작전을 보장하기 위한 상부지휘구조를 제시하고 있는 논문들이 있다.

상부지휘구조 개편을 염두에 둔 최초 연구로 생각되는 "대한민국 국방기구의 구상 : 국군 통합사령부 설치문제를 중심으로"란 1957년 논문에서 공군대령 김계진은 오늘날 한국군의 합참과 동일한 모습의 통합사령부를 구상했다. 김계진은 이곳이 육군, 해군 및 공군 사령부를 통합적으로 지휘하고 국방부장관을 보좌하도록 해야 한다는 주장과 통합사령관을 육군, 해군 및 공군이 윤번제로 돌아가며 맡아야 한다는 주장을 전개하고 있다.[134]

"국방기구개편에 관한 고찰"이란 제목의 1960년의 서울대학 석사학위 논문에서 해병대령 김석구는 한국육군 내부에서 고조되고 있는 단일군 논의에 대해 의구심을 보이면서[135][136] 육군 장교들의 단일군 추구 논리를 다음과 같이 반박하고 있다.[137]

---

134) 공군대령 김계진, "대한민국 국방기구의 구상 : 국군 통합사령부 설치문제를 중심으로." 국방대학(단기 4290, 6), pp. 7-10.

135) "군사적 효율성을 기하는 최선의 방법과 완전한 방도를…단일군에서 찾아보려는 시도가…한국육군에서 지대한 관심과 전폭적인 환영을 받고 있다는 점을 주시하여야 하겠다.…육군을 배경으로 하는 철두철미한 군사완전주의자들은 단일복장을 입은 단일군만이 전승에 필요한 절대적인 요체라고 지적하고…" 김석구, "국방기구 개편에 관한 고찰 : 민주적 군제와 군사적 효율성의 조화를 중심으로." (석사학위논문, 서울대학교, 1960), p. 92.

136) 이 책의 3장 3절 2항에서 자세히 알게 되겠지만 1955년에 개교한 국방대학교에 안보과정 1기생이 입교한 1956년 중반 이후 국방대학교에서는 장교들이 미군의 조직에 관한 자료를 읽는 등 군제 개편에 지대한 관심을 보였다. 이 같은 관심을 배경으로 1959년 10월 국방부 군무국장 육군소장 정래혁을 중심으로 각 군 대표가 국방부에서 군제를 연구했다. 그런데 당시 군제 연구방향은 단일군이었다.

137) 김석구, "국방기구 개편에 관한 고찰 : 민주적 군제와 군사적 효율성의 조화를 중심으로." pp. 93-116.

첫째, 단일통합군제와 단일참모총장제만이 군사적 효율성과 지휘통일을 기할 수 있는 합리적인 방안이란 육군의 주장에 다음과 같이 논박하고 있다. 핵탄두 미사일과 같은 첨단 무기체계의 비약적인 발전으로 3군 의존도가 높아지고 3군의 기능이 모호하여 3군의 독립적인 운용이 무의미해졌다는 주장에 대하여 김석구는 한국의 여건과 전망을 비추어 볼 때 이들 신무기를 한국군이 보유하고 있지 않으며 보유하게 될 가능성이나 독자적인 개발전망조차 없으므로 이러한 주장은 타당성이 없다고 주장하고 있다.

둘째, 3군 간의 불화와 대립으로 인해 신속한 의사결정과 노력통일이 불가능하며 단일통합군제와 단일참모총장의 통합지휘만이 합리적인 해결책이라고 주장하고 그 실례로서 미국의 우주개발이 소련보다 뒤진 원인을 전적으로 3군 간의 대립과 경쟁으로 인해 노력통일이 이루어지지 않았음에 기인한다고 지칭한데 대해 김석구는 "이러한 주요 장애는 3군 내부에서 야기되는 것이지 결코 3군 상호간에 야기된 것이 아니다"는 미군의 주장을 인용해 반박하고 있다. 또한 3군간의 논쟁과 불화 내지는 대립의 해소와 조정은 국방 내부에서 해결할 수 있는 일이 아니고 행정수반의 재량에 속하는 문제라고 논박하고 있다. 군사적 효율성 측면에서의 지휘통일 문제는 작전사령관 수준에서의 문제인 반면 각군 참모총장 이상의 관심사항인 상부지휘구조의 문제가 아니라고 말하면서 단일참모총장을 통한 전쟁지도 측면에서의 신속한 의사결정 보장은 민주주의체제를 근본적으로 위해하는 요인이 될 것이라고 주장하고 있다.

셋째, 3군의 존재로 인해 각군의 행정 및 군수지원 부대와 기구를 설치할 수밖에 없다는 점에서 막대한 예산 낭비를 가져 오고 있다는 주장과 관련해 각군의 상이한 임무 역할을 지원하려면 상이한 조직이 필요하다며 군의 조직을 임무 수행이 아닌 경제적 효율성 측면에서 분석하면 곤란하다는 주장을 전개하고 있다. "단일군 논리는 외형적인 복장의 단일화를 통해 내적인 군사적 효율성을 기하자는 무리하고도 피상적인 이론이며 다수 병력을 보유하고 있는 군이 3군을 장악해 보자는 기도에서 나온 불순한 주장에 다름이 없다."[138]고 김석구는 주장했다.

한편 "국방체계에 관한 연구 : 국방기구를 중심으로"라는 논문에서 해군중령 방기호는 제공권과 제해권을 보장할 수 없는 상태에서 지상전력에 의존하여 전쟁을 수행한 북한의 한국전쟁에서의 패배를 거론하며 3군 균형 발전의 중요성을 강조하고 있다. 이 같은 측면에서 국방부 및 합참과 같은 군정 및 군령 통할기구 내부에서의 3군 균형 보임을 주장하고 있다. 오늘날 한국군 전력이 육군 중심 비대칭구조를 이루고 있는 이유는 대한민국이 경제력이 없었다는 점에서 저비용 보병 중심의 전력을 유지할 수 밖에 없었기 때문이기도 하지만 국방정책을 결정하는 군정 및 군령 통할 기구에 육군 장교들이 과다하게 많았기 때문이란 이유를 제기하고 있다. 리델 하트(B. H. Liddel Hart)의 말을 인용해 방기호는 "비대칭구조를 이루고 있는 상태에서의 조직 통합은 특정 군 중심으로의 흡수에 다름이 없다"며, 단일군 개념을 배격하고 있다.[139]

"한국국방조직에 관한 연구"라는 논문에서 공군대령 최삼연은 단일군[140]과 합참의장제의 장점과 단점을 비교 설명[141]하고는 합참의장제를 한국군이 선택해야 할 상부지휘구조로 생각하고 있다. 각군이 조직을 중첩적으로 유지함으로 인한 자원낭비를 방지하기 위해 조직을 통폐합해야 할

138) 위의 글, p. 116.

139) 해군중령 방기호, "국방체제에 관한 연구 : 국방기구를 중심으로." 국방대학교 전략과정 (1978), pp. 91-93, 97-98, 101, 105.

140) 최삼연이 말하는 단일군은 총참모장(Chief of General Staff) 체제를 의미했다. 당시 한국군은 구소련과 같은 국가가 운용하고 있던 총참모장제와 단일군을 혼동하고 있었다.

141) 공군대령 최삼연, "한국국방조직에 관한 연구." (석사학위논문, 중앙대학교, 1970), pp. 131-148.

것이란 주장에 대해 이들 문제는 조직 통폐합이 아니고 상급기관으로부터의 적절한 지침의 결여 때문에 발생한다는 점에서 합동 계획기관과 각군 간의 제도적인 협의 방안을 강화하는 방식으로 해결해야 할 것이라고 주장하고 있다.

전술 수준에서의 의사결정의 신속성을 보장하기 위해 군령 통할기구를 단일참모총장제로 전환해야 할 것이란 주장에 대해 최삼연은 각군 작전사령부 수준에서의 신속한 의사결정을 위해 지휘통일을 보장해야 하는 것은 사실이지만 이는 합동참모본부를 단일지휘관이 관장하는 문제와 관련이 없다는 주장을 펼치고 있다. 또한 단일 인물이 육군, 해군 및 공군의 문제를 객관적이고도 공정하게 파악할 수 없을 것이란 반론을 제기하고 있다. 군령 통할기구에서는 신속성과 즉응성이 아니고 신중한 의사결정이 요구된다고 주장하고 있다. 단일군으로의 통합을 통해 경제성을 달성할지는 모르지만 전투능률과 효율을 보장할 수 없을 것이란 주장을 전개하고 있다.

2. 선행 연구의 문제점과 한계

육군 장교들의 논문은 목표 달성을 위한 전략 측면에서 차이가 있을 뿐 군정은 각군 참모총장이 군령은 합참의장이 통제하는 지휘구조 형태를 거쳐 궁극적으로 단일지휘관이 각군의 군정과 군령권을 통합적으로 행사하는 형태로의 전환을 추구하고 있다. 그런데 합참의장이 각군 작전부대를 지휘 통제하는 지휘구조 또는 단일지휘관이 각군의 군정과 군령권을 통합적으로 행사하는 지휘구조는 군사이론이 아니고 한국전쟁 당시 이승만 대통령과 전 공군참모총장 김정렬 장군의 우발적인 잘못에 근거하고 있었다. 이들 논문에서는 이 같은 실수를 정당화시키기 위해 군 구조에 관한 일반적인 사실을 왜곡시키고 있었다. 예를 들면 이미 살펴본 바처럼 독일군이 정립한 총참모장제(General Staff Military Planning System)와 김정렬 장군이 우발적으로 생각해낸 총사령관제(단일군제)를 동일시하고 있었다. 마찬가지로 1990년대 당시 한국군 국방부는 이승만 대통령의 실수의 산물인 합참의장이 각 군 작전사령관을 지휘 통제하는 군제가 유럽의 군제와 동일한 것으로 주장하고 있었다.[142)]

1960년대 초반부터 1980년대 말경까지 한국육군 장교들이 군 구조에 관해 작성한 논문들은 이 같은 우발적인 실수를 정당화시키기 위한 성격의 것이었다. 또한 1950년대 당시 미군 내부에서 진행되고 있던 군 구조 관련 논쟁을 왜곡시키고 있었다. 예를 들면 1950년대 당시 미군 내부에서 진행되고 있던 군 구조 관련 논쟁은 3군을 지휘 통제하는 전구사령부 수준에 관한 것이 아니고 합동 전략과 정책을 기획하고 전쟁을 지도하는 상부지휘구조를 육군, 해군 및 공군 장교로 구성된 합참과 같은 형태로 유지해야 할 것인지 아니면 일부 '전쟁의 천재' 중심의 총참모장제 형태로 운용해야 할 것인지에 관한 것이었다. 한국군은 이것을 작전 지휘의 문제로 왜곡시켰다. 이처럼 사실을 왜곡시키면서 육군 중심 단일군, 즉 "육군이 전쟁을 주도하고 해군과 공군이 육군을 지원해야 한다"는 개념을 정당화시켰다.

이외에도 미군 내부에서 진행되고 있던 논쟁을 자의적으로 해석했다. 예를 들면 육군중장 백인엽 장군은 소련 유인우주선 스푸트니크 호가 발사된 1957년 당시 미군 내부에서 벌어진 대륙간탄도탄 논쟁에 근거하여 단일군으로의 전환 필요성을 언급하고 있다. 이 같은 백인엽의 주장에 해

142) 이석복 장군(국방부 818계획 단장), "국군 조직법의 당위성과 정부의 입장." 『3군 통합의 의도는 무엇인가?』 (서울 : 평화민주당, 1990. 6), p. 43.

병대령 김석구는 "한국군이 이 같은 대륙간탄도탄을 보유하고 있지 않을 뿐만 아니라 예상 가능한 미래에 보유할 가능성이 높지 않다"는 점을 언급하고 있다. 이 같은 미사일 논쟁에도 불구하고 "미군이 단일군으로 개편되지 않았다"는 점을 언급하고 있다. 한편 백인엽은 "아이젠하워가 말했듯이 지상, 해상 및 공중 작전이 영원히 사라졌다면 상호 독립적으로 싸울 수 없는 부대와 개별적인 임무를 갖는 육군, 해군 및 공군을 그대로 유지할 이유는 없다."고 주장하고 있는데 아이젠하워가 말한 "지상, 해상 및 공중 작전이 영원히 사라졌다."는 것은 공중전력, 지상전력 및 해상전력이 독자적으로 전쟁을 수행하는 시대가 종료되었으며 이들 전력이 상호 협조하며 합동 차원에서 전쟁을 수행해야 한다는 의미였다. 이것이 육군, 해군 및 공군을 없애고 단일군을 만들라는 주장은 아니었던 것이다.

또한 미군은 전 세계를 상대로 전쟁을 수행하는 군대란 점에서 각 군이 미사일을 보유하고 있지만 한국군의 경우 전구 지휘통일 측면에서 이들 미사일뿐만 아니라 날아다니는 모든 무기를 육군, 해군 및 공군 가운데 특정 군이 운용해야 할 것이다. 미군도 한반도와 같은 전구 차원의 전쟁에서는 공군구성군사령관이 이들 미사일을 통합적으로 운용하고 있다. 이 같은 관점에서 보면 미사일과 같은 항공무기의 중첩 보유는 한반도에서는 있을 수 없는 일이다. 따라서 이들 무기의 존재가 3군 체제를 단일군 체제로 전환해야만 할 이유가 될 수 없을 것이다.

한편 이들 논문은 기존 제도를 분석하고 새로운 제도의 당위성을 강조하고 있는 반면 변화를 설명하지 못한다. 단일군제, 합참의장제, 총참모장제와 같은 군제는 그 나라의 정치 및 문화적 성향을 대변하고 있다. 또한 군제를 고려하는 과정에서는 위협과 동맹의 변화를 고려하지 않을 수 없다. 예를 들면 한미 연합작전을 수행해야만 하는 한국군 입장에서 보면 한미 간에 상호운용성이 필수적인 고려 사항이 되어야 한다. 상호운용성이 보장되려면 하드웨어의 통일도 중요하지만 전략, 작전, 교리, 군제와 같은 소프트웨어의 통일은 보다 중요한 문제다. 독일어만을 사용할 수 있는 사람과 일본어만을 구사할 수 있는 사람의 대화가 곤란하듯이 군의 제도와 절차로 대변되는 소프트웨어가 달라지는 경우 연합작전이 곤란해지기 때문이다. 이 같은 논리에 따르면 한국군은 미군과 유사한 군제를 유지할 필요도 없지 않다. 한국군은 미군과 동일한 군제인 합참의장제를 수용함이 보다 타당성이 있을 것이다. 동맹 차원이 아니고 독자적으로 전쟁을 수행하는 국가는 한국군과 달리 외국군의 제도와 절차를 고려할 필요가 없을 것이다. 한미동맹, 생각 가능한 위협, 정치적 변화와 같은 요인을 고려하여 군 구조가 달라질 수 있는데 이들 논문에서는 천편일률적으로 단일군을 추구하고 있다.

3장에서 자세히 살펴보겠지만 1959년부터 시작된 한국군의 군 구조 개편 관련 논쟁 또는 국방개혁에서는 이승만 대통령과 김정렬 전 공군참모총장의 실수를 확대 재생산한 단일군 개념과 합참의장이 각군 작전부대를 지휘한다는 개념이 지속적으로 위력을 발휘하게 된다. 이 같은 현상을 어떻게 설명할 수 있을까?

제3절 국방개혁 변인에 대한 이론적 검토

여기서는 지속적인 국방개혁을 통해 한국군의 군 구조가 육군 중심 단일군에 보다 근접해간 이유를 설명하기 위해 육군 중심 제도와 조직문화란 부분을, 그럼에도 불구하고 개개 국방개혁에 차이가 나는 이유를 설명하기 위해 위협균형 이론, 지도자 선택 이론, 지지 세력의 선호란 부분을 분석하고 있다. 이에 더불어 국방개혁에 관한 국내 및 국외 논문들을 분석하고 있다.

1. 기존 논의

가. 국내 연구 : 한국군 국방개혁을 대상으로 한 연구

기존에 이루어진 한국군의 국방개혁에 관한 대부분의 연구는 국방개혁 결과를 비판[143]하거나 분석 및 제안[144]하거나, 국방개혁의 결과를 옹호하는

143) 이한호 전 공군참모총장, "합동군사령부 뚝딱 신설 발상부터 위험하다."『주간동아』(2011. 1. 18); 이한호 전 공군참모총장. "미래전에 대비한 한국군의 상부지휘구조."『한국의 국방개혁 어떻게 구현할 것인가』. 한국국방안보포럼주최세미나(2011. 3. 22); 이한호 전 공군참모총장. "군 지휘체제개편의 혼란." 한성주 『위헌적모험국방개혁 307계획』 (서울 : 세창미디어, 2011) ; 이한호 전 공군참모총장, "군 상부지휘구조 개편 해·공군은 이렇게 본다."『월간조선』(2011, 8); 장성 전 한미연합사 부사령관, "군 구조 개편안 이대로는 안 된다." ; 한성주. 『위헌적 모험 국방개혁 307계획』 (서울 : 세창미디어, 2011).

144) Han Yong-sup, "Analyzing South Korea's Defense Reform 2020." *The Korean Journal of Defense Analysis*, vol. XVIII, no. 1(Spring, 2006), pp. 112-134; Chang-hee Nam, "Realigning the U.S. Forces and South Korea's Defense Reform 2020" (Sep 2007); Bruce W.

형태[145]다.

국방개혁 전문가인 마이클 라스카(Michael Raska)는 동아시아의 미국의 주요 동맹국인 대한민국은 합동작전개념, 교리 및 훈련 프로그램을 강구하고, 단기 및 현행 작전개념을 식별 및 해결함과 동시에 첨단 과학기술을 고려한 구체적인 획득 방법론을 고안해야 할 것이라고 제안하고 있다. 새로운 하드웨어 구입만으로는 군의 효과성을 증대시킬 수 없다고 말하고 있다.[146] 한미연합사에서 근무한 바 있는 미 육군 준장 로날드 만검(Ronald S. Mangum)은 합동교리와 같은 개념 정립과 합참 예하에 합동군사령부의 창설이 한국군 국방개혁의 관건임을 주장하고 있다.[147]

예비역 육군대령 윤우주는 선진국들의 국방개혁 사례 분석을 통해 군제개선은 자국 실정에 맞게 통합 지휘가 가능한 체제로 발전시키는 것이란 결론을 도출하고는 한국군이 합동군제에서 벗어나 각군 본부와 국방부가 통합되는 통합군제를 추진해야 할 것이라고 제안하고 있다.[148] 랜드

Bennett, "A Brief Analysis of the Republic of Korea's Defense Reform Plan." RAND(2006); 형혁규, 김영일, "군의 상부 지휘구조 개편방안과 향후과제."『이슈와 논점』 187호(2011. 1. 24); 홍규덕, "국방개혁의 성공조건과 과제 건설적 대안의 모색을 위하여."『'11년 국방정책자문위원 전체회의 설명 자료』(국방부, 2011. 8. 12); Michael Raska, "RMA Diffusion Paths and Patterns in South Korea's Military Modernization." *The Korean Journal of Defense Analysis*, vol. 23, no. 3(Sep 2011); Dov S. Zakheim, "U.S. Military Transformation and the Lessons for South Korea on its Path Toward Defense Reform 2020." *The Korean Journal of Defense Analysis*, vol. XIX, no. 4(Winter 2007); 박휘락, "군 상부지휘구조 개편 분석과 국방개혁 활성화를 위한 제언."『국가전략』, 제7권, 4호(2011), pp. 79-104; 권영근, "한국공군의 전략적 혁신 : 항공력의 효율적인 지휘구조 정립을 중심으로."

145) 김열수, "상부 지휘구조 개편 비판논리에 대한 고찰."『국방정책연구』, 제7권, 2호(2011); 신범철, 노훈, "군사에 관한 헌법 원칙과 군 상부지휘구조 개편."『국방정책연구』, 제7권, 2호(2011. 4.15).

146) Michael Raska, "Searching For New Security Paradigms : South Korea's RMA Strategy and Concepts." Draft(2011), p. 15.

147) Ronald S. Mangum, "Joint Force Training : Key to ROK Military Transformation." pp. 118, 129.

148) 윤우주, "한국의 군사제도 변천과 개혁에 관한 연구 : 상부구조를 중심으로." (박사학위

연구소의 베넷(Bruce W. Bennett)은 국방개혁 2020의 주요 쟁점 사안들을 중심으로 그 타당성을 분석하고 있다.[149] 국방대학 교수인 한용섭 박사는 국방개혁 2020의 주요 항목인 병력감축, 국방문민화, 합참체제 강화, 장기 국방예산 확보, 협력적 자주국방 틀에서의 한미동맹 발전과 유지란 부분을 분석한 후 문제점과 대안을 제시하고 있다.[150]

비판 및 제안 성격에서 벗어난 논문에 법제화되기까지 국방개혁에 영향을 준 요인과 행위자들의 상호작용을 연구한 논문이 있다. 이들 논문은 국방개혁에 영향을 준 변수들과 국방개혁의 관계를 설명하고 있다는 점에서 이 책과 관련이 있다. 그러나 이들 요인의 결합 방식에 따라, 특히 이들 요인에 영향을 받는 주요 행위자인 대통령, 국방부, 각 군 간의 상호작용에 의해 국방개혁안이 어떻게 달라질 것인지를 설명하고 있는 본 서와는 차이가 있다.

예비역 해군대령 박재필은 1974년부터 2011년까지의 한국군 군사력 건설에 위협환경과 한미동맹의 변화, 경제력과 국방비, 지도자 의지, 병력집약적 군구조란 요인이 끼친 영향을 분석하고 있다. 또한 군사력 건설의 논쟁 및 대립구조(예를 들면 북한위협 대 미래 잠재 위협, 한미동맹 대 자주국방 등)를 분석하고 있다.[151] 공군소령 김동한은 군구조 개편정책의 결정과정 분석과 핵심 정책결정요인 규명을 통해 정책결정구조를 추론했다. 예를 들면 지휘구조 개편정책을 다룬 818계획의 경우 미국의 군사전략변화와 노태우 대통령의 인식과 의지란 외부요인으로 인해 기존의 3군 병립제에 대항해 통합군이란 대안적 정책패러다임이 등장했는데, 3군 병립제를 지지하는

논문, 경기대학교, 2004).

149) Bruce W. Bennett, "A Brief Analysis of the Republic of Korea's Defense Reform Plan."

150) Han Yong-sup, "Analyzing South Korea's Defense Reform 2020," pp. 112-134.

151) 박재필, "한국 군사력 건설의 주요 결정요인 및 논쟁·대립구조에 관한 연구." (박사학위 논문, 충남대학교, 2011).

해·공군과 야당, 통합군을 지지하는 대통령, 육군 및 여당 간의 상호작용을 통해 합동군이 채택되었음을 보이고 있다.[152] 이

행수는 엘리슨의 세 가지 정책결정 모델이 이들 국방정책에 어떻게 영향을 주고 있는지를 설명하고 있다. 예를 들면 818계획의 경우 노태우 대통령이 안보환경의 변화에 대응해 국방개혁을 추진했으며 최상의 개혁안이 통합군이었던 반면 해·공군의 입장을 고려해 합동군을 선택했는데, 이는 합리적 선택의 결과라고 말하고 있다. 반면에 최초 정부안이 작성되는 과정은 관료정치 모델로 설명이 가능하다는 것이다.[153] 방진석은 군구조 개편에 관한 정책결정과정 분석을 통해 합리적인 국방정책결정과정을 추구하면서 제약요인과 문제점을 찾고 있다. 즉 군구조개편 결정과정에 영향을 준 주요 변수(세계 군 구조 발전추세, 한미연합 지휘체제, 정치 및 군사적 상황)를 식별하고, 군 구조 개편 결정과정에서 주요 행위자들(대통령, 국방부, 각군, 국회)의 특성과 역할이 끼친 영향을 분석하고는 각 집단의 갈등 해소 방안을 분석하고 있다.[154]

빅터 차(Victor D. Cha)는 여타 동아시아 국가와 달리 대한민국이 냉전 이후 무기획득을 가속화시키고 있는 것은 군비경쟁이나 경제적 여유 때문이 아니고 전략문화[155]란 렌즈를 통해 위협을 바라보기 때문이라고 주장하고 있다.[156] 김남영은 선진국의 성공적인 국방개혁들의 분석을 통해 국

152) 김동한, "군구조 개편정책의 결정 과정 및 요인 연구 – 818계획과 국방개혁2020을 중심으로–." (박사학위논문, 서울대학교, 2009).

153) 이행수, "노태우 정부와 노무현 정부의 국방정책 결정과정 비교분석." (석사학위논문, 국방대학교, 2007).

154) 방진석, "제6공화국의 군구조개편결정에 관한 연구." (석사학위논문, 국방대학교, 1994).

155) 국가적으로 가장 보편적인 문화를 의미한다. 예를 들면 상기 논문에서 빅터 차(Victor D. Cha)는 사대주의와 외세의존적인 성향을 대한민국의 주요 전략문화로 간주하고 있다.

156) Victor D. Cha, "Strategic Culture and the Military Modernization of South Korea." *Armed Forces & Society,* vol. 28, no. 1(Fall 2001), pp. 99–127.

방개혁 2020이 제대로 추진 및 집행되고 있는지를 살펴보고 있다.[157] 박후병은 한국군 군구조가 병력집약형인 반면 일본의 군구조가 기술집약형이 되도록 한 요인들을 조사해보고 있다. 동맹구조의 성격, 외부위협, 관료정치, 경제력이란 독립변수를 선정하고는 한국과 일본의 군 구조가 이들 요인에 의해 구조화되었다는 사실, 미국의 동맹정책으로 인해 한국에 병력집약형 구조가, 일본에 기술집약형 구조가 출현했다는 사실, 동맹구조가 한국과 일본의 군 구조에 가장 많은 영향을 미쳤다는 사실을 보이고 있다.[158] 연세대학교 정치학과 교수인 문정인과 이상근은 남북한 군비지출과 군비경쟁에 영향을 주는 요인으로 위협환경, 동맹의 변화, 관료정치, 이익집단의 영향, 지도자의 선택, 거시경제 상황이란 부분을 언급하고 있다. 이들 요인을 이용해 남북한 군비지출과 군비경쟁을 비교 설명하고 있다.[159]

이들 논문에서 위협환경, 동맹환경, 관료주의, 경제적 요인, 전략문화, 대통령이란 변수를 얻을 수 있다. 그러나 관료주의, 경제적 요인, 전략문화는 한국군의 국방개혁을 비교 분석하고 있는 이 책에 적용되지 않는다. 관료주의와 관련해 말하면 대통령, 합참의장, 각 군 참모총장이 머리를 맞대고 각 군 간의 문제를 해결하는 미군과 달리 한국군은 국방 차원에서 해결할 수 없으며, 해결하면 안 되는 상부지휘구조 개편 등 각 군 간의 문제를 국방부 중심으로 해결하고 있다.

한편 국방부가 육군 중심으로 편성되어 있다는 점에서 보면 한국군 국방개혁 과정에서는 각 군 간에 대립, 타협 및 절충 과정을 거치기보다는 육군의 일방적인 강요가 보편적인 현상일 것이다. 따라서 한국군 국방개

157) 김남영, "국방개혁 접근방법에 대한 비교 연구." (석사학위논문, 국방대학교, 2007).

158) 박후병, "동맹체제하에서의 군 구조 결정요인 분석." (석사학위논문, 국방대학교, 2002).

159) Chung-in-Moon and Sangkeun Lee, "Military Spending and the Arms Race on the Korean Peninsula." *Asian Perspective,* vol. 33, no. 4(2009), pp. 69-99.

혁에는 관료정치 모델이 적용될 수 없을 것이다. 또한 "전략문화와 한국군의 현대화"란 논문에서 빅터 차가 언급한 바처럼 한국군 국방개혁은 경제적 요인으로 설명할 수 없다. 한국군 내부의 변화로 생각할 수 있는 국방개혁들을 비교 분석하고 있는 이 책에서는 전략문화 또한 적용될 수 없다. 왜냐하면 국방개혁 입장에서 보면 전략문화는 상수에 다름이 없기 때문이다.

이들 국내연구의 분석을 통해 동맹환경, 위협환경, 지도자 요인을 추출할 수 있을 것이다.

나. 국외 연구

군의 변화에 관한 국외연구에 혁신(Innovation), 교리의 변화, 과학기술 발달로 인한 군의 변화, 전반적인 국방개혁에 관한 것이 있다.

스티븐 로젠(Stephen Rosen)은 군의 리더들이 군 조직에 변화를 초래하기 위한, 군을 혁신시키기 위한 주요 수단은 장교들의 승진 정책이라고 주장하고 있다. 군 조직의 변화는 보상구조의 변화를 통해 이루어진다는 것이다. 군의 조직문화에 관한 지식과 변화에 요구되는 정치적 역량을 구비하고 있는 고위급 군 리더가 군인들의 진급방식 개선을 통해 혁신을 제도화할 수 있다고 주장하고 있다. 전승에 관한 새로운 이론, 장차전의 모습과 이 같은 장차전에서 승리하기 위해 장교들이 싸우는 방식을 정립하고, 새로운 전투 수행 방식의 가치와 정당성을 보장해주는 문화의 제도화가 중요하다고 주장하고 있다.[160)]

랜드연구소의 제프리 아이작슨(Jeffrey A. Isaacson)은 군의 혁신이 가능해지기 위한 조건으로 상당 수준의 외부 위협의 존재, 현실 타파적인 목표의

160) Stephen Rosen, *Winning the Next War,* pp. 19-21.

존재, 자원의 상대적 빈곤, 사회적 응집력, 실패 경험, 높은 생산성, 혁신을 추구하는 사람들의 성장을 보장해주는 보직의 존재를 들고 있다.[161] 에밀리 골드만(Emily o. Goldman)과 레질 엘리아손(Leslie C. Eliason)은 주변국의 과학기술과 아이디어가 자국에 확산되는 정도에 해당 국가의 제도와 조직문화가 많은 영향을 주고 있다는 사실을 사례 연구를 통해 입증하고 있다.[162] 디마 아담스키(Dima Adamsky)는 러시아, 미국 및 이스라엘의 군사혁신 접근 방식 측면에서의 차이를 이들 국가의 전략문화의 차이에서 찾고 있다.[163]

혁신에 관한 이들 논문의 분석을 통해 조직문화와 제도란 요소를 추가 도출할 수 있을 것이다.

교리적 측면에서의 군의 변화와 관련해 연구한 사람에 베리 포젠(Barry R. Posen), 엘리자베스 키에르(Elizabet Kier), 킴벌리 지스크(Kimberly Marten Zisk)가 있다. 포젠은 군의 변화는 국제체제의 변화를 고려하여 대통령과 같은 민간 지도자가 군의 변화에 적극 개입할 당시 가능하다며, 그 사례로 전간기 당시 영국공군의 변화를 들고 있다.[164] 한편 잭 스나이더(Jack Snyder)는 국제체제의 변화에도 불구하고 민간 지도자들이 군의 변화에 적극 개입하지 않아 1차 세계대전 당시 독일군의 교리가 대전략과 조화를 이

161) Jeffrey A. Isaacson, Christopher Layne, John Arquilla, *Predicting Military Innovation*, RAND(1999), p. 52.

162) Emily O. Goldman and Andrew L. Ross, "The Diffusion of Military Technology and Ideas-Theory and Practice." *The Diffusion of Military Technology and Ideas*(Stanford California : Stanford University Press, 2003), pp. xiv-xv.

163) Dima Adamsky, *The Culture of Military Innovation : The Impact of Cultural Factors on The Revolution in Military Affairs in Russia, The US and Israel*(Stanford California : Stanford University Press, 2010), pp. 4, 11.

164) Barry R. Posen, *The Source of Military Doctrine*(Ithaca, New York: Cornell University Press, 1984), p. 224.

룰 수 없었다는 주장을 펼치고 있다.[165] 베리 포젠과 잭 스나이더의 주장을 종합하면 국제안보 환경의 변화를 고려한 민간 지도자의 간섭이 국방개혁의 필요충분조건일 것이다. 그러나 데보라 에번트(Deborah D. Avant)는 베트남전쟁 당시 미 육군의 교리 변화를 위해 케네디 및 존슨(Lyndon Johnson) 대통령이 적극 노력했음에도 불구하고 변화를 초래할 수 없었던 반면 민간 지도자의 간섭이 없었음에도 불구하고 보어 전쟁 당시 영국육군들이 민간 지도자의 요구에 부응했다는 점에서 보면 민간 지도자의 간섭은 군 변화의 필요조건도, 충분조건도 아니라고 주장하고 있다. 군의 제도가 변화를 쉽게 하거나 어렵게 하는 요인이란 주장을 전개하고 있다.[166]

이들 논문에서 다루고 있는 대상이 육군, 해군 및 공군과 같은 각 군 내부의 변화에 관한 것인 반면 한국군 국방개혁은 상부지휘구조 개편에서 보듯이 각 군 간의 변화에 관한 것이다. 이 같은 변화를 군 내부에서 조정할 수 없을 것이란 점에서 한국군 국방개혁에서는 대통령과 같은 민간 지도자의 간섭이 절대적으로 요구된다. 즉 한국군 국방개혁에서는 안보환경의 변화를 고려한 대통령의 간섭이 절대적으로 요구된다.

이처럼 민간 지도자의 간섭의 필요성을 강조하고 있는 논문과 달리 킴벌리 마틴 지스크는 수차례에 걸친 미국의 교리 변화에 대응한 소련의 교리 변화를 분석하면서 군의 장교들이 단순히 자군 이기주의적인 시각만을 견지하는 것이 아니고 외국의 발전 추세를 주시하며 교리를 발전시킨다.[167]는 주장을 전개하고 있다. 그러나 소련군이 각 군의 이해관계를 초월한 총참모들이 군을 운용하는 체제란 점에서 보면 각 군의 입장을 대변하

165) Snyder, Jack, *Ideology of the Offensive : Military Decision Making and the Disasters of 1914*(Ithaca, New York : Cornell University Press, 1984).

166) Deborah D. Avant, *Political institutions and Military Change*(Ithaca, New York: Cornell University Press, 1994).

167) Kimberly Marten Zisk, *Engaging The Enemy*, pp. 3-4.

는 합동참모들이 국방부와 합참에 포진하고 있는 한국군에 킴벌리 마틴 지스크의 분석은 적용이 곤란하다. 한편 엘리자베스 키에르는 전간기 당시 영국과 프랑스 군 교리의 변화를 조직문화 측면에서 설명하고 있다.[168] 조직문화에 따라 교리의 변화 방식이 달라졌다는 것이다. 그런데 조직문화의 중요성은 혁신에 관한 논문 분석에서 또한 강조되었던 부분이다.

교리적 측면에서의 분석을 통해 안보환경의 변화, 대통령의 간섭과 조직문화, 제도란 요인을 도출할 수 있을 것이다.

과학기술 측면에서 또한 군의 변화를 생각할 수 있다. 전투 이점(利點)을 좇아 군 조직이 새로운 과학기술을 수용하고 새로운 전쟁방식을 개발할 수 있다. 소위 말하는 정보화시대의 군사혁신은 이와 같다. 퇴역 미 해군제독 오웬스(William A. Owens)와 같은 사람들은 군에 상당한 이점을 안겨다주는 복합체계(System of Systems)를 창안하기 위해 군사정보, 지휘통제통신 그리고 정밀타격 능력을 결합해 사용할 수 있을 것이다.[169]고 주장하고 있다. 그러나 한국군 국방개혁, 특히 국방개혁 2020의 경우 과학기술에 대거 의존하고 있는 것은 사실이지만 이 책에서 다루고 있는 국방개혁 사례들은 과학기술의 변화에 의해 영향 받지 않았다. 과학기술 변화는 한국군 국방개혁의 변화와 지속을 설명해주는 변수가 될 수 없다.

이들 논문 외에 국방개혁 전반(全般)을 분석한 논문이 있다. 닉슨 행정부부터 레이건 행정부에 이르는 기간 미 육군 국방개혁 역학의 문제를 다룬 "전쟁 준비 : 평시 군 개혁의 역학(Preparing for War : The dynamics of Peacetime Military Reform)"이란 제목의 논문에서 수잔 닐센(Suzanne C. Nielsen)은 개혁의 동인, 주체, 제도화 및 범주 측면에서 1968년부터 1982년까지

168) Elizabeth Kier, *Imagining War* (Princeton, NJ: Princeton University Press, 1997).

169) William A. Owens, "The Emerging U.S. System of Systems," *Strategic Forum 63*, February 1996, pp. 1-2.

의 미 육군개혁을 설명하고 있다.[170] 군 변화의 역학을 연구한 논문에서 브라이언 그린월드(Bryon E. Greenwald)는 성공적인 변화에서는 외부지원과 군 내부의 의견수렴이 필요하다고 주장하고 있다. 이 같은 논거를 입증하기 위해 미 방공포병의 발전 과정을 분석하고 있다.[171] 고든 레더만(Gordon Nathaniel Lederman)은 골드워터 니콜스(Goldwater-Nichols) 법안에서 추구한 미 국방의 변화를 3개 시각의 갈등, 즉 중앙집권화와 분권화, 지역 중심과 기능 중심, 일반시각과 특수시각 간의 갈등 측면에서 살펴보고 있다.[172]

지금까지의 논의를 통해 위협 및 동맹환경의 변화, 대통령, 조직 문화와 제도란 요인을 도출했다. 한미동맹이란 거대한 틀 안에서 대통령의 선택, 각군의 저항 등 다양한 요인에 의해 영향을 받으며 국방부가 국무회의에 제기하는 국방개혁안에서 지속적으로 목격되는 부분과 변화되는 부분을 설명하기 위해서는 특정 변수가 아니고 다양한 변수들 간의 상호 연계가 중요한 의미가 있다.

먼저 이들 변수의 도출을 가능케 해주는 이론적 논의를 살펴보자.

2. 위협균형

위협균형 이론은 스티븐 왈트(Stephen M. Walt)가 "동맹의 구성과 세계파워의 균형(Alliance Formation and the Balance of World Power)"이란 논문을 통해

170) Suzanne Christine Nielsen, "Preparing For War : The Dynamics of Peacetime Military Reform." (PhD diss, Harvard University, 2003).

171) Bryon E, Greenwal, "An Understanding Change : Intellectual and Practical Change of Military Innovation." (PhD diss, Ohio State University, 2003).

172) Lederman, 김동기, 권영근 번역, 『합동성 강화 : 미 국방개혁의 역사』.

발표했다.[173] 위협균형 이론은 세력균형 이론을 일부 수정한 것이다. 위협균형 이론에 따르면 국가는 인지된 위협에 대항해 동맹을 결성하거나 내부 능력을 동원하게 된다. 힘이 약한 국가들의 경우 자국의 안보를 지킬 목적에서 부상하는 위협 세력에 편승할 가능성이 보다 많은 것은 사실이지만 국가는 일반적으로 인지된 위협에 대항해 동맹을 결성하는 방식으로 균형을 추구할 것이라고 왈트는 주장하고 있다.

왈트는 독일과 비교하여 막강했던 연합 세력들이 독일의 팽창주의 위협에 대항해 동맹을 결성했던 제1차 세계대전과 2차 세계대전 당시의 유럽 국가들의 동맹 패턴을 그 사례로 들고 있다.[174] 왈트는 여타 국가가 제기하는 위협을 평가하기 위한 4가지 기준을 식별하고 있는데, 국가의 총체적 전력(규모, 인구 및 경제력), 지리적 인접성, 공세적 능력과 공세적 의도가 바로 그것이다.[175] 부상하는 국가가 위와 같은 특질을 갖고 있다고 보다 많은 국가들이 생각할수록 이들 국가가 부상하는 국가를 위협으로 간주해 위협 균형을 추구할 가능성이 높아진다고 왈트는 주장하고 있다.

세력균형 이론에 따르면 국가들은 부상하는 열강에 대항해 세력균형을 추구한다. 통상 보다 힘이 강한 국가들이 공세적 의도를 갖고 있다고 가정하게 된다. 그러나 경험적으로 이는 입증되지 않았다고 왈트는 주장하고 있다. 또한 세력은 부상하지만 공세적 의도를 표출하지 않고 있는 국가들에 대항해 국가는 균형을 추구하지 않는다는 위협균형 이론을 입증해주는 역사적 증거가 보다 많다고 왈트는 주장하고 있다. 예를 들면 냉전 당시 미국이 부상했지만 많은 국가들이 미국과 동맹을 체결한 것은 미국이

173) Stephen M. Walt, "Alliance Formation and the Balance of World Power." *International Security*, vol. 9, no. 4(Spring 1985), pp. 3–43.

174) Stephen M. Walt, *The Origins of Alliances*(Ithaca, New York : Cornell University Press, 1987), p. 22.

175) *Ibid.*, p. 5.

이들 국가에 대해 공세적 의도를 표출하지 않았기 때문이란 논리다.[176]

세력균형 이론과 마찬가지로 위협균형 이론에서는 전통적으로 균형을 추구해야 할 적과 동맹국을 가정하고 있다. 무정부상태로 특징지어지는 국제체제에서 국가는 군사적 능력뿐만 아니라 이들 능력의 함양에 도움이 되는 자산을 증진시키는 방식으로 세력을 키워야 한다. 이는 무정부상태인 국제체제에서 국가가 수행해야 할 가장 중요한 과업이다. 국가는 일반적으로 동맹결성과 내부능력 동원이란 두 가지 방식으로 균형을 추구한다. 또 다른 세력이 동맹결성, 군비경쟁 등 특정 국가의 안보를 위협하는 것으로 해석되는 방식으로 힘을 증대시키는 경우 동맹결성 내지는 군비경쟁의 형태로 반응할 수 있을 것이다.

국가의 내부 능력 동원은 국가가 자신의 파워를 증진시킬 수 있는 또 다른 방법이다. 특정 국가의 공세적 능력 증대 또는 공세적 성격의 동맹의 발전에 대응해 국가는 추가 능력 확보를 목적으로 자국 내부에서 능력 배양을 추구할 수 있다. 소위 말해 군사적 목적으로 보다 많은 자원을 징발할 수 있을 것이다. 소비를 억제하고 높은 성장률을 달성하기 위해 투자를 촉진할 수도 있을 것이다.

한국 입장에서 보면 북한에 대항한 한미동맹은 세력균형으로 설명이 곤란할 것이다. 왜냐하면 세력균형 이론에 따르면 한국과 북한이 힘을 규합해 미국의 세력에 대항해야 할 것이기 때문이다. 따라서 한국, 북한 및 미국의 관계는 세력균형 이론이 아니고 위협균형 이론으로 보다 잘 설명될 수 있을 것이다.

국방개혁은 동맹을 통해 얻을 수 있는 능력을 보완하기 위한 내부 능력 동원으로 생각할 수 있다. 즉 국방개혁을 통해 달성하고자 하는 능력은 한미동맹의 성격에 의해 영향을 받을 것이다. 예를 들면 북한 위협에 대항해

176) *Ibid*., pp. 5–6.

미국이 해·공군 중심으로 지원해줄 것이란 점으로 인해 한국군은 지상 전력 보강을 위해 노력해야 할 것이란 논리를 쉽게 주장할 수 있는 입장이었다. 그러나 위협 대상에 일본과 같은 주변국이 포함되는 경우의 국방개혁에서는 미국의 지원을 거의 기대할 수 없을 것이다. 왜냐하면 한미관계 이상으로 미국에게는 미일관계가 중요한 의미가 있기 때문이다. 이 경우 일본의 해·공군력에 대항한 막강한 해·공군력을 건설해야 할 것이다. 위협균형 이론에서 보듯이 국방개혁을 통해 달성해야 할 능력은 동맹성격에 따라 그리고 위협환경에 따라 달라진다.

위협균형 이론에서는 국방개혁이 동맹 및 위협환경이란 안보환경 변화에 의해 결정된다는 관점을 견지하고 있다. 그러나 외세의존적인 국가의 경우는 이 같은 안보환경의 변화보다는 각군 간의 대립과 갈등에 의해 좌우될 가능성이 보다 크다.

3. 지도자 선택론

지도자선택 모델은 지도자의 심리상태, 생리적 특성, 성격, 인식구조 등이 정책 결정에 중요한 영향을 준다는 명제를 주된 논지로 삼는다. 여기서는 외교정책 결정 과정에 비제도적, 비조직적 및 비합리적인 측면이 있음에 착안하고 있다. 또한 인간이란 점에서 지도자의 합리적 판단에 제약이 따를 수밖에 없다는 현실에 주목하고 있다. 국방정책 과정에서 지도자 선택에 주목해야만 하는 다양한 이유가 있다. 여기에는 "외교 및 안보 영역에서는 대통령에게 법적, 제도적 권한이 모두 집중되어 있기 때문에 대통령 이외의 행위자들이 외교정책을 담당하고 그 결과에 책임을 지는 것은 불합리하다"[177]는 주장, "국제사회에서 국가를 대표할 수 있는 사람만 이 외교정책을 추진하고 결정할 권한이 있다"[178]는 주장, "대통령은 외교, 행정, 정치, 군사 문제를 모두 총괄하여 종합적으로 판단할 수 있는 장점이 있다"[179]는 주장, "관료를 통제하는 방법을 알고 있고 경험과 기술이 있다면 대통령이 관료들을 충분히 통제할 수 있다."[180]는 주장에 이르기까지 다양하다.

한국에서 최고정책결정권자인 대통령의 권한은 법적 및 제도적 측면에서 그리고 인지적 측면에서 막강하다. 헌법65조에 따르면 대통령은 국가의 원수이며, 외국에 대하여 국가를 대표할 뿐만 아니라 국가의 영토보전, 국가의 지속성과 헌법 수호 책무가 있다. 뿐만 아니라 행정권은 대통령을 수반으로 하는 정부에 속한다.

또한 대통령은 국군을 통수할 권한이 있으며(제74조 1항), 법률에서 구체적으로 범위를 정하여 위임받은 사항과 법률을 집행하기 위하여 필요한 사항에 관하여 대통령령을 발할 수 있다.(75조), 이외에도 공무원 임면권(제78조), 법률안 제출권(제52조), 계엄선포권(제77조 1항), 사면권 등 막강한 권한을 행사하고 있다. 이외에도 가부장적인 유교적 전통을 견지하고 있다는 점에서 대한민국에서 대통령이 갖는 권위는 거의 절대적이다. 대한민국의 국방개혁이 육군, 해군 및 공군 내부의 개혁이 아니고 상부지휘구조

177) Amos Perlmutter, "The Presidential Political Center and Foreign Policy : A Critique of the Revisionist and Bureaucratic–Political Orientation," *World Politics*, vol. 27, no. 1(1974), pp. 98–99.

178) Kenneth J. Meier, *Politics and the Bureaucracy: Policymaking in the Fourth Branch of Government* (North Scituate: Duxbury Press, 1979), p. 145.

179) Carnes Lord, *The Presidency and the Management of National Security*(New York: Free Press, 1988), p. 32.

180) Ronald Randall, "Presidential Power versus Bureaucratic Intransigence: The Influence of the Nixon Adminstration on Welfare Policy," *American Political Science Review*, vol. 73, no. 3(1979), pp. 795–810.

(818개혁, 국방개혁 307), 전구 항공력 지휘통제 구조(국방개혁 2020)에서 보듯이 각 군 간의 문제란 점에서 보면 국방개혁 과정에서 대통령의 간섭과 중재는 필수적이다.

4. 조직문화

육군, 해군 및 공군은 나름의 이익과 정체성을 견지하고 있는 행위자다. 『국제정치에 관한 사회적 이론(Social Theory of International Politics)』란 책에서의 알렉산더 웬트(Alexander Wendt)의 정의에 따르면 육군, 해군 및 공군은 나름의 정체성과 이익에 근거해 의도적으로 행동하는 Corporate Agent다.[181] 랜드연구소의 칼 빌더(Carl Builder)는 "육군, 해군 및 공군은 지속적으로 바뀌는 많은 사람들로 구성되어 있지만 분명하고도 항구적인 개성이 있으며, 이것이 이들의 행위의 많은 부분을 통제하고 있다."[182]고 주장했다.

조직문화는 조직의 가치관, 비전, 규범, 신념, 습관, 관습을 포함하는

181) Corporate Agent란 의도적인 행위를 할 수 있는 대상을 의미한다. 대부분의 사회적 구조는 Corporate Agent가 아니기 때문에 의도적인 행위를 할 능력이 없다. Corporate Agent는 Corporate Agency란 개념, 집단행위를 제도화하고 허용해주는 의사결정 구조란 3개 특성을 갖는다. 여기서 Corporate Agency란 개인적인 동의 여부에 무관하게 개개인이 집단의 신념과 믿음을 대변해 함께 행동할 책임을 수용한다는 의미다. 집단 행위가 제도화되어 있다는 것은 개개인이 상호 협조를 당연시 여긴다는 의미다. 집단행위를 허용해준다는 것은 개개인의 행위에 대한 책임을 집단이 감당하도록 구성원들 간에 권한, 의존성 및 책임성의 관계를 명시하는 법규가 존재한다는 의미다. 즉 개개인이 집단을 대변해 일한다는 의미다. Alexander Wendt, *Social Theory of International Politics,* pp. 218-221. 이 같은 관점에서 보면 육군, 해군 및 공군은 정체성과 이익에 근거해 의도적으로 행동하는 Corporate Agent로 볼 수 있다.

182) Carl Builder, *The Masks of War* (Baltimore and London : The Johns Hopkins University Press, 1989), p. 3.

개념이다. 조직문화는 조직 구성원들의 상호작용 방식에, 조직과 여타 행위자들 간의 상호작용 방식에 영향을 준다.[183] 안소니(Anthony)는 조직문화를 조직의 기능 방식을 결정짓는 요소로 정의하고 있다. 그에 따르면 조직문화는 깊이 각인되어 있는 가치관, 신념, 철학, 태도 및 규범으로 구성된다.[184] 군에 입문하는 군인은 훈련과 교육을 받게 되는데, 이는 개인 또는 민간인으로서의 정체성을 집단정신 내지는 조직의 정체성으로 바꾸기 위한 것이다.[185] 즉 조직문화에 순응토록 하기 위한 것이다. 존스턴(Paul Johnston)은 "조직문화는 자기 복제 성격이다. 왜냐하면 해당 조직에 임용되거나 조직에서 승진하는 사람은 조직의 특성 및 가치관과 부합하는 사람일 것이기 때문이다."[186]고 말하고 있다. 군 조직에 들어오는 사람들은 곧바로 군 생활의 현실에 동화된다. 조직에서 살아남아 성장하는 사람들은 통상 조직의 가치체계를 수용하는 사람이다.[187]

각 군의 조직문화를 보여주는 전형적인 부분은 전쟁에 관한 각 군의 시각, 즉 각 군의 전략 또는 전쟁 수행개념이다. 오늘날 군에서 가장 방대하고 영향력이 있는 조직은 국방부와 합참이 아니고, 육군, 해군 및 공군이다. 따라서 군의 행위를 이해하고자 하는 경우 육군, 해군 및 공군의 정체성을 인지해야 하는데 각 군의 정체성을 가장 극명히 보여주는 부분은 이

183) 인터넷 자료 http://en.wikipedia.org/wiki/Organizational_culture(검색일 : 2013. 3. 12).

184) Ray Anthony, ""Organizational Culture and Innovation," *Innovative Leader*, Volume 8(January 1999), p. 1.

185) Elizabeth Kier, *Imagining War*, p. 29.

186) Paul Jonston, "Doctrine is Not Enough: The Effects of Doctrine on the Behavior of Armies)." *Parameters*, vol. 30, no. 3(Autumn 2000), pp. 35-36.

187) Allan D. English, *Understanding Military Culture : A Canadian Perspective*(Montreal : McGill-Queens's University Press. 2004), p. 59와 J.G. Guy Simard, "Jointness-It's a Matter of Attitude," p. 13/24에서 재인용.

들 군의 전략 내지는 전쟁 수행개념이다.[188] 세계적으로 항공전략은 듀헤(Giulio Douhet) 및 미첼(Billy Mitchell)과 같은 항공력 이론가들의 이론에, 해양전략은 마한(Alfred Thayer Mahan) 및 코르벳(Julian Corbett)와 같은 해양력 이론가들의 이론에 근거하고 있다. 지상전 이론은 클라우제비츠(Karl von Clausewitz) 및 손자(孫子)와 같은 지상군이론가들의 이론에 근거하고 있다. 그런데 이들 이론과 전략은 상대방 군의 이론과 전략을 배격하는 자군 이기주의적 성격의 것이다.[189] 결과적으로 공군은 군의 무기를 이용해 공군이 중요하다고 생각하는 표적을 우선적으로 공격해야 하며, 자군의 무기체계를 우선적으로 건설해야 한다고 주장하고 있다. 해군과 육군도 상황은 마찬가지다.

한국군이, 그리고 국방부 및 합참과 같은 조직이 육군 중심으로 편성되어 있다는 점에서 육군의 조직문화가 국방개혁에 지대한 영향을 미칠 수 있다. 육군의 전쟁 수행개념에서는 적의 군사력을 온갖 노력을 경주하여 공략해야 할 중심(重心)으로 간주하는 클라우제비츠의 관점을 수용하고 있다. 즉 "모든 군사작전의 궁극적인 목표는 적군과 적의 전투 수행의지 파괴"가 되어야 한다는 관점을 견지하고 있다. 9.11 테러가 발발한 2001년 9월 11일 이전까지만 해도 미 육군은 이 같은 관점을 견지했다.[190] 여기에는

188) Carl H. Builder, *The Masks of War*, pp. 3-4; "항공전략, 해양전략, 지상전 이론과 같은 각 군의 전략적 패러다임에는 각 군의 작전환경에서 승리하고자 할 당시 필요한 수단과 주요 무기가 구체적으로 규명되어 있으며 이들 이론이 구현되고 있는 지상, 해상 및 공중이란 작전환경이 국가의 운명에 결정적인 영향을 미치고 있다는 점이 강조되어 있다.…또한 이들 패러다임의 구현에 필요한 군 조직의 모습이 구체적으로 담겨져 있다." Kenneth Allard, 권영근 번역, 『미래전 어떻게 싸울 것인가?』, pp. 434-435.

189) 백두산에 깃발을 꽂는 것은 육군이라며 육군은 지상군의 중요성을 강조하게 된다. 공군은 상대방 국가의 심장부를 공격하는 경우 별다른 노력이 없이도 적을 항복시킬 수 있다고, 해군은 해안을 봉쇄하면 상대방 국가가 고사(枯死)한다고 주장할 수 있을 것이다. Kenneth Allard, 권영근 번역, 『미래전 어떻게 싸울 것인가?』, pp. 449-457.

190) US Army, Operations, *Field Manual (FM) 3-0* (Washington: GPO, 14 June 2001), pp. 1-10 to 1-11; "오랜 기간 동안 육군은 자군을 국가의 전쟁을 승리로 이끌 책임이 있으며, 자

항공력과 해상전력이 육군을 지원하는 세력이란 육군의 관점이 암시되어 있다. 결과적으로 육군은 해군과 공군이 육군을 지원하는 일만을 수행해야 한다고 생각했다. 육군은 공군이 적진 깊숙이 있는 산업시설을 공격하는 현상을 참을 수 없으며, 해군이 육군을 운송하는 일 이외의 일을 하는 것을 참지 못한다. 한편 공군과 해군은 타군의 지원을 받지 않는 가운데 독자적으로 공중전과 해전을 수행할 수 있는 반면 육군은 해군과 공군의 지원을 절대적으로 필요로 하는 입장이다. 결과적으로 육군은 자군을 지원해야 한다고 생각되는 해군과 공군을 통제해야만이 전쟁을 가장 잘 수행할 수 있을 것으로 생각했다.[191)]

이 같은 차원에서 2차 세계대전 이후 미 육군은 총참모장이 군을 지휘하는 총참모장제를 적극 추구했다. 그러나 해군의 반대로 합동참모본부를 편성했다.[192)] 미 육군의 영향을 받은 한국육군 또한 미 육군과 유사한 문화를 견지하고 있다. 즉 대부분의 육군 장교들은 해군과 공군의 지원을 받는 가운데 육군이 전쟁을 주도해야 한다고 생각하고 있다.[193)] 해군과 공군의 임무가 육군 지원으로 국한되어야 한다는 사고에서 한 걸음 더 나

신은 해군과 공군을 지원하지 않으면서 해군과 공군의 지원을 받는 군대로 인식해왔다.…이 같은 관점은 FM 3-0이란 육군야전교범에 반영되어 있다.…논리는 간단하다. 전구 차원의 주요전쟁에서 지상작전이 결정적인 의미가 있으며, 육군이 지상작전에서 결정적인 역할을 한다는 것이다.…오랜 기간 동안 육군은 이 같은 육군의 개념이 전역계획을 주도해야 한다고 생각했으며, 적군과 육군의 교전을 용이케 하는 것이 전역계획의 주안점이 되어야 한다는 것이었다." John Gordon IV and Jerry Sollinger, "The Army's Dilemma," *Parameters*(Summer 2004), p. 34.

191) J. C. Wylie, *Military Strategy : A General Theory of Power Control*(Annapolis, Maryland : Naval Institute Press, 1967), pp. 44-47; John Gordon IV and Jerry Sollinger, "The Army's Dilemma," p. 35; David E. Johnson, *Learning Large Lessons : The Evolving Roles of Ground Power and Air Power in the Post-cold War Era*, RAND(2007), pp. 174-175; Carl H. Builder, *The Army in the Strategic Planning Process : Who Shall Bell the Cat*, RAND(1987), pp. 72-73, 77; Carl H. Builder, *The Masks of War*, pp. 89-91.

192) Kenneth Allard, 권영근 번역, 『미래전 어떻게 싸울 것인가?』, pp. 199-212.

193) 이 부분과 관련해서는 이 책의 3장 3절 2항 참조.

아가 육군 중심 단일군이 되어야 한다고 한국육군 장교들은 생각하는 경향이 있다. 1960년 이후 한국육군이 육군 중심 단일군을 일관되게 추구해 온 것은 이 같은 육군문화와 관련이 있었다. 통합군 중심의 상부지휘구조를 추구한 818계획과 국방개혁 307을 이처럼 생각할 수 있으며, 국방개혁 2020과 2025 당시 육군 작전지역을 넓힌 상태에서 전구 항공력을 육군 중심 합참이 통제하고자 했던 행위 또한 이 같은 관점에서 생각할 수 있을 것이다.

해군과 공군의 중요성을 강조하고 있는 전쟁 개념과 마찬가지로 육군이 전쟁을 주도하고 해군과 공군이 육군을 지원해야 한다는 육군의 전쟁 수행개념은 자군 이기주의적인 사고다.[194] 그러나 이 같은 육군문화만으로 한국군이 점차 육군 중심이 되는 현상을 설명할 수 없을 것이다. 해군 및 공군과 비교하여 육군의 파워가 상대적으로 막강했기 때문에 육군이 자군의 의지를 관철시킬 수 있었던 것이다. 즉 한미합의의사록으로 인해 조성된 육군 중심 비대칭 구조가 중요한 의미가 있을 것이다. 이 같은 측면에서 제도이론을 언급할 필요가 있을 것이다.

194) "항공전략, 해양전략, 육군의 전쟁 수행개념 모두는 자군의 세력 증강을 염두에 둔 자군 중심적인 개념이다. 미국이 국가안전보장회의를 설치한 것은 국가와 국익 수호를 위해 이처럼 상충되는 각 군의 전략들을 종결시킬 수 있을 정도의 권위가 있는 중앙집권적인 조직 예하에 각 군의 조직과 전통을 두기 위함이었다." Carl H. Builder, *The Masks of War,* p. 63; "타군의 지원을 받아 전쟁을 승리로 이끌 책임이 있는 군대란 자군에 대한 육군의 인식은 지상작전이 전쟁의 결과를 결정짓는다는 육군이 가정하고 있는 주요 부분이 의미를 상실하는 방향으로 전쟁의 성격이 바뀌고 있다는 점으로 인해 문제가 있다." John Gordon IV and Jerry Sollinger, "The Army's Dilemma," p. 35; "한국육군이 국방개혁에 주요 도전이 되고 있다. 한국육군의 문화를 바꾸는 문제는 성공적인 국방개혁의 필요조건이다." Dov S. Zakheim, "U.S. Military Transformation and the Lessons for South Korea on its Path Toward Defense Reform 2020." p. 27.

5. 제도이론

국방개혁에 관한 이론은 군 조직이 외부 위협의 변화에 반응하여 세력균형을 이루는 형태가 되어야 한다고 주장하는 국제체제 이론과 국방정책수립이 대통령 및 조직문화와 같은 국내 요인에 의해 영향을 받는다고 주장하는 국내이론으로 크게 양분된다. 이들 이론 간의 논쟁의 저변에는 이들 국내 및 국제 요인들이 중요한 의미가 있다는 사실과 이들 요인 간의 상호작용을 간명하고도 분명하게 개관할 수 있는 모델의 필요성이 암시되어 있다.[195)]

제도이론(Institutional Theory)은 국내 요인과 국제체제 요인 간의 상호작용을 설명해줄 수 있는 이론이다.[196)] 제도이론은 규칙, 규정, 예규, 조직운용 규범을 포함하는 구조가 사회적 행동에 관한 권위 있는 지침으로 정착되는 과정을 살펴보고 있다. 즉 이들 요소가 시간과 공간적으로 생성되고, 확산되며, 채택되거나 적절히 변형되며, 궁극적으로 소멸되는 방식을 설명하고 있다.[197)]

제도이론 관련 문헌들은 조직을 집단딜레마를 해결하기 위한 합리적인 반응으로 생각하고 있다. 여기서 집단딜레마란 개개인이 합리적으로 의사를 결정했음에도 불구하고 집단 차원에서 비합리적인 결과가 초래되는 현상을 의미한다. 예를 들면 국민 모두가 스스로 보건(保健)의 문제를 해결하도록 내버려 두는 경우 의학에 관한 지식과 정보가 충분치 않다는 점에

195) Deborah D. Avant, *Political institutions and Military Change*, p. 2에서 재인용; Peter Gourevitch, "The Second Image Reversed: The International Sources of Domestic Politics." *International Organization*, Vol. 32, No. 4(Autumn, 1978), pp. 881-912.

196) Deborah D. Avant, *Political institutions and Military Change*, p. 2.

197) http://en.wikipedia.org/wiki/Institutional_theory(검색일 : 2013. 3. 16)에서 재인용; Scott, W. Richard 2004. "Institutional theory" pp. 408-14 in Encyclopedia of Social Theory, George Ritzer, ed. Thousand Oaks, CA: Sage.

서 전반적으로 국민 건강에 적지 않은 문제가 초래될 것이다. 따라서 국가는 전문가 또는 중앙집권화되어 있는 권위체를 선정하고 국민을 대신하여 의료의 문제를 전담하도록 이들에게 권한을 위임하게 된다. 이들 주인-대리인 관계는 환자-의사, 국민-대통령, 대통령-관료 등 다양한 형태가 있다. 그러나 대통령(주인)이 국가안보 정책 관련 권한의 일부를 군 조직(대리인)에 위임하는 경우 육군, 해군 및 공군과 같은 새로운 정치적 행위자가 출현하게 되며, 에이전시의 문제가 초래될 수 있다.[198] 즉 이들 행위자가 대통령의 의도와 무관하게 자신의 이익을 추구하며 행동할 수도 있다.

이처럼 군 조직이 대통령과 같은 민간 지도자의 의도에서 벗어나 행동하는 문제는 일반적으로 이들 민간 지도자가 군 조직에 관해 알고 있는 정보가 군의 관료와 비교하여 대단히 미흡한 수준이란 사실과 군 조직이 아젠다를 설정할 수 있다는 사실로 인해 보다 어려워질 수 있다. 결과적으로 대통령이 최상의 방안을 선택할 수 없게 되거나, 군 조직이 대통령과 같은 민간 지도자가 관찰하고 있는 부분에 초점을 맞추어 행동하지만 실제로는 자신의 이익을 추구하는 등 대통령의 의도와 무관하게 행동하고자 노력할 수 있다. 또한 군의 아젠다 설정 능력으로 인해 군 조직 차원에서의 선택이 불안정하거나 작위적일 수 있다.[199]

대통령의 대리인으로서 군 조직이 대통령의 지시에 반응하는 과정에서 목격되는 문제, 즉 에이전시의 문제는 민간 지도자들이 군 조직의 규칙

198) Deborah D. Avant, *Political institutions and Military Change,* p. 6에서 재인용; Pierson, Paul, "When Effect Becomes Cause : Policy Feedback and Political Change," *World Politics* Vol. 45, No. 4(Jul. 1993).

199) Deborah D. Avant, *Political institutions and Military Change,* pp. 6-7에서 재인용; Alfred, Michael and Gary Miller, "Sources of Bureaucratic Influence : Expertise and Agenda Control," *Journal of Conflict Resolutions*, Vol 28, No. 4(1984. 12), pp. 701-730.

및 운용규범과 같은 군의 구조를 예전에 정립해놓은 방식과 군 조직을 감독하기 위해 설정해놓은 방식에 의해 영향 받을 가능성이 높다. 즉 조직을 감독하기 위해 정치가들이 결정해놓은 이전의 규칙과 방법들에 의해 대통령의 선호에 대한 국방 조직의 반응 방식이 달라질 수 있다. 그런데 군 조직의 정비와 감독에 관한 대통령과 같은 민간 정치가의 결정은 유권자의 반응에 영향을 받는다. 왜냐하면 민간 정치가의 경우 정치력을 유지하지 못하는 상태에서 자신의 선호를 행사할 수 없기 때문이다.[200] 따라서 민군관계는 권한위임이 2군데에서 일어나는 관계로 생각할 수 있다. 즉 유권자가 민간 지도자에게 권한을 위임하고, 민간 지도자가 이 같은 권한의 일부를 군 조직에 위임하는 경우로 생각할 수 있다.[201]

한국군의 경우를 보면 이승만 대통령이 미국과 체결한 1954년의 한미합의의사록으로 인해 한국군이 육군 중심, 특히 보병 중심이 되었다. 이 같은 사실이 대통령이 추진하는 국방개혁에 대한 군의 반응에 영향을 줄 수 있다. 즉 대통령이 육군의 선호인 통합군을 견지하는 경우 육군 중심 국방부가 대통령의 선호를 적극 지원할 것인 반면 대통령의 선호가 해군과 공군의 선호인 3군 균형발전인 경우 대통령의 선호에 국방부가 적극 저항할 수 있다. 자군의 파워가 상대적으로 막강했다는 사실을 이용하여 818계획이 추진된 1988년 이전 육군은 보다 더 자군의 입지를 강화시켰다. 결과적으로 대통령이 육군의 선호인 육군 중심 단일군을 보다 쉽게 구현할 수 있는 반면 해군과 공군의 선호인 3군 균형 발전을 구현하기가 보다 어려운 상황이 되었다.

민간 지도자가 국방개혁에 관한 의사를 결정하는 과정에서 유권자의 눈치를 보지 않을 수 없다는 점에서 보면 제도이론에서는 대통령이 합리

---

200) Deborah D. Avant, *Political institutions and Military Change*, p. 7에서 재인용.

201) *Ibid.*,

적인 선택의 결과로 자신의 선호를 결정하게 된다는 세력균형 이론의 기본 가정에 의문을 제기하고 있다. 즉 대통령을 국제사회에서 최선의 방식으로 국익을 추구하는 단일 행위자로 간주할 수 없다는 것이다. 대통령이 상당 부분 국익을 위해 노력할 것으로 기대해야 하지만 대통령이 추구하는 목표가 자신의 권력 유지 차원에서 필요하다고 생각되는 부분에 의해 영향을 받을 수 있다는 것이다.[202] 국방개혁에 관한 선호를 결정하는 과정에서 자신의 당선에 도움을 준 세력의 눈치를 보지 않을 수 없을 것이다.

예를 들면 많은 예비역 육군 장교들로부터 또는 이전에 국방개혁에 몸담았던 결과로 인해 육군의 선호를 추구하고 있던 민간인들로부터 지원을 받은 노태우 및 이명박 대통령이 국방개혁 과정에서 육군의 선호를 반영하지 않을 수 없었을 것인 반면 선거 유세 당시부터 육군 출신들로부터 철저히 배척받았던 노무현 대통령은 육군과 성향이 다른 지원 세력들의 성향을 반영하지 않을 수 없었을 것이다.

202) *Ibid.*, pp. 7-8에서 재인용; Snyder, Jack, *Ideology of the Offensive : Military Decision Making and Disasters of 1914*.

제4절 대안적 접근의 모색 : 국방개혁의 통합모델

2장 3절에서는 군의 변화와 지속을 설명하기 위해, 위협환경과 동맹성격의 변화, 지원 세력의 선호, 지도자의 선택, 육군 중심 국방제도와 육군문화란 변수를 도출했다. 여기서는 이 책의 연구 대상인 818계획(통합 절충형), 국방개혁 2020(합동 절충형), 국방개혁 307(통합형)의 변화와 지속을 이들 변수로 설명할 수 있지만 이들 가운데 일부 변수로는 설명할 수 없음을 보이고자 한다. 또한 이들 변수와 한국군 국방개혁의 변화와 지속의 관계를 설명하는 분석의 틀을 정립하고자 한다.

1. 한국군 국방개혁의 재접근

결과적으로 보면 국방개혁을 통해 육군의 파워가 보다 더 막강해졌다. 818계획으로 인해 3군 병행적으로 운용되던 각군을 육군 중심 국방부와 합참이 통제하게 되었으며, 국방개혁 2020으로 인해 육군이 공군 작전지역을 침해하며 육군화력을 대거 건설하면서 한국군이 합동이 아니고 육군 중심으로 전력을 운용할 가능성이 높아졌다. 국방개혁 307에서는 전력구조와 지휘구조 측면에서 육군의 입지를 대거 강화시키는 육군 중심 단일군을 추구했다.

이 같은 공통점 외에 이들 국방개혁은 이미 언급한 차이가 있다. 그 이유는 무엇인가? 이들 공통점과 차이점을 설명해줄 수 있는 변인은 무엇인가?

가. 국방개혁의 지속 : 육군 중심 제도와 문화

국방개혁을 통해 매번 육군의 몸집이 커졌는데 이것을 어떻게 설명할 수 있을까? 이미 살펴본 바처럼 육군, 해군 및 공군은 자군의 이익과 영역 확대를 위해 노력하는 행위자다. 육군의 몸집이 커졌다면 해군과 공군의 몸집이 상대적으로 작아졌다는 의미인데 이것을 어떻게 설명할 수 있을까? 이는 육군이 자군의 몸집을 키우기 위한 논리뿐만 아니라 해군과 공군의 저항을 억누르면서 자신의 몸집을 키울 수 있을 정도로 파워가 있었기 때문일 것이다. 파워는 한미합의의사록으로 인해 조성된 육군중심 국방제도로 생각할 수 있는 반면, 논리는 "전쟁은 육군이 주도하고 해군과 공군이 육군을 지원해야 한다"는 육군문화로 생각할 수 있을 것이다.

3장에서 알게 되겠지만 이 같은 논리와 파워에 입각하여 1960년 이후 한국육군 장교들은 "육군 중심 단일군이 최상의 군제"란 논리를 정립하고는 이들 논리를 국방에 강요할 수 있었다. 이 같은 논리에 입각해 조직을 통폐합하고는 조직의 수장으로 육군을 앉혔다. 결과적으로 육군의 몸집이 지속적으로 불어났던 것이다.

한편 한국 육군 장교들은 육군 중심 단일군을 추구하면서 온갖 논리를 동원했다. 예를 들면 1960년 이후 육군 장교들은 북한군이 육군 중심 단일군이며, 이 같은 북한군에 대항하기 위한 최상의 방안은 강력한 육군 중심 단일군이란 점을 강조했다. [203]그러나 이는 사실이 아니었다. 이미 살펴본

203) 육군중장 백인엽, "현대전에 있어서 국방개편기구론." pp. 24-26; 박동열, "한국 국방기구 개혁을 논함." pp. 65-71; 육군대령 김선길, "국방조직관리개선에 관하여." pp. 27-29, 34-36; 김종안, "한국 국방조직의 개선 방안 : 통합군제를 중심으로." pp. 120-121; 홍진표, "한국의 국방조직발전모형에 관한 연구." pp. 52-55; 윤복원, "한국 국방 조직에 관한 연구." pp. 37-38, 47-50; 육군대령 이영식, "우리나라 국방체제의 발전 방향." p. 16; "북한은 육군 중심의 강력한 단일군제를 운용하고 있다. 대한민국은 북한과 싸워야 한다. 북한과 유사한 군제를 구비해야 한다." 예비역 육군중장 용영일 장군과의 2012

바처럼 북한군은 단일군이 아니고 구소련, 중국, 제국일본, 구독일, 이스라엘 군처럼 '전쟁의 천재'들인 총참모(General Staff)들이 군을 이끌어가는 체제다. 또한 지상군에 대항하기 위한 최상의 군은 지상군이 아니다. 주변에 방대한 지상군을 유지하고 있는 아랍 국가들로 둘러싸여 있는 이스라엘이 이들 위협에 대처하기 위해 지상군 중심이 아니고 공군과 기갑 전력 중심의 군사력을 건설하고 있는 것은 무슨 이유 때문인가?[204)]

왜 1차 세계대전에서 패배한 후 또 다른 전쟁을 준비하면서 독일육군 총참모장(Chief of General Staff)인 폰 제크트(Hans Von Seeckt)는 병력 중심이 아니고 기갑 전력과 항공력에 기반을 둔 기동 전력을 추구했을까?[205)] 왜 미국은 북한과 비교해 1/2 이하의 지상군을 유지하고 있음에도 불구하고 지구상 도처에서 전쟁을 수행하는 등 세계 최강의 군사력으로 평가받고 있을까? 왜 중국과 러시아는 지상군을 줄이는 반면 해군과 공군 전력을 대거 강화하고 있을까?[206)] 왜 랜드연구소의 베넷 박사는 방대한 재래식 위협이 아니고 장사정포와 화생방 무기를 북한의 주요 위협으로 간주했을까?[207)] 왜 미국은 지상군 중심의 북한의 재래식 위협이 대단한 수

년 5월 29일 인터뷰; 예를 들면 노무현 대통령 당시의 육군 병력 감축에 반대하는 사람들은 이처럼 주장했다. 그러나 이는 사실이 아니다. 예를 들면 국방대학 안보문제연구소장과 참여정부 시절 국방발전자문위원회 위원장을 역임한 황병무 교수는 "북한 지상군 위협은 '초전에 공군력으로 박살내야 내야 한다'"고 말했다. 전 국방발전자문위원회 위원장 황병무 교수와의 2012년 7월 25일 인터뷰.

204) 이스라엘 국방예산에서 50% 정도는 공군 30% 정도는 기갑 전력이 차지하고 있다. Barry R. Posen, *The Source of Military Doctrine*, p. 31.

205) "몰트케와 슐리펜은 전투에서 이길 목적으로 인력과 화력의 수적 우세에 의존했다.…제크트에게 있어 숫자는 의미가 없었다.…제크트는 수적 우위가 아니고 엘리트 중심의 전문 자원 군대를 선호했다." James S. Corum, *The Roots of Blitzkrieg*(Lawrence Kansas: The University Press of Kansas, 1992), pp, 52-53.

206) 공군본부, 『2011 외국 군구조 편람』, pp. 105, 125-126; 중국은 2020년까지 250만의 병력을 180만으로 줄이고 해·공군을 각각 25% 수준까지 높일 것이라고 한다.

207) Bruce W. Bennett, "A Brief Analysis of the Republic of Korea's Defense Reform Plan," p.

준이 아니라고 판단했을까?[208] 왜 미 해병합동참모대학의 부르스 베톨(Bruce E. Bechtol) 교수는 한국군이 항공력과 지휘통제 능력을 대거 확충해야 한다고 말했을까?[209] 왜 단순한 북한 지상군 위협이 아니고 "북한이 제기하는 다양한 위협에 효과적으로 대응할 수 있는 적절히 변형 및 적응 가능한 형태의 전력구조 구축을 위해 보다 많은 예산을 투자해야 한다."[210]고 미국의 보수 연구소인 신미국안보센터(Center for a New American Security)는 주장했을까? 북한 지상군에 지상군으로 맞선다는 전략[211]

20.

208) 북한의 재래식 능력을 미국이 대수롭지 않게 평가하고 있다는 점은 여타 보고서에서 목격된다. 예를 들면, 미 국방부 아시아-태평양 총괄인 리처드 롤리스(Richard P. Lawless)는 "재래식 무기로 전쟁을 한다면 한국이 북한을 방어하고 격퇴할 수 있을 것이다. 미국이 지원한다면 한국은 보다 신속하고 확실하게 이길 것이다."고 말하고 있다. 허만섭 기자, "미국 국방부 '아시아, 태평양 총괄' 리처드 롤리스가 밝힌 한미동맹의 진실." 『신동아』 통권 575호(2007. 8. 1), pp. 82-104; 2009년 4월자 『신동아』는 북한 위협에 대한 이상희 국방부장관과 미국 측 판단에 차이가 있다며, 미국의 판단을 다음과 같이 소개하고 있다. "미 정보당국이나 주한미군 관계자에게 물어보면 북한의 재래식 위협은 10년 전과 비교해 새로운 것이 없다고 잘라 말한다. 한미연합사가 작성한 한반도 정보판단서(PIE)에도 북한의 재래식 군사력에 의한 전면전 위협은 감소하고 있다고 명기돼 있다. 2009년 3월 10일 미 상원청문회에 출석한 마이클 네이플스(Michael J. Naples) 미 국방부 산하 국방정보국(DIA) 국장은 북한이 대규모 병력을 전진배치하고 있지만 장비가 부실하고 훈련이 부족해 남한을 상대로 대규모 군사작전을 제대로 수행할 수 없는 상태라고 못 박았다.…한마디로 요약하면 한반도에서 더는 재래식 전면 전쟁이 어렵다는 것이다. 오직 핵과 미사일을 앞세운 비대칭전쟁만이 존재한다는 것이다." 김종대, "남북한 군사력비교." 『신동아』, 통권 595호(2009. 4. 1), pp. 238~247.

209) Bruce E. Bechtol Jr, "Force Restructuring in the ROK-US Military Alliance : Challenges and Implications." *International Journal of Korean Studies*, vol. X. no. 2(Fall/Winter 2006), p. 22.

210) 권영근 번역, 『한국의 안보를 위한 21세기의 전략동맹』 (서울, 한국국방연구원, 2010. 12), p. 1. "한국군은 북한 위협에 초점을 맞출 필요가 있다. 그러나 북한 위협에 초점을 맞춘 군사력을 구축하게 되면 예기치 못한 위기에 대응하기 위한 능력을 구비하지 못하게 될 가능성도 없지 않다." 위의 글, p. 16.

211) "북한의 주요 위협에 대항한 한국군의 군사전략은 강력한 미 공군과 한국공군의 지원을 받아 지상군이 선도적으로 대응하는 형태다." Sally Harris, "Coping with Pressure: South Korea's Defense Restructuring and the Impact of the Recent Economic Crisis." *The Korean Journal of Defense Analysis,* vol. XII, no. 2(Winter 2000), p. 209.

[212]이 올바른 것인가? 지상군과 지상군이 대적한다고 가정해도 지상전의 경우 방어가 보다 강력한 형태란 점에서 성공적으로 공세를 취하려면 상대방과 비교하여 3 : 1 우위에 있어야 한다는 지상전의 군신(軍神)인 클라우제비츠[213]의 논리에서 보면 지상을 통한 북한군의 남침이 성공을 거두기 어려울 것 아닌가? 1914년의 탄넨베르크 전투 당시 수적으로 1 : 4 열세에 있던 독일군 지상군이 러시아군 지상군을 궤멸시킬 정도의 압승을 거둔 것을 어떻게 설명할 수 있는가?[214]

아무튼 한미합의의사록으로 인해 해군과 공군에 비해 상대적으로 막강한 파워가 있었다는 점과 "육군이 전쟁을 주도하고 해군과 공군이 육군을 지원해야 한다"는 육군문화로 인해 단일군을 겨냥해 나아갈 수 있었을 것이다. 이 같은 문화와 파워를 근거로 자군 중심 논리를 만들고 이 같은 논리를 국방에 강요하는 방식으로 육군의 몸집을 지속적으로 불려나갈 수 있었을 것이다.

한편 육군이 해군 및 공군과 비교하여 파워가 막강하지 못했다면 이 같은 육군문화를 국방에 강요할 수 없었을 것이다. 이는 동일한 문화를 견지하고 있는 미군의 경우 자군 문화를 미 국방에 강요하고자 지속적으로 노력했음에도 불구하고 3군이 균형 편성되어 있어 강요할 수 없었다는 사실

212) "한국군은 지상군 중심의 시대에 뒤쳐진 군 구조를 유지하고 있다." Michael Raska, "RMA Diffusion Paths and Patterns in South Korea's Military Transformation." p. 376; "한국군은 단순한 신형 장비 구입만으로는 군의 효과성을 증진시킬 수 없음을 보여준 경우다.…군사혁신 관련 과학기술을 기존의 군 구조와 작전개념으로 통합하는 경우 한계가 있음을 이해해야 한다." *Ibid*., p. 381; "한국육군이 국방개혁에 주요 도전이 되고 있다. 한국육군의 문화를 바꾸는 문제는 성공적인 국방개혁의 필요조건이다." Dov S. Zakheim, "U.S. Military Transformation and the Lessons for South Korea on its Path Toward Defense Reform 2020." p. 27.

213) Major Paul A. Griffith, Jr. "Von Clausewitz For Air Force Novitiates." *Foundations of Military* (New York : Forbes Custom Publication, 1998), p. 221.

214) "독일과 러시아의 탄넨베르크 전투" 『국방일보』(2012. 1. 30)

에서 잘 알 수 있을 것이다. 즉 상대적으로 막강했던 육군의 파워가 국방개혁을 통해 한국군이 점차 육군 중심이 되도록 한 충분조건이었음을 알 수 있다. 또한 국방조직이 육군 중심으로 편성되어 있는 상황에서도 육군 중심 문화, 육군 중심 단일군이 최상이란 문화가 없는 경우 10여 차례에 걸쳐 단일군을 추구하지 않았을 것이란 점에서 육군문화가 필요조건임을 알 수 있다.

나. 국방개혁의 변화 : 위협성격, 동맹성격, 지원 세력의 선호, 지도자의 선택

818계획은 대통령이 통합군을 선호한 반면 여기서 한발 물러선 통제형 합참의장제로 귀결되었다. 국방개혁 2020은 대통령이 3군 균형발전을 보장하는 형태를 추구한 반면 여기서 한참 못 미친 형태로 귀결되었다. 국방개혁 307은 대통령이 육군 중심 단일군인 통합군을 선호했으며 자신의 선호를 겨냥해 질주했다는 특징이 있다. 이들 국방개혁 간의 차이를 설명해 줄 수 있는 변수는 무엇인가?

이들 국방개혁 간의 차이를 가장 먼저 설명해주는 부분은 대통령의 선호란 부분이다. 노태우 및 이명박 대통령이 통합군을 선호한 반면 노무현 대통령은 비통제형 합참의장제를 선호했다. 그러면 대통령의 선호를 결정해주는 요인은 무엇인가? 전통적으로 대통령의 선호에 영향을 주는 요인에 위협환경과 동맹환경의 변화가 있다. 왜냐하면 국방개혁이 본질적으로 안보환경의 변화에 대비하기 위한 것이며, 안보환경의 변화 중에서 위협환경과 동맹환경의 변화가 필수적인 부분이기 때문이다. 그러나 대통령은 국가안보 외에 정권유지에 관심이 있는 행위자다. 결과적으로 대통령은 자신을 지지해주는 세력의 선호를 고려하지 않을 수 없는 입장이다.

3장에서 알게 되겠지만 1960년대 초반부터 818계획 이전까지 한국군은 안보환경의 변화에 무관하게 8차례에 걸쳐 육군 중심 단일군인 통합군을 추진했다. 2장 1절에서 살펴본 바처럼 통합군으로는 국가가 직면하게 될 다양한 위협에 제대로 대응할 수 없을 것이다. 이 같은 점에서 보면 지상전만을 제대로 수행할 수 있는 육군 중심 단일군인 통합군은 안보환경이 아니고 "전쟁은 육군이 주도하고 해군과 공군이 육군을 지원해야 한다"는 육군문화를 반영한 결과일 것이다. 즉 육군들의 선호를 반영한 결과일 것이다.

818계획도 마찬가지다. 노태우 대통령이 통합군을 선호했던 것은 안보환경 변화보다는 육군의 선호를 반영한 결과였다. 반면에 국방개혁 2020 당시 노무현 대통령은 병력 중심에서 과학기술 중심, 북한 위협 대비 중심에서 주변국 위협 대비 포함, 3군 균형 발전을 선호했는데 이는 특정 지지 세력의 선호만으로는 설명이 곤란한 부분이다. 즉 중국의 부상과 일본의 보통국가화 등 안보환경의 변화를 고려한 결과로 볼 수 있을 것이다. 천안함 사건을 빌미로 이명박 정부는 통합군 중심의 상부지휘구조 개편을 추구했다고 말하지만 이명박 정부의 상부지휘구조 개편 추구는 천안함 사태와 관련이 없었다. 왜냐하면 지상전 수행만을 염두에 둔 육군 중심 단일군으로는 천안함 사태와 같은 또 다른 해상 사태에 대비할 수 없을 것이기 때문이다. 이처럼 이명박 대통령이 추진한 통합군은 안보환경의 변화로 설명이 곤란할 것이다. 즉 이명박 대통령의 지지 세력들이 대통령의 선호에 영향을 준 것으로 볼 수 있을 것이다.

여기서 보듯이 이들 국방개혁에서의 대통령의 선호는 위협환경과 동맹환경의 변화와 지원 세력의 선호로 설명이 가능하며 이들 중 하나라도 없으면 설명이 곤란할 것이다.

그러면 대통령의 선호와 선택의 관계에 영향을 주는 요인은 무엇인가?

먼저 대통령의 선호에 대한 국방부의 반응을 살펴보자. 이들 국방개혁에서 보듯이 대통령이 통합군을 선호하면 국방부가 여기에 적극 동조한 반면 대통령이 3군 균형발전을 추구하면 국방부가 강력히 저항했다. 즉 국방부는 육군 입장을 대변했다. 한편 국방개혁을 할 때마다 육군의 파워가 증대되었다는 사실에서 보듯이 국방부는 육군의 선호를 대변하면서 많은 부분을 달성할 수 있었다. 이것을 설명해줄 수 있는 부분은 무엇인가? 이는 이미 살펴본 바처럼 국방부가 육군 중심 비대칭 구조를 이루고 있다는 점, 국방부에 근무하는 육군 장교가 "육군이 전쟁을 주도하고 해군과 공군이 육군을 지원한다"는 육군문화를 견지하고 있다는 점이다. 이들 요인으로 인해 국방부는 항상 육군 이익을 대변하고자 노력할 것이며, 자신의 선호 가운데 많은 부분을 달성할 수 있는 입장이었다.

두 번째 변수는 이 같은 국방부의 반응에 대항한 대통령의 선택이란 부분이다. 대통령의 선호와 무관하게 군의 일부는 지속적으로 저항했다. 대통령이 통합군을 선호하면 해군과 공군의 현역 및 예비역 장교뿐만 아니라 언론매체 등이 저항한 반면 대통령이 3군 균형발전을 선호하면 현역 및 예비역 육군 장교뿐만 아니라 언론매체, 정치가들이 저항했다. 이 같은 저항에 대통령은 자신의 성향뿐만 아니라 의사결정 환경, 예를 들면 여야 구도, 여론 등을 고려하여 의사를 결정하게 된다.

이들 모두를 종합해보면 한국군 국방개혁을 위협환경과 동맹환경의 변화, 지원 세력의 선호, 대통령의 성향, 육군 중심 비대칭구조, 육군 문화란 부분으로 설명이 가능할 것이다.

2. 포괄적 접근의 적실성 : 단일 변수에서 복합 변수로

앞의 논의를 종합해보면 다음과 같다.

국방개혁 818 당시 노태우 대통령은 군정권과 군령권을 단일지휘관이 행사하는 통합군을 선호했지만 합참의장이 각 군 작전사령부를 지휘 통제하는 통제형 합참의장제로 국방개혁을 마무리 지었다. 노태우 대통령이 통합군을 선호하게 된 것은 위협환경 및 동맹환경의 변화와 같은 안보환경의 변화가 아니고 자신의 지지 세력인 육군들의 선호를 반영한 결과였다. 노태우 대통령의 통합군 선호를 국방부와 육군이 지원했던 반면 해군과 공군이 적극 반대다. 이 같은 해군과 공군의 저항, 언론 및 정치가들의 반응 등 의사결정 환경과 노태우 대통령의 개인적인 성향으로 인해 노태우 대통령이 이처럼 결정했을 것이다.

국방개혁 2020 당시 노무현 대통령은 병력중심에서 과학기술 중심으로, 북한 위협 대비 중심에서 주변국 위협 대비를 포함하는 형태로, 3군 균형 발전을 보장하는 형태로 군 구조를 바꾸고자 노력했다. 그러나 3군 균형발전이란 목표를 달성하지 못한 반면 육군 전력을 대거 강화시키는 등 육군 중심 국방개혁으로 종료했다. 노무현 대통령이 이 같은 목표를 선호했던 것은 지지 세력의 선호 때문만은 아니며 전시작전통제권 전환, 중국의 급격한 부상과 일본의 보통국가화, 북한을 우호적으로 생각하는 국민들의 증대, 입영 자원 감소 등 안보환경의 급격한 변화를 반영한 결과일 것이다. 이 같은 대통령의 선호가 "전쟁은 육군이 주도하고 해군과 공군이 육군을 지원해야 한다"는 육군문화와 배치되면서 육군과 육군 중심 국방부가 청와대에 적극 저항했을 것이다. 국방부가 육군을 대변하는 에이전트로 기능하면서 대통령이 육군과 많은 부분 타협하는 형태로 국방개혁을 마무리 지었을 것이다.

이명박 정부의 통합군 추구는 안보환경 변화가 아니고 자신의 지지 세력의 선호를 반영한 결과일 것이다. 여기에 육군과 국방부가 동조한 반면 해군과 공군, 언론 및 정치가들이 저항했다. 대통령의 개인적인 성향과 의사결정 환경의 특이성으로 인해 이명박 대통령이 자신이 의도했던 통합군안을 상정시킬 수 있었을 것이다.

결과적으로 보면 한국군 국방개혁 과정에서는 대통령, 국방부, 각 군, 국회, 예비역 장교단, 여론과 같은 다양한 행위자들 간의 정치적 게임이 중요한 의미가 있다. 왜냐하면 국방개혁은 행위자들 간의 상호작용의 산물이기 때문이다.

3. 대안적 분석틀과 가설

이 책의 종속변수라고 할 수 있는 국방개혁의 지속과 변화에서 변화를 통합형, 합동형, 통합절충형, 합동 절충형으로 유형화했다. 통합형은 변화 추구 이전의 군 구조를 기준으로 대통령이 통합군(단일군)을 선호했으며, 이 같은 대통령의 선호가 제대로 구현된 경우를, 합동형은 변화 추구 이전의 군 구조를 기준으로 대통령이 비통제형 합참의장제를 선호했으며 이 같은 대통령의 선호가 제대로 구현된 경우를 말한다. 반면에 통합 절충형은 대통령의 선호가 통합군이었던 반면 절충된 경우를, 합동 절충형은 대통령의 선호가 비통제형 합참의장제이었던 반면 절충된 경우를 말한다.

여기서 단일군이란 지휘구조 측면에서 국방부 및 합참과 같은 합동 조직을 특정 군 중심으로 편성하고 단일의 군인이 군정과 군령권을 통합적으로 지휘하는 체제를 의미한다. 부대구조 측면에서 보면 공중전, 지상전 및 해전 가운데 특정 작전영역에서의 전쟁 수행만 가능하도록 특정 군 중심으로 조직을 통폐합하는 경우를 의미한다. 병력구조 측면에서 보면 특정 군 중심으로 병력, 특히 장교를 편성하는 경우를 의미한다. 전력구조 측면에서 보면 특정 작전영역에서의 전쟁 수행만을 염두에 두어 전력을 구축하는 경우를 의미한다.

가. 가설 :

지금까지의 논의를 통해 다음과 같은 가설을 설정했다.

가설 1 : 대통령의 선호와 국방부(육군)의 선호가 같으며 대통령이 해군과 공군의 저항을 수용하면 통합절충형 국방개혁안이 국무회의에 상정된다.

가설 2 : 대통령의 선호와 국방부(육군)의 선호가 같으며 대통령이 해군과 공군의 저항을 수용하지 않으면 통합형 국방개혁안이 상정된다.

가설 3 : 대통령의 선호가 국방부(육군)의 선호와 배치되는 경우 합동절충형 국방개혁안이 상정된다.

여기서 대통령의 선호는 위협환경, 동맹환경의 변화와 지지 세력의 선호에 의해 영향을 받는 반면, 국방부의 정체성은 육군 중심 비대칭구조와 "전쟁은 육군이 주도하고 해군과 공군이 육군을 지원해야 한다"는 육군문화에 의해 결정된다. 이 같은 가설을 검증하기 위한 분석의 틀은 다음과 같다.

나. 대안적 분석틀

분석틀에서

1) 대통령의 선호는 위협환경 및 동맹성격의 변화 이외에 지지 세력의

선호에 의해 영향을 받는다. 이는 정치가들이 권력유지 문제를 고려하지 않을 수 없기 때문이다.[215] 결과적으로 자신의 선호를 결정하면서 대통령은 안보환경 변화뿐만 아니라 자신의 지원 세력의 선호를 고려하지 않을 수 없는 입장이다. 육군의 전폭적인 지지를 받았던 이명박 대통령과 노태우 대통령이 육군의 선호를 반영하고자 적극 노력한 반면 그렇지 않았던 노무현 대통령이 육군의 선호를 고려하고자 하지 않았던 것은 이 같은 이유 때문이었다.

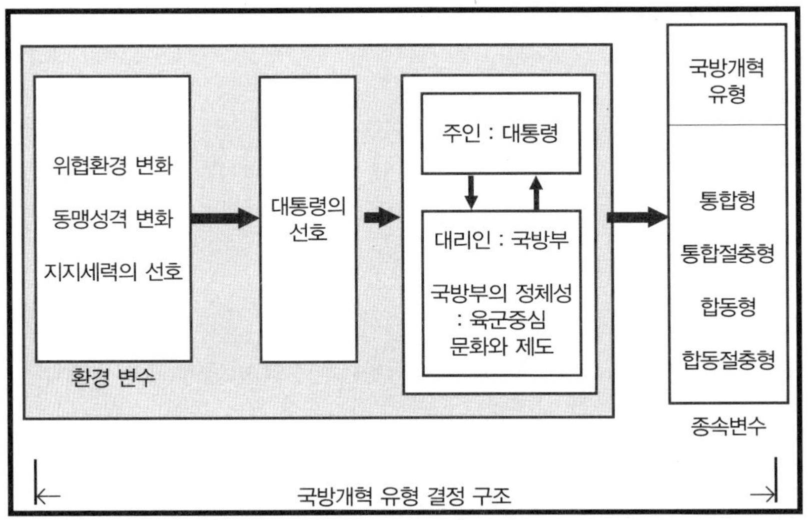

[그림 2-2] 국방개혁 유형 결정구조

2) 대통령과 같은 민간 정치가와 국방부, 육군, 해군 및 공군과 같은 행

215) "대통령과 같은 민간 지도자가 국제사회에서 최상의 국익을 추구하는 단일의 행위자로 행동할 것으로 간주할 수 없다. 이들이 정권유지를 가정 먼저 염두에 두고 행동하는 행위자로 처신할 것으로 기대해야 한다.…국제사회의 사건들이 국내 행위자들에게 기회를 제공하고 있다. 그러나 가능한 대응방안은 항상 다양하다. 다양한 대응 방안 가운데 어느 것을 선택할 것인지는 자신의 정치적 이익에 가장 도움이 되는 방안이 무엇인지에 의해 결정된다." Deborah D. Avant, *Political institutions and Military Change*, pp. 7-9.

위자들 모두는 자신의 입장에서 안보환경을 평가한다.[216] 육군들이 "주변국 위협보다는 북한 위협을 강조하면서 북한을 육군 중심 단일군으로 간주하고, 이 같은 단일군에 대항하기 위한 최상의 방안은 육군 중심 단일군이다"고 주장한 반면, 해군과 공군이 주변국 위협이 한반도에 끼치는 영향을 보다 강조하고, 북한 위협 또한 자군 중심으로 판단하면서 3군 균형 발전을 주장하고 있는 것은 이 같은 이유 때문이다. 합동에 관한 육군의 시각이 육군 중심 조직 통폐합에 입각하고 있는 반면 해군과 공군의 시각이 효율 통합에 근거하고 있는 것 또한 이 같은 측면에서 생각할 수 있을 것이다.

3) 국방부는 육군 중심 문화와 제도로 정의되는 정체성을 갖고 있는 에이전트다. 지상전, 해전 및 공중전 이론을 갖고 있는 육군, 해군 및 공군은 나름의 정체성에 입각하여 자군의 이익을 추구하는 행위자로 볼 수 있다. 그러나 합동군사전략서, 합동개념서, 합동교리를 작성하는 합참은 합동 차원의 정체성은 추구할 수 있을 것이지만 특정 군을 대변할 수 없을 것이며, 대변해서도 곤란할 것이다. 국방부 또한 상황은 마찬가지일 것이다. 그러나 국방부장관과 합참의장이 전통적으로 육군 출신이며 합동을 "육군이 전쟁을 주도하고 해군과 공군이 육군을 지원하는 개념"으로 인식하고 있는 육군 장교들이 계급과 숫자 측면에서 국방부와 합참을 압도하고 있다는 점에서 한국군 국방부는 육군의 관점이 상황을 좌우하는 조직으로 볼 수 있다.[217]

---

216) "…이들 편협한 이익 추구로 인해 조직에 따라 국익을 인식하는 방식이 달라진다. 따라서 개개 조직이 국제체제의 변화를 달리 해석할 가능성이 있다.…" *Ibid.*, p. 10.

217) "물질적 능력 측면에서 불균형이 상존하는 경우 사회적 행위는 보다 힘이 강한 측이 선호하는 방향으로 진화된다" Alexander Wendt, *Social Theory of International Politics*, p. 331에서 재인용; Deutch, Morton "The Prevention of World War Ⅲ: A Psychological

더욱이 대통령, 합참의장, 각 군 참모총장이 머리를 맞대고 국방개혁의 문제를 해결하는 미국의 의사결정 구조[218]와 달리 한국군의 국방개혁 의사결정 구조는 육군 고위급 장교를 위원장으로 하고 육군이 다수를 점유하는 위원회에 상대적으로 계급이 낮고 숫자가 적은 해군과 공군 장교가 참여하여 나름의 안을 만들며, 이처럼 안을 만드는 과정에서 국방부 대표(육군)가 청와대와 협의하는 형태다.[219] 따라서 공군과 해군의 관점은 청와대에 제대로 전달되기가 곤란한 구조다. 군 내부에서 또한 해군과 공군의 관점은 반영이 대단히 곤란한 구조다. 최종적으로 국방개혁안을 점검하는 군무회의의 경우 12명에 달하는 구성원 가운데 공군과 해군은 각 1명(공군참모총장과 해군참모총장)이란 점, 군무회의에서 논의되는 아젠다 또한 육군 중심 국방부가 임의로 선정할 수 있다는 점에서 육군의 의도를 쉽게 반영할 수 있는 반면 해군과 공군의 이견은 반영이 곤란한 형태가 되고 있다. 이 같은 점에서 보면 국방개혁과 관련하여 국방부는 육군을 대변하는 에이전트로 볼 수 있을 것이다.

4) 행위자들은 제도적 차원에서 자신의 파워를 유지하거나 증진시키는 방향으로 행동할 것이다. 예를 들면 보상이 있을 것으로 생각되는 경우에만 군의 지도자들이 대통령과 같은 민간 지도자의 선호에 맞추어 행동할 것으로 기대해야 한다.[220] 베트남 전쟁 당시 케네디 대통령과 존슨 대통령

Perspective," *Political Psychology*, 4(1983, 7), pp. 3–31.

218) 국방개혁과 관련한 아이젠하워 대통령, 합참의장, 각 군 참모총장 간의 논쟁에 관해서는 다음을 참조할 것. Mark Perry, *Four Stars.*

219) 818계획의 국방부의 국방개혁 의사결정 구조와 관련해서는 공보처, 『제6공화국 실록: 노태우 대통령 정부 5년 – 2권. 외교·통일·국방』(정부간행물제작소, 1992), pp. 560–563; 국방개혁 2020의 국방부의 국방개혁 의사결정 구조와 관련해서는 대통령자문 정책기획위원회, 『참여정부 정책보고서 2–46(국방개혁 2020)』(2008), pp. 20–33 참조.

220) Deborah D. Avant, *Political institutions and Military Change,* p. 2에서 재인용.

은 대반란전을 강조했지만 해군 및 공군과 국방예산을 놓고 경쟁하고 있었던 미 육군은 대반란전이 아니고 방대한 예산이 소요되는 유럽에서의 대규모 재래식 전쟁에 관심이 있었다. 마찬가지로 재래식 전쟁 분야의 전문가들을 우선적으로 승진시켰다. 대반란전 중심으로 육군을 바꾸는 경우 해군 및 공군과 비교하여 배정받을 수 있는 예산이 대거 줄어들 가능성이 있었기 때문이다. 이 같은 이유로 미 육군은 대통령의 반복되는 지시에도 불구하고 대반란전을 겨냥해 군을 변화시키지 않았다. 대한민국 대통령이 3군 균형 발전을 선호하는 경우 육군 지휘부는 대통령의 선호에 따르고자 하지 않을 것이다. 마찬가지로 이 같은 육군들이 대거 포진하고 있는 국방부는 다양한 방식으로 대통령의 선호에 저항할 것이다. 한편 육군 중심 개혁을 추구하는 경우 해군과 공군이 대통령의 선호에 저항할 것이다.

5) 대통령의 선호와 무관하게 국방부는 육군의 선호를 대변할 수 있는 입장이다.

한국군 국방개혁은 국방개혁에 관한 대통령의 선호를 국방조직이 이행해가는 과정인데, 국가안보 문제의 일부를 군에 위임하면 대통령과 국방조직 간에 주인(대통령)-대리인(국방부)의 문제, 즉 주인의 의도에 무관하게 대리인이 자신의 이익을 추구하고자 하는 문제가 발생한다.[221] 이 같은 문제는 대통령의 대리인인 국방부가 대통령과 비교하여 군에 관해 훨씬 많은 정보를 갖고 있다는 사실과 아젠다를 설정할 능력이 있다는 사실로 인해 보다 어려워진다.[222]

221) *Ibid*., p. 6에서 재인용; Pierson, Paul, "When Effect Becomes Cause : Policy Feedback and Political Change."

222) *Ibid*., p 6에서 재인용; Alfred, Michael and Gary Miller, "Sources of Bureaucratic Influence : Expertise and Agenda Control," pp. 701-730.

국방부, 육군, 해군 및 공군과 같은 정치적 행위자들, 특히 육군 중심의 국방부가 자신의 이익을 추구하지 못하도록 하고 대통령의 선호에 입각해 국방을 개혁하도록 하기 위해 대통령, 특히 육군과 다른 선호를 견지하고 있는 대통령은 국방을 상세 통제하거나 자신의 의지를 관철시킬 수 있는 사람을 승진시키거나 임명하는 방법을 채택할 수 있다. 그러나 국방에 대한 상세 통제는 군에 대한 정보가 상대적으로 미흡한 민간인 대통령에게는 어려운 일인데, 이 같은 대통령이 한국군의 기득권 세력인 육군의 선호와 배치되는 선호를 견지하는 경우 특히 그러할 것이다.[223] 지상전 사고에 젖어 있는 육군들이 한국군 국방부를 주도하고 있다는 점에서 육군의 선호와 배치되는 선호를 견지하고 있는 민간 대통령이 특정인을 승진 또는 보임시키는 방식으로의 감독 또한 쉬운 일이 아니다.[224] 결과적으로 대통령의 선호와 무관하게 국방부가 육군의 선호를 대변할 수 있는 입장이다.

6) 이 같은 국방부의 선호에 대항해 대통령이 국방개혁안을 선택하게

---

223) "군과 비교하여 대통령과 대통령의 참모들이 군에 관해 알고 있던 정보가 지극히 미흡했다는 점으로 인해 대통령이 군의 변화를 제대로 감독하지 못했다. 대통령이 원하던 변화를 군이 추구하도록 만들려면 군의 문제에 관해 대통령과 참모들이 엄청난 지식이 있어야 했을 뿐만 아니라 엄청난 시간을 투자해야만 했다." Deborah D. Avant, *Political institutions and Military Change,* p. 50.

224) 케네디 대통령은 재래식 대규모 전쟁에 함몰되어 있던 미 육군을 월남에서 진행되고 있던 대반란전을 수행할 수 있는 조직으로 변환시키고자 자신과 뜻을 같이 하던 장교를 진급시키고 육군 내부에서 개혁을 주도하도록 했다. 그러나 미 육군은 해당 장교의 행동을 철저히 차단했다. Deborah D. Avant, *Political institutions and Military Change*, pp. 58-59; 노무현 대통령 당시 윤광웅 국방부장관을 육군 중심 국방부가 소외시켰다는 관점도 있다. "공문이 오고갈 때마다 잘 짜인 형태로 육군에 유리한 내용이 항상 청와대에 올라왔다. 소식적이고도 체계적으로 이처럼 했다. 윤광웅 장관을 종종 소외시켜가면서 이처럼 했다." 임춘택 전 청와대 행정관(현재 카이스트 교수)과의 2012년 8월 23일 인터뷰; 지휘권을 갖고 있는 국방부장관을 소외시킬 수 없으며, 이는 육군 중심 국방부를 해군 출신 국방부장관이 충분히 장악하지 못했기 때문에 초래된 현상이란 관점도 있다.

되는데, 그 과정에서는 대통령의 개인적인 성향과 의사결정 환경이 중요한 역할을 한다.[225)]

225) 대통령의 의사결정 과정에서 대통령의 성향이 중요한 역할을 함은 잘 알려져 있는 사실이다. 이외에도 상이한 이익을 추구하는 국회의원, 국방관료, 이익집단, 학계, 언론매체, 유권자들과 같은 의사결정 환경이 대통령의 의사결정에 영향을 준다. Roger Hilsman, *The Politics of Policy Making In Defense and Foreign Affairs*(Englewood Cliffs, New Jersey 1993), pp. 85-89.

제 3 장

한국군 국방개혁 : 역사적 궤적의 재조명

제3장
한국군 국방개혁 : 역사적 궤적의 재조명

3장에서는 오늘날의 한국군이 외형적으로는 3군 합동 차원에서 위기에 대응하는 조직으로 보이지만 실제적으로는 육군 중심 단일군이란 사실과 이 같은 현상을 초래한 요인들을 살펴보고 있다.

제1절 창군과 한국군의 기형적인 출발

2차 세계대전 이후 한반도가 38선을 중심으로 양분되면서 38선 이북은 소련이, 이남은 미국이 신탁통치하는 상황이 되었다. 미국은 한국군을 치안유지 목적의 경비대로 출범시켰다. 예정되어 있던 신탁통치 기간을 조기 종료하고 철수하면서 미군은 한국군이 정규전이 불가능한 수준의 장비와 무기, 10만 명 정도의 병력(군인과 경찰 포함)을 유지하도록 만들었다. 미국의 극동방위선에서 한반도가 제외되고 중국이 공산화되자 김일성은 스탈린과 마오쩌둥을 부추겨 한국전쟁을 도발했다. 유엔군의 참전으로 압록강까지 밀고 올라갔으나 중공군의 참전으로 미국은 휴전을 추진했다.

전후 미군을 한반도에 장기 주둔시킬 목적에서 이승만 대통령은 한미상호방위조약을 체결하고자 노력했다. 이승만 대통령은 조약 체결에 동의하지 않으면 북진통일도 불사하겠다며 미국을 압박했다. 한미상호방위조약 체결 조건으로 미국은 한국군에 대한 작전통제권 행사를 요구했으며, 한국군을 보병 중심의 군대로 유지하도록 만들었다.

특히 공세적 전력인 항공력의 신장을 적극 막았으며 한반도 항공력을 직접 통제했다. 이는 한미상호방위조약을 통해 북한의 남침을 방지하는 한편 한국군에 대한 작전통제권 행사와 한국군이 방어능력만이 있는 보병 중심 군대를 유지하도록 함으로써 남한의 북침을 막기 위함이었다. 결과적으로 보면 한미동맹은 한국군이 지상군 중심의 기형적인 구조를 유지하게 된 단초가 되었다.

1. 창군에서 한국전쟁 이전까지[1)]

한국군의 창군은 민족 자생적인 창군 운동 과정(1945. 8~1946. 1), 미군정의 경비대 창설 과정(1946. 1~1948. 8), 대한민국 국군 창설과정(1948. 8~1950. 6)이란 3단계로 추진되었다. 1907년 8월 1일 대한제국 군대가 해산되자 일부는 독립운동에 뛰어들어 의병군, 독립군, 광복군으로 활동한 반면 일부는 독립을 포기한 상태에서 일본군과 만주군에 복무했다. 일제가 항복하

1) 한용원, "한국군의 창군과 한국전쟁." 『전사』, 국방부군사편찬연구소(1999, 9), pp. 103-114, 116-122.

자 이들은 해방 공간에서 창군 운동을 전개했다. 창군 과정에서 일본군과 만주군 출신들도 "광복군을 모체로 국군을 편성해야 한다"는데 동의했다. 이들은 당시로 보면 학력 수준이 대단히 높았지만 군사적 경험과 지식은 일천한 수준이었다. 창군 당시 독립군이나 일본군, 만주군 또는 중국군을 막론하고 장교 교육을 받은 사람은 150명이 되지 않았다. 이들 가운데 대대급 이상 부대를 지휘해본 경험자는 없었다.[2] 이외에도 한국전쟁이 발발할 당시 한국군 장교 가운데에는 군사이론을 제대로 구비한 사람이 거의 없었다.[3]

한편 신탁통치 목적으로 1945년 9월 8일 인천에 상륙한 미 제24군단 군단장인 하지 중장은 9월 10일 서울에 주한미군사령부를 설치하고 9월 12일에는 아베 총독으로부터 전권을 인수받아 군사정부를 수립했다. 미군정은 국방 준비를 최우선적인 임무로 인식하여 5만 명 규모(육군과 공군 45,000명, 해군과 해병대 5,000명)의 한국군 창설 계획을 수립했다. 그러나 상황이 여의치 않자 맥아더 최고사령관이 이미 지시한 25,000명 규모의 경찰예비대(경비대)를 창설하기로 했다.

1945년 11월 미 군정청에 등록된 한국인 군사단체는 오광선 장군 중심의 '광복군국내지대', 일본군 및 만주군 장교 출신 중심의 '조선임시군사위원회' 등 30여 개에 달했다. 이들은 1946년 1월 21일 미 군정법령(제28호)에 의해 해산될 때까지 이합집산을 거듭했다. 1946년 2월 7일 미군정은 태릉에 조선경비대 총사령부를 설치하고 초대사령관에 마셜 중령, 부사령

2) 유병현 전 합참의장, "한미연합사 창설 과정과 의의." 『전시작전통제권 오해와 진실』, 한국국방안보포럼 엮음(2006, 9), p. 13.

3) "오래전부터 알고 지내던 딘 소장은 나를 보자 '한국의 국방장관이나 참모총장에게 나는 대단히 실망했소. 그들은 작전을 협의할 상대자가 되기를 포기한 것 같소.…자꾸 내 휘하에 들어오지 못해 안달하는 것 같단 말이오'…국방장관 역시 모르긴 매일반이요 참모총장도 크게 다르지 않았다.…" 이형근, 『군번 1번의 외길 인생』(서울 : 중앙일보사, 1994), pp. 63-64.

관에 원용덕 참령을 임명하여 지휘권을 이원화시켰다. 그러나 미군정의 한국화 추진에 따라 1946년 9월 11일 경비대의 지휘권이 한국인 장교로 일원화되었다.

1946년 4월 27일 제1차 미소공동위원회가 실패로 끝나자 하지 장군은 "미소의 동시 철군을 늦어도 1947년 1월 1일 이전에 끝내는 것이 한국에서의 미국의 사명을 성공적으로 수행하기 위한 유일한 방도"라고 미 육군성에 건의했다. 이에 따라 미 육군성에서는 주한미군의 조기 철수 주장이 대두되었다. 더욱이 봉쇄정책 이론가인 조지 케난(G. F. Kennan) 또한 "한국의 정치적 상황이 절망적이라며 주한미군의 명예로운 철수를 고려해야 한다."고 마셜 국무장관에게 건의했다. 결과적으로 미 국무성에서도 한반도 신탁통치 관철에 회의론이 대두되었다. 1947년 7월 초 미소공동위원회가 결렬되자 미국정부는 1947년 9월 한국 문제를 유엔총회에 상정하고, 주한미군 철수에 대비하여 경비대를 25,000명에서 50,000명으로 증강시켰다.

1948년 8월 15일 대한민국 정부가 수립되자 미군정은 종식되었으나 미군사고문단은 한미잠정군사협정(1948. 8. 24)에 의거 지속적으로 한국군의 조직과 훈련을 지원했다. 즉 한미잠정군사협정에 따라 1948년 8월 26일 주한미군고문사절단을 설치하고 그 산하에 임시군사고문단을 두었다.

1949년 6월말 주한미군이 철수하자 임시군사고문단은 1949년 7월 1일 주한미군사고문단(KMAG)이라는 공식기구로 발족하여 본격적인 군사고문 활동을 개시했다. 이승만 대통령과 하지 장군이 체결한 협정으로 인해 주한미군사령관은 한국군의 지휘권은 물론 미군 주둔에 필요한 기지와 시설의 지배권을 계속 유지했다. 1948년 8월 미국은 "한국의 방위와 안보에 관한 일체 공약을 허용치 않을 것이며, 자동적으로 교전당사국이 될 정도로 한반도 사태에 개입하지 않는다."는 대한정책을 수립했다.

결과적으로 1948년 9월 15일 주한미군 제1진이 철수를 개시했다. 1948

년 9월 소련이 "북한에 주둔한 모든 소련군을 연말까지 철수시키겠다."고 발표하자 한국군 내부에서 반란사건이 지속되는 와중에서 미군은 철군을 지속했다.

결과적으로 1949년 1월에는 7,500여 명의 연대전투단 병력만 남긴 채 주한미군을 철수시켰는데, 미 국가안전보장회의(NSC)는 이것 또한 1949년 6월 30일까지 철수시키기로 결정했다. 주한미군을 철수시키면서 미 국가안전보장회의는 한국육군 병력을 65,000명으로 늘리고, 증강된 15,000명에 대한 기본 장비(카빈소총, 철모, 배낭, 6개월분의 탄약)를 공급하며, 한국해군에 무기와 함정을 추가 공급하고, 한국경찰의 규모를 45,000명에서 35,000명으로 10,000명 감축시키고 소형 무기와 탄약을 공급하며, 육·해군 및 경찰의 비축용으로 6개월분의 군수물자를 공급하고 군사고문단을 정식으로 설치하여 한국군의 훈련과 미국이 제공하는 원조의 효과적인 활용이 가능하도록 할 것이란 대안을 마련했다.

그러나 미군은 한국군에게 155밀리 곡사포 및 3.5인치 로켓포와 75밀리 무반동총 등은 단 한 문도 이양하지 않았다. 1949년 10월 6일 상호방위지원법(MDAA)을 제정하여 그 수혜 국가로 한국을 지정함에 따라 1950년 1월 26일 한미 간에 상호방위원조협정이 체결되었다. 그러나 MDAA의 90%가 탄약 및 병기부품의 공급과 장비 교환에 치중되었다. 일부 자금을 전용하여 F-51 전투기, C-47 수송기, 3인치 포, 105밀리 곡사포 등을 도입하려 했으나 한국이 미국의 극동방위선에서 제외됨으로써 실효를 거둘 수 없었다.[4)]

4) "…우리는 미국 무관에게 진정서를 보내어 전투기를 달라고 요구했으나 대답은 역시 'No'였다.…당시 김포비행장에는 미군 소속 B-26 경폭격기 30대가 있었는데 마침 미군 당국은 이를 해체하여 팔려고 했다. 비행기를 해체시키지 말고 한국군에 인도해 달라고 요청했다. 그러자 미국 측은 '우리의 방침은 이들 비행기를 해체시키는 것이지 한국군에게 인도하는 것이 아니다.'고 말하면서 도끼로 이들 비행기를 부숴 고철로 팔아 버리고 말았다.…민간 채널을 통하여 미국 무기 구입을 교섭했지만 반응은 의외로 부정적이었다.…미

2. 한국전쟁과 한미 군사관계[5)]

미국이 한반도의 전략적 가치를 과소평가하여 철군한데다 한국을 미국이 방어해야 할 방어선에서 제외시키자 중국혁명의 성공에 고무된 북한 지휘부는 소련 및 중국과 3각 동맹을 형성하여 침략전쟁을 감행했다. 결과적으로 한국전쟁이 국제전으로 비화되면서 미국, 소련, 중국, 영국을 비롯한 세계의 주요 국가들이 다양한 형태로 개입하게 되었으며, 종전 순간까지 주요 결정이 워싱턴, 모스크바 및 북경에서 이루어지게 되었다.

한국전쟁이 발발할 당시 한국군은 겨우 중대 전술훈련에 들어간 상태였다. 이름뿐인 사단에는 중장비가 전무했다. 한국군의 훈련수준은 1775년 미국 독립전쟁 당시의 미군의 수준에, 보유 무기와 장비는 게릴라전에 대비하기 위한 수준에 불과했다. 그나마 노후화로 무기의 15%와 차량의 35%는 사용 불가능한 상태였다. 1950년 6월 15일 미 고문관들은 한국군이 보유하고 있는 장비로는 15일 이상 방어 작전이 불가하다고 판단하고 "한국도 장개석 정권과 같은 재난에 직면해 있다."고 경고했다.[6)] 이러한 상황에서 현대식 공격용 무기로 무장한 북한군이 남침을 감행하자 한국군은 후퇴 외에 별다른 도리가 없었다.

미국은 한국전쟁을 소련의 대리전 내지는 탐색전으로 보고 제3차 세계대전의 예방을 위해 신속히 참전했다. 북한군의 38선 월경을 통한 침략전쟁 감행을 집단안보체제에 대한 도전으로 인식한 15개 자유세계 국가들이 유엔결의안에 따라 '남한을 북한의 남침 이전의 지위로 회복'할 목적으로

국 정부의 정책이니 별 수 없다는 것이었다.…" 김정렬 회고록, 『항공의 경종』(서울 : 대희출판사, 2010), pp. 118-119.

5) 한용원, "한국군의 창군과 한국전쟁." pp. 122-124, 126-127, 132-133.

6) Robert K. Sawyer, *Military Advisors in Korea : KMAG in Peace and War* (Washington : USOCMH, 1962), p. 104.

참전을 결정했다.

[표 3-1] 6.25전쟁 직전 남북한 군별 군사력 비교 자료

구분		부대규모	장비
지상군	남한	- 8개 사단, 2개 연대 - 병력 94,000명	- 105mm, 57mm 대전차포
	북한	- 10개 보병사단, 1개 전차 여단, 122mm포병연대, 고사포연대, 공병여단 등 - 병력 148,680명	- 전차 258대, 싸마호트 154대 모터찌크 560대, 트럭 380대 122mm 포병연대, 고사포연대
해군	남한	- 병력 7,715명 (해병대 1,166명 포함)	- 경비정 28척, 보조선 43척 - 해병대LMG, HMC, 81mm 박격포, 60mm 박격포 등 소량
	북한	- 병력 15,270명 - (육전대 2개 대대)	- 대형 및 소형 함정 35척
공군	남한	- 병력 1,897명 (조종사 102명)	- 연락기와 연습기 총 22대
	북한	- 1개 항공사단 - 10여 개 항공기지 - 병력 2,000여 명	- 전투기 132대, 수송기 30대

출처 : 윤공용, "50년대 미국의 대한안보정책과 한국군 전력구조에 관한 연구." (박사학위논문, 경남대학교, 2010), p. 51.

1950년 6월 25일부터 7월 초순까지 한국군은 단독으로 북한군과 교전했다. 그러나 6월 말경 미 극동군사령부는 한국군에 필요한 군수물자를 조사하고 있었으며 무초(J. J. Muccio) 대사는 한국군에 대한 작전지휘권을 맥아더 장군에게 이양하라고 이승만 대통령에게 요구했다.[7] 한편 백악관

7) 자신에게 한마디 말도 없이 서울을 이탈한 이승만 대통령을 찾아 남쪽으로 차를 몰았던 무초는 대전에서 이승만 대통령을 만났다. 이승만 대통령은 미국에 대한 섭섭한 감정을 토

으로 장면 대사를 초치한 트루먼 대통령은 미국의 원조가 효과적으로 사용될 수 있도록 작전지휘권의 이양을 종용했다.[8] 이에 이승만 대통령은 7월 15일 맥아더 장군에게 공한으로 한국군에 대한 작전지휘권을 이양했다.[9]

전쟁 이전의 과오를 반복하지 않겠다는 결의와 더불어 공산주의와의 전면전을 피해야 한다는 현실적인 필요성 때문에 미국은 제한전쟁 수준의 '계산된 모험'을 감행했다. 한편 한국군은 전쟁 수행 과정에서 전투력

로했다. 여기에 대해 전혀 반응하지 않은 채 무초는 한국정부를 존속시키는 문제와 전쟁 수행 문제를 다음과 같이 거론했다. "전쟁은 민간인의 간섭을 받지 않는 가운데 군사 전문가들이 수행해야 합니다.…경찰과 청장년들의 행위는 군과 조화를 이루어야 합니다.…단일의 사령관이 군대뿐만 아니라 준군사조직을 지휘해야 합니다.…국방부장관에서 사령관으로 연결되는 단일의 지휘구조가 있어야 합니다.…이는 한미 합동 차원의 전쟁입니다. 어느 부분은 한국인들이 훨씬 잘 하지만 어느 부분은 미국인들이 훨씬 잘 할 것입니다.… 양측의 노력을 통해 최상의 결과를 얻으려면 연합 체제를 구축해야 합니다." Harold. J. Noble, *Embassy at War*(Seattle, Washington : University of Washington Press, 1975), pp. 76-77; 무초가 이승만을 만났을 당시 미국의 입장을 조셉 쿨덴(Joseph C. Goulden)은 다음과 같이 표현하고 있다. "이승만으로부터 무초가 얻고자 했던 부분은 한국정부를 존속시키는 가운데 전쟁 수행 권한을 조용히 미국에 넘기겠다는 이승만의 언질뿐이었다. 미국 정부는 이승만 정부의 존속을 절실히 필요로 했다.…이승만 정부가 붕괴되는 경우 한국전쟁 참전의 합법적인 명분이 사라지기 때문이었다.…이승만이 마지못해 여기에 동의했다. 이승만은 무초가 요구했던 권한과 시간을 미국에 넘겨주었다.…" Joseph C. Goulden, Korea, *The Untold Story of the War*(New York : McGraw-Hill Book Company, 1982), pp. 88-89. 1950년 6월 29일 새벽 2시에 수원에서 보낸 메시지에는 무초가 6월 28일 대전에서 이승만을 만나 다음과 같은 사항을 강조했음을 언급하고 있다. "무초는 한국전쟁에 대한 미국의 관심 정도를 설명했으며 전쟁과 관련된 모든 권한이 맥아더(in hands Supreme Staff)에 집중되어야 한다는 사실을 이승만에게 강조했다." *FRUS* 1950 Vol. XIII p. 220.

8) 워싱턴 시간으로 1950년 6월 26일 오후 3시 50분 이승만 대통령의 지시를 받은 장면 주미대사의 요청으로 회동한 자리에서 장면이 전차, 대포 및 항공기를 요구하자 투르만은 다음 사항을 거듭해 강조했다. "…한국인들은 난관을 극복할 수 있는 강력한 리더십을 개발해야 합니다." *FRUS* 1950 Vol. XIII p. 172.

9) "…현재와 같은 적대 상황이 지속되는 한 나는 한국의 지상, 해상 및 공중 전력에 대한 지휘 권한을 귀하에게 기꺼이 위임하고자 합니다. 이 같은 지휘권한을 귀하가 또는 귀하가 지휘권한을 위임해준 지휘관이 한반도 내부에서 또는 한반도 인접 지역에서 행사할 수 있을 것입니다." *President Syngman Ree 's Letter to General MacArthur*(July 14, 1950).

이 향상되었을 뿐만 아니라 유엔군사령관의 작전통제 아래 현대식 무기와 장비를 보유하게 되면서 전력이 급속히 향상되었다. 한국군은 전쟁 직전에 10만 규모를 유지했으나 종전 당시에는 70만 명에 달했다. 전쟁 이전에 게릴라전에 대응할 능력밖에 없었으나 종전시에는 정규전을 수행할 능력을 구비했다. 특히 군의 지휘부는 전쟁 지도력을 배양할 수 있었으며 장병들은 전투경험과 더불어 전문성을 제고시킬 수 있었다.

미군과 더불어 반격작전과 북진작전을 전개하여 한미동맹 관계를 공고히 했을 뿐만 아니라 북한군에 대한 군사적 승리를 목전에 두고 있었다. 그러나 중공군의 개입으로 미군의 전쟁목표가 "명예로운 정전(停戰)"으로 바뀌자 한국은 휴전을 결사반대한다는 '옥쇄전략'을 구사했다. 결과적으로 한미 군사관계에 틈새가 벌어졌다. 그러나 이승만의 반공포로 석방을 정점으로 미국이 한미상호방위조약 체결을 결심하면서 화해의 관계로 접어들었다.

3. 한미합의의사록 : 육군 중심의 기형적인 구조 초래

한국 입장에서 보면 한미동맹은 북한의 남침을 방지하기 위한 것이었다. 그러나 미국 입장에서 보면 한미동맹은 패권 추구 목적의 것이었다. 한국군이 육군 중심의 편향된 구조를 견지하게 된 주요 이유에 이 같은 한미동맹의 성격이란 부분이 있다.

한국전쟁 당시 미국은 한반도가 적화되는 경우 아시아 국가들이 도미노처럼 공산화될 수 있다는 사실을 우려했다. 전후 미국이 한국과 한미상호방위조약을 체결한 것에 아시아 국가들의 공산화 방지란 이유가 있었다.[10] 또한 미국은 한국전쟁을 소련이 사주한 것으로 생각했다. 더욱이 미국은 한반도에서 전쟁이 재발하는 경우 세계대전으로 비화될 가능성이 있다고 생각했다.[11] 이 점을 고려해 미국은 한국전쟁의 재발을 방지하기 위한 장치를 마련할 필요가 있었다. 결과적으로 북한의 또 다른 남침을 방지할 목적으로 1954년 11월 17일 남한과 한미상호방위조약을 체결했던 것이다.

한편 미국이 한미합의의사록을 통해 한국군에 대한 작전통제권을 움켜쥐고 한국군을 육군, 특히 보병 중심의 군이 되도록 했던 것은 북진통일을 주장하던 이승만과 같은 반공주의자들의 무모한 북침으로 인해 원치 않는 전쟁에 개입하게 되고, 이 같은 전쟁이 핵전쟁으로 비화되는 현상을 방지할 목적에서였다.[12]

한국군에 대한 작전통제권과 관련해 미국과 이승만 간의 실랑이는 휴전협상 과정에서 처음 제기되었다. 한편 한국전쟁의 종전에 관한 논의는 유엔주재 소련대표인 말리크(Yakov Aleksandrovich Malik)가 휴전협상을 제안한 51년 6월을 전후로 시작되었다. 포로교환 문제로 진전이 없던 휴전협

10) "…이 같은 결과를 미국이 피하고자 한 저변의 이유는 아시아의 특정 국가가 공산화되는 경우 일련의 국가들이 공산화될 수 있다는 도미노이론 때문이었다." Victor D. Cha, "Powerplay : Origins of the U.S. Alliance System in Asia," *International Security*, Vol. 34, No. 3(Winter 2009/10), p. 158.

11) *FRUS* 1952-1954 Vol. XV Part1 1984, pp. 1345-1346.

12) "작전통제권이란 엄청난 국가주권을 침해한 이유는 연합전투력을 용이케 하기 위해서였을 뿐만 아니라 북한에 대항해 한국이 호전적 성격의 일방 행위를 하지 못하도록 하기 위함이었다." Victor D. Cha, "Powerplay : Origins of the U.S. Alliance System in Asia," p. 176; "미국은 한미상호방위조약을 통해 북한의 남침을 막을 수 있었으며, 한미합의의사록을 통해 작전통제권을 유엔군사령관에게 위임함으로써 이승만 정권의 북침을 막을 수 있게 되었다." 김일영, "이승만 정부에서의 외교정책과 국내정치 : 북진, 반일정책과 국내 정치경제와의 연계성," 『국제정치논총』, 제39집 3호(1999), pp. 254-256; "한국군의 작전지휘권을 자신의 통제 하에 묶어둠으로써 이승만의 행동을 제어할 실질적인 견제장치를 확보한 것이었다." 홍석률, "이승만 정권의 북진통일론과 냉전외교정책," 『한국사연구』, vol. 85(1994), p. 146.

상은 아이젠하워가 대통령에 당선된 1953년 이후 급물살을 탔다. 미국이 한국전쟁의 조기 종결을 추구하자 이승만은 분단 상태에서의 정전협정에 끊임없이 반대했을 뿐만 아니라 유엔군사령관이 행사하고 있던 한국군에 대한 작전통제권을 철회해 북진통일을 추구할 것이란 주장을 펼쳤다.[13]

이승만의 이 같은 행동을 미국은 미국에 대한 협상력을 극대화하려는 시도로 바라보았다. 그럼에도 불구하고 미국인들에게 인기가 있었으며, 북진통일과 관련해 한국인들로부터 많은 지지를 받고 있던 이승만의 이 같은 태도를 미국은 크게 우려했다. 당시 미국의 입장을 주한 미 대사 브릭스(E. O. Briggs)는 다음과 같이 말하고 있다. "한국을 만족시킬 최선의 방안은 이승만의 요구대로 쌍무적인 방위조약을 체결하는 것이다. 그러나 여기에는 많은 문제가 있다. 차선책은 미국 대통령이 한국을 포기하지 않겠다고 공언하는 것이지만 한국이 이 수준에서 만족해할지가 의문이다."[14]

1953년 4월 22일 이승만은 "휴전 이후 유엔이 중국군을 압록강 이남에 잔류시키는 협정을 공산권과 체결하는 경우 한국군에 대한 유엔군사령관의 작전통제권을 철회할 것이다."는 내용의 각서를 아이젠하워에게 전달했다.[15] 한국군을 작전 통제하고 있던 클라크(Mark Clark)는 한국군의 단독 군사 행위 가능성을 심각한 위협으로 인식했다.[16] 1953년 4월 30일 이승만은 7개 조건을 내걸며 중국군과 유엔군의 동시 철수를 수용할 의사가 있다는 내용의 편지를 클라크에게 보냈는데, 이승만이 내건 조건들은 한미 상호방위조약의 체결, 외침시 미국의 즉각적인 개입, 한국군의 전력증강

---

13) *FRUS* 1952-1954 Vol. XV Part1 1984, pp. 896, 906.

14) *Ibid.*, pp. 906-907.

15) *Ibid.*, p. 935.

16) *Ibid.*, pp. 940-943.

등 미국이 수용할 수 없는 것들이 대부분이었다.[17]

1953년 5월 미 8군사령관 테일러(M. Taylor)는 이처럼 골칫덩이인 이승만을 제거할 목적의 "에버레디 계획(Plan Everready)"를 작성했다. 이는 한국군이 유엔군사령관의 작전통제권을 벗어나는 경우 이승만을 제거하고, 한국군에 대한 지원을 중단하며, 필요시 유엔군 지휘하의 군사정권 수립도 고려한다는 내용이었다.[18] 그러나 이 계획은 실행되지 않았다.

1953년 5월 29일과 30일 미 국무성, 국방성 및 합참의 관계자들이 한국문제에 관해 광범위한 토론을 벌였다. 이승만을 제거하는 대신 미국-필리핀 방위조약 또는 호주-뉴질랜드-미국 방위조약과 유사한 성격의 상호방위조약을 체결하기로 결론이 났으며[19], 회의 결과를 아이젠하워가 수용했다. 회의 내용은 한국이 휴전협정에 협조하고 한국군이 유엔군사령관의 작전통제권을 지속적으로 수용할 것이란 조건에서 한국과 상호방위조약에 관해 논의할 준비가 되어 있음을 이승만에게 통보하라는 것이었다.[20]

우여곡절 끝에 1953년 7월 9일 이승만은 "유엔군이 한국의 이익에 위배되는 행동을 하지 않는 한 한국군을 유엔군사령관이 작전 통제하도록 할 것이다. 휴전에 서명하지 않겠지만 휴전을 방해하지도 않을 것이며, 휴전 이후 상호방위조약의 체결에 동의할 것이다."[21]란 의미의 편지를 미 동아시아차관보인 로버트슨(Robertson)에게 보냈다.

이처럼 한국군에 대한 유엔군사령관의 작전통제권 행사에 원칙적으로 동의한 상태에서 또한 이승만은 작전통제권의 독자적인 행사를 추구했

17) *Ibid.*, pp. 955-956.

18) *Ibid.*, pp. 965-968.

19) *Ibid.*, pp. 1114-1119, 1126-1129.

20) *Ibid.*, pp. 1122-1123.

21) *FRUS* 1952-1954 Vol. XV Part2 1984, pp. 1357-1359.

다. 작전통제권 이양에 관한 한미합의의사록이 체결되기 9개월 전인 1954년 2월 16일 이승만 대통령은 행정 사항만 관장하는 국방부장관의 지원을 받는 단일의 군인이 육군, 해군 및 공군을 지휘하는 직책을 만들라고 이형근 장군에게 지시했는데 이는 이 같은 이승만 대통령의 사고를 반영한 것이었다.[22]

한미상호방위조약으로 인해 미국은 한국에 대한 안보 공약과 더불어 유엔군과 별도로 미군을 한국에 주둔시킬 수 있는 법적인 근거를 갖게 되었다. 그러나 아직도 미국은 한국군을 지속적으로 작전통제 할 수 있는 권한을 확보하지 못하고 있었는데, 한미합의의사록으로 인해 이 문제가 해결되었다.[23] "유엔군사령부가 대한민국의 방위를 책임지는 한 한국군을 유엔군사령관이 작전 통제하도록 한다."고 명시한 제2조가 미국의 숙원을 풀어준 부분이었다.

한미상호방위조약을 통해 북한의 남침을, 한미합의의사록을 통해 남한의 북침을 막을 수 있게 된 것이다. 결과적으로 이승만은 북진통일을 포기해야 했으며, 그 과정에서 한국군에 대한 작전통제권을 상실함으로써 주권의 일부를 침해당하는 대가를 치러야만 했다.[24]

---

22) 이형근, 『군번 1번의 외길 인생』, pp. 94-99; 이 같은 이승만 대통령의 의중을 간파한 미 8군사령관 맥스웰 테일러 장군은 이형근 장군에게 미 국군참모대학 유학을 권유했다. "나중에 들은 얘기이지만 테일러 장군은 당시 이 대통령이 국군의 작전지휘권이 유엔군사령관에게 있는 것을 몹시 불만스럽게 생각해 모종의 군사 기구를 만들고 그 책임자에 나를 지명할 것이라는 특수 정보를 입수하고 있었다. 미국 측으로서는 이 대통령이 취할지도 모르는 이러한 강경 조치를 몹시 위구하고 경계하는 나머지 특례를 만들어서라도 우선 나를 미국으로 보내야겠다고 결정했다는 것이다." 위의 책, p. 96.

23) *FRUS* 1952-1954 Vol. XV Part2 1984, pp. 1876-882. 한미합의의사록 2조에는 다음과 같이 명시되어 있다. "협의 과정을 거쳐 상호이익과 각국의 이익을 가장 잘 지원하는 방안이 아니라고 결론이 나지 않은 경우 대한민국은 유엔이 한국의 방위를 책임지고 있는 한 유엔군사령부가 한국군을 작전통제 하도록 할 것이다." *Ibid.*, pp. 1876-882.

24) 유엔군사령부가 한국군을 작전통제 하는 문제와 관련해 이승만은 다음과 같이 말했다. "정전협정이 체결된 이후에도 현재의 지휘관계가 지속적으로 유지될 수 있기를 원한다.

한미합의의사록으로 인해 한국군의 병력은 72만 명을 초과하지 않는 선에서, 육군 66만 1천 명, 해군 1만 5천 명, 해병대 2만 7천5백 명, 공군 1만 6천5백 명 수준을 유지하게 되었다.[25] 그 후 이 같은 수치에 일부 변화가 있었지만 육군의 절대적 우위에는 변함이 없었다. 한미상호방위조약을 통해 미국은 육군 20개 사단을 허용해준 반면 남한의 북침 가능성을 사전 차단할 목적에서 항공력의 증대를 적극 저지했다.

한미합의의사록으로 인해 지난 60여 년 동안 3군 합동 차원에서의 전쟁을 염두에 둔 작전통제권과 한반도 항공력에 대한 지휘통제권을 미군이 행사해온 반면 한반도 지상전을 한국육군이 주도해왔다. 결과적으로 한국군은 전구 차원의 전쟁에서 중요한 의미가 있는 합동전 수행개념, 지상전 및 공중전 수행 개념 가운데[26] 지상전 수행 개념만을 제대로 접할 수 있었다. 즉 교리 및 전략과 같은 관념적 구조 측면에서 또한 엄청난 비대칭 구조를 이루게 되었던 것이다.

그러나 공산권의 의도와 관련해 그리고 이 같은 의도에 대처하기 위한 방안과 관련해 유엔군사령부와 관점이 다를 경우 주권국가로서 대한민국은 또 다른 형태의 지휘관계를 모색할 권리가 있다." *FRUS* 1952-1954 Vol. XV Part1 1984, p. 1352.

25) *FRUS* 1952-1954 Volume XV Part 2, p. 1878.

26) 해전 수행 개념이 중요한 의미가 없다는 것은 아니다. 이는 한반도와 같은 전구 차원의 전쟁을 수행하기 위한 전역계획(戰役計劃)이 지상작전과 항공작전으로 구성된다는 의미다. 해상 전력의 경우 항공작전 또는 지상작전의 일환으로 통합된다는 의미다. 따라서 독도에서의 국지 분쟁이 아니고 한반도와 같은 전구 차원의 전쟁을 고려한 전략을 구상하는 사람은 육군 아니면 공군이다. 미군의 경우도 상황은 마찬가지다. 예를 들면 1991년의 걸프전 당시 전역계획은 항공작전과 지상작전으로 구성되어 있었는데, 당시에도 해군의 토마호크 크루즈미사일뿐만 아니라 많은 함재기가 작전에 참여했다. 문제는 이들 해군의 항공전력이 공군작전에 통합되었다는 사실이다. Richard P. Hallion, 백문현, 권영근 번역, 『현대전의 알파와 오메가』(서울 : 연경문화사 2001), pp. 438-445.

제2절 한국군 구조의 재조명

한국군은 한반도 전쟁에서 미군을 보완해주는 임무를 수행하기 위해 편성 및 전개되었다. 지난 50여 년 동안 한국군의 조직과 무장 방식으로 인해 자주국방 측면에서 많은 간극이 존재한다.[27] 이 같은 미 해병 지휘참모대학 교수 브루스 벳톨(Bruce E. Bechtol)의 주장처럼 지난 60여 년 동안 한국군은 편향된 군 구조를 유지해왔다. 미국은 한국군을 미군의 중추신경과 연결되었을 당시 비로소 제 기능을 발휘할 수 있는 대규모 보병 위주의 군대, 종속적인 군대로 키웠다. 처음부터 한국군은 한미통합방위전략에 의해 미 통합전력(Total Force)의 일부로 한미연합작전을 통해 비로소 능력을 발휘할 수 있는 군으로 성장했다. 즉 미국은 한국군이 해군과 공군뿐만 아니라 첨단 지상 전력을 미국에 의존하는 구조를 유지하도록 했다.[28]

전두환, 노태우 대통령을 거치면서 수차례에 걸친 국방개혁을 통해 한국군은 보다 더 육군 중심의 군대가 되었다.[29]

---

27) Bruce E. Bechtol, "Force Restructuring in the ROK-US Military Alliance : Challenge and Implications," *International Journal of Korean Studies*, vol. X. no. 2(Fall/Winter 2006), pp. 21-22 & 34.

28) Bridget Gail, "The Korean Balance Vs The US Withdrawal." *Armed Forces Journal*(April 1979), pp. 37-42.

29) 전두환, 노태우 대통령 당시에는 국방 투자비에서 육군이 차지하는 비중이 여타 대통령 당시와 비교해 매우 높았다. 예를 들면 전두환, 노태우, 김영삼, 김대중, 노무현 정부 당시의 국방 투자비에서 육군이 차지하는 평균 비중은 47.5%, 51.3%, 37.5%, 36%, 31.9%다. 박재필, "한국 군사력 건설의 주요 결정요인 및 논쟁·대립구조에 관한 연구." (박사학위논문, 충남대학교, 2011), pp. 74, 79, 90, 101, 112; 노태우 대통령 당시에는 "육군에서 초과 운용하고 있던 중령, 대령, 장군 1,000여 명을 정원으로 인정해주었다." 김종대 지음, 『노무현 시대의 문턱을 넘다』(서울 : 나무와 숲, 2010. 3), pp. 196-197; 노태우 정부 당시 청와대는 육군대령 정원을 대거 늘렸다. "육군 대령 TO를 500명 늘리지 않으면 육군 진급

1. 병력구조

"공중전과 해전은 미군이 지상전은 한국군이 주도한다"는 미국의 한반도 군사정책으로 인해 한국군은 지상군 중심의 병력구조를 유지했다.

오늘날 한국군의 병력구조는 1954년 7월 30일에 체결한 '한미합의의사록(Agreed Minute of Understanding)'에 근거하고 있다. '한미합의의사록 부칙 B'[30]에는 한국군 병력구조에 관한 내용이 규정되어 있다.[31] 1955 회계연도 당시 한국군의 병력은 72만 명을 초과하지 않는 선에서, 육군 66만 1천 명, 해군 1만 5천 명, 해병대 2만 7천5백 명, 공군 1만 6천5백 명 수준을 유지하기로 합의한 것이다.[32] 1957년 미국은 한국군 감축과 현대화를 목적으로 1954년에 합의한 '한미합의의사록 부칙B'의 수정을 요구했으며 결과적으로 수정된 합의의사록이 1958년에 채택되었다. '한미합의의사록 수정 부

이 곤란한 실정이었다. 육군대령 500명을 늘려주면서 대통령은 균형 전력 측면에서 보병위주가 아니고 기갑, 통신, 공병 등을 골고루 나누어주라고 지시했다." 예비역 육군중장 김희상 장군과의 2012년 5월 18일 인터뷰; "14대 국회 당시 임시 국회를 열어 장군 정원을 99명을 늘렸는데, 육군 97명, 해군 1명 공군 1명을 늘렸다. 신문에도 보도되지 않은 사실이다. 14대 국회의원이던 예비역 공군중장 곽영달 의원으로부터 들었다. 확인 차원에서 국회자료를 뒤졌는데, 비공개회의 자료라 회의에 참석했던 사람들만 볼 수 있었다." 예비역 공군준장 조건환 장군과의 2012년 4월 5일 인터뷰; "이 같은 장군 정원 증원이 한 차례에 걸쳐 이루어지지는 않았을 것이다. 육군 장군 정원 증원 문제와 관련하여 국회에서 이의를 제기한 적이 있다. 또한 이 문제와 관련하여 조건환 장군에게 말한 적은 있다. 그러나 너무 오래 전의 일이고, 이 문제를 놓고 지속적으로 고민한 입장이 아니라 정확한 수치는 기억하지 못한다." 14대 국회의원 곽영달 예비역 공군중장과의 2012년 6월 28일 전화 인터뷰.

30) Appendix B to the Agreed Minute Between the Governments of the United States and Korea: Measures for an Effective Military Program.

31) 한국전쟁의 휴전과 함께 한국군의 적정규모에 관한 논의가 시작되었고, 최종 합의는 1954년 7월 27일부터 30일까지 워싱턴에서 아이젠하워 대통령과 이승만 대통령에 의해 이루어졌다. *FRUS* 1952-1954 Volume XV Part 2, p. 1876.

32) *Ibid.*, p. 1878.

칙B'[33]에서는 육군 56만 5천 명, 해군 1만 6천6백 명, 공군 2만 2천4백 명, 해병대 2만 6천 명으로 총병력이 63만 명 수준을 넘지 않는 것으로 합의했다. 이 같은 병력규모 감축은 미국정부의 요구에 의한 것이었다. 1957년 아이젠하워 대통령이 이승만 대통령에게 보낸 서한에는 미국의 구상이 잘 나타나 있다.[34]

[표 3-2] 한국군의 시기별 군종별 병력구조

구분	총병력	육군	해군	해병대	공군
1954	720,000	661,000	15,000	27,500	16,500
		91.8%	2.1%	3.8%	2.2%
1960	626,800	565,000	16,000	23,800	22,000
		90.1%	2.6%	3.8%	3.5%
1971	623,316	548,258	18,400	29,600	27,000
		88.0%	3.0%	4.7%	4.3%
1980	619,000	540,000	27,000	20,000	32,000
		87.2%	4.4%	3.2%	5.2%
1997	660,000	548,000	35,000	25,000	52,000
		83.0%	5.3%	3.8%	7.9%
2010	687,000	555,000	43,000	25,000	64,000
		80.8%	6.3%	3.6%	9.3%

출처 : 윤공용, 50년대 미국의 대한안보정책과 한국군 전력구조에 관한 연구, p. 204; *FRUS* 1952-1954 Volume XV Part 2, p. 1878.

그 후 몇 차례 변화를 거쳐 한국군은 2010년 기준으로 육군 55만 5천, 해군 6만 8천, 공군 6만 4천을 유지하고 있다. 국방개혁 2020에서는 육군

33) Revised Appendix B to the Agreed Minute of November 17, 1954 Between the Governments of the Republic of Korea and the United States of America.

34) 김정렬 회고록, 『항공의 경종』, pp. 364-367.

병력을 17만 감축해 한국군이 50만 병력을 유지하는 것으로 되어 있었지만 장교는 줄지 않는 반면 육군 부사관을 3만 명 증원하는 것으로 되어 있었다. 이 같은 병력감축 또한 2030년으로 연기되었다. 군의 근간이 장교란 점에서 보면 국방개혁 2020을 통해 3군 균형발전이란 목표는 달성되지 않았다.

한국군에서 육군이 차지하는 비중은 여타 국가와 비교해도 높은 수준이다. 1989년 국방대학교의 이원양과 장문석 교수는 동구권 5개국(루마니아, 불가리아, 폴란드, 체코, 헝가리)과 서구 5개국(일본, 대만, 그리스, 이탈리아, 태국)의 각 군 간 병력 비율의 평균치를 구했다. 그 결과는 지상군 71.1%, 해군 8.7%, 공군 20.2%였다.[35] 이원양의 연구결과를 2010년의 한국군 각 군 비율인 육군 80.8%, 해군 9.9%, 공군 9.3%와 비교해보면 한국군은 육군이 9.7%, 해군이 1.2% 높은 반면, 공군이 10.9% 낮음을 알 수 있다.

한편 해군중장 윤공용은 2010년에 발표한 경남대학교 박사학위논문에서 대한민국과 유사하다고 생각되던 이탈리아 및 그리스 군과 한국군을 비교 분석했다. 2010년을 기준으로 이탈리아는 육군 58.1%, 해군 18.23%, 공군 23.3%인 반면 그리스는 육군 64.5%, 해군 13.8%, 공군 21.7%였다. 이들 수치를 비교해보면 한국군은 이들 국가와 비교해도 육군이 16.3~22.7% 높은 반면, 해군이 3.9~8.3%, 공군이 12.4~14% 정도 낮다. 여기서 보듯이 한국군은 육군 중심의 편향된 병력구조를 유지하고 있다.[36] 지상군 중심의 전쟁을 수행하는 것으로 알려져 있는 중국군 또한 해군과 공군, 특히 공군 중심으로 군을 바꾸었다.[37] 북한군의 경우 육군이 95만,

35) 육군대령 이원상, 장문석, 『군구조의 이론에 관한 연구』(서울 : 국방대학원 출판소, 1989). p. 29.

36) 윤공용, "50년대 미국의 대한안보정책과 한국군 전력구조에 관한 연구." p. 206.

37) 중국군은 육군, 해군, 공군을 각각 85만 명, 23만 5000명, 39만 8000명 유지하고 있다. 문예성 기자, "중국군 백서 발간해 첫 병력 공개…총 병력 230만 명, 18개 편제" [뉴시스 뉴

해군이 6만 공군이 11만인 반면[38] 중국군은 육군 85만, 해군 23만 5천, 공군 39만[39]이다. 2009년을 기준으로 러시아군은 육군 39만, 해군 14만 2천, 공군 16만을 유지하고 있다.[40] 여기서 보듯이 육군 병력이 지나치게 많은 반면, 해군과 공군, 특히 공군 병력은 지나치게 적다.

육군, 해군 및 공군의 장군 비율을 보면 2005년의 육군 317명, 해군 69명, 공군 63명에서 2008년에는 육군 324명, 해군 73명, 공군 64명으로 바뀌었다.[41] 전체 장군 숫자에서 각군이 차지하는 비율은 2005년의 육군 70.6%, 해군 15.4%, 공군 14%가 2008년에는 육군 70.3%, 해군 15.84%, 공군 13.86%로 바뀌었다.

여기서 보듯이 한국군 장군에서 육군 장군이 차지하는 비율은 70%에 달하고 있다. 이는 2008년을 기준으로 한국군 총병력에서 육군 병력이 차지하는 비율인 81%와 큰 차이가 없다. 공군이 장교중심의 군대, 해군이 부사관 중심의 군대, 육군이 사병 중심의 군대임을 감안해 보면[42], 한국군에서 육군 병력이 차지하는 비율을 감안하더라도 육군 장군은 지나치게 많은 반면 해군과 공군, 특히 공군 장군은 지나치게 적다.

스](2013. 4. 16).

38) Military and Security Developments Involving the Democratic People's Republic of Korea 2012 : A Report to Congress, Office of the Secretary of Defense.

39) 2013년 중국군 국방백서.

40) 한국국방연구원, 『2009 동북아 군사력과 전략동향』, 한국국방연구원, p. 199.

41) 안동한 기자, "병사는 줄어드는데 장군은 증가." 『서울신문』(2009. 6. 1).

42) 육군은 사병 중심으로, 해군은 부사관 중심으로, 공군은 장교 중심으로 전투를 수행한다. 따라서 육군에는 사병 비율, 해군에는 부사관 비율이, 공군에는 장교 비율이 높을 수밖에 없다. "각 군의 장교비율은 육군 9.9%, 해군 16%, 공군 17.6%, 해병대는 7.6%다. 부사관 비율은 육군 13.5%, 해군 42.9%, 공군 28.5%, 해병대는 18.8%다. 반면 사병의 비율은 육군 76.6%, 해군은 41.1%, 공군은 53.9%, 해병대는 73.6%다." 양낙규 기자, "해군, 해병대 간부 숫자 턱없이 부족." 『아시아경제』(2010. 10. 18).

2. 지휘구조

이미 언급했듯이 한미연합사체제에서 한국군이 지휘 통제하는 부분은 지상 전력뿐이다. 결과적으로 한국군은 지상군에 대한 지휘 통제만을 경험해보았다.

818계획이 추진되기 이전 한국군은 3군 병행적인 상부지휘구조를 유지했다. 818계획으로 인해 한국군은 군정은 각군 본부가 군령은 합참이 지휘하는 형태가 되었다. 그러나 해군 및 공군과 비교해 방대한 병력을 유지하고 있다는 점으로 인해 그리고 해군과 공군은 장교가 절대 부족하다는 이유로 국방부, 합참, 합동참모대학과 같은 합동 조직을 육군이 주도하고 있다. 1988년의 818계획 추진 당시 국방부는 합참과 같은 합동 조직에 근무하는 육군, 해군 및 공군 장교를 2 : 1 : 1 비율로 유지할 것이라고 했다.[43] 그러나 해군과 공군의 경우 여기서 크게 떨어지는 비율을 유지하고 있다. 결과적으로 육군은 주요 직위는 제외한 상태에서 나머지 직위와 관련해 2 : 1 : 1을 유지한다는 개념을 적용했다.[44] 진정한 의미에서 공중, 지상 및 해상에서 진행되는 전쟁을 제대로 지휘 통제하려면 합동조직은 1 : 1 : 1 비율을 유지해야만 한다.[45] 합동참모대학 또한 육군 중심으로 편성되

---

43) "합참본부의 육군, 해군 및 공군 장교 비율 2 : 1 : 1로 대폭 상향 조정한다." 합참 전략기획국 1차장 육군준장 이석복, "군구조 개선의 필요성과 내용." 『국군 조직의 문제점과 개선방향』(서울 힐튼호텔 : 국방세미나, 1990. 5. 10), p. 17; "합참본부의 장교 비율을 현 8 : 1 : 1에서 2 : 1 : 1 정신으로 상향조정하며 이를 대통령령인 합참 직제령에 명시한다." 이석복 장군(국방부 818계획 단장), "국군 조직법의 당위성과 정부의 입장." 『3군 통합의 의도는 무엇인가?』 (서울 : 평화민주당, 1990. 6), pp. 37-38.

44) "나중에 국방부에 가 보았더니 2 : 1 : 1로 운용할 줄 알았는데 5 : 1 : 1 비율로 운용하더라. 그래 약속이 틀리다며 항의했더니 '주요 보직을 제외하고 2 : 1 : 1이라는 것이다.' 해·공군은 허수아비냐고 이의를 제기했다." 김종호 전 해군참모총장과의 2012년 7월 25일 인터뷰.

45) 1986년에 제정된 미국의 Goldwater-Nichols Act에서는 합동조직에서의 육군, 해군 및 공군 장교의 비율을 1 : 1 : 1로 정했다; 일본, 영국, 미국과 같은 선진국 군대의 경우 일반적

어 있어 진정한 의미에서 합동교육이 진행되지 못하고 있으며[46], 합동교리를 제대로 정립하지 못하고 있다.[47] 결과적으로 한국군이 합동 차원에서의 전쟁이 아니고 육군 중심 전쟁만을 수행할 수 있는 조직이 되었다.[48]

또한 미국의 합참의장, 그리고 태평양사령관과 같은 전구사령관 직책을 포함하여 7개 직책[49]을 담당하고 있는 관계로 한국군 합참의장은 자신이 해야 할 주요 임무를 제대로 수행하지 못하고 있다. 예를 들면 소요검증과 같은 합참의 주요 임무를 한국국방연구원이란 민간인들이 주류를 형성하고 있는 연구기관에 일임하고 있는 실정이다. 전구 작전계획을 수립하고 전쟁을 연습 및 지휘[50]하는 등 전시작전통제권이 전환되면 한국군

으로 육군 병력이 많다. 그러나 2성 장군 이상의 숫자는 거의 동일한 수준이다.

46) "진정한 의미에서의 합동교육은 교수와 학생을 포함한 모든 측면에서 각군이 대등한 비율로 참여하여 각군의 편견이 최소화되어 있을 뿐 아니라 합동 시각에서 합동 과목을 교육시킬 때만이 이루어질 수 있다." Committee on Armed Services House of Representatives One Hundred First Congress, First Session, Congressman Ike Skelton (Chairman), Report of the Panel on Military Education of the One Hundredth Congress of the Committee on Armed Services House of Representatives [Skelton Report] (Washington: U.S. Government Printing Office, 1989), p. 52.

47) 국방개혁 307과 관련하여 2010년 3월 합참의 모 대령이 한국국방연구원의 연구원 100여 명을 대상으로 설명했다. "현행 업무, 예를 들면 합동교리도 제대로 작성하지 못하는 상태에서 합참이 군정권까지 행사하고자 하는 이유는 무엇인가?"고 필자가 질문하자, 합참 대표는 "합동작전과장 당시 합동작전계획을 자신이 직접 만들었는데 합동교리가 전혀 필요 없었다."고 말했다.; 합동교리가 필요 없다는 인식을 많은 육군 장교들이 견지했다. "전쟁은 육군이 주도하고 해군과 공군이 육군을 지원한다."는 관점을 견지하고 있는 육군 장교들의 입장에서 보면 육군교리만 있으면 되었던 것이다.

48) 천안함과 연평도 사태는 이것을 극적으로 입증해준 사건이었다.

49) 합동군사령관, 국방부장관 군령 보좌, 계엄사령관, 통합방위본부장, 미 합참의장 파트너, 한미연합사령관 파트너, 유엔군 사령관 파트너로서의 임무를 수행하고 있다. 이들 외에 대통령, 정부, 국회, 언론 및 국민을 상대해야 하는 입장이다. 장익선, "한국군 상부 지휘구조 발전방안 연구." (석사학위논문, 연세대학교, 2011).

50) 한미연합사령관은 전구 작전계획 수립과 작전 지휘를 주요 임무로 하고 있다. 합동교리 작성 등 문서 행위는 미 합참에서 담당하고 있다. 이 같은 상황에서도 한미연합사령관은 24시간이 부족한 직책이다.

이 주도적으로 해야 할 일이 산적해 있는데, 오늘날의 한국군 합참은 이 같은 일을 제대로 수행해본 적도 없으며 수행 능력 또한 미흡한 실정이다.

이 같은 상태에서 2003년 이후 합참은 전구 항공작전의 핵심인 통합임무명령서를 생산하는 공군구성군사령부의 합동표적위원회(JTCB)를 합참으로 옮기고자 적극 노력했으며, 공군 작전지역인 북한 지역을 육군 작전지역으로 바꾸어[51] 전구 항공작전을 통제하고자 노력했다. 이 같은 합참의 행위와 관련하여 공군작전사령부 부사령관과 합참 교리훈련부장을 역임한 예비역 공군소장 고덕천 장군은 다음과 같이 말하고 있다.

"…지난 60여 년 간 전구작전을 한미 연합사령부에서 수행한 결과 한국군 합참의장은 전구작전 차원에서 합참의장 또는 합동군사령관이 해야 할 일이 무엇인지 고민해본 적이 없는 것 같았다. 한미연합사령관은 전시 대단히 바쁜 사람이다. 예를 들면, 정치적 차원에서 미국을 포함해 주변국과의 관계를 고려해야 할 뿐만 아니라 전구사령관으로서 전역계획(戰役計劃 : Campaign plan)을 수립하고 시행해야 하는 자리다. 따라서 개개 작전의 세부사항에 연합사령관이 관여할 여유가 없기 때문에 항공작전의 많은 권한은 공군구성군사령관에게 위임할 수밖에 없다.…한국군 합참 또한 국가 리더십뿐만 아니라 정부 부처들과의 관계 등 다양한 문제가 있는데…국가전략 차원의 문제에 시간을 할애하기보다는 군 내부 작전에 합참의장이 중점을 두는 경향이 있는데, 그 중에서도 해군과 육군보다는 공군의 전략공격에 많은 관심을 그리고 해군 및 육군과 작전영역의 중첩에 따른 3군 합동을 강조하다보니 항

51) 2012년 7월 김상기 육군참모총장의 지시에 근거하여 자운대에 있는 합동군사대학에서는 공군작전지역인 전방전투지경선(Forward Boundary) 이북 지역을 공군작전지역에서 배제시키기 위한 연구를 진행했다. "전방전투지경선 이북 지역을 공군작전지역으로 분류 시 지상군 사령관 입장에서 FB 이북지역에 대한 연속적인 작전계획(장차작전) 수립이 제한될 수 있음"이란 이유 때문이었다. 합동군사대학 합동전투발전부, "전방전투지경선 정립 토의." p. 9.

공작전에 많은 관심을 갖게 되었다. 즉 전구 종심작전처럼 공군작전사령관에게 위임해야 할 일을 합참의장이 관여하게 된 것이다. 결과적으로 공군작전사령부는 합참의 간섭에 일일이 대응해야 하는 반면 합참은 예하 구성군의 작전에 일일이 간섭하다 보니 늘 바쁜 상황이 초래되었다. 이는 예하 작전사령부에서 연합사 지휘하에서 실시하는 연습과 합참지휘하에서 실시하는 연습에 참여한 경험이 있는 사람들이라면 공통적으로 느끼는 사항일 것이다.…"[52]

지난 20여 년 간 청와대, 국회, 국방부 등에서 국가안보 관련 일을 해온 『디펜스21』의 김종대 편집장 또한 유사한 관점을 피력했다.

"합참은 무엇 하는 곳인가? 합참에 근무하는 대다수 장교들은 자신의 직책이 무엇 하는 자리인지 잘 모른다. 부장급 및 처장급 장교들은 합참보다는 육군의 군단과 사단에서 주로 근무해온 사람들이다. 대체로 이들은 합참 용어에 생소하다. 합동작전과 연합작전 경험이 미흡하다. 합참대학을 졸업한 사람도 많지 않다. 합참에 부장이 13명이다. 합참 업무에 익숙하지 않은 합참의장이 13명 부장의 보고를 받아 이해할 수 있다고 생각되는가? 합동에 관한 충분한 전문성을 구비하지 않은 사람들이 합참을 운용하고 있다는 사실이 문제다.…전문성 결여와 전장 인식 결여가 문제를 초래하고 있다."[53]

상부지휘구조 개편 중심의 국방개혁 307 등을 통한 국방부의 변화 추구와 관련하여 예비역 공군소장 한성주 장군은 다음과 같이 말하고 있는데 이는 국방부의 변화 추구 방식이 한국군의 전문성을 의심케 하는 성격

52) 예비역 공군소장 고덕천 장군과의 2012년 8월 7일 인터뷰.

53) 『디펜스21』 김종대 편집장과의 2012년 8월 14일 인터뷰.

이란 의미에 다름이 없었다. “조심스럽게 말해야 하겠지만 6.25 당시 며칠 동안 진행된 10대 불가사의와 연계해 생각할 수도 있는 사안으로 보인다.…군 구조 논쟁을 통해 군의 효율성을 떨어뜨리기 위한 노력으로 볼 수도 있을 것이다. 상부지휘구조 개편을 이처럼 생각할 수도 있을 것이다.”[54]

한미합의의사록으로 인해 한국군이 지상군 중심의 비대칭 구조를 이룬 상태에서 지상군들이 자군의 입지를 강화하고자 지속적으로 노력함에 따라 한국군은 보다 더 비정상적인 구조로 전환되었다. 이처럼 잘못된 지휘구조를 유지해온 상태에서, 잘못된 지휘구조를 만들고자 적극 노력하고 있는 상태에서 미국의 세계전략 변화로 인해 한국군이 한반도 전쟁을 주도하는 새로운 지휘구조로의 변화를 요구받게 되었다. 전시작전통제권이 전환된 이후에도 한반도 전쟁에서 중요한 의미가 있는 항공력을 미군이 지휘 통제하는 반면 한반도 전구 차원의 전쟁과 지상전을 한국군이 주도하게 된다.[55]

3. 전력구조

미 8군사령관을 역임한 리처드 스틸웰(Richard G. Stilwell) 대장은 한국군의 전력구조는 한국군의 능력과 주한미군의 능력 그리고 한국에 전개 가

54) 예비역 공군소장 한성주 장군과의 2012년 8월 8일 인터뷰.

55) 미군이 한반도 전쟁을 주도하는 경우와 한국군이 주도하는 경우는 전혀 다르다. 지금까지는 미군이 한미회의를 주관했다면 향후 미군과의 회의는 한국군이 주관해야 할 것이다. 지금까지는 미군이 한국군을 납득시켰다면 이제부터는 한국군이 미군을 납득시켜야 할 것이다. 문제는 “육군이 전쟁을 주도하고 해군과 공군이 육군을 지원해야 한다.”는 사고로는 미군을 납득시킬 수 없다는 사실이다. 이 같은 사고에 입각해 구축된 구조로는 전쟁을 수행할 수 없을 것이란 점이다.

능한 해외주둔 미군의 능력의 합(合)이 북한의 능력과 동일하든가 보다 클 당시 억제력이 보장된다는 사실을 기본적으로 전제했다고 말했다.[56] 1973년까지만 해도 미국은 한국군을 화력에 비해 많은 보병을 유지토록 한다는 원칙 아래 방어용 전력만을 갖춘 경보병으로 육성했다.

닉슨 대통령의 괌 독트린에서 표명된 미국의 대외군사정책 또한 지상전은 동맹국의 병력과 능력에 의존하고 미국은 전술 공군과 해군 그리고 군수지원을 집중적으로 담당한다는 방위 분업의 원칙에 다름이 없었다. 미국은 한국군이 통제 불가능할 정도의 군대로 발전하는 것을 원치 않았다. 결과적으로 조기경보, 전투정보, 표적탐지체제 등의 개발을 간과해 왔으며 작전통제권 전환에 대한 명확한 계획을 회피함으로써 한국을 무한정 종속관계로 방치해 왔다.[57]

미국의 이 같은 대한 군사정책의 맥락에서 한국군 전력증강은 1973년 당시 미 제1군단장 홀링스워즈(James Hollingsworth) 장군의 전진방어(Forward Defense)란 단기전 전략에 의해 반영되기 시작했다. 홀링스워즈의 전략은 보병과 방공에 기초했던 방어개념에서 탈피하여 대규모 포병과 공세적 공군력에 기초한 단기 전략이었다. 전진방어 개념은 미 고위 군사당국자들로부터 강력한 지지를 받았다. 결과적으로 홀링스워즈의 전진방어 전략은 1976년까지 상당한 성과를 거두었다. 그러나 미국의 한국군 전력 증강대책은 한국군이 독자적으로 북한군에 대항할 수 있도록 하는 것이 아니고 미국에 대한 의존을 전제로 소위 말하는 한국군의 "북침"에 대한 의구심을 완전 해소할 수 있는 범주 안에서 전력증강을 도모하는 것이었다.[58]

56) Richard G. Stilwell, "Challenge and Response in Northeast Asia of the 1985 military balance," *Comparative Strategy*, vol. 1, 2(1978), p. 118.

57) Bridget Gail, "The Korean Balance Vs The US Withdrawal." pp. 37–42.

58) *Ibid.*, pp. 40–41.

상황이 그러하다 보니 미군은 전시 공세적 전력으로 운용될 수 있는 막강한 수준의 항공력을 한국군이 보유하지 못하게 했다.[59] 북한 지상군 중심의 재래식 위협을 미국이 강조해온 결과로 인해 한국군은 국방예산 가운데 많은 부분을 지상군 전력 증강에 할당해야만 했다. 이는 특히 군사정부 시절 두드러졌다.

전두환 정부 7년(1981~1987)의 기간 동안 국방 전력투자비에서 평균적으로 육군이 47%, 해군이 19.2%, 공군이 21.2%, 공통이 12.1%를 차지했다.[60] 공통에 해당하는 부분의 절반 이상이 육군에 관한 것이란 점에서 보면 육군이 55% 이상을 사용했다. 노태우 정부 5년(1988~1992)의 기간 동안 국방 전력투자비에서 평균적으로 육군이 51.3%, 해군이 19.9%, 공군이 19.7%, 공통이 9.1%를 차지했다.[61] 여기서 보듯이 군사정부 시절 육군은 국방 투자비의 50% 이상을 사용했다.

김영삼 정부 5년(1993~1997)의 기간 동안 국방 전력투자비에서 평균적으로 육군이 37.5%, 해군이 20.7%, 공군이 24.1%, 공통이 19.5%를 차지했다.[62] 김대중 정부 5년(1998~2002)의 기간 동안 국방 전력투자비에서 평균적으로 육군이 36%, 해군이 21.3%, 공군이 26.6%, 공통이 16.1%를 차지했다.[63] 문민정부에 들어오면서 해군과 공군의 투자비가 일부 늘어난 것은 사실이다. 그러나 공통 부문을 대거 늘려놓은 상태에서 이들 공통 부문 예

59) 이승만 대통령은 한국의 방공능력 신장을 누차 강조했지만 미국으로부터 거절당하자 보병전력 증강에 역점을 두고 끈질긴 협상을 통해 한미방위조약을 성사시켰다. 서진태, “다시 보는 미국의 대한 군사정책.” 『Defense World(방위체계)』(Spring 1998), p. 14에서 재인용. Memo, JCS(Radford) to SecState, 17 March 1954, *FRUS* 1952-54, v. 15, pt. 2, pp. 1764-1965; 한국 공군의 전력 증강에 대한 미국의 저지 노력과 관련해서는 서진태 장군의 상기 논문을 참조할 것.

60) 박재필, “한국 군사력 건설의 주요 결정요인 및 논쟁·대립구조에 관한 연구.” p. 74.

61) 위의 글, p. 79.

62) 위의 글, p. 90.

63) 위의 글, p. 90.

산으로 육군 장비를 구입함에 따라 문민정부 시절에도 전체 투자비에서 육군의 투자비가 차지하는 비중은 50%에 달했다.[64)]

3군 균형발전을 강조했던 국방개혁 2020 또한 육군 전력증강을 위한 것이었으며[65)], 총 투자비에서 육군이 차지하는 비중은 50%에 달했다.[66)]

이 같은 한국육군의 발전은 고정익 항공기와 같은 공군전력의 희생을 전제로 한 것이었다. 전구 차원의 전쟁에서 중요한 의미가 있는 정보 및 항공력의 문제를 미군에 의존한 결과로 인해 한국군은 정보 수집 및 분석 능력이 크게 부족할 뿐만 아니라 공중급유 능력, 공중수송 능력 등 대단히 미흡한 수준의 항공력을 유지하고 있다. 이 같은 현실을 직시한 미 해병 지휘참모대학 교수인 브루스 벡톨(Bruce E. Bechtol)은 전시작전통제권 전환과 관련해 한국군에 가장 보강이 필요한 부분으로 지휘통제 능력과 항공력을 주목했다.[67)] 그럼에도 불구하고 최근 국방개혁에서는 주변국 위협 대비 또는 북한 위협 대비 모두에서 중요한 의미가 있는 고정익 항공기 중

---

64) 김영삼 정부 당시의 공통전력에는 C3I 자동화, 기타 통신장비(육군의 Spider), 육군의 발칸 성능개량, 저고도 탐지레이더, 정찰용 무인항공기, 공중영상장비가 있었다. 위의 책, p. 89. 이들 가운데 육군과 무관한 체제는 공중영상장비 뿐이다.; 김대중 정부 당시의 공통 전력에는 백두, 금강 사업, 무인항공기, 단거리 대공유도무기, 휴대용 SAM, 비호, 발칸 성능개량, 차기 전술통신체계, 지휘소자동화 전력화, 각군 전술 C4I체계 연동이 있었다. 위의 책, p.100. 여기서 육군과 무관한 순수 공통 체계는 백두, 금강 사업, 지휘소자동화체계 정도다.

65) 이 책의 5장 1절 참조.

66) "국방개혁 2020 당시 국방예산의 50% 정도가 육군에 들어갔다. 외형적으로는 40% 정도지만 실제적으로는 약 50%다. 계산해 보았다. 교묘한 방식으로 이처럼 위장되어 있었다." 임춘택 전 청와대 행정관(현재 카이스트 교수)과의 2012년 8월 23일 인터뷰; "2020년까지 요구되는 국방비 소요는 621조 원으로…이 중 육군 소요는 약 49%인 308조 원으로 투자비가 102조 원, 경상운영비가 206조 원이었다." 육군대령 황종수, "국가방위의 중심군을 지향하는 지상전력 건설 방향." 『군사평론』 389호(2007. 10), p. 177.

67) "한국군 국방개혁 측면에서 특히 가장 중요한 반면 가장 비용이 많이 소요되는 부분은 C4I와 항공력이다. 한국군에 변화와 진정한 근대화를 불러올 현실적인 방식으로 이들 문제를 해결할 것으로 기대해본다." Bruce E. Bechtol, "Force Restructuring in the ROK-US Military Alliance : Challenge and Implications," p. 25.

심의 공군전력 사업이 대거 지연되었다.[68]

한반도와 같은 지역에서 항공력과 지상군이 상호 공조하여 전쟁을 수행한다는 공지전투(Air-land Battle)[69]는 보편적인 개념이다. 그러나 한국군은 육군의 전차와 헬리콥터를 중심으로 보병이 기동하는 한편 공군의 고정익 항공기가 이들 육군의 기동을 엄호하고 지원한다는 육군 중심 입체 고속기동전 개념을 고수한 결과 국방개혁 2020에서도 지상군 전력을 대거 구축하고자 노력했다.[70] 결과적으로 고정익 항공기를 중심으로 하는 공군 전력을 제대로 구축할 수 없었다. 이처럼 지상군 중심의 비정상적인 전력 구축이 진행되고 있는 현상과 관련하여 한국공군이 책임이 없지 않다.[71][72]

---

68) "매년 9.1% 증가를 전제로 수립된 계획이지만 실행되지 않았다. 이처럼 필요한 예산을 확보하지 못하자 병력을 줄인 육군의 전력증강을 우선적으로 해야 한다는 주장이 힘을 얻으면서 공군 사업들(FX, KFX)이 계속 지연되었다. 결과적으로 육군사업들은 비교적 계획대로 가고 있는 반면 공군 사업은 그 후 제대로 간 것이 없다.…원래 계획대로 하면 전작권 전환(2012. 4)을 고려하여 정찰 능력, 정밀타격 능력 등을 확보해야만 했다. 더욱이 글로벌호크, F-X 등은 오리무중이다." 이한호 전 공군참모총장과의 2012년 7월 16일 인터뷰.

69) 여기서 말하는 공지전투는 1982년 당시 미 육군이 정립한 육군 중심의 공지전투(Airland Battle)가 아니고 항공력과 지상군이 상호 공조해 전쟁을 수행한다는 개념이다.

70) 이 책의 5장 4절 참조.

71) 한미동맹의 성격으로 인해 공군은 비행 중심으로 운용되고 있다. 평소 수백 대의 항공기를 이륙시키는 등 현행 작전이 매우 바쁘게 돌아간다는 점을 이유로 한국공군은 교리와 전략을 등한시했다. 합동 전략과 교리를 교육시키는 합동참모대학 졸업생들의 장군 진급 현황은 이 점을 극명히 보여주고 있다. 전통적으로 해군장교와 비교하여 공군장교들은 매년 2~3명 정도 많이 합동참모대학을 졸업하고 있다. 그런데 2012년 8월을 기준으로 합동참모대학 1~12기 졸업생 가운데 장군 진급 숫자를 보면 해군 23명(대장 1명, 중장 1명, 소장 8명, 준장 13명)인 반면 공군은 10명(소장 1명, 준장 9명)이다. 육군 및 해군과 비교해 현행 작전 비중이 상대적으로 높은 한국공군은 미래(전력 건설)보다 현재(현행 작전) 중심으로 진급시키고 있었던 것이다.

한국공군이 교리 및 전략과 같은 군사이론의 미흡으로 항공력 건설에 관한 논리를 적시에 제공하지 못하게 되면서, 비교적 예산에 여유가 있는 육군과 해군이 공군을 대신해 대거 항공력을 건설하는 현상이 벌어지고 있다. 예를 들면 한국 육군은 공군과 비교해 보다 많은 항공기를 보유하고 있다. 결과적으로 국방개혁 2020을 다루고 있는 5장에서 알게 되겠

4. 부대구조

미국이 한반도 지상전을 한국군이 주도하도록 하면서 방대한 지상 전력의 구축을 요구한 결과로 인해 한국육군은 지상군 교리를 연구하기 위한 방대한 규모의 육군교육사령부를, 지상전 수행에 필요한 제반 조직을 구비하게 되었다. 반면에 해군과 공군은 해전 및 공중전 수행을 위한 조직을 제대로 구비하지 못했다. 예를 들면, 공중전 및 해전 수행 측면에서 중요한 의미가 있는 해군 및 공군 교리를 연구하기 위한 조직조차 매우 일천한 수준이다.[73] 또한 전구 차원의 정보를 주도하는 군은 세계적으로 공군

지만 한반도 항공력의 지휘 통제가 문제가 되었다.

세계를 상대로 전쟁을 수행하는 미군을 제외하면 이스라엘을 포함한 대부분 국가의 국방예산에서 공군예산이 차지하는 비중은 50% 정도다. 한국군에서 공군예산이 차지하는 비중은 25% 정도인데 이는 나머지 25%에 해당하는 부분이 육군과 해군으로 분산되어 있다는 의미다. 한미동맹의 성격으로 인해 한국공군이 자신의 역할을 제대로 수행하지 못하다보니 한국군의 전력건설 측면에서 문제가 발생하고 있는 것이다.

전구 합동전에서 중요한 의미가 있는 공군이 자군의 합동참모대학 출신들을 경시한 반면 합동전과 거의 관계가 없는 군대인 해군(해군 장교들은 이처럼 말하고 있음)이 합동참모대학 출신들을 존중하는 기현상이 벌어졌다.

72) 이 같은 현상이 발생하는 이유로 예비역 모 육군 장군은 "조종 자체는 기술에 다름이 없는데 한국공군이 신체단련을 열심히 하는 반면 전략과 교리 측면에서 전문성이 없는 조종사 위주로 진급시키고 있기 때문이다"고 주장했다. 대외부서에 근무해보면 이처럼 생각하는 육군 장교들이 적지 않다.; "육군과 달리 공군은 장비가 고가이며 전력 건설이 장기간에 걸쳐 진행되기 때문에 공군 지휘부는 미래에 대한 안목이 있어야 한다. 2년 임기 동안 총장이 시작한 일을 끝낼 수 없다. 따라서 자신이 시작한 일을 이어받아 수행할 수 있도록 장기적으로 우수한 사람을 선발하여 교육시켜야 한다. 공군 지휘부의 가장 중요한 일은 인재 양성과 발탁이다. 공사교장일 당시 우수한 민간 교수들을 영입하고자 노력했다. 중요한 것은 하드웨어가 아니고 소프트웨어다. 사람이다." 김창규 전 공군참모총장과의 2013년 6월 28일 인터뷰; 미 공군의 경우 교리 및 전략과 같은 개념으로 무장되어 있는 '조종사 중심'으로 진급시키고 있는 반면 일본의 항공 자위대는 교리 및 전략과 같은 개념으로 무장되어 있는 '장교 중심'으로 진급시키고 있다. 부족한 인력으로 많은 임무를 수행하고 있는 공군의 여건상 쉬운 일은 아니지만 한국공군 또한 공군을 이끌어갈 사람을 교리와 전략으로 무장시켜야 할 것이다.

73) 육군의 경우 3성 장군 예하의 육군교육사령부가 있는 반면 해군과 공군은 대령 예하의 10여 명이 이들 교리를 연구하고 있다.

인 반면[74] 한국공군의 정보 조직과 비교해 한국육군의 정보 조직이 방대한 수준이란 점에서, 이 같은 각 군 정보 조직을 국방부 차원에서 통합해놓은 결과로 인해 한국군 정보조직이 육군 중심 조직이 되었다. 전시 제대로 역할을 수행할 수 없는 조직이 되었다.[75]

더욱이 818계획 이후 수차례에 걸친 국방개혁을 통해 각군 조직을 통폐합하고는 이곳의 책임자를 육군으로 앉히면서 한국군의 부대구조가 보다 더 육군 중심이 되었다. 예를 들면 노태우 대통령은 각군의 유사 기능을 통폐합하여 국군정보사령부, 국군통신사령부, 국방참모대학을 설립했다.[76] 김대중 정부는 국방대학원, 국방참모대학 및 국방정신연구원의 통합, 각군의 수송 및 화생방 기능을 통합한 형태인 국군수송사령부와 국군화생방사령부를 창설했다.[77]

5. 평가 : 겉모양은 합동군 실제는 육군 중심의 단일군

오늘날 한국군은 육군, 해군 및 공군이란 3군과 합동참모본부를 유지

74) 예를 들면, 미군은 육군, 해군, 해병대 및 공군이 방대한 규모의 정보 능력과 조직을 구비하고 있다. 그러나 한반도와 같은 전구 차원에서의 전쟁에서 미국은 항공력의 경우와 마찬가지로 정보 자산을 공군 중심으로 통합 운용하고 있다. Air Force Doctrine Document 2-0. Global Integrated Intelligence, Surveillance, & Reconnaissance Operations(2012. 1. 16), pp. 12-13.

75) 공중전과 비교하여 지상전에서는 정보의 가치가 크게 떨어진다. 지상에서 목격되는 '불확실성'과 '안개'의 문제 때문이다. 반면에 투명한 공중 공간에서는 '안개'와 '불확실성'이란 요소가 거의 영향력을 행사하지 못한다. 또한 지상작전과 달리 항공작전은 매우 빠른 속도로 진행된다. 결과적으로 공중에서는 정보가 대단히 중요한 의미가 있다. 전통적으로 외국군에서 공군이 군의 정보 조직을 장악하고 있는 것은 이 같은 이유 때문이다. 한국군은 상대적으로 정보의 중요성이 떨어지는 육군이 국방 정보조직을 장악하고 있다.

76) 대통령자문 정책기획위원회, 『참여정부 정책보고서 2-46(국방개혁 2020)』(2008), p. 135.

77) 위의 책, p. 136.

하고 있다는 점에서 3군 합동작전이 가능한 합동군으로 보인다. 그러나 전력구조, 부대구조, 지휘구조, 병력구조가 지상군 중심으로 되어 있다는 점에서 보면 한국군은 지상전만을 제대로 수행할 수 있는 조직이다. 즉 한국군은 외견상으로는 합동군이지만 실제적으로는 육군 중심 단일군으로 볼 수 있다.

제3절 기형적인 한국군 구조의 원인 분석

육군, 해군 및 공군이 상호 협조하며 합동 차원에서 평시 군사력을 건설하고 전시 군사력을 운용해야 하는 오늘날 한국군이 육군 중심 단일군이란 기형적인 모습을 견지하게 된 것은 무슨 이유 때문인가?

이는 지상전은 한국군이 해전과 공중전은 미군이 주도할 것이란 의미의 한미동맹이 장기간 동안 유지되면서 한국군 내부에서 해군 및 공군과 비교해 육군이 상대적으로 막강한 세력을 형성할 수 있었기 때문이다. 이 같은 사실 외에 지난 60여 년 동안 국방을 주도하면서 육군들이 국방의 Agenda를 설정하는 입장에 있었다는 사실, 한국육군이 군사적 조직일 뿐만 아니라 정치적 조직이란 사실, 지상군 중심 북한군[78]에 대항하기 위한 최상의 전력은 지상군이란 잘못된 군사지식 때문일 수 있다.

1. 한미동맹의 심화와 역할 분담

한국육군은 육군 교리와 전략을 발전 및 운용하기 위한 방대한 조직과 인력으로 구성되어 있는 육군교육사령부를 운영하고 있다. 반면에 한국군은 한반도 전쟁에서 중요한 의미가 있는 합동교리와 공군교리를 발전

78) 1969년까지만 해도 북한군은 공군 중심 군대였던 반면 한국군은 육군 중심 군대였다. 당시 한국육군이 58만, 북한육군이 35만 병력을 유지하고 있었던 반면 북한공군은 한국공군과 비교하여 2배 이상의 첨단 전투기를 보유하고 있었다. Terence Roehrig, *From Deterrence to Engagement : The U.S. Defense Commitment to South Korea*(New York : Lexington Books, 2006), p. 39; FRUS, 1969-1976, Volume XIX, Part 1, Korea, 1969-1972, Document 5, Washington, April 1, 1969.

및 운영하기 위한 조직과 인력을 제대로 구비하지 못했다. 해군교리 또한 상황은 마찬가지다. 한국군에서 육군교리가 절실히 요구되었던 반면 여타 교리와 전략이 의미가 없었기 때문이었다. 이는 한미동맹의 성격으로 인해 한반도 지상전을 한국육군이 주도해온 반면 항공전과 합동전을 미군이 수행해왔기 때문이었다. 즉 한반도 항공력과 한국군 전체에 대한 작전통제권을 미군이 행사했기 때문이었다. 지난 60여 년 동안 이 같은 현상을 유지해온 결과로 인해 한국군은 합동 및 공군 교리와 전략에 관한 지식을 거의 구비하지 못했다.

가. 한국군에 대한 작전통제권 행사 : 미군

북한의 남침을 방지할 목적의 한미상호방위조약과 남한의 북침을 방지하기 위한 한미합의의사록이 체결된 1954년 이후[79] 한미동맹은 부침을 거듭했다. 예를 들면, 1950년대와 1960년대 당시 미국은 한미동맹을, 특히 한국군에 대한 미군의 작전통제권 행사를 대단히 중요한 사안으로 생각했다. 그러나 1970년대 당시 미국은 한국정부의 강력한 반대에도 불구하고 주한미군을 지속적으로 감축시켰는데, 카터 대통령은 주한 미 지상군의 철수를 주장했다.

전임 대통령 카터와 달리 소련의 아프간 침공 이후 등장한 레이건은 한미동맹 강화를 추구했는데, 공교롭게도 한국 내부에서는 광주민주화항쟁과 관련해 반미감정이 고조되고 있었다. 그러나 소련과 동구권의 붕괴를 기점으로 냉전이 종식되자 미국은 한국군에 대한 작전통제권을 한국군에

79) "미국은 동아시아에 일련의 양자동맹을 체결했는데, 이는 소련의 위협을 봉쇄하기 위함이었을 뿐만 아니라 호전적인 행동을 자행해 미국이 원치 않는 전쟁에 연루되도록 할 가능성이 있던 이승만과 같은 반공국가 지도자들의 행동을 억제할 목적에서였다." Victor D. Cha, "Powerplay : Origins of the U.S. Alliance System in Asia," p. 158.

넘겨주고, 주한미군을 단계적으로 감축하겠다고 공표했다.[80] 1994년에 불거진 북한 핵 위기로 인해 미국의 이 같은 계획에 차질이 생겼지만 2001년의 9.11 테러가 발발하자 미국은 전략적유연성이란 개념에 근거해 전 세계 도처에 있는 미군 기지의 재배치와 병력 조정을 추구했다.[81] 이 같은 맥락에서 미국은 전시작전통제권을 한국군에 전환하고자 적극 노력했다.[82]

이처럼 한미동맹은 거의 전적으로 미국의 의도에 의해 변화를 거듭했다. 이는 한미동맹을 통해 양국이 추구한 목표가 상이했기 때문이다. 특히 한국정부와 한국국민들이 한미동맹을 북한의 남침을 억제하기 위한 수단, 즉 국가생존 수단으로 바라본 반면[83], 패권국가인 미국이 패권전략의

80) A Strategic Framework for the Asian Pacific Rim : Report to the Congress 1992, p. 18.

81) 2003년에 발간된 해외주둔미군재배치계획(GPR)에 관한 최초 공식문서는 2003년 12월에 더글러스 파이스(Douglas J. Feith)가 발표한 "Transforming the United States Global Posture"란 제목의 연설이다. 여기서 그는 변화하고 있는 범세계적 차원의 방위태세의 5개 주요 주제에 관해 다음과 같이 언급했다. "1. 동맹국의 역할을 강화한다. 2. 지구상 도처에서 목격되는 불확실성에 대처한다. 3. 특정 지역 내부만이 아니고 지역과 지역의 관계에 초점을 맞춘다. 4. 신속 배치 가능한 군사력을 발전시킨다. 5. 숫자가 아니고 능력에 초점을 맞춘다." Soonkun Oh, "The U.S. Strategic Flexibility Policy : Prospects For the U.S.-ROK Alliance,"(MS Dissertation, Naval Postgraduate School, December 2006), pp. 17-18; 그런데 GPR에 언급되어 있는 5개의 주요 주제는 대한민국을 겨냥한 전략적유연성과 직접 연계되어 있다. 박원곤, "미국의 군사정책 : 변환, GPR 및 주한미군." 『주간국방논단』 제1007호(04-32) (한국국방연구원, 2004. 8. 9).

82) 한국군에 대한 작전통제권을 전환하는 이유와 관련해 미국은 다음과 같이 말했다. "…세 번째 요인은…서태평양 지역에서의 미군 전력 구조를 갱신한다는 계획이다.…" Larry A. Niksch, "U.S.-South Korea Military Alliance." *Korea: U.S.-Korean Relations_Issues for Congress*(April 28, 2008), pp. 17-20; Larry A. Niksch, "U.S.-South Korea Military Alliance." *CRS Report for Congress, Korea-U.S. Relations_Issues for Congress*(July 25, 2008), pp. 14-17.

83) 이 같은 사실은 주한미군 재배치와 관련해 극명히 노출되었다. 한국국민들은 미군을 재배치하게 되면 인계철선 역할을 수행할 수 없게 된다고 주장했다. 이 같은 한국국민들의 생각에 미국은 분노했으며, 주한미군 재배치를 수용할 수 없는 경우 한반도에서 미군을 철수해야 한다는 주장을 전개하는 학자도 없지 않았다. "많은 한국인들은 북한군이 침공해오는 경우 사상자 발생과 대규모 증원 전력을 보장해주는 '인계철선'으로 주한미군이 더 이상 기능하지 않는다며 소리 높여 불만을 토로했다." Robert Burns, "U.S. Sees Smaller, Mare Mobile Korea Force," *Associated Press*(October 18, 2003).

일환으로 한미동맹을 바라보았기 때문이었다.[84] 북한 위협에 거의 변화가 없었다는 점으로 인해 한국국민과 한국정부는 보다 많은 주한미군의 주둔과 북한의 남침 방지 목적으로의 한미동맹의 존속을 갈구했던 반면 국제체제의 변화에 따라 미국은 패권전략을 지속적으로 바꾸어 나갔으며, 이 같은 전략의 변화가 한미동맹의 성격을 변화시켰던 것이다.

냉전이 절정기에 달했던 1950년부터 1960년대 후반까지 미국은 한국군에 대한 작전통제권 행사를 대단히 중요한 문제로 간주했다. 예를 들면, 북한 지역에서 중국군이 철수할 것이란 의미의 1958년 2월 7일의 공산 진영 발표에 대한 대응 방안을 검토할 목적의 토의에서 미국은 "…한국군에 대한 작전통제권의 지속적인 행사가 대단히 중요한 의미가 있다. 이는 한국이 북한을 일방적으로 공격하지 못하도록 할 목적에서다"[85]고 말하고 있다. 이 같은 미국의 기조는 그 후 지속되었다. 한반도에서의 미국의 정책 목표와 그 달성 방안을 다루고 있는 문서에서 미국은 다음과 같이 언급하고 있다. "유엔군이 한반도 방위를 책임지고 있는 한 유엔군사령부가 한국군을 작전 통제할 수 있도록 한국을 지속적으로 설득해야 한다. 이 같은 방식으로 미국은 한국의 일방적인 적대행위를 막아야 한다."[86]

케네디 행정부가 들어선 1960년대 초반부터 닉슨 행정부가 들어서기 이전인 1968년까지만 해도 미국은 한국군에 대한 작전통제권 행사를 매우 중요시했다. 5.16 쿠데타가 발발한 지 이틀이 지난 1961년 5월 18일 유엔군사령관인 맥그루더(Magruder)에게 보낸 전문(電文)에서 미 국무성은 "장

84) "미국은 동아시아에 정치-안보 질서를 구축한 지구적 차원의 패권국가다.…지난 수십 년 동안의 동아시아에 대한 미국의 정책 그리고 동아시아 지역질서는 이 같은 패권적 현실을 반영하고 있다." Edited by John Ikenberry and Chung-In Moon, *The United States and Northeast Asia*(Rowman & Littlefield Publishers, Inc, 2008), p. 19.

85) *FRUS* 1958-1960 Vol. XVIII 1984, pp. 441-442.

86) *Ibid.*, p. 489, p. 578, p. 705.

도영 대장과 박정희 소장을 가능한 한 조속히 만나 한미 지휘관계를 조속히 복구함이 대단히 중요한 문제란 점을 가장 강력한 논조로 언급하라."[87] 고 말하고 있다. 맥그루더와 박정희 소장 간의 대화에 근거해 주한 미국대사 그린(Green)은 윤보선 대통령과 6개 조항에 관해 논의할 것이란 전문을 미국에 보냈는데, 여기에는 한국군에 대한 작전통제권을 유엔군사령부로 복원시키는 문제가 포함되어 있었다.[88] 그린에게 보낸 5월 24일의 전문에서 미 국무성은 "5월 23일에 있었던 맥그루더와 박정희 간의 회담 결과는 한국군에 대한 작전통제권을 유엔군사령부로 복원시키지 않을 것이란 의미와 다름이 없다."[89]고 말하면서 우려를 표명했다.

한편 멜로이(Meloy) 대장과 회동한 자리에서 김종필 대령은 혁명을 추진하기 위한 유일한 방안으로 한국군에 대한 유엔군사령관의 작전통제권을 위배할 수밖에 없었다고 역설하고는 조속한 반환을 약속했다.[90] 미 국가안전보장회의(National Security Council) 조치사항 2430에서는 "신임 주한 미국대사가 군사혁명위원회[91]의 지도자들과 만나 몇몇 사항과 관련해 즉각 논의할 것을 요구하고 있는데, 이들 사항에는 한국군에 대한 유엔군사령관의 작전통제권을 군사혁명위원회가 인정하도록 하는 부분이 포함되어 있었다.[92] 한걸음 더 나아가 1964년의 전문(電文)에서는 미국의 작전통제권

87) US Department of State, "219. Telegram from the Department of State to the Embassy in Korea"(1961. 5. 24), p. 2.

88) *Ibid.*

89) US Department of State, "222. Telegram from the Department of State to the Embassy in Korea"(1961. 5. 24), p. 1.

90) US Department of State, "223. Telegram from the Commander in Chief, United Nations Command to the Chairman of the Joint Chiefs of Staff"(1961. 5. 25), p. 1.

91) 그 후 "국가재건최고회의"로 개칭되었다.

92) US Department of State, "230. Record of National Security Council Action No. 2430"(1961. 6. 13), pp. 1–4.

행사에 순응하는 한국군 부대를 미국 정부가 지원해야 할 것이라고 언급하고 있다.[93)]

한국군에 대한 유엔군사령부의 작전통제권은 푸에블로 호 사태와 1.21 사태가 발발한 1968년에 재차 문제시 되었다. 박정희 대통령을 살해할 목적으로 남파된 북한 무장공비들에 의한 1.21사태와 관련해 미국이 미온적인 입장을 보인 반면 미 정보함정 푸에블로 호의 피랍 사태와 관련해 과민반응을 보이자 박정희 대통령을 중심으로 한 한국의 일부 인사들이 작전통제권 반환을 언급했으며, 이 같은 한국 내부의 분위기가 존슨 대통령에게 보고되었다.[94)]

이처럼 한국군에 대한 작전통제권을 지속적으로 행사하고자 했던 미국의 노력은 도미노이론에 근거해 월남전에 개입할 정도로 공산세력의 확장을 우려하던 케네디 및 존슨 행정부 당시 충분히 예견 가능한 현상이었다.

미중 간에 국교가 정상화되는 등 동서 간에 화해무드가 조성되고 있던 1970년대 당시 미국은 한반도 방위를 한국군이 전담하도록 만들고자 노력했다. 닉슨 행정부가 들어선 1969년부터 1976년까지의 미 외교문서[95)]에는 한국군에 대한 작전통제권 문제가 거론되지 않고 있다.[96)] 유엔군사령부가

93) US Department of State, "6. Telegram from the Department of State to the Embassy in Korea"(1964. 3. 26), p. 2.

94) US Department of State, "235. Memorandum From the President's Special Assistant (Rostow) to President Johnson,"(1968. 1. 28), p. 2.

95) *FRUS* 1969–1976, Vol. XIX Part1 2010, pp. 1–449.

96) 한국군에 대한 작전통제의 문제는 주월 한국군에 대한 작전통제와 관련해 그리고 유엔군사령부와 관련해 언급되어 있다. 상기 외교 문서에서는 "월남에 파병되어 있는 한국군을 여타 국가 군 지휘관이 작전통제하지 못하도록 하겠다고 한국이 주장하고 있는데, 이는 작전적 측면에서 의문이 가는 개념이다."고 언급하고 있다. *Ibid.*, p. 245; 한편 유엔군사령부와 관련해서는 "유엔군사령부는 한국군을 미군이 작전통제 할 수 있도록 해준 나름의 수단으로써 한국이 수용할 수 있는 형태였다.…유엔군사령부를 해체하고자 하는 경우는 한국군을 미군이 작전통제 하도록 해준 현재의 개념을 수정할 필요가 있다."고 언급되어 있다. *Ibid.*, p. 367.

시대에 뒤쳐진 개념이라며 이것의 개편 방향과 주한미군 철수 문제를 거론하고 있을 뿐이다. 1973년 8월부터 1976년 10월까지 38개월 동안 유엔군 사령관을 역임한 스틸웰 대장(Richard Stilwell)과 같은 고위급 인사들이 "한미 지휘관계는 지구상에서 가장 엄청날 정도로 국가주권을 양보한 경우다."[97]고 말하는 등 작전통제권 행사에 관한 미국의 인식이 급변했다.

이들 모두는 데탕트를 추구하던 닉슨 대통령의 세계전략에 기인하고 있는 듯 보인다. 데탕트란 새로운 정책에 근거해 1969년 닉슨은 자국 방위와 관련해 아시아 동맹국들이 보다 많은 역할을 담당해야 한다는 의미의 닉슨독트린(Nixon Doctrine)[98]을 선포했다. 중국과의 관계 정상화를 통해 소련의 위협에 대응하고자 했던 미국[99] 입장에서 보면, 1970년대 당시 북한과 소련의 관계가 원만하지 못했다는 점에서 보면[100] 북한의 남침 전쟁이 세계대전으로 비화될 가능성이 크게 줄어들었다고 생각할 수도 있었을 것이다. 결과적으로 1969년부터 1973년의 기간 닉슨은 박정희 대통령

97) Kyung Young Chung, "An Analysis of ROK-U.S. Military Command Relationship From the Korean War to the Present,"(MS diss. Command and General Staff College, 1989), p. 105에서 재인용; Stilwell, Richard G, *Challenges and Response in North East Asia of the 1980s : Military Balance*(New York: Crane Russek, 1979), p. 27.

98) Kate Ouslay, "Wartime Operational Control," *SAIS U.S.-Korea Yearbook*(Johns Hopkins University, 2006), p. 33.

99) "중국과 미국 모두가 원하고 있는 부분은 대결과 분쟁의 위험을 줄이고, 아시아가 보다 안정적인 지역이 되도록 하며, 소련을 견제하는 것이다." "미국과 중국이 공유하고 있다고 닉슨이 생각하고 있던 목표들과 관련해 말하면, 양국은 자신들이 희망했던 부분 이상의 결과를 얻었다. 양국은 대결의 위험을 줄이고, 보다 안정적인 아시아를 조성할 수 있었다. 또한 양국의 협력이 소련을 견제하는 과정에서 도움이 되었다." James Mann, *About the Face*(First vintage, 2000), pp. 15, 51.

100) 소련이 체코를 침공한 1968년 이후 등장한 브레즈네프 독트린으로 인해 소련이 공산국가를 침공할 수도 있다는 인식이 고조되었다. 한편 1968년에 북한이 미국의 정보수집 함정인 푸레블로호를 납치하고 무장간첩을 남파하는 등의 행동을 자행하는 것을 목격한 소련은 대북 핵우산을 거둬들이는 등 대북지원을 약화시켰다. 소련의 대북정책으로 인해 체제가 위협받고 있다고 인식한 북한은 중국과 밀착 관계를 구축하고는 소련과의 관계를 멀리했다.

의 강력한 반대에도 불구하고 주한미군을 2만 명 감축했다.[101] 이 같은 미 대외정책의 변화로 인해 안보 불안을 느낀 박정희 대통령은 1970년대 당시 자주국방을 표방했다.[102]

닉슨의 후임자인 지미 카터(Jimmy Carter) 또한 동일한 유형의 한반도 정책을 추구했다. 대통령 후보자 시절인 1977년 카터는 주한 미 지상군 철수를 공약했다. 대통령에 당선된 카터는 계획을 일부 수정했지만 미2사단을 단계적으로 철수할 생각이었다. 결과적으로 한국인들의 안보 불안이 고조되었다. 이 같은 상황에서 1978년 11월 7일 한미연합사령부가 창설되었다. 한미연합사령부는 한반도 방위와 관련해 한국군의 역할을 증대시킬 목적의 것이었다.[103]

일부 변화가 없지 않았지만 미국은 한반도 방위와 관련해 한국군이 보다 많은 역할을 담당해주기를 원했다. 그러나 수십 년 동안 미군이 한국군을 작전통제해온 결과로 인해 한국군은 3군이 합동으로 전쟁을 수행하는 문제에 관해 고민할 수 있는 기회를 갖지 못했으며, 국가안보를 스스로 지키겠다는 의지의 많은 부분을 상실하고 있었다.

---

101) 동일 기간 동안 주한미군 병력을 63,000명에서 43,000명으로 줄였다. *FRUS* 1969-1976, Vol. XIX Part1 2010, p. IV(Preface).

102) "1968년의 1월 21일의 무장공비 침투 사태와 미 정보 함정 푸에블로 호 나포를 계기로 박정희 정권은 미국에 작전통제권 전환을 요구했다. 미국이 북한에 대해 강경한 조치를 취하지 않자 박 정권이 차제에 작전통제권을 돌려달라고 요구한 것이지만 무위에 그쳤다. 그러나 이는 당시의 분위기에 따른 감성적인 측면이 다분히 있다." 이귀원 기자, "62년 만에 전시작전통제권 전환." 『서울=연합뉴스』(2007. 2. 24); 이귀원 기자, "작전통제권 전환 논의… 어제와 오늘 : 노태우·YS 정부 시절 국방정책 목표로 적극 추진." 『서울=연합뉴스』(2006. 8. 9).

103) Terence Roehrig, "Restructuring the U.S. Presence in Korea: Implications for Korean Security and the U.S.-ROK Alliance." *Korean Economic Institute*, Vol 2, No 1(Jan 2007), p. 2; Kyung Young Chung, "An Analysis of ROK-U.S. Military Command Relationship From the Korean War to the Present," p. 73.

나. 한반도 항공력 지휘통제 : 미군

현대전에서 항공력의 중요성은 아무리 강조해도 지나친 바가 없을 것이다. 북아프리카에서의 비참한 패배를 회상하며 독일의 롬멜 장군은 "공중을 완벽히 장악하고 있는 측과 싸우는 군대는 오늘날의 유럽 군대와 원시인들의 싸움과 다를 바 없다. 이는 여타 무기를 최상으로 무장하고 있는지에 무관하게 적용되는 사실이다."[104]고 기술하고 있다. "공중우세를 확보하지 못했다면 우리는 여기에 있지 못했을 것이다."[105]고 노르망디 해안을 따라 달리는 차안에서 아이젠하워 장군은 자신의 아들에게 말했다. 1991년의 걸프전(Desert Storm)을 비롯해 코소보 전쟁, 이라크 전쟁 등 20세기 이후의 주요 전쟁에서는 항공력의 중요성이 여지없이 입증되었다.[106] 1950년의 한국전쟁에서 또한 항공력은 엄청난 위력을 발휘했는데, 당시의 공중전은 주로 미 공군이 수행했다.[107]

일반적으로 전쟁의 수준(Level of War)에는 전략적 수준, 작전적 수준 및 전술적 수준이 있다.[108] 전략적 수준의 전쟁은 국가안전보장회의 수준에

---

104) Manfred Rommel, and General Fritz Bayerlein, *The Rommel Papers*(New York: Harcourt, Brace, 1953), pp. 285-86.

105) John S. D. *Eisenhower, Strictly Personal*(Garden City. N.Y.: Doubleday, 1974), p. 72.

106) David E. Johnson, *Learning Large Lessons : The Evolving Roles of Ground Power and Air Power in the Post-cold War Era*, RAND(2007), p. summary xiv-xv.

107) Stewart, Colonel James T, *Airpower-The Decisive Force in Korea*(Princeton, NJ : D. Van Nostrand Company Inc, 1967); Jackson, Robert, *Air War Korea 1950-1953*(Osceola, WI : Motorbooks International, 1998); Momyer, General William M. *Air Power in Three Wars (WWII, Korea, Vietnam)* (Washington, D.C. : U.S. Government Printing Office, 1978); Roy E. Appleman, *United States Army in the Korean War, South to Nakdong, North to the Yalu*(Washington, D.C.: Office of the Chief of Military History, Department of the Army, 1961); Futrell, Robert F. *The United States Air Force in Korea 1950-1953*, Revised Edition (Washington, D.C. : U.S. Government Printing Office, 1988).

108) 박덕희 번역, 『항공전역』 (서울 : 연경문화사, 2001. 5), pp. 19-26; 권영근 외 3명 번역,

서 수행하는 전쟁을 의미하는데, 여기서는 전쟁에서 추구해야 할 목표 선정, 동맹의 문제 등과 같은 고차원적인 문제를 다룬다. 작전적 수준의 전쟁은 한미연합사령관 및 각 군 구성군사령관 수준에서의 전쟁을 의미한다. 공군구성군사령관의 경우 항공력을 이용해 달성해야 할 목표 선정, 이 같은 목표를 달성하기 위해 공격해야 할 표적선정과 같은 일을 수행한다. 전술적 수준의 공중전이란 공격해야 할 표적을 할당받은 조종사들이 해당 표적을 공격하기 위한 방법에 관한 것이다.[109] 항공전과 관련해 지난 60여 년 동안 한국공군이 수행해온 부분은 전술적 수준의 전쟁이었다. 결과적으로 한국군은 작전 및 전략적 수준의 공중전 수행을 위한 교리와 전략의 필요성을 느끼지 못했다.

또한 항공작전은 공중우세를 확보하기 위한 제공작전(Counter Air), 적의 심장부를 강타하기 위한 전략공격(Strategic Attack) 작전, 적의 2제대 및 3제대가 전선(戰線)에 있는 1제대와 합류하지 못하도록 후방의 적을 공격하기 위한 후방차단(Interdiction) 작전, 아군과 근접 지역에서 교전하고 있는 적군을 공격하기 위한 근접항공지원(Close Air Support) 작전, 공중수송(Air Lift), 공중정찰 및 감시, 공중급유 등 다양한 임무로 구분된다. 또한 공중우세를 확보하기 위한 제공작전은 공세 제공작전과 방어 제공작전으로 구분되며 공세 제공작전은 공격작전(Attack operation), 전투기소탕(Fighter Sweep), 전투기엄호, 적 방공제압(SEAD) 작전으로, 방어 제공작전은 적극 방공과 소극 방공으로 구분된다. 여기서 적극 방공은 적의 미사일 및 항공기에 대항한 방공으로 그리고 소극 방공은 은폐 및 엄폐 활동으로 구분된다. 이 같은 다양한 임무 가운데 지난 60여 년 동안 한국군은 주로 방공작전 임무와 근

『미 합동작전 교리』, 합동참모본부(2002, 12), pp. 49–56.

109) 권영근 외 3명 번역, 위의 책, pp. 49–56.

접항공지원 임무를 수행했다.[110)]

F-16 및 F-15와 같은 고성능 항공기가 도입되면서 한국공군에도 전략 공격을 포함한 많은 임무가 부여되고 있지만 아직도 전구 항공력 운용에 관한 계획수립의 문제와 전반적인 지휘 통제의 문제를 미군이 담당하고 있는데, 전시작전통제권이 전환된 이후에도 여기에는 변함이 없다.

결과적으로 한국공군은 전술교리에만 친숙해져 있으며, 항공력 운용을 계획 수립하기 위한 작전 및 전략적 수준의 교리의 필요성을 거의 느끼지 못하고 있다. 공군 차원에서 이 같은 교리를 발전시키기 위한 노력이 일부 있어 왔지만 그 필요성을 인식해 이들 교리를 공부하는 공군장교들은 많지 않다. 왜냐하면 지난 60여 년 동안 이 같은 일을 미군이 해왔기 때문이다.

다. 한반도 지상전력 지휘통제 : 한국육군

한반도의 모든 지상 전력을 육군 출신의 지상구성군사령관이 지휘 통제하고 있음은 잘 알려져 있는 사실이다. 따라서 여기서는 이처럼 육군 출신의 지상구성군사령관이 한반도 지상 전력을 지휘통제하고 있다는 사실이 한국군의 군 구조 구상에 주는 의미를 이해하는 차원으로 문제를 국한시키고자 한다. 이 같은 측면에서 보면 제병협동(Combined Arms)이란 개념의 이해가 중요한 의미가 있다. 제병협동은 개개 병과, 예를 들면 보병·포

110) 필자가 이처럼 생각하는 것은 3개 비행단과 방공용 레이더사이트 그리고 몇몇 전대로 구성되어 있던 창설 당시의 작전사령부 모습은 전 세계 방공사령부(Air Defense Command)의 모습과 거의 동일하다는 점에서다. 한국공군 작전사령부에 방공포 및 미사일 전력이 포함되어 있지 않았다는 점이 다른데, 그 후 이들이 육군에서 공군으로 이관된 바 있다. 공군본부, 공군사(제4편)(1977, 10), pp. 136-200; Library of U. S. Congress의 South Korea 부분; Kyung Young Chung, "An Analysis of ROK-U.S. Military Command Relationship From the Korean War to the Present," p. 84.

병·기갑 등의 강점을 최대한 이용할 목적에서 다양한 병과(兵科)들을 통합적으로 운용한다는 개념이다. 제병협동 개념은 '가위-바위-보'란 게임에 비유할 수 있다. 여기서 '가위'는 '바위'에 취약한 반면 '보'에는 강하다. '바위'는 '보'에 취약한 반면 '가위'에 강하다. 한편 '보'는 '가위'에 취약한 반면 '바위'에 강하다. 기동전을 사례로 들면 전차는 여타 전차와 대적할 목적에서가 아니고 적의 대포를 겨냥해 사용된다. 아측 전차가 적 전차를 겨냥해 사용되는 경우 정면충돌과 소모전에 봉착된다. 대포는 전차에 무기력하다. 따라서 대포는 적의 보병에 대항해 사용되어야 한다. 한편 보병은 대포에 취약하다. 따라서 죽지 않으려면 보병은 은폐물을 찾아야 한다. 보병의 역할은 적의 대전차 무기를 무력화시키는 것인데, 대전차 무기는 전차에 대항할 목적의 것이다.[111)]

육군은 이처럼 자군의 보병, 포병, 기갑, 공병과 같은 전투 병과들을 혼합해 지상전을 수행한다는 개념에 익숙해져 있다. 또한 지상전을 수행하는 과정에서 육군의 능력으로 할 수 없는 부분을 공군과 해군의 지원을 받아 해결하고자 노력하고 있다. 예를 들면, 공군의 근접항공지원 작전은 육군을 지원해주기 위한 것인데, 대부분 육군은 공군 전력 가운데 가능한 한 많은 부분이 육군 지원 목적으로 사용되기를 바라고 있다. 반면에 공군은 공군 자산 가운데 가능한 한 많은 부분이 적의 심장부에 해당하는 핵심 표적을 공격하기 위해 사용되어야 한다고 생각하고 있다. 이처럼 공군과 육군 간의 전력 운용에 관한 갈등은 세계적으로 보편적인 현상이다. 이 문제는 1991년도의 걸프전에서뿐만 아니라 제1차 세계대전 이후의 모든 전쟁에서 논란이 되어온 사안이다.[112)]

111) Smith/Krupnick, 권영근 번역, 『군사이론과 실제』(청주 : 공군사관학교 출판부, 2004), pp. 321–322.

112) Richard P. Hallion, *Storm over Iraq: Air Power and Gulf War* (Washington, D. C: Smithsonian Institution Press, 1992), p. 208.

이처럼 지상 작전 지휘통제 개념에 익숙해져 있는 육군이 한국군에서 주류를 이루고 있는 반면 합동전 수행 개념과 항공력 운용 개념을 제대로 알고 있지 못하다는 점으로 인해 한국육군은 공군과 해군 또한 합동이 아니고 육군의 일개 병과 차원에서 자군 작전에 이용하고자 하는 경향이 강하다. 그런데 이 같은 작전을 지원하기 위한 최상의 군 구조는 육군 중심의 단일군 구조다.[113] 즉 육군이 생각하는 합동작전이란 해군과 공군이 육군을 지원해준다는 개념이다.

지난 60여 년 동안 지속된 한미동맹으로 인해 한국군의 군사력 운용 개념이 이처럼 지상군 중심으로 편향되어 있다는 점으로 인해 한국군의 미래 군 구조 구상이 지상군 중심이 될 가능성이 높아졌던 것이다.

한국군이 항공력 개념과 합동전 수행 개념에 관해 제대로 알지 못하고 있는 반면 지상전 수행 개념에 익숙해져 있는 등, 교리 및 전략과 같은 관념적 구조 측면에서 지상군 중심의 비대칭 구조를 이루고 있다는 사실에 더불어 인력구조, 부대구조, 전력구조와 같은 물질적 구조 측면에서 또한 지상군 중심의 비대칭 구조를 이루고 있는데, 이 같은 현실이 또한 미래 군 구조 구상이 육군 중심이 되는 과정에서 일조하고 있다.

2. 지상군의 아젠다 설정

국방부와 합참을 주도하고 있다는 점에서 국방개혁을 통해 한국육군은 자신이 원하는 형태의 군 구조를 추구할 수 있는 입장이다. 한국육군 장교들이 국방대학교, 합동참모대학, 서울대학 등에서 발표한 논문에서 정립한 단일군 추진 전략을 이용하여 1959년 이후 국방부는 10여 차례에 걸쳐

113) 김용관, "한국의 국방조직과 그 개편." (석사학위논문, 서울대학교, 1963).

통합군이란 이름 아래 단일군 논쟁을 주도했다. 이 같은 논쟁을 거칠 때마다 한국군이 육군 중심 단일군에 보다 근접해가면서 한국군 내부에서 육군의 몸집이 커졌으며 육군의 영향력이 보다 강화되었다. 이에 더불어 육군은 미 육군에서 정립한 반면 합동 차원의 이론이 아니란 점에서 미군이 수용하지 않은 공지전투(Airland Battle) 이론을 적극 수용하고는 이것을 입체고속기동전이란 이름으로 개명하여 한국국방에 적용하고자 적극 노력했다. 지상군 중심의 전쟁 수행개념을 국방부와 합참의 문서체계 도처에 반영하여 군사력 건설과 운용이 육군 중심이 되도록 했다.

군 구조 자체가 "어떻게 싸울 것인가?"에 의해 전적으로 좌우된다는 점에서 보면 한국육군이 육군 중심 단일군으로 한국군을 몰고 가는 과정에서의 핵심 논리는 "전쟁을 육군이 주도하고 해군과 공군이 육군을 지원해야 한다"는 의미의 입체고속기동전 교리였다. 한편 지상군 중심의 전쟁 수행을 위해 육군은 지상 작전에 절대적으로 필요한 한반도 항공력을 자신들이 직접 통제하고자 노력했다.

가. 육군 중심의 국방조직 개편 주도

이미 언급한 바처럼 군제에 관한 관심은 한국전쟁 발발 직후 한국군에 총사령관제를 강요했던 김정렬 장군, 합참의장이 각 군을 지휘하는 체제를 강요했던 1954년 당시의 이승만 대통령에서 보듯이 1950년대 초반으로 거슬러 올라간다. 이 같은 군제에 관한 관심은 국방대학교 안보과정 1기생이 입교한 1956년 중반 이후 본격화된다. 한국군 장교들은 1940년대와 1950년대 당시 미군에서 진행되었던 상부지휘구조 개편 관련 논문들을 탐독하면서 군제 개편 연구에 몰두했다.[114] 1957년 공군대령 김계진이 "대한

114) 1956년부터 1959년까지 국방대학교 학생과 교수로 근무했던 예비역 공군준장 이강화님

민국 국방기구의 구상 : 국군 통합사령부 설치문제를 중심으로"란 제목의 군제 관련 논문을 작성했던 것은 이 같은 분위기를 반영한 것이었다.

1959년 10월에는 국방부 군무국장인 육군소장 정래혁 장군을 중심으로 각 군 대표들이 국방부에서 군제를 논의했는데 당시 군무국장의 의도는 통합군이었다. 1960년에 정래혁 장군이 전속가면서 합참 작전국에서 이것을 지속 연구했다.[115] 이 같은 연구는 4.19혁명이 발발한 1960년 초반까지 지속되었다. 1960년 이후 한국군 장교, 특히 육군 장교들이 단일군에 관한 논문을 국방대학교, 합동참모대학교, 서울대학교 등에 제출한 배경에는 이 같은 분위기가 있었다. 이미 살펴본 바처럼 1960년의 서울대학교 석사학위논문에서 해병대령 김석구는 한국육군 내부에서 고조되고 있던 단일군 열기를 경계했는데, 이는 이 같은 현상을 지적한 것이었다.

1960년 4월 19일의 4.19혁명과 1961년 5월 16일의 5.16 쿠데타가 발발한 이후부터 박정희가 5대 대통령에 취임한 1963년 12월 17일까지 한국군은 군제를 고민할 여력이 없었다. 1964년 이후 한국군은 본격적으로 상부지휘구조 개편 연구에 착수했다.

1964년의 국방기구조정위원회에서는 3군 총사령관제, 즉 군정과 군령을 단일의 군인이 지휘하는 통합군제의 실시를 요구하고 있다.[116]

1965년 군사제도연구위원회에서 연구한 "한국 국방기구시안"에서는 각 군 작전부대에 대한 지휘 통제 권한을 합동참모본부에 부여하여 오늘날의 한국군 합참과 같은 모습을 구비하도록 해야 할 것임을 주장하고 있다. 합동참모본부가 국방부장관의 용병에 관한 주요 군사보좌기관임에도 불구하고 실질적으로 그러한 기능을 수행하지 못하고 있는데 이는 관계

과의 2013년 7월 26일 인터뷰.

115) 위의 글.

116) 육군대령 김선길, "국방조직관리개선에 관하여." (석사학위논문, 국방대학교, 1972), p. 22; 김건태, 『국방조직의 이론과 실제』 (서울 : 국방대학교 출판사, 1996), p. 278.

법규상의 미비와 국군작전지휘권이 유엔군사령관에게 위임되어 있기 때문이라고 주장하고 있다. 현대전은 3군 의존도가 높아지면서 일체적 운용이 요구되고 있음에도 불구하고 현재의 기구에는 제도 및 기능적으로 각군의 활동을 긴밀히 조정 통제할 수 있는 요소가 결여되어 있다는 것이다. 따라서 명실상부한 국방부장관의 최고 군사보좌기관이 되도록 합참에 각군의 활동을 조정 통제할 수 있는 실질적인 권한을 부여해야 하며 합동전략기획 수립에 참여하는 각군 대표가 합동참모회의에 책임을 지도록 제도적으로 규정할 필요가 있고 각군 작전부대에 대한 작전지휘권도 합동참모회의를 통해 행사하도록 해야 한다는 것이다.[117]

1966년 군사기구조정위원회에서는 818계획 당시 노태우 대통령에게 보고되었던 2개 방안인 통제형 합참의장제(합동군제)와 통합군제의 장단점을 비교 분석하면서 한국군은 먼저 합동군제를 적용해야 하며 단계적으로 통합 단일지휘체제인 통합군으로 나아갈 것을 권고하고 있다.

	합동군제	단일참모총장제(통합군제)
자주성	현재보다 우수.	완전 보장
지휘 일원화	일원화	일원화
전문화	3군 독자적 발전 가능	3군 독자적 발전 불능
경제성	있다.	높다.
법령개정	소폭 개정	대폭 개정
실현 가능성	있다	가장 적다.

여기서는 합참의장이 각군 작전부대를 지휘하는 방안과 단일지휘체제로 조직을 개편하여 국군참모총장이 지휘하는 방안을 비교 분석하고 있다. 우선 작전지휘계통을 확립할 수 있는 합동군제(1안)를 채택한 후 한국

117) 공군대령 최삼연, "한국국방조직에 관한 연구." (석사학위논문, 중앙대학교, 1970).

군에 대한 작전지휘권이 회복되고 자력으로 군을 유지할 수 있는 여건이 되었을 당시 단계적으로 통합단일지휘체제로 개편해야 한다고 주장하고 있다.[118] 이 같은 취지에서 단계별 접근 방안을 제시하고 있다. 3군 병립적인 당시의 지휘체제를 합동군제로 전환하고 국방부 본부와 직할기관을 기능별로 통합하며, 3군의 헌병, 정보, 교육, 의무 및 인쇄시설을 통합하고, 공군본부에 인사참모부장제를 실시할 것 등의 여덟 가지 방안을 제시하고 있다.[119]

1971년 특명검열단에서는 각 군의 군정과 군령을 완벽히 통폐합한 단일군을 목표로 연구했다.[120] 1968년 1월 21일에 있었던 북한 무장공비들의 청와대 기습공격 시도에 충격을 받은 박정희 대통령은 1969년 5월 자신의 동기생이자 절친한 친구인 김희덕 장군을 특명검열단장으로 보임시키면서 북한 대남전략전술에 대비하기 위한 군 구조를 연구시켰다. 국방대학을 가장 우수한 성적으로 졸업한 9명의 육군중령으로 구성되어 있던 연구원들은 이스라엘과 스위스의 군제를 최상의 것으로 생각했다.[121] 군령 조직은 물론이고 각군의 교육기관, 통신, 정보, 군수, 시설, 인사, 보안부대, 헌병 등 모든 군정 조직을 통폐합하고, 각군 본부를 없애며 궁극적으로 단일 복장과 단일 계급장, 단일의 진급 체계에 의해 움직이는 단일군을 모색했다.[122]

---

118) 위의 글, pp. 107-110.

119) 육군대령 김선길, "국방조직관리개선에 관하여." p. 22; 김건태, 『국방조직의 이론과 실제』, p. 278.

120) "특명검열단이 창설된 이후 6개월 동안 군의 부정부패, 특히 육군의 부정부패 문제를 다루었다. 그 후 1달 간 일본, 이스라엘, 미국, 영국 등을 특검단장을 포함한 10여 명의 요원이 방문했다. 귀국 후 김희덕 장군이 대통령의 지시라며 군 구조 연구를 언급하더라. 지침을 달라고 했더니 '통합군'이라고 하더라. 이처럼 통합군 연구가 시작된 것이다." 특검단 부단장으로 근무했던 예비역 공군준장 이강화님과의 2013년 7월 26일 인터뷰.

121) 김문, 『장군의 비망록』 (서울 : 별방출판사, 1998), pp. 67-68.

122) "국방기구 개편연구안." 특검단(1971. 6. 25); 본 연구보고서의 통합 논리는 백인엽 장군

연구안은 2년의 연구 기간을 거쳐 1971년 6월 25일에 최종 완성되었다. 그러나 각군 실력자들의 저항으로 대통령에게 보고하지 못한 채 무산되었다. 대통령 보고 일자를 잡아주겠다던 김종필 국무총리가 무슨 이유 때문인지 김희덕 장군과의 접촉을 피했다. 한편 각군의 협박으로 김희덕 장군이 극심한 신변 위협을 느꼈다.[123] 1988년의 818계획 당시 김희덕 장군을 2차례 면담했던 윤광웅 전 국방부장관은 다음과 같이 말하고 있다. "…보고 단계에서 문민통제 문제로 박정희 대통령이 계획을 유보시켰다. 유보시킨 이유는 모 해병대사령관이 김종필 국무총리를 통해 '통합군이 되면 대통령이 위험해진다. 통합군사령관이 생기면 대통령의 힘이 약해진다'고 보고했기 때문이라고 한다. 김종필 총리에게 그처럼 말했는지 해당 해병대사령관에게 질문했더니 침묵하더라. 통합군이 되면 해병대가 없어질 가능성이 있다는 점에서 정계 요로에 문제점을 제기한 바 있다고 하더라."[124]

당시의 통합군 개편안은 대통령 선거 유세 도중 김대중 후보의 발언으로 알려졌다. 김대중 후보는 "집권하면 박정희 정권이 추진하고 있는 육·해·공군 통합군제 개편을 중단하겠다.…통합군제는 공산권 국가의 제도로서 각군의 발전을 저해하고 군 요원의 사기와 군의 능률을 저하시킬 뿐만 아니라 독제세력 강화에 악용될 가능성이 높다."[125]고 주장했다.

1971년 6월 29일에 예정되어 있던 대통령 보고가 곤란해지자 1971년 9월 김희덕 장군은 전역지원서를 제출했다. 박정희 대통령은 자신의 절친한 친구인 김희덕 장군의 전역 문제를 놓고 밤잠을 설치는 등 고심했다고

을 중심으로 육군들이 다수의 논문에서 주장한 논리와 대동소이하다.

123) 김문, 『장군의 비망록』, pp. 68-69.

124) 윤광웅 전 국방부장관과의 2012년 4월 19일 인터뷰.

125) 김용택 기자 외 2명, "통합군 추진 악용 저의." 『동아일보』(1971. 4. 23).

한다.

김희덕 장군이 전역을 결심한 이후에도 김희덕 장군이 작성한 통합군 안은 지속적으로 거론되었다. 1971년 9월 10일 유재흥 국방부장관은 통합군사령부의 설치를 추진하고 있다고 밝혔다. 이 같은 사실을 『동아일보』는 다음과 같이 정리했다. "…대통령 훈령(1970년 2월 16일자)에서 밝힌 지휘통솔의 용이성과 효율성, 통합전력 발휘, 경제적 체제 및 운용, 북괴 전략전술 특징에 대한 적응성이란 4대 원칙에 의거 2년여 동안 연구한 개편안이 마무리되고 있는 것으로 알려졌다. 따라서 늦어도 연말까지는 개편에 따른 국군조직법 등 개정안이 국회에 상정될 것으로 보인다."[126] 최종적으로 1972년 5월 19일 국방부는 육군, 해군, 공군, 해병대를 단일 조직으로 통합해 단일군 형태의 통합군사령부를 설치하려던 계획을 보류했다. 이유는 이 같은 사령부의 창설이 국방에 미치는 영향을 심층 검토하기 위함이었다.[127]

대통령에게 보고하지는 못했지만 김희덕 장군의 연구안으로 인해 각군 보안부대를 통합해 국군보안사령부가 만들어졌으며, 해병대사령부가 해체되었다.[128][129] 이스라엘 군대로 대변된다고 한국군이 생각하던 통합군이란 개념에 근거해 작성된 보고서가 그 후에도 지속적으로 국방에 악영향을 끼쳤다.[130]

---

126) 이연교 기자, "전력효율 노린 통합군사." 『동아일보』(1971. 9. 10).

127) "통합군사 창설 보류 : 국방체제에 미치는 영향 심층 검토." 『동아일보』(1972. 5. 19) 기사(뉴스).

128) 김문, 『장군의 비망록』, pp. 68-69.

129) 각 군이 독자적으로 유지하고 있던 보안부대는 1972년을 기점으로 통합을 시작하여 1974년에 통합을 완료했다. 국군보안사령부에서 장기간 동안 근무했던 모 씨의 2013년 4월 발언.

130) "…박정희 대통령이 통합군을 중단시켰다.…문서들이 남아 있다 보니 당시의 연구에 참여도 하지 않았던 친구들이 내막도 모른 상태에서 무조건 통합군이 좋다는 인식만, 정치에 민감한 군인들의 머리에 통합군이 좋다는 인식만 있는 것이다.…실제로 이스라엘

1973년 특명검열단장인 이병형 장군은 김희덕 장군의 연구안을 절충한 참모 보고서를 작성하여 박정희 대통령에게 독대 보고했다. 여기서는 각군 본부를 존속시키면서 상부구조를 간소화하는 3군 병립형 통합군제를 추구했다. 그러나 이것 또한 박정희 대통령의 반대로 시행이 유보되었다.[131] 당시 박정희 대통령은 "전시 내 주머니에 있는 돈과 남의 주머니에 있는 돈을 쓰는 것 중 어느 것이 쉬운가? 다시 연구하게."[132]라고 말하면서 통합군에 반대했다.

1980년 10월부터 1981년 2월까지 운용된 합참전략연구위원회에서는 통합군을 추구했지만 해군과 공군의 강력한 반대로 무산되었다. 5공화국 당시인 1980년 노태우 보안사령관의 후원 아래 국방대학교 안보문제연구소장인 김종휘 박사를 팀장으로 하는 연구위원회(대령급 장교들로 구성)가 통합군을 연구했다. 연구진은 육군, 해군 및 공군 장교 20여 명으로 구성되어 있었다. 해군대령 박희옥, 공군대령 이영우, 육군대령 조영길의 반대로 당시의 통합군 논의는 무산되었다.[133]

당시의 통합군 연구는 경제적 군 운용 측면에서 시작되었다. 1차 율곡사업이 끝나고 추진된 2차 율곡사업이 정부 재정 문제로 지연되었다. 결과적으로 공군의 차세대 전투기인 F-16, 해군의 한국형 구축함, 육군의 88 전차 사업이 지연되었다. 이들 문제를 검토하면서 무기체계 전반을 검토하게 되었다. 그 과정에서 통합군이 거론된 것이다. 당시 공군의 이영우 대령은 "통합군은 말이 안 된다. 통합군을 운영하고 있는 국가들도 권한

은 통합군이 아니었다.…6일 전쟁을 보면 이스라엘의 통합군사령관이 누구인지 아는 사람이 없다. 왜냐하면 통합군사령관이 없었으니까? 6일 전쟁은 모세 다얀 국방상이 지휘한 것이다. 그런데 무슨 통합군인가?" 2012년 6월 21일의 조영길 장관 인터뷰.

131) 국방부, "한국 국방조직 법령 고찰." p. 18.

132) 2012년 4월 5일의 조건환 장군과의 인터뷰.

133) 2012년 6월 21일의 조영길 장관 인터뷰.

을 분산시키고 있는데, 155마일 비좁은 전선으로 인해 배치할 수 있는 사단이 얼마 되지 않는 대한민국 국군이 육군을 근접항공지원 할 목적으로 공군의 비행단을 육군 예하에 둔다는 것이 말이 되는가? 미래전은 공군과 해군의 전쟁이다"고 주장했다. 해군의 박희옥 대령은 "3면이 바다이고 임진왜란 당시 거북선을 운용한 이순신 장군이 있었기 때문에 버텼는데, 육군 위주로 군을 바꾸면 안 된다"고 주장했다.

결과적으로 율곡사업 타당성만 검토하고 위원회가 해산되었다. 해산된 이후 누군가 문서를 작성해 각군 본부로 내린 것이다.[134] 일부 연구위원들의 반대로 연구안을 작성하지 못한 채 위원회가 종료되자 안보문제연구소가 통합군 관련 브리핑 자료를 작성해 전두환 대통령의 결재를 받아 그 사본을 1982년 1월 각군에 하달했다.[135]

당시 통합군 문제와 관련하여 공군의 주요 실무자로 일했던 예비역 공군준장 조건환 장군은 다음과 같이 증언하고 있다. "전두환 대통령에게 보고하여 결재를 받은 10장 분량의 브리핑차트 복사본을 첨부한 문서가 1982년 1월 중순 각군에 하달되었다. 1982년 3월 2일에 군무회의를 할 것이니 각군이 의견을 제출하라는 내용이었다. 내용의 심각성에 관해 이희근 참모총장에게 보고했더니 '공군의 소장급 이상 장군을 대상으로 브리핑하라'는 지시가 떨어졌다.…조직 통폐합에 근거하고 있는 통합군은 '기능 분류(Functional grouping)'의 원칙 등 조직 원칙에 위배된다는 내용을 2시간 반 동안 브리핑했다." 브리핑 내용을 경청하고 있던 이희근 참모총장

134) 예비역 공군대령 이영우와의 2012년 6월 27일 인터뷰.

135) 1982년 1월 이영우 대령은 원복하여 공군본부 연구분석부 실장으로 있었다. 당시 국방대학교 안보문제연구소가 작성하여 대통령 결재를 받은 통합군 관련 문서에 대응하라고 이영우 대령이 조건환 중령에게 말했다. 문서는 제대로 격식을 갖추지 않은 10장 분량의 보고용 브리핑 자료 사본이었다. 예비역 공군준장 조건환 장군과의 2012년 4월 5일 인터뷰.

이 "…공군대장 계급장을 뗄 각오로 문제에 대응하겠다."고 말하더라. "3월 2일에 대비해 이희근 참모총장, 공본 작전부장 서동렬 소장, 연구분석실장 서진태 대령 그리고 내가 문제점을 놓고 집중 토론했다. 국방부 회의에서 이희근 참모총장이 육군 장성들에게 매우 잘 대응했다. 격론이 벌어졌으며 그 내용을 주영복 국방부장관이 대통령에게 보고했다. 대통령이 국방부장관에게 없던 일로 하라고 말해 종료되었다."[136)]

1985년부터 1987년까지 운용된 합참작전연구위원회에서는 통합군의 당위성을 전두환 대통령에게 보고했다. 88올림픽이란 거사를 완료한 이후 추진하라는 전두환 대통령의 지시로 추진이 중단되었다. 전두환 대통령의 지시로 1985년 4월 2일 합참작전국은 "군구조발전계획안"을 대통령에게 보고했다. 그 후 구체적인 연구안을 작성하여 "군구조 검토안"이란 제목의 연구 보고서를 보고했다. "장기합동군사전략서 및 국방 중장기 정책문서에 단계적으로 통합군 체제로 전환하도록 명시되어 있으나 구체적인 목표와 방향 제시가 없기 때문에 제반 계획 발전이 지장 받고 있다며, 작전통제권 전환에 대비하여 군정과 군령을 단일 지휘관이 지휘하는 통합군으로 전환해야 한다"고 보고서는 주장하고 있었다. 또한 정보, 교육, 군수통합 등 기능별 통합은 통합군을 전제로 하지 않고는 시행이 곤란하다고 밝히고 있다. 보고 당시 전두환 대통령은 "통합군으로의 발전은 필연적인 방향이지만 88위기를 극복해야 하는 중요한 시기에 군구조의 대폭 개편은 시기적으로 부적절함으로 88이후에 시행토록 하라."고 말했다.[137)]

당시의 통합군 추진과 관련하여 조건환 장군은 다음과 같이 증언하고 있다. "장군으로 진급한 1988년 1월 합참본부장에게 인사차 들러 '본부장

136) 예비역 공군준장 조건환 장군과의 2012년 4월 5일 인터뷰; 2012년 9월 4일 예비역 공군준장 최명상 장군과의 인터뷰.

137) 김건태, 『국방조직의 이론과 실제』, pp. 361-369에는 상기 연구안이 요약되어 있다.

님 계룡대로 3군 본부가 내려가니 통합군으로 가기 위한 분위기가 자동 조성되었습니다.'고 무심코 말했더니 본부장이 '그렇지 않아도 통합군으로 가기로 대통령 결재를 받았다.'고 말하더라.…육군이 통합군을 추진할 것으로 예상은 했지만 뜻밖이었다. 확인해보니 전두환 대통령의 결재를 받은 문서로, 이 문서는 사본과 원본만 남기고 모두 없애라는 지시가 내려진 1급 비밀에서 2급 비밀로 강등되어 읽을 수 있었다. 결재 내용에 '88올림픽 이후 통합군을 다시 추진하라.'는 단서가 달렸더라. 818계획은 이처럼 시작된 것이다."[138]

1993년 군제기획단 중심의 통합군 추진 당시 육군, 해군 및 공군이 통합군에 원칙적으로 합의했지만 언론과 학계의 비판으로 시행을 유보했다고 한다.[139] 여기서 말하는 각군 합의는 1991년 8월의 상황을 의미한 것으로 보인다. 당시 상황과 관련해 조건환 장군은 다음과 같이 증언하고 있다.

"내가 작전차장으로 있을 당시인 1991년 8월 이종구 국방부장관이 통합군으로 가기 위해 3군 총장을 모아 담판을 벌였다.[140] 각군 참모총장을 회동해 대통령에게 보고하러 갔다. 당시 합참전략기획국장이 나와 안면이 있었다. '통합군 하고자 하는데 공군참모총장에게 보고하라.'고 내게 말하더라. '선배님 통합군 말하면 대통령에게 혼납니다. 합동군으로 결정되

---

138) 예비역 공군준장 조건환 장군과의 2012년 4월 5일 인터뷰.

139) 국방부, "한국 국방조직 법령 고찰." p. 19.

140) 이는 1991년 8월 13일 14시부터 16시50분까지 진행된 합동참모회의를 지칭하고 있는 듯 보인다. 회의에서 있었던 육군, 해군 및 공군 참모총장의 발언을 요약한 업무보고 자료에서 합참 군구조 발전과장 오치운은 다음과 같이 정리하고 있다. "육군참모총장은 통합군 적극 지지, 해군참모총장은 총장이 군령권을 행사할 수 있도록 지휘체제 개선 바람직, 공군참모총장은 통합군제 추진은 818계획 조기정착을 위한 상부 지침에 위배됨. 따라서 기능 보완으로 해결하는 것이 바람직함. 단 통합군 추진시는 작전사령부를 별도 편성 요망." 제목 : 합동참모회의 결과, 수신 : 의장, 보고자 : 군구조 발전과장, 일시 : 1991. 8. 14일.

어 있는데, 통합군 말하면 됩니까?' 고 말했더니 내 걱정 말고 공군참모총장에게 보고하라고 하더라. 나중에 청와대 국방정책 비서관인 김희상 대령에게 전화해 '이종구 장관이 각군 총장을 대동하고 통합군안을 보고하러 간다.' 고 말했더니 김희상 대령이 '선배님! 정권 말기에 무슨 통합군입니까?' 라고 말하더라. 당시 노태우 대통령은 김희상 대령의 말을 신뢰했다. '이종구 장관이 통합군 안을 보고하자 대통령이 국방부장관과 각군 총장에게 통합군 동의 여부를 확인했다.' 계속해서 노태우 대통령이 '연구는 계속하지만 통합군 지금은 아니다.' 고 말했다. 그 내용을 정리해 김희상 대령이 각군에 문서로 하달했다. 문서를 통해 내용을 확인할 수 있었다."[141]

그 후 각군에 하달된 문서의 별첨(대통령 지시사항)에 따르면 노태우 대통령은 다음과 같이 말했다. "내가 들으니 각군에서 오늘 보고한 통합군안을 주장한다는데, 이제는 각군에서 진심으로 통합군체제의 불가피성을 공감하고 있다는 뜻인가? (국방부장관과 각군 참모총장에게 공감 여부 확인결과 필요성 적극 공감) 바람직한 방향이라고 생각함. 처음부터 그렇게 하려던 것인데 광범한 공감대의 확립이 미흡하여 적절한 중간선의 체제를 선정했었던 것임. 앞으로 어떠한 형태가 가장 적합할 것인지 세부적으로 계속 연구 발전시켜 나가야 할 것임.…그러나 현실적으로 현 체제도 작년에 어렵게 만든 것이었으며 지금도 간단히 결정하기에는 몇 가지 민감한 문제가 있음. 그러므로 통합군 문제를 계속 검토하면서 당분간은 현 체제의 보완에 더욱 주력해 주기 바람."[142] 이 같은 대통령의 지시사항을 근거로 1992

141) 예비역 공군준장 조건환 장군과의 2012년 4월 5일 인터뷰.

142) "818사업 중간보고시 지시하신 사항을 시달 실천에 만전을 기하도록 하겠습니다."며 1991년 8월 19일 김희상 국방정책 비서관은 보고서를 작성해 대통령의 결재를 받았으며 문서를 각군에 내렸다. 제목: 대통령 지시 및 말씀사항, 보고관 : 국방정책 비서관 김희상, 기안일자 : 1991. 8. 19.

년 2월 한국국방연구원은 "미래군사지휘체제 연구"란 보고서를 발간했다. 동 보고서의 연구배경에는 818 사업중간보고(1991. 8. 17) 당시 대통령이 "군사지휘체제의 효율성을 강조했으며, 현행 합동군 채택 배경 및 적합성에 의문을 제기했으며, 당분간 현 체제 보완에 주력하라며 미래지향적 군사지휘체제 연구를 강조했다."[143]고 밝히고 있다.

노태우 대통령의 지시에 따라 연구한 내용을 갖고 1993년 1월 이필섭 합참의장은 통합군제 재추진을 공론화했다. 합참의장은 「통합군제 추진 기획단」을 발족시키겠다고 밝혔다. 그러나 김영삼 차기 대통령의 결심을 거치지 않은 것이어서 인수위원회가 불쾌한 반응을 보였다.[144] 한편 당시의 연구 결과에 근거해 한국국방연구원의 박병술 박사는 "군 외부에서 민감하지 않은 내부 기능 조정과 관련 부서 통폐합에 의한 통합 지휘체제를 강화한 이후에 기본구도(상부구조)의 변화를 시도하는 방안이 바람직하다."[145]고 『합참지』에 기고한 글에서 주장했다.

북한 위협의 급격한 소멸과 남북한 평화 공존 또는 통일 가능성이 높다고 판단하는 등 21세기 안보환경의 일대 변화를 예측한 김영삼 정부는 1996년 1995년-2010년 목표의 "21세기 대비 미래 국방정책 발전"을 위한 통일 이후의 군 구조와 배비 계획을 구상하면서 통합군을 추구했다. 당시 논의된 안에서는 국방부 본부와 합참의 단일 조직화, 군정과 군령의 통합, 각군을 총사령부로 조직하는 내용이 포함되어 있었다. 또한 병기본부, 관리본부, 법무본부, 국군사관학교, 국군군수사와 같은 국직부대를 신설하는 등의 안이 포함되어 있었다. 그러나 해군과 공군의 반발로 국방개혁 연

143) 박병술 외 3명, "미래군사지휘체제 연구." 한국국방연구원(1992. 1), p. 150-17.

144) 김재홍 기자, "군부 오랜 요구 공론화/「국군통합군제」 재추진 배경." 『동아일보』(1993. 1. 21).

145) 박병술, "군구조 개선의 필요성 및 접근방안." 『합참지』 2호(1993. 6. 1), p. 109.

구 자체가 무산되었다.[146] 당시의 통합군 논쟁은 각군 간에 비교적 공개적인 논쟁이 있었던 유일한 경우란 특색이 있다.

또한 당시의 논쟁은 '어떻게 싸울 것인가?'란 합동군사령관 수준에서의 싸우는 개념을 정립한 후 이 같은 개념에 입각해 미래 전력 소요를 도출 및 평가하며, 군 구조를 발전시키고자 했다는 특색이 있다. 이 같은 맥락에서 1997년 8월 30일 윤용남 합참의장 당시의 합동참모본부는 『합동전장운영개념』이란 제목의 기본개념서를 발간했다. 동 책자에서 제시한 합동군사령관 수준에서의 싸우는 개념은 "육군이 전쟁을 주도하고 해군과 공군이 육군을 지원한다"는 입체고속기동전이란 개념이었다.[147]

이 같은 개념으로 인해 첫째, 합참의장을 중심으로 각군의 군정과 군령을 육군 중심으로 통폐합해야 한다는 당위성이 제기되면서 통합군 논쟁이 재현되었다. 둘째, 입체고속기동전에 도움이 되는 전력만을 구비해야 한다는 논리로 인해 군사력 소요 측면에서 일대 혼란이 초래되었다.

통합군 추진에 반대하는 글이 언론에 게재되었다. "통합군 논의는 군의 화합·단결을 저해한다"란 제목의 글에서 예비역 공군중장 서진태 박사는 한국군이 말하는 통합군은 한국육군이 기득권을 지속적으로 유지하기 위해 육군, 해군 및 공군을 육군 중심 단일군으로 전환하기 위한 노력에 지나지 않으며 이는 군사력 운용 측면에서 뿐만 아니라 문민통제 측면에서 문제가 있다며 영국, 프랑스 및 미국에서 보듯이 진정한 의미에서의 합동전력 건설과 운용을 주장했다.[148] "막강권력 쥔 통합군사령관 탄생하면…"이란 제목의 글에서 해군참모총장을 역임한 안병태 제독은 검증되지 않은 가정에 근거하고 있으며 군에 일대 혼란을 초래하고 있는 통합군

146) 대통령자문 정책기획위원회, 『참여정부 정책보고서 2-46(국방개혁 2020)』, p. 135.

147) 합동참모본부, 『합동전장운영개념』(1997. 8. 30), pp. 8-10, 96.

148) 서진태, "통합군 논의는 군의 화합·단결을 저해한다." 『월간조선』(1997. 10), pp. 362-374.

논쟁을 중지해야 할 것이라고 주장했다. 또한 3군의 군정과 군령을 지휘하는 통합군사령관이 출현하면 국가에 적지 않은 부담이 될 것이란 점, 3군 균형 발전의 필요성, 각군의 동질성 존중의 필요성, 국군 기무사령부, 의무사령부와 같은 기능사령부의 문제점 등을 지적했다.[149)]

"한국군은 거듭나야 한다. 그러나 통합군은 안 된다"란 제목의 글에서 예비역 해병대령 이선호 박사는 고비용 저효율의 방위력 개선사업 정비, 저비용 고효율 전력구조 정립 차원에서의 합참의장 윤번제, 3군 균형발전, 전력구조 및 무기체제 고도화의 필요성뿐만 아니라 통합군 개편의 불법성과 부당성을 지적하고 있다.[150)] "왜 무리한 통합군제 고집하나"란 제목의 글에서 『중앙일보』의 김민석 기자는 국방개혁위원회에서 추진하고 있던 동해사령부의 무모성, 통합군 추진에 따른 의사결정 단계의 복잡성과 계급 인플레이션 현상 등을 지적하고 있다.[151)]

이들 외에 당시의 통합군 논쟁에 적지 않은 영향을 준 것에 미 국방대학 교수 케네스 알러드(Kenneth Allard)가 1996년에 발간한 『미래전 어떻게 싸울 것인가(Command, Control, and the Common Defense)』란 제목의 책이 있다.[152)] 미 합참의장 추천도서목록 1번일 뿐만 아니라 오늘날 한국군 합동참모대학의 필독서로 선정되어 있는 이 책은 상부지휘구조 정립을 포함한 한국군의 국방개혁 측면에서 대단히 중요한 의미가 있었다.[153)] 육군, 공군

149) 안병태, "막강권력 쥔 통합군사령관 탄생하면…." 『월간조선』(1997. 7), pp. 158-164.

150) 이선호, "한국군은 거듭나야 한다 그러나 통합군은 안된다." 『한국논단』 104호(1998. 4), pp. 76-81.

151) 김민석, "왜 무리한 통합군제 고집하나." WIN 42(중앙일보사)(1998. 11), pp. 184-189.

152) Kenneth Allard, *Command, Control, and the Common Defense*(Washington D.C, Washington: Yale University Press, 1996); 이 책은 1998년 3월 연경문화사를 통해 권영근이 『미래전 어떻게 싸울 것인가』란 제목으로 번역했다.

153) 최근 육군준장으로 예편한 주은식 장군은 육군, 해군 및 공군 장군들 간의 토의 목적의 2010년 무궁화회의에서의 국방개혁 307 관련 논의에서 "미래전 어떻게 싸울 것인가?란 책도 읽어보지 않고 무슨 국방개혁을 논하는가?"라고 열변을 토했다고 말한 바 있다.

및 해군과 같은 이질적인 요소를 이용해 합동으로 전쟁을 수행하기 위한 개념을 설파하고 있는 이 책으로 인해 『합동전장운영개념』이 대거 도전을 받으면서 당시의 통합군 논쟁이 탄력을 잃었다. 또한 『합동전장운영개념』에 근거해 미래 군사력 소요를 제기하고 검증한다는 논리로 인해 각군이 일대 논쟁을 벌였는데, 이 같은 논쟁 또한 탄력을 잃었다.[154] 단일군 개념에 근거해 국방부에서 각군의 군수체계를 통합군수란 개념으로 구축하고 있었는데, 이들 체계 건설의 문제점을 한국군이 인식하고 각군으로 체계 건설을 전환하는 과정에서 또한 이 책이 지대한 기여를 했다.

합참 군구조발전부장 이종규 소장을 중심으로 1998년 2월 23일에 있었던 통합군 논쟁에서 합참군사전략과 육군중령 주은식은 "합동전장운영기본개념서 검토결과"란 글을 발표했는데, 이는 이 책에 근거하고 있었다. 글에서 주은식은 합동전장운용개념의 무모성을 언급하면서 기존의 합동기획체계의 충실화와 보완 발전에 주력해야 할 것이라고 주장했다.[155] 당시의 논쟁을 마지막으로 1996년에 시작된 통합군 논쟁이 종료되었다.

154) 이 책이 우리 군에 소개된 것은 1997년 12월이다. 당시 한국국방연구원 부근에서 미래전을 주제로 토의해오던 육, 해, 공군 장교 10여 명이 회동했다. 누군가 "미군은 통합군인데 한국군은 통합군으로 가는 과정이 왜 이처럼 험난한가? 최동환 공군중장이 전략본부장으로 재직할 당시 3년에 걸쳐 만든 문서를 방관한 채 합동전장운영개념에 근거해 소요를 제기 및 검증함에 따라 국방부와 합참의 업무가 마비되었다."고 말했다. "왜 미군이 통합군인가?"고 질문하자 "미군은 Unified Command를 구성하고 있는데, 이것을 번역하면 통합군이다."고 말했다. "미군은 합동군(Joint Force)을 편성하고 있으며, 합동군에는 통합사령부(Unified Command), 특수사령부(Specified Command), 합동기동부대(Joint Task Force)가 있다"고 설명하자 "어디에 근거한 발언인가?"고 내게 물었다. 당시 번역하고 있던 이 책을 언급했으며, 주은식 중령의 요구로 초안 파일을 주은식 중령에게 주었다. 번역본 파일을 읽은 주은식 중령은 1998년 2월 초의 통화에서 "…선배님 박사가 무엇이 두렵습니까? 소신껏 일하십시오. 국방부와 합참에 선배님을 지지하는 막강한 세력이 생겼습니다. 선배님이 번역한 책을 원본과 대조하며 자세히 읽었습니다. 일부 용어에 문제가 없지 않지만 잘 번역했습니다. 1998년 2월 23일로 예정되어 있는 마지막 대토론회에서 내가 합동전장운영개념을 비판하는 글을 발표하게 되어있습니다."고 말했다. 그 후 주은식은 자신이 발표한 원고를 권영근에게 주었다.

155) "합동전장운용기본개념서 검토결과." 합참군사전략과.

동 책자에 근거하고 있던 『합동 C4I 발전 연구』란 제목의 1997년 보고서에서 권영근은 각군이 상이한 절차와 제도를 유지하고 있는 것은 각군의 작전환경인 공중, 지상 및 해상이 다르기 때문이란 점, 이 같은 상이성을 고려하지 않는 제도 절차의 통일은 국가안보를 위협할 수 있다는 점, 군의 정보체계는 각군의 제도와 절차를 자동화한 것이란 점에서 각군 중심으로 추진해야 하며, 합참은 각군이 건설한 체계를 통합(Integration)해 자신에게 필요한 체계를 건설해야 한다는 점 등을 언급했다.[156] 국방부가 나아갈 방향인 통합군에 위배된다는 점에서 발간이 금지되었던 동 보고서[157]는 최소 배포선으로 국한해 배포되었는데, 그 후 일대 반향을 불러일으키면서 합참에 50부, 육군본부에 89부가 추가 배포되었다.[158][159]

1998년 초반 권영근은 1980년대 초반에 시작된 공군 제1MCRC 사업이 국방정보화 분야의 대표적인 성공 사례이며 공군의 제2MCRC 사업이 신속히 추진되어야 하는 반면 국방부 차원에서 수년 동안 추진해온 통합군

---

156) 권영근, 이행호, 『합동 C4I체계 발전 연구』 (서울 국방정보체계연구소 : 한국국방연구원 출판소, 1997. 12), pp. 20-21.

157) 국방부가 나아갈 방향에 위배되기 때문에 보고서를 발간하면 안 된다는 의견이 연구소 차원에서 제기되었다. 당시 권영근은 "방향을 잘 알고 있으면 국방부가 연구할 것이지 왜 연구소에 과제를 제기하는가? 연구소는 객관적인 자료에 근거해 있는 그대로 연구해야 한다. 중이 절이 싫으면 절을 떠나야 한다는 주장도 있지만, 누가 절이고 누가 중인가? 국방에서의 절은 국방 본연의 모습이며, 국방부에 근무하는 사람들은 일시적으로 거쳐 가는 '돌중'에 다름이 없다. 국방부에 있는 사람들의 비위를 맞추는 것이 아니고 국방 본연의 모습에 충실해 보고서를 작성해야 한다."고 주장했다. 이 같은 본인의 공개적인 주장과 발언으로 인해 연구 제기부서인 합참 C4I부 부장 황진하 장군(현재 새누리당 국회의원)를 포함한 몇몇 부서에 보고서가 배포되었다.

158) 문서번호 : 합작발 33810-32, 시행일자 : 1998. 3. 18, 수신 : 정보체계 연구소장, 제목 : 연구책자 추가발간 배포 요청, 관련근거 : 부장구두지시(1998. 3. 16), 국방부장관; 문서번호 작시 37344-26, 시행일자 : 1998. 3. 24, 수신 : 국방정보체계 연구소장, 제목 : "합동C4I체계 발전연구" 책자 추가배포, 육군참모총장.

159) 당시는 오늘날처럼 컴퓨터 파일을 인쇄해 보고서를 발간하던 시절이 아니어서 발간 부수에 무관하게 일정 경비가 소요되었다. 추가 소요가 생기면서 2배의 발간 경비가 소요되었다.

수 및 지휘소자동화 정보체계 사업은 이론적으로 불가능하다는 내용을 담은 "국방정보화에 관한 간언"이란 제목의 50여 페이지의 글을 작성해 국방정보화 분야의 고위급 인사들에게 돌렸다.[160] 이 보고서 또한 상기 책에 근거하고 있었다. 결과적으로 개인적으로 곤혹스런 입장에 처했지만 난항을 거듭하던 공군 제2MCRC 사업이 순조롭게 진행되었으며 많은 비용을 들여 진행하고 있던 지휘소자동화 사업이 종료되고 통합군수 사업이 각군으로 이관되었다.[161] 글의 논지는 "이들 사업이 잘못되고 있는 것은 컴퓨터 및 통신과 같은 정보통신 기술에 문제가 있기 때문이 아니고 제도 절차가 상이한 육군, 해군 및 공군의 군수 및 인사와 같은 체계를 국방부 차원에서 단일 체계로 건설하고자 했기 때문이란 것이었다." 이는 단일군을 추구하고 있던 국방부에 일대 이의를 제기하는 발언이었다.

이스라엘의 유명한 군사이론가인 크레벨트(Martin Van Creveld)가 자신의 명저인 『전쟁에서의 지휘(Command in War)』란 제목의 책에서 그리고 케네

160) 지휘소자동화 정보체계사업과 통합군수사업의 경우 많은 예산이 투여된 반면 제대로 진행되지 못하고 있었는데, 그 이유를 잘 알지 못했다. 권영근은 이것이 정보통신 기술의 문제가 아니고 육군, 해군 및 공군의 체계와 이들 체계를 기반으로 하는 합동체계의 관계에 대한 이해가 부족하기 때문이라고 주장했다. 즉 각군 체계를 건설하고 그것을 기반으로 국방부 및 합참과 같은 합동조직에서 사용할 군수체계와 같은 정보체계를 건설해야 하는데 단일군 개념에 근거해 국방부 및 합참뿐만 아니라 각군이 사용하기 위한 정보체계를 단일 체계로 건설하기 때문이라고 주장했다.

161) IMF 상황에서 국방부장관으로 취임한 천용택 장관은 국방정보화 사업에 의문을 제기했다. 당시 국방정보화 사업을 종합적으로 검토해 국방부장관에게 보고한 국방정보체계국 차장 육군준장 권문택 박사는 "육군본부 전산처장으로 근무하다 국방부로 올라올 당시의 심정은 실타래가 이리 꼬이고 저리 꼬인 방에 들어온 일곱 살의 어린아이와 같았다. 권 박사의 글을 읽고 감을 잡았다. 이준 국방개혁위원장을 모시고 국방정보화 분야 요원 50여 명과 회의를 하면서 권박사의 글을 그대로 인용했다. 3일 뒤에 장관에게 보고하고 그 결과를 각군 참모총장들께 설명해 드리기로 되어 있다."며 보고서 내용(제2MCRC 사업은 곧바로 추진하며…)을 본인에게 보여준 바 있다.
며칠 뒤 "공군 제1MCRC가 국방정보체계 분야의 대표적인 성공 사례이며, 공군 제2MCRC 사업이 곧바로 추진되어야 한다."는 내용의 국방정보체계국 국장인 서영길 제독의 보고를 받은 박춘택 공군참모총장이 밝은 미소를 지었다고 한다.

스 알러드가 『미래전 어떻게 싸울 것인가』란 책에서 언급하고 있듯이 "군의 지휘통제는 많은 것이 상호 영향력을 행사하는 가운데 이루어지고 있다. 예를 들면, 가용한 정보기술, 해당 군에서 운용하고 있는 무기의 유형, 전략과 전술, 군 구조, 인력체계, 훈련체계, 교육체계, 국가의 정치적 형태 등 모든 것이 군의 지휘통제 과정에 영향을 미치고, 지휘통제 유형에 따라 이들 모두가 영향을 받는다."[162] 즉 이 같은 것들이 잘못되어 있는 경우 오늘날의 첨단 지휘통제체계를 건설할 수 없다는 것이다. 이처럼 군정과 군령을 단일의 군인이 지휘 통제한다는 통합군이란 개념 등 한국군 장교들의 개념 부재를 보여주는 부분들이 전시 군사력 운용 차원을 넘어 평시 군사력 전설 전반에 걸쳐 한국군에 심대한 영향을 끼치고 있었던 것이다.

나. 육군 중심의 전쟁 수행 개념 조장

한국군이 말하는 전쟁 수행 개념 내지는 합동 개념은 "육군이 전쟁을 주도하고 해군과 공군이 육군을 지원해야 한다"는 개념이다. 합참에 수년간 근무했거나 한국군을 오랜 기간 관찰해왔던 국내외 군사전문가들이 이처럼 말하고 있다. 지난 30여 년 동안 한국육군은 이 같은 개념을 합동차원의 전쟁 개념으로 정립하고자 노력했다. 이 같은 개념을 한국군 문서체계에 적극 반영하고 적용한 결과 상부지휘구조, 전력체계 등 한국군의 군 구조가 점차 육군 중심의 것이 되었다.

한반도와 같은 곳에서의 전쟁은 육군과 공군을 중심으로 수행된다. 소

162) Martin van Creveld, *Command in War* (Cambridge: Harvard University Press, 1985), p. 261 또는 김구섭, 김용석, 권영근 번역, 『전쟁에서의 지휘』 (서울 : 연경문화사, 2001), p. 425; Kenneth Allard, 권영근 번역, 『미래전 어떻게 싸울 것인가』 (서울 : 연경문화사, 1999), p. 36; Kenneth Allard, *Command, Control, and the Common Defense*, p. 19.

위 말하는 공지전투(Air-land Battle) 개념[163]에 의해 수행된다. 해군이 육지를 겨냥해 발사하는 모든 화력은 공군작전에 통합된다. 예를 들면 1991년의 걸프전 당시 미 해군은 토마호크 크루즈미사일 뿐만 아니라 많은 고정익 항공기를 투입했다. 그러나 이들 항공무기는 해상작전이 아니고 공군과 해병대를 지원할 목적으로 사용되었다.[164] 따라서 합동 차원에서의 한국군의 전쟁 수행 개념은 항공력과 지상 전력 간의 문제다.[165]

한국육군의 대부분 장교들은 합동을 육군이 수행하는 전쟁을 공군과 해군이 지원하는 것으로 생각하고 있다.[166] 1990년대 당시 한국군은 입체

---

163) 여기서 말하는 공지전투는 1982년 당시 미 육군이 정립한 육군 중심의 공지전투(Airland Battle)가 아니고 항공력과 지상군이 상호 공조해 전쟁을 수행한다는 개념이다.

164) "해군작전은 항공작전과 해병작천을 지원하는 차원이어 중요한 의미가 없으므로 항공작전과 지상작전의 계획 및 실시간…" 육군대령 양완식, "입체고속기동전의 원리와 적용." 『군사평론』 325호(1996. 12), pp. 23-24.

165) 오늘날 미국은 공해전투(Airsea Battle)을 주장하고 있는데 이는 중국에 대응하기 위한 것이다. 중국과의 전쟁에서 미군은 지상군을 투입할 수 없을 것이다. 항공모함을 기반으로 하는 항공기와 미 본토, 오키나와 등에서 이륙한 고정익 항공기 중심으로 전쟁을 수행할 수밖에 없다. 반면에 한반도 전쟁은 공군과 육군 간의 문제다.; 미 육군의 저명한 학술지인 Military Review와 Parameters, 미 공군의 저명한 학술지인 Aerospace Power에 게재되는 논문은 천편일률적으로 공군과 육군의 관계에 관한 것이다. 이는 한반도와 같은 전구차원의 전쟁이 Air-land Battle 개념에 근거하여 진행되기 때문이다.

166) "우리 군에서는 주군(主軍)이니 부군(附軍)이니 하는 얘기들을 합니다. 육군은 주군이고 해군과 공군은 부군이라며 공공연히 말합니다.…무궁화회의 같은 것을 할 때도 그런 말을 하곤 했는데…." 유삼남 전 해군참모총장, "합동군사령부 창설은 북한 따라가는 것." 『디펜스21』(2011. 2), p. 38; "우리 육군의 뿌리 깊은 사상 중 적진에 깃발을 꽂는 건 결국 육군이기 때문에 해군과 공군은 육군을 지원하는 역할에 그쳐야 하고, 부족한 해군 및 공군 전력은 미군에 의존한다는 것이 있습니다. 그래서 육군은 해군과 공군을 보조군 정도로 이해하는 틀에 묶여 있는 것처럼 보입니다." 이한호 전 공군참모총장, "안보취약시기 군 지휘구조 개편, 국가 안보를 포기할 셈인가?." 『디펜스21』(2011. 5), p. 51; "육군들이 생각하는 합동이란 육군이 전쟁을 주도하고 해·공군이 지원한다는 개념이다. 이는 육군들의 골수에 박혀 있는 사고다. 이것을 합동으로 알고 있다." 예비역 모 공군중장과의 2012년 7월 31일 인터뷰; "육군이 말하는 합동은 육군이 전쟁을 주도하고 해군과 공군은 육군이 부족한 부분을 지원해야 한다는 개념이다. 이는 도처에서 목격된다." 『디펜스21』 편집장인 김종대와의 2012년 8월 14일 인터뷰; "육군이 생각하는 합동은 육군이 전쟁을 주도하고 해군과 공군이 지원하는 개념이다. 국방부 및 합참의 문서체계, 훈련

고속기동전이란 개념에 입각해 군사력을 건설 및 운용하고자 했다.[167] 그런데 제2차 세계대전 당시 독일군의 전격전 개념에 그리고 1980년대 당시 미 육군이 유럽에서의 바르샤바 동맹국들과의 전쟁에 대비한 공지전투 개념에 입각한 입체고속기동전 개념은 육군 중심의 것이었다.[168] 예비역 육군대령 지만원 박사는 "우리나라는 보병이 왕이다. 공군도, 해군도 육군의 전차도 소총병을 지원한다는 개념으로 운영되고 있는데, 이는 제1차 세계대전 이전의 전쟁 개념이다."[169]고 말한 바 있다. 다음에서 보듯이 외국의 군사전문가들도 이처럼 생각하고 있다. "북한의 주요 위협에 대항한 한국군의 군사전략은 강력한 미 공군과 한국공군의 지원을 받아 지상군이 선도적으로 대응하는 형태다."[170] 그런데 육군이 전쟁을 주도하고 해군과 공군이 육군을 지원한다는 유형의 군사전략은 합동성에 관한 한국육군의 시각, 즉 육군 중심 단일군(조직통합)과 일맥상통한다. 결과적으로 "한국군은 지상군 중심의 시대에 뒤쳐진 군 구조를 유지하고 있다."[171]

체계가 이처럼 되어 있다. 현재의 육군 중령과 대령들이 이처럼 교육을 받았다." 예비역 육군준장 주은식 장군과의 2012년 8월 24일 인터뷰.

167) 권영근, "합동교리와 관련된 논쟁." 『합동군사연구』 제14호(2004. 11), pp. 149, 154-155; 합동참모본부, 『합동작전』(합동교범 3-0), pp. 63-68.

168) "공지전투는 육군의 군단 중심 시각에 근거하고 있다." Kenneth Allard, 권영근 번역, 『미래전 어떻게 싸울 것인가?』, p. 316.

169) 지만원 박사, "북한 인공위성 발사" 관련 KBS1-TV 특집 프로그램(1998. 9. 20). 권영근, 이행호, 『C4I체계 연구(공중전술 C4I체계 구축 연구)』(서울 국방정보체계연구소 : 한국국방연구원 출판소, 1998), p. 27에서 재인용. 당시의 대담에서 예비역 공군중장 서진태는 "국방부의 정책 입안자들이 육군 출신이기 때문에 우리 국방을 보병 중심의 개념에 입각해 운용하고 있다."고 말했다. 결과적으로 보면 한국군은 지상군 중심의 사고에 근거해 상부지휘구조와 같은 군 구조를 정리하고자 노력하고 있다는 것이다.

170) Sally Harris, "Coping with Pressure: South Korea's Defense Restructuring and the Impact of the Recent Economic Crisis." *The Korean Journal of Defense Analysis*, vol. XII, no. 2(Winter 2000), p. 209.

171) Michael Raska, "RMA Diffusion Paths and Patterns in South Korea's Military Modernization." *The Korean Journal of Defense Analysis*, vol. 23, No. 3(Sep 2011), p. 376.

이 같은 한국군의 전쟁 수행 개념은 1982년에 미 육군이 정립한 공지전투 교리에 근거하고 있다. 국방개혁 2020에 관한 논의에서 자세히 살펴보겠지만 한국육군은 군단과 사단의 작전지역을 대거 늘려 공군 작전지역과 중첩되는 현상을 초래했는데, 이는 지상군 중심 입체고속기동전 개념인 공지전투 교리에 근거하고 있었다.[172][173] 이 같은 모순을 논리적으로 해소시킨다는 차원에서 2012년 12월 12일 합참은 공군 작전지역인 전방전투지경선(FB) 너머 지역을 합동종심작전지역으로, 공군의 조정 아래 화력운용이 통제되던 화력지원협조선(FSCL)에서 전방전투지경선 사이의 지역을 육군 지작사 종심작전지역으로 변경했다.[174]

---

172) 공지전투 교리의 경우 육군 작전지역의 확장으로 공군 작전지역과 중첩되는 현상이 발생할 수 있다는 사실과 관련해서는 Kenneth Allard, 권영근 번역, 『미래전 어떻게 싸울 것인가?』, p. 316.

173) 오늘날의 전쟁이 항공력과 지상 전력이 결합된 형태로 수행된다는 의미에서의 Air-Land Battle과 공지전투를 구분하기 바란다. 오늘날의 미국의 전쟁 개념이 Air-Land Battle이라고 말하면 어느 정도 타당성이 있지만 Airland Battle 이론이라고 함은 전혀 사실이 아니다. 권영근 외 2명, "미래 합동작전 수행개념 고찰." 합참연구보고서(2004. 8. 31), pp. 29-35.

174) 전방전투지경선 너머 지역을 공군 작전지역(Operational Area)에서 합동종심작전지역으로 변경한 내용을 보면 이곳 지역에서의 피지원사령관과 조정권한자(Coordinating Authority)가 공군구성군사령관에서 피지원사령관을 공군구성군사령관, 조정권한자를 합참으로 변경한 의미가 있다. 마찬가지로 FSCL과 FB 사이는 지상군 작전지역도 지작사 종심작전지역도 아니다. 이곳 지역의 경우 육군이 피지원사령관, 특히 후방차단작전 측면에서 피지원사령관인 반면 공군이 조정권한을 행사하는 지역이다. 지작사 종심작전지역으로 변경함은 이곳 지역의 피지원사령관과 조정권한자가 육군임을 의미한다. 이는 엄청난 의미가 있는 변화다. 그 의미에 관해서는 다음의 논문 참조 Robert J. Damico, "Joint Fires Coordinations : Service Competency and Boundary Challenge", *Joint Forces Quarterly*, Spring 1999, pp. 70-77; JOHN P. HORNER, MAJOR, USAF, "THE FIRE SUPPORT COORDINATION LINE : OPTIMAL PLACEMENT FOR JOINT EMPLOYMENT," (MAS diss, Embry-Riddle Aeronautical University, 1997); 김종대, "지상군 주도의 합동작전 교리 수정은 지는 전쟁으로 가는 길", 『디펜스21』(2013. 10), pp. 42-47.
이 같은 문제를 초래하며 육군이 이들 지역의 지휘관계를 조정하고자 했던 것은 FSCL 너머 지역에서 사용하기 위한 육군무기들의 정당성을 교리적으로 확보하기 위한 것으로 보인다.
그러나 이곳 지역에서만 사용하기 위한 무기를 육군이 보유할 수 있는지는 또 다른 문제

한국육군은 "육군이 전쟁을 주도하고 해군과 공군이 육군을 지원해야 한다"는 논리를 강화하기 위해 미 육군의 공지전투(Airland Battle) 교리를 적극 수용했다. 그러나 이 교리는 합동교리가 아니란 점에서 미군 또한 배격한 것이었다. 오늘날 우리 군에는 미군의 전쟁수행 개념이 육군 중심의 공지전투라고 주장하는 사람이 없지 않다.[175] 그러나 공지전투 교리는 전쟁에서 결코 사용된 적이 없다.[176] 『미래전 어떻게 싸울 것인가(*Command, Control, and Common Defense*)』란 제목의 책에서 미 육군사관학교를 졸업한 케네스 알라드(Kenneth Allard)가 언급하고 있듯이 공지전투 교리는 육·해·공군 전력을 통합해 합동 차원에서 전쟁을 수행하기 위한 교리가 아니고 육군교리에 불과했다.[177] 여하튼 1989년에 동구권이 몰락하자 공지전투 교리

다. 이는 눈 가리고 아옹 하는 격에 다름이 없다. 예를 들면 FB 너머 지역에서 진행되는 항공작전을 지원하기 위해 육군이 장거리 지대지미사일 등을 건설할 수 없을 것이다. 왜냐하면 이들 미사일은 이곳 지역에서의 사용 외에 육군 나름의 사용 방안이 없기 때문이다. 세계 도처에서 독자적으로 전쟁을 수행할 가능성이 있는 미국의 육군, 해군, 공군 및 해병대의 경우는 한국군과 상황이 다르다. 미군의 경우 해외에서의 독자적인 운용을 위해 이들 전력을 건설할 나름의 명분이 있다. 그러나 한반도에서 전쟁을 수행하는 한국군의 각 군은 그렇지 못하다.

175) 권태영 외 14명, 『군사혁신의 비전과 방책』(국방부 : 군인공제회 제1문화사업소, 2003. 1), p. 71에서는 1991년의 걸프전을 공지전투이론과 항공우주력 이론에 의해 진행된 것으로 언급하고 있다.; 권태영, 노훈, 『21세기 군사혁신과 미래전』 (서울 : 법문사, 2008), pp. 70-71에서는 걸프전이 공지전투 이론에 근거해 수행되었다고 주장하고 있다. 동 책자 166-169에서는 오늘날의 전쟁이 공지전투/공지작전 개념에 근거해 진행되고 있다고 주장하고 있다. 공지전투는 전구 항공력을 육군의 군단장이 근접항공지원 목적으로 통제한다는 개념인 반면 공지작전은 전구의 모든 항공력을 공군구성군사령관이란 단일 지휘관이 지휘하는 개념이다.

176) 전구 항공력을 육군의 군단장들이 통제한다는 공지전투 이론이 역사적으로 사용된 적이 없으며 오늘날의 전쟁이 전구 항공력을 공군구성군사령관이란 단일 지휘관이 통제하는 형태로 진행된다는 점을 알고자 하는 경우 다음을 참조할 것. 권영근, "합동교리와 관련된 논쟁." 156-158; 고강석, "한국군 입체기동전교리의 발전방향." (석사학위논문, 국방대학교, 1995). pp. 21-22, 41-43, 127; 육군대령 양완식, "입체고속기동전의 원리와 적용." pp. 23-34.

177) Allard, Command, *Control, and the Common Defense*, p. 183 또는 권영근 번역, 『미래전 어떻게 싸울 것인가』, p. 314.

는 원래 의도했던 중부유럽에서의 바르샤바조약국들과의 일전(一戰)에 사용되지 못했다.

1990년 이후 미군은 몇몇 전쟁에 참전했는데 이들 전쟁 가운데 공지전투 교리의 적용 가능성이 암시된 경우는 1991년의 '걸프전(Desert Storm)' 뿐이다. 1991년의 걸프전 이후 당시의 전쟁이 미 육군의 공지전투 교리에 근거해 수행되었다는 주장이 제기되었다. 이들 주장 중 가장 보편적인 사례는 "전쟁과 반전쟁(*War and Anti-war*)"란 제목의 책을 저술한 토플러(Alvin Toffler)의 경우일 것이다. 자신의 저서에서 토플러는 미 육군에서 공지전투 교리가 출현하게 된 배경을 상세히 언급하고 있다.[178] 그는 1991년의 걸프전이 다수 측면에서 공지전투를 초월한 형태란 점, 전통적인 보조 역할에서 벗어나 항공력이 걸프전에서 선도적 역할을 수행했다는 점, 이 같은 역전이 너무나 극적이었다는 점에서 항공력이 길리오 듀헤(Giulio Douhet), 미첼(Billy Mitchell) 및 트렌차드(Hugh Trenchard)와 같은 사람들이 주장한 바를 마침내 실현하게 되었다고 언급하고 있다. 그럼에도 불구하고 책[179]의 전반적인 흐름은 월남전 이후 미 육군이 공지전투 교리를 발전시켰다는 점, 이 같은 교리 덕분으로 1991년의 걸프전에서 미군이 승리를 거두었다는 점에 초점을 맞추고 있다. 1991년의 걸프전이 공지전투 교리에 근거해 수행되었다고 주장한 또 다른 부류의 집단은 미 육군의 이론가들이다.[180]

이들을 포함한 몇몇 사람들의 주장으로 인해 걸프전 이후에는 당시의 전쟁이 미 육군의 공지전투 교리에 근거해 수행되었는지의 문제를 놓고 열띤 논쟁이 벌어졌다. 이 같은 논쟁을 통해 걸프전의 전쟁계획이 공지전

---

178) Alvin and Heidi Toffler, *War and Anti-War* (New York : Little, Brown and Company, 1993), pp. 44-56.

179) *Ibid.*, p. 67.

180) Edward M. Flanagan Jr. "The 100 Hour War." *Foundations of Military* (New York : Forbes Custom Publication, 1998), pp. 525-531.

투 교리가 아니고 『항공전역(Air Campaign)』이란 제목의 책을 저술한 미 공군대령 존 와든(John Warden)의 작품임이 확인되었다.[181)]

주지한 바처럼 공지전투 교리는 월남전 이후 미국과 소련 간에 가장 중요한 전장이 될 것으로 생각되던 중부유럽의 대평원에서 바르샤바조약국에 대항할 목적으로 미 육군에서 고안된 교리다. 공지전투 교리는 중부유럽이 아닌 다른 지역에서 사용될 수 있는 것이 아니다. 즉 이는 유럽이란 지정학적인 상황을 고려해 강구된 교리다.[182)]

아래에서 보듯이 한국육군 장교들은 이처럼 미군이 채택하지 않은 육군 중심의 공지전투 교리가 오늘날의 전쟁에서 일대 효과를 보았다며 공지전투 교리에 근거하고 있는 입체고속기동전 교리를 국방에 적용하고자 적극 노력했다. 이는 육군이 전쟁을 주도하고 해군과 공군이 육군을 지원한다는 의미의 공지전투 교리를 적용하는 경우 한국군이 육군 중심의 군 구조를 구비하게 될 것이기 때문이었다.[183)] 이 경우 병력, 전력 등 다수 측

181) "오늘날 1991년의 걸프전은 미 육군이 말하는 공지전투가 아니고 미 공군대령 와든(John Warden)이 구상한 Five Ring Model에 의해 수행되었음이 일반적인 인식이다." Richard P. Hallion, 백문현, 권영근 번역, 『현대전의 알파와 오메가』, pp. 256-264, & 449-452; Lederman, 김동기, 권영근 번역, 『합동성 강화 : 미 국방개혁의 역사』 (서울 : 연경문화사, 2002), pp. 250-255; Kenneth Allard, 권영근 번역, 『미래전 어떻게 싸울 것인가』, pp. 484-485; John A. Warden III/Leland A. Russell, 이은수, 권영근 번역, 『쾌속성공 : 프로메테우스의 경영전략』 (서울 : 연경문화사, 2002), pp. 24-40; 권영근, 『미래전과 군사혁신』 (서울 : 연경출판사, 2000), pp. 214-245; Donald M. Snow/Dennis M. Drew, 권영근 번역, 『미국은 왜? 전쟁을 하는가 : 전쟁과 정치의 관계』, pp. 344-347.

182) "제병협동 개념에 근거한 기동형 지상전 개념, 즉 전격전은 전략적 현실, 특히 소련과 독일의 전략적 현실에 근거하고 있었다. 독일과 러시아는 결정적인 형태의 천연 장애물이 없었다. 이들이 기동형 지상전에 집착한 것은 이 같은 전략적 측면 때문이었다." 허남성, 권영근 번역, 『제1,2차 세계대전 사이의 군사혁신(下)』 (서울 : 국방대학교, 2003), pp. 171-172. 또는 Williamson Murray, *Innovation : Past and Future in Military Innovation in the Interwar Period* (Cambridge, UK: Cambridge University, 1996), pp. 339-340.

183) 군 구조는 싸우는 방식을 대변하고 있다. 육군 중심의 전쟁 수행 개념을 수용하는 경우 한국군은 육군 중심의 군 구조를 견지해야 한다. Kenneth Allard, 권영근 번역, 『미래전 어떻게 싸울 것인가』, pp. 431-457.

면에서 육군이 지속적으로 기득권을 유지할 수 있을 것이기 때문이었다.

육군 중심 입체고속기동전 교리인 공지전투 교리는 "육군의 능력과 해군과 공군의 지원을 입체적으로 통합하여 근접, 종심, 후방 전투를 동시에 수행함으로써 적 후속제대를 차단 및 격멸하고 조기에 주도권을 장악하여 승리하기 위한 전투개념으로 정의된다."[184] 즉 항공력의 지원을 받는 지상 전력의 신속한 기동을 통해 전쟁에서 승리하기 위한 것이다.

엄밀한 의미에서 입체고속기동전 교리는 항공력 중심의 것과 지상군 중심의 경우로 양분된다. 1991년의 걸프전은 항공력 중심의 입체고속기동전 교리에 근거해 수행된 것으로 알려져 있다. 향후의 전쟁은 항공력 중심의 입체고속기동전이 보편적인 현상일 것이다.[185] 항공력 중심의 입체고속기동전에서는 전구의 모든 지상전력을 단일의 지상지휘관이, 전구의 모든 해상전력을 단일의 해상지휘관이 전구의 모든 항공전력을 단일의 공중지휘관이 지휘통제하며, 전구의 모든 전력을 합동군사령관이란 단일 지휘관이 지휘하게 된다.

지상군 중심의 입체고속기동전은 미 육군이 정립한 공지전투를 의미한다. 이는 육군의 군단장이 전구의 모든 항공력을 분할 통제하는 가운데 지상군 중심으로 전쟁을 수행한다는 개념이다. 여기서 공군과 해군의 항공

184) 육군대학전투발전부 중령 이지영, "공지전투 교리토의." 육군대학 『군사평론』 249호 (1985. 5), p. 47.

185) "1991년의 걸프전은 미래 전장의 작전교리가 항공력을 핵심 전력으로 하는 입체기동전 교리가 될 것임을 보여주었다.…즉 과거의 공지전투가 근접작전을 수행하는 지상군에 주로 의존했다면 걸프전에서 운용된 FOFA 개념은 지상군을 최소로 운용한다는 차이가 있다.…1982년 및 1986년 당시의 지상작전 위주의 공지전투 개념에서 항공작전 위주의 걸프전에서의 입체기동전 개념으로 변모하고 있다." 고강석, "한국적 입체기동전교리의 발전방향." pp. i–ii, 22, 42; "미 공군대령 와든은…항공작전계획인 Instant Thunder를 입안하였는데…Instant Thunder 계획은 지상이 아닌 입체공간으로 투입되는 공군세력으로 강력한 우익 역할을 할 수 있다고 설명했다. 즉 종심기동부대 역할을 항공력이 대신해 주겠다는 논리였다." 육군대령 양완식, "입체고속기동전의 원리와 적용." pp. 25–26.

력은 육군을 지원하는 형태로 운용된다. 지상군 중심의 입체고속기동전은 많은 인명이 손상될 수 있으며, 귀중한 항공자산을 군단장들이 분할 운용한다는 점에서 오늘날 적용되지 않고 있다. 상황이 그러함에도 불구하고 공지전투 교리가 출현한 1982년 이후 한국육군은 이것을 입체고속기동전으로 개명하고는 국방의 문서 및 훈련 체계에 적극 반영시켰다. 이는 지상군 중심의 입체고속기동전을 국방 차원에서 적용하는 경우 한국군의 군정과 군령 조직을 육군 중심으로 통합할 수 있기 때문이다. 왜냐하면 육군, 해군 및 공군은 여타 군과 무관하게 독자적인 임무와 역할을 수행할 때만이 독자적인 존재 이유가 있으며, 육군만을 지원할 목적으로 존재한다면 이들 군은 별도의 군정 및 군령 조직을 구비할 이유가 없기 때문이다. 육군 중심 입체고속기동전 교리를 국방체계에 적용한 결과 한국군이 육군 중심의 군 구조를 구비하게 되었다.

주로 공군 전투기의 지원을 받으며 육군의 헬리콥터와 전차가 고속으로 기동하여 전승을 보장한다는 공지전투 교리에 대한 한국육군의 관심은 지대했다.[186] 공지전투 교리가 출현한 직후인 1983년 육군대학은 한미연합사령관인 세네월드(Robert W. Sennewald) 대장을 초청해 공지전투에 관한 강의를 들었다. 이 같은 분위기에서 육군대학 전투발전부장인 육군대령 이도상은 미 육군의 Airland Battle을 공지전투란 이름으로 지칭하고는 육군의 기본 전투개념으로 수용하고자 하는 육군 내부의 분위기에 이의

186) 한미연합사령관 미 육군대장 Robert W. Sennewald, "공지 입체 전투." 육군대학 『군사평론』 231호(1983. 1), pp. 5-14; 합동참모본부 육군중장 이상훈, "미 육군의 공지전투 교리 적용을 위한 제언." 육군대학 『군사평론』 232호(1983. 2), pp. 5-28; 장정동, "공지전투작전에 있어서 공군의 효과적인 역할수행을 위한 요건." (석사학위논문, 국방대학교, 1984); 김대현, "공지전투개념의 실효성에 관한 소고." (석사학위논문, 국방대학교, 1984); 육군대학 전투발전부 중령 이지영, "공지전투 교리토의." 육군대학 『군사평론』 249호(1985. 5); 육군중령 민병덕, "기동전의 현대적 발전." (석사학위논문, 국방대학교, 1989); 오인식, "공지전투에서의 항공기동부대." (석사학위논문, 국방대학교, 1987); 구자원, "작전적 수준의 공지전투 이론과 적용." (석사학위논문, 국방대학교, 1989).

를 제기했다. 그 성격상 Airland Battle은 육군, 해군 및 공군이 함께 참여하는 공세적 입체기동전으로 해석해야 하며, 외국군 교리를 성급히 수용하면 곤란하다는 주장을 전개했다.[187] 그러나 공지전투 교리는 육군의 기본 전투개념으로 정착되었다.[188]

2장에서 살펴본 바처럼 1986년의 골드워터-니콜스 법안을 기점으로, 특히 1991년의 걸프전을 전후하여 미 육군은 육군 중심 공지전투 교리를 폐기하고는 공지작전(Airland Operation) 교리를 수용했다. 공지전투가 전구 항공력을 군단장들을 중심으로 운용하는 경우라면 공지작전은 전구의 모든 항공력을 공군구성군사령관을 중심으로 통합 운용하는 개념이었다.[189]

---

187) 육군대학전투발전부장 육군대령 이도상, "Airland Battle 개념의 재인식." 육군대학 『군사평론』 249호(1985. 4), pp. 53-54, 61-62.

188) 육군대학 전투발전부 육군소령 기도현, "작전술 개념에 대한 제언." 육군대학 『군사평론』 258호(1986. 7), p. 23.

189) 미사일, 고정익 및 회전익 항공기를 포함한 전구의 모든 항공력을 공군구성군사령관이란 단일 지휘관이 지휘 통제한다는 개념이 등장하기까지는 많은 우여곡절이 있었다. 그 과정을 요약하면 다음과 같다. 1943년 알렉산더 세바스키(Alexander Serversky)는 독일군은 육군, 해군 및 공군을 기반으로 하는 Unified command를 유지하고 있는 반면 연합군은 그렇지 못하다고 주장했다. Maj Alexander P. de Seversky, *Victory Through Air Power* (Garden City, New York: Garden City Publishing Co. INC, 1942) pp. 254-261; 1943년 4월의 북아프리카에서 아이젠하워의 항공참모이던 스팟츠는 패배를 거듭하고 있던 아이젠하워에게 전구의 모든 연합 항공력을 단일지휘관이 지휘해야 승리할 수 있다고 주장했다. 항공력의 단일 지휘를 통해 아이젠하워는 롬멜의 항공력을 격파한 후 전쟁에서 승리할 수 있었다. Edgar F. Puryear Jr, 권영근 번역, 『공군 지휘관의 리더십』 (서울 : 국방부, 2006), pp. 142-143; 항공력, 지상전력, 해상전력 개개는 대등한 위치에 있으며, 어느 전력이 여타 전력의 지휘를 받지 않는다는 내용의 FM 100-20이 1943년 7월에 출간되었다. Kenneth Allard, 권영근 번역, 『미래전 어떻게 싸울 것인가?』, p 191; "전구의 모든 전력을 단일의 전구사령관이 지휘하고, 전구의 모든 항공전력을 단일의 항공지휘관이, 전구의 모든 지상전력을 단일의 지상군 지휘관이 그리고 전구의 모든 해상 전력을 단일의 해상 지휘관이 지휘하는 Unified Command가 최상의 지휘구조다." Thomas A Cardwell III, *Command Structure for Theater Warfare : The Quest for Unity of Command*(Maxwell Air Force Base Alabama : Air University Press, 1984), p. 72. 동 책자의 내용에 미 육군, 해군 및 공군이 동의했다. *Ibid.*, pp. 99-126; 1984년에 Thomas A Cardwell이 저술한 Command Structure for Theater Warfare란 책의 내용이 발단이 되어 1986년 미국이 골드워터 니콜스 법안을 제정했다. Roger A. Beaumont, *Joint Military Operations*(Westport, Connecticut

이처럼 미 육군조차도 공지전투 교리를 폐기하고 걸프전 이후 전구의 모든 항공력을 공군구성군사령관이란 단일지휘관이 지휘 통제하는 공지작전 개념을 수용했다. 그러나 산악지역이 많으며 엄청난 규모의 대공무기가 상존해 있는 북한 지역에서는 전차와 헬리콥터를 이용한 대규모 고속기동이 제한됨[190][191]에도 불구하고 한국육군은 군단 중심의 공지전투 교

: Greenwood Press, 1993), p. 171; 1986년에 재정된 골드워터-니콜스 법안으로 인해 각 군은 합동지침을 준수해야 했다. 합동 지침은 1943년에 미 육군이 발간한 FM 100-20이었다.…1992년에 미 육군이 발간한 공지작전이란 명칭의 FM 100-5에서는 FM 100-20의 기조를 그대로 반영했다. Morrison Taw, Robert C. Leicht, *The Doctrinal Renaissance of Operations Short of War?*, RAND(1992), pp. 23, 31-32; 1991년의 걸프전에서는 전구의 모든 항공력을 공군구성군사령관이 지휘 통제했다. 공군구성군사령관(JFACC) 호너(Charles Horner) 중장은 500피트 이상 상공을 비행하는 헬리콥터와 크루즈미사일을 포함한 육·해·공군의 대부분 항공자산을 통제했다. Eliot A. Cohen, "The Mystique of U.S. Air Power." *Foreign Affairs*, vol. 73, no. 1(Jan/Feb 1994), p. 116; 1999년의 코소보 전쟁 당시 미 공군중장 마이클 쇼트(Michael Short)는 연합국의 모든 항공력을 통합 지휘했다. David E. Johnson, *Learning Large Lessons,* p. 67; 2003년의 이라크 전쟁에서는 미 공군중장 Buzz Moseley가 연합군의 모든 항공력을 통제했다. *Ibid.*, p. 107; 나토군의 경우도 소속군에 무관하게 모든 항공력을 공군구성군이 통합적으로 지휘하고 있다. 미 해군 대령 James D. Hefferman, "The Shaping of Services Roles Through History-Get Back to Fundamentals", US Army War College(2003), p. 17; 날아다니는 모든 무기를 이스라엘은 공군사령관(Commander in Chief Air Force)을 중심으로 집중시키고 있다. Library of U.S Congress 자료; Martin van Creveld, *Air power and Maneuver Warfare*(Maxwell Air Force Base Alabama : Air University Press, 1994), July 1994, pp. 154, 155, & 160; 마찬가지로 김포에 있는 해병대는 해상에 있을 당시 해군의 통제를 받지만 지상에서 지속작전을 수행할 당시에는 3군 사령부의 통제를 받는다. 이는 지상, 해상 및 공중이란 작전환경에서의 지휘통일 원칙 때문이다.

190) "한국전에서 미군과 북한군은 전격기동전을 수행하지 않았다.…한반도에서의 장차전 양상을 고속기동전으로 예상하는 것은 우리의 정신적 측면과 전장의 특성을 경시하는 것이며…대규모 부대에 의한 고속기동전이 보편화될 수 없고 소규모 단위 부대들에 의한 침투 및 기습이 빈번히 이루어지는 비선형 침투기동전이 주종을 이룰 것이다." 육군대령 이량, "미래 지상군 기본 전투개념의 발전방향." 합동참모본부, 『합참지』 7호(1996. 7), p. 108.

191) 북한과 비교하여 이라크가 대공무기를 많이 보유하지 않았음에도 불구하고 2003년의 이라크 전쟁에서조차 연합군은 적의 대공무기에 매우 취약하다는 점에서 아파치 헬리콥터를 제대로 운용하지 못했다. Anthony H. Cordesman, *The Lessons of the Iraq War: Main Report,* Eleventh Working Draft, CSIS(Washington D.C), July 2003, pp. 239-240;

리를 고수했다.[192] 1997년 합참의장 육군대장 윤용남 장군은 지상군 중심의 입체고속기동전을 합동전투개념으로 제시했으며 여기에 해군과 공군이 강력히 반발했다.[193] 이처럼 많은 문제가 있었던 육군 중심 입체고속기동전 개념을 육군 중심 합참이 국방 문서체계와 훈련체계에 적극 반영했다. 예를 들면 1998년 육군 중심 입체고속기동전 교리는 한국군의 전쟁수행 개념으로 합동작전 교리에 반영되었다.[194] 또한 1999년 12월 합참은 합동교육회장 3-0-1인 『입체기동전』을 발간했다.[195]

2000년대에 들어와서도 육군 중심 입체고속기동전 교리는 지속적으로 유지되었다.[196] 국방개혁 2020을 다루는 5장에서 알게 되겠지만 국방개혁 2020 이후의 한국군 국방개혁은 공군과 해군의 지원을 받는 가운데 육군의 전차와 헬리콥터가 고속으로 기동한다는 육군 중심 입체고속기동전 교리에 근거하고 있었다. 2007년 10월 세종연구소에서 발간한 『미래전

북한의 경우 거의 13,000문의 대공무기를 보유하고 있다. Anthony S. Cordesman, *The Korean Military Balance : Comparative Korean Forces and the Forces of Key Neighboring States, CSIC*(Washington D.C), July 2011, p. 46.

192) "…1,000여 시간에 걸친 공중폭격을 제외한 100시간의 지상전이야말로…입체고속기동전의 표본이라고 할 수 있다." 육군중령 이근창, "입체고속기동전에서의 헬기부대 운용." 육군교육사령부 『군사연구발전』, 1호 및 2호(1995. 10), p. 87; "지상군의 전법으로 입체고속기동전…우리 군이 추구해야 할 지상과제인 것이다." 육군중령 이덕춘, "입체고속기동전하에서의 효율적인 육군항공운용개념." 『군사평론』 318호(1995. 10), p. 86; "입체고속기동전은 기계화 부대와 헬기가 주축이 되어 연합 및 합동으로 실시하는 기동전으로 이해해야 함을 알 수 있었다." 육군대령 박기련, "입체 고속기동전의 이해." 육군교육사령부 『전투발전』 81호(1997. 2), p. 75.

193) 예비역 공군소장 한성주와의 2012년 8월 8일 인터뷰.

194) 합동참모본부, "합동작전", 합동교범 3-0(1998, 2), pp. 63-68.

195) 육군대령 송영귀, "입체기동전 교리 소개." 『합참지』 13호(1999. 7), p. 195.

196) 육군대학 전술학처, "입체고속기동전 개념을 적용한 전술제대 공격작전 수행방안 연구." 『군사평론』 358호(2002. 8), pp. 8-119; 김정익 박사(KIDA), "고속입체 기동전 교리와 정보시대의 장사정 정밀타격 마비전 교리발전." 한국전략문제연구소 개최 세미나(2002. 8. 27), pp. 2-5.

NCW에 대비한 지상전력 혁신방향』이란 제목의 책에서 국방대학 김영호 교수는 입체고속기동전 수행에 필요한 육군 전력을 대거 거론하고 있었다.[197] 2010년 5월 한국국방연구원의 육군대령 김정익은 『한국의 미래 전쟁양상과 한국군의 합동작전개념』이란 책을 발간했는데 이것 또한 육군 중심 입체고속기동전에 입각하고 있었다.[198]

다. 한반도 항공력 지휘 통제 추구

이미 언급한 바처럼 한반도 전쟁에서의 핵심은 항공력과 지상 전력이다. 지상을 겨냥한 해군의 활동은 항공작전에 통합된다. 또한 해군과 육군은 바다와 육지로 분리되어 중첩되는 부분이 없는 반면 공군은 육군 및 해군과 작전공간이 중첩되어 있는 듯 보인다. 결과적으로 한반도 전쟁을 육군 중심으로 수행하기 위해 1980년대 초반부터 한국육군 장교들은 한반도 항공력을 자신들이 직접 지휘 통제할 수 있기를 염원했다. 공군 입장에서 보면 이는 공군의 존립과 관련이 있는 문제였다.

항공력 장악을 염두에 둔 육군의 노력은 세 가지 형태로 나타났다. 첫째는 공군의 임무와 역할을 육군이 대신 수행하는 형태다. 공군 작전지역은 전방전투지경선(Forward Boundary) 너머 이북 지역과 한반도 영공을 포함[199]하는데, 전방전투지경선 너머에서 진행되는 공군작전을 자신들이 수행

197) 김용호, "미래전 양상과 NCW 대비 한국 지상군 요구능력." 이대우 편, 『미래전 NCW에 대비한 지상전력 혁신방향』, 세종연구소(2007. 10. 12), pp. 156-182.

198) 김정익, 『한국의 미래 전쟁양상과 한국군의 합동작전개념』(서울 : 한국국방연구원 출판사, 2010. 5), pp. 195-219.

199) 이는 1995년에 한미연합사령부에 적용된 개념이다. 전방전투지경선 너머 지역에서 진행되는 작전은 공군구성군사령관이 표적선정에서부터 이들 표적을 타격하기 위한 수단에 이르는 모든 부분을 철저히 통제한다. 화력지원협조선에서 전방전투지경선 사이의 지역에서는 지상군 군단장이 후방차단 표적을 선정하는 반면, 선정된 표적을 어느

하겠다며 한국육군이 이에 필요한 무기를 대거 획득했다. 예를 들면 육군 유도탄사령부가 보유하고 있는 무기는 육군작전이 아니고 공군작전을 수행하기 위한 것이다. 이들 무기로 『김일성 궁전』과 같은 북한의 핵심 표적을 공격한다면 이는 전략공격(Strategic Attack)란 명칭의 공군작전이 된다.

마찬가지로 이들 무기로 북한의 비행장을 공격한다면 공중우세 확보를 위한 제공(Counterair) 작전이 되며, 적의 2제대 및 3제대가 전선(戰線)에 합류하지 못하도록 공격한다면 후방차단(Interdiction)이란 공군작전을 수행하는 것이 된다. 한국육군이 이처럼 항공력을 지휘 통제하고자 하는 것은 북한의 지상 표적을 공격하는 행위가 육군 작전이란 잘못된 인식 때문일 수 있다. 한국군 장교 중에는 이들 무기로 지상 표적을 공격한다고 이들 작전이 육군 작전이라고 생각하는 사람이 적지 않다.[200)]

무기로 타격할 것인지의 조정 권한(Coordinating Authority)는 공군구성군사령관이 행사한다. Robert J. D'Amico, "Joint Fires Coordination: Service Competencies and Boundary Challenges," *Joint Forces Quarterly*(Spring 1999), p. 71.; Horner. John P, "Fire Support Coordination Measures by the Numbers,"(Maxwell AFB, AL 36112: School of Advanced Airpower Studies Air University, 1999). p. 47.; "…전방전투지경선 너머는 공군의 책임지역이다." Major Mark J. Eshelman Infantry, "Air Commander Control of Army Deep Fire Assets,"(Fort Leavenworth, Kansas: School of Advanced Military Studies United States Army Command and General Staff College, 1994), p. 36.

1991년의 걸프전에서는 화력지원협조선 너머 지역이 공군의 책임지역이었다. "1991년의 걸프전 당시 화력지원협조선은 작전적 수준의 지휘관과 전술 지휘관들 간의 책임지역을 구분하는 선이었다. 작전적 수준의 지휘관은 공군구성군사령관을 통해 화력지원협조선 너머 지역을 통제한 반면 전술지휘관(지구사령관)들은 화력지원협조선 이전 지역을 통제했다. 항공지휘관과 지상지휘관이 화력지원협조선 너머를 공격할 수 있는 수단을 갖고 있었다. 화력지원협조선 너머 지역은 공군의 책임지역이란 점에서 화력지원협조선 너머 지역과 접전하고자 하는 경우 지상군지휘관은 공군구상군사령관과 사전에 협조해야만 하였다." Lester C. Jauron Field Artillery, "Should It Delineate Area Responsibilities Between Air and Ground Commanders?,"(Fort Leavenworth, Kansas: School of Advanced Military Studies United States Army Command and General Staff College, Second Term AY 92-93), p. 1. "1991년의 걸프전 당시 화력지원협조선은 육군과 공군의 책임지역을 구분해주는 전투지경선(Boundary)으로 기능했다." Ibid., 19.

200) 2010년 3월 한국국방연구원에서 있었던 세미나에서 해군대표로 참석한 모 해군대령은 "해군도 공군처럼 육군작전을 지원할 수 있어야 한다"며 함대지 미사일의 필요성을 강

군의 무기는 타군의 임무와 역할이 아니고 자군의 임무와 역할을 수행하기 위한 것이다. 그런데 유도탄사령부가 보유하고 있는 무기는 육군의 임무와 역할이 아니고 공군의 임무와 역할을 수행하기 위한 것이다. 혹자는 유도탄사령부가 육군이 아니고 합참이 통제하고 있다는 주장을 전개하고 있다. 그러나 군의 모든 무기는 육군, 해군 아니면 공군에 소속되어야 한다. 전 세계 어느 나라도 합동군사령부 또는 합참이 군의 전력을 직접 통제하는 경우는 없다. 왜냐하면 합동군사령부 또는 합참은 별도의 중요한 임무와 역할이 있기 때문이며, 이처럼 직접 통제하는 경우 자신의 임무와 역할을 제대로 수행할 수 없기 때문이다.[201] 2007년 12월 1일자 『신동아』에 기고한 글에서 『동아일보』 논설위원인 이정훈은 육군의 유도탄사령부를 공군으로 옮기라고 주장했는데 여기서의 이정훈의 논리는 이들 미사일을 이용해 공격할 표적들이 육군 작전지역과 무관한 공군 작전지역에 위치해 있다는 것이었다.[202]

두 번째는 공군, 해군, 육군이 보유하고 있는 항공력으로 공격해야 할

변했다. 그런데 이 장교가 공격하고자 하는 표적들은 전방전투지경선 너머에 있는 지상표적이었다. 장교는 북한 지상표적을 공격하는 행위를 육군 작전으로 잘못 알고 있었다.; 당시의 세미나에는 각 군 대표를 포함한 몇몇 현역뿐만 아니라 한국국방연구원의 연구원 등 20여 명이 참석했다. 필자가 문제점을 지적했다. 그러나 필자의 지적이 의미하는 바가 무엇인지를 인지했던 사람은 거의 없었다. 공군 장교 출신이 자군 이기주의 차원에서 하는 발언으로 인식하는 분위기였다.

201) "전구사령관이 동시에 휘하 구성군 중 하나를 지휘해서는 아니 될 것이다. 그는 전반적인 전략의 문제, 그리고 이들 전략을 수행하고자 할 때 필요한 군사력의 할당이란 문제에 관심을 집중시켜야 할 것이다. 전투수행에 관한 세부 사항에 신경을 쓸 수 있을 정도의 여유가 그에게는 없다. 전술적 차원의 전투에 관여해서는 아니 되며 이들 문제는 가장 전문성이 있는 야전군 지휘관에게 일임해야 할 것이다. 전구차원의 전쟁과 관련해 다양한 형태의 정치적인 문제가 있을 수 있는데, 전구사령관의 경우는 이것들에 대해 신경 쓰기에도 시간이 부족할 것이다. 따라서 전구사령관과 구성군사령관을 동시에 수행할 수 있을 정도의 시간·정력 및 세부지식을 일개인이 갖고 있지는 못할 것이다." 권영근, "C4I 체계 구축에 관한 제언." 『합동군사연구』 11호(2001. 11), pp. 149-150.

202) 『동아일보』 논설위원 이정훈, "육군 유도탄사령부를 공군으로 옮겨라," 『신동아』 통권 579호(2007. 12. 1), pp. 294-300.

표적의 선정 권한을 대신 행사하는 방식으로 항공력을 장악하고자 하는 경우다. 고정익 항공기, 미사일과 같은 항공 자산을 이용해 공격해야 할 표적을 선정해주면 비행단의 조종사, 방공포병 장교처럼 항공무기를 운용하는 사람들은 선정된 표적을 평소 훈련받은 대로 거의 기계적으로 공격하며 임무를 수행하게 된다. 이 같은 점에서 항공력을 이용해 공격해야 할 표적을 선정하는 문제는 항공전략에서 핵심적인 부분이다.[203] 공군의 고유 권한이자 핵심 임무인 표적선정 임무를 공군장교가 아니고 육군 장교가 수행한다면 공군은 존재 이유가 없다.

지난 10여 년 동안 한국육군은 이 같은 통합임무명령서(ITO)를 생산하는 합동표적위원회의 위원장 역할을 육군 장교가 수행하도록 하는 방식으로 전구 항공력을 육군 중심으로 운용하고자 노력했다. 공군의 임무를 육군이 직접 갖고 갈 수 없다는 점에서 육군들이 주도하는 합참으로 갖고 와 통제하고자 적극 노력했다. 이 같은 한국육군들의 노력은 한국군 차원에서 그리고 연합사 차원에서 진행되었다. 합참 차원에서 보면 이 같은 노력은 2003년 이후 본격적으로 추진되었다. 당시 합참은 입체고속기동전 교리에 입각하여 작전계획을 작성했을 뿐만 아니라 합동표적위원회를 합참으로 갖고 오고자 적극 노력했다.[204] 필자가 합동참모대학에서 합동화력

203) "항공임무명령서에는 항공 전략, 작전 및 전술이 함축되어 있다." 예비역 공군소장 고덕천 장군과의 2012년 8월 7일 인터뷰.

204) "결과적으로 2008년 2009년 당시 JTCB와 관련하여 합참이 보다 많이 관여하는 방향으로 나아갔다. 예를 들면 연합사령부 차원에서는 지침만 주고 구체적인 내용은 공군작전사령부에서 했는데, 합참체제에서는 구체적인 표적 승인까지 합참이 하고자 노력했다." 예비역 공군소장 고덕천 장군과의 2012년 8월 7일 인터뷰; "2003년부터 한반도 종심 표적을 선정하고 선정된 표적에 무기를 할당하는 역할을 수행하는 공군구성군사령부의 합동표적위원회(JTCB)를 합참으로 이관하고자 지속적으로 노력했다. 2003년 후반에는 종심작전과를 설치하고 육군대령이 과장을 담당했다. 공군작전의 핵심 부분인 통합임무명령서(ITO)를 육군 장교가 합참의장에게 보고하는 촌극이 벌어졌다." 합참에서 이 문제를 놓고 일했던 현역 공군대령과의 2012년 8월 9일 인터뷰; "JTCB를 2002년부터 육군들이 합참으로 갖고 오고자 노력했다. 한반도 종심화력 운용을 결정짓는 JTCB에 관

교리 책임연구원으로 일했던 2007년 1월부터 2009년 6월의 기간 가장 큰 쟁점 사항은 합동표적위원회를 공군작전사령부에서 운용해야 할 것인지 아니면 합참에서 운용해야 할 것인지의 문제였다. 또한 한반도 항공력을 입체고속기동전 교리에 입각해 육군을 지원할 목적으로 운용해야 할 것인지 아니면 전구 차원에서 공군구성군사령관이 통합적으로 운용하도록 해야 할 것인지의 문제였다. 육군들은 합동표적위원회를 합참으로 갖고 가고자 그리고 한반도 항공력을 지상군 지원 목적으로 운용하고자 적극 노력했다.[205] 456건에 달하는 이견을 100% 완벽히 해소하여 관련 부서가 모두 동의했으며[206], 선도기관장인 작전본부장이 종료 보고하라는 문서를 하달했음[207]에도 불구하고 당시의 합동화력교리는 이들 쟁점 사항에 대한 책임연구관의 관점 고수로 보고할 수 없었다.[208]

그 후 1년 6개월 뒤에 육군 장교 중심으로 발간한 합동화력교범에는 한반도 항공력을 육군 중심 합참이 통제하는 방식으로 자신들이 통제하겠

해 육군 보병들은 무지하다. 포병 장교 가운데에도 합참과 연합사에게 근무했던 장교들이 그 중요성을 인지하고 있다. 이처럼 중요한 기능을 공군이 갖는다는 사실에 합참과 연합사에 근무하던 육군 포병장교들이 이의를 제기하고 있다. 전방전투지경선 너머 지역을 공군작전지역으로 인정할 수 없다는 것이다. JTCB 이관과 관련하여 공군과 합참이 장기간 동안 논쟁을 벌였다." 합참에서 이 문제를 놓고 일했던 현역 공군대령과의 2012년 8월 13일 인터뷰.

205) 권영근, "합동화력교리 쟁점에 관한 소고," 『합동군사연구』 제18호(2008. 12), pp. 345-370.

206) 위의 글, p. 349.

207) 제목 : "합동화력" 교범 심의안 보고 지시, 문서번호 : 합동화력과-3232, 일자 : 2008년 9월 7일, 내용 : "11월 말까지 심의안 보고"

208) 결과적으로 2009년 6월 필자는 교리 책임연구관을 자진 사퇴했다. 그 후 합동화력교리는 육군대령 주관 아래 2010년 12월에 발간되었다. 재발간 사유는 다음과 같았다. "학장(육군 준장) 주관 수정결과 토의시 내용 미흡 판단, 새로운 책임연구관을 임명하여 원점에서 다시 시작하기로 결정 : 2009년 7월 8일." 합동참모본부 『합동화력운용』(합동교범 3-8) (2010. 12), p. 부-25; 당시 한국군은 공군참모총장(대장), 해군참모총장(대장), 육군교육사령관(중장), 합참작전본부장(중장) 등 고급 장교들이 부서장으로 있는 부서에서 만장일치로 동의한 결과를 일부 육군들의 이견을 반영하여 육군 준장이 마음대로 뒤집을 수 있는 교리발전 체제를 운용하고 있었다.

다는 한국육군들의 염원이 반영되어 있었다. 한국군의 항공력을 공군의 고정익 항공기, 미사일 전력(육군, 해군 및 공군), 헬리콥터로 구분하고는 미사일 전력은 합참의장이 직접 지휘하고, 공작사령관은 공군의 고정익 항공기를 그리고 항작사령관은 헬리콥터를 이용해 합참의장을 직접 지원하도록 했다.[209][210]

이 같은 노력의 결과로 2011년 이후 한미연합사령부는 합동표적위원회(JTCB) 의장을 공군구성군사령부 참모장(미 공군)에서 연합사 작전부장(미 육군)과 합참 작전본부장(한국육군)을 공동 의장으로 하는 형태로 바꾸었다.[211][212] 이들 의장이 항공력을 이용하여 공격하게 될 표적의 우선순위를 책임진다는 측면에서 보면 한반도 항공력에 대한 통제 권한이 공군에서 육군으로 넘어간 것으로 볼 수 있다.

세 번째는 공군 작전지역을 육군 작전지역으로 전환하고 이들 지역에

209) "공작사령관(연공사령관)이 작전통제 또는 전술통제하는 항공전력에 타 작전사령관이 보유 중인 편제 항공부대 및 국가 정보자산은 제외된다." 위의 책, p. 14 ; "항작사령관의 책임은 다음과 같다.…합참의장의 작전목표 및 효과달성을 지원하기 위하여 육군항공작전을 계획하고 수행한다." 위의 책, p. 18. "육군 전술미사일체계와 현무는…이들 자산은 합참에서 통제하며 통상 공군 및 해군의 미사일과 통합적으로 운용한다." 위의 책, p. 29.

210) 육군 헬리콥터는 보병, 포병, 기갑 등과 함께 제병협동으로 운용되기 위한 전력이다. 육군 헬리콥터는 합참의장을 직접 지원하는 것이 아니고, 육군의 군단 및 사단과 같은 하급 제대에 통합되어야 한다.

211) 한미연합사 『작전시행지침서 3-1』(2012. 2). p. 부록 C.

212) "최근 연합사의 주도권이 한국군으로 넘어가면서 지구사 한국군 장교들의 목소리가 매우 높아졌다.…연합사 작전참모부에는 미 육군들이 많은데 이들이 한국육군의 요구에 동조하고 있는 듯 보인다. JTCB의 좌장을 연합사 작전참모부장이 주도하는 방향으로 바꿔고 있다. 연합사 효과기반과장은 ATO 작성을 공군이 담당하는 것이 타당성이 없다고 강력하게 주장하더라. 교리적 차원이 아니고 연합사 해체 이후 JTCB를 합참으로 갖고 오기 위한 논리를 열심히 쌓고 있다고 보인다. 연합사는 한국군 전체를 지상군적 사고로 몰고 가는 것에 동조하는 입장인 듯 보인다. 연합사의 미군들은 한국육군들의 주장에 동조하는 입장이며, 공구사의 미군들은 불편해 보이지만 수긍하는 입장인 듯 보인다.…연합사가 해체되면 한국군 합참이 JTCB를 주도하고자 하는 듯 보였다. 그 이유는 무엇인가? 지상은 육군이 책임지는 지역이란 점에서 FB 너머 지역에서의 작전도 육군 작전이란 의미다." 한국공군 현역 장교와의 2010년 8월 13일 인터뷰.

서 임무를 수행하기 위한 항공무기를 육군이 관장하는 방식이다. 이는 국방개혁 2020 이후 분명히 목격되었다. 국방개혁 2020에서는 육군의 군단 작전지역을 30km*70km에서 100km*150km로 대략 7배 정도 넓혀 놓고는 이들 작전지역을 감당하기 위한 무인항공기, 다연장로켓(MLRS), 미사일 등을 대거 획득했다. 결과적으로 공군 작전지역과 육군 작전지역이 중첩되는 결과가 초래되었다. 이상희 국방부장관 당시인 2009년에는 군단 작전지역을 150km*250km로 넓히고자 노력했으며, 2020에서 가정하고 있던 공군 사업들을 대거 지연시킨 가운데 육군 사업들을 대거 추진했다.[213]

2012년 7월 3군 대학으로 구성된 합동군사대학에서는 김상기 육군참모총장의 지침을 받아 전방전투지경선을 보다 이북으로 올리는 방안과 없애는 방안을 연구했다.[214] 더욱이 한국국방연구원 부원장 출신의 예비역 육군대령 권태영 박사와 한국국방연구원 책임연구원 노훈 박사는 "앞으로 공군은 현재의 작전 공간을 지상군과 해군에게 많이 할애해 주고, 그 대신 우주공간으로 더욱 확대해 나갈 가능성이 크다."[215]고 주장했다. 미군을 포함한 지구상 어느 군대도 영공과 전방전투지경선(FB) 너머 지역을 해군과 육군에 할애해준 경우가 없다는 점에서 이는 논란이 많은 제안이었다. 또한 전구 항공력을 공군구성군사령관이란 단일지휘관이 지휘 통제함이 세계적인 추세란 점에서 보면 교리적으로도 문제가 많은 제안이

213) 김종대, "국방부장관의 자가당착에 갈 길 잃은 국방개혁." 『월간조선』(2009, 1), pp. 93-94.

214) 2012년 7월 김상기 육군참모총장의 지시에 근거하여 자운대에 있는 합동군사대학에서는 공군작전지역인 전방전투지경선(Forward Boundary) 이북 지역을 공군작전지역에서 배제시키기 위한 연구를 진행했다. "전방전투지경선 이북 지역을 공군작전지역으로 분류 시 지상군 사령관 입장에서 FB 이북지역에 대한 연속적인 작전계획(장차작전) 수립이 제한될 수 있음"이란 이유 때문이었다. 합동군사대학 합동전투발전부, "전방전투지경선 정립 토의." p. 9.

215) 권태영, 노훈, 『21세기 군사혁신과 미래전 : 이론과 실상, 그리고 우리의 선택』, p. 208.

었다.

마찬가지로 동 책자에서 권태영과 노훈은 자신들의 2003년 연구결과와 2001년의 육군개혁위원회 해외출장결과보고서를 인용하여 "미 육군 기동군단의 전투종심이 대략 4배 증가할 것이다."[216]고 주장했는데, 이것 또한 근거가 없었다. 2001년 미 육군은 작전지역 확대를 줄기차게 요구했다. 2003년의 이라크 전쟁에서 미 육군은 자군이 보유하고 있는 공격용 헬리콥터와 ATACMS의 능력을 최대한 활용할 수 있도록 육군 작전지역을 넓혀달라고 요청해 넓힌 바 있다. 그러나 육군 작전지역 확대로 인해 공군 무기들이 제대로 능력을 발휘하지 못하게 된 반면 이들 육군의 무기체계가 효과적이지 못하자 미 육군은 넓혔던 작전지역을 원상 복구시켰다.[217]

2010년 3월 한국국방연구원은 자군 작전지역을 넓힌 상태에서 무인항공기, MLRS 등을 대거 획득하고자 노력하고 있던 육군들을 이론 및 논리적으로 뒷받침해주고 있었다.[218] 이처럼 넓혀진 작전지역을 감당하기 위

216) 위의 책, p. 209.

217) "육군이 공세적인 기동계획을 이행하고 육군의 편제 장비를 최대한 이용할 수 있도록 작전지역을 넓혀달라고 있다. 이처럼 넓혀진 작전지역에서 사용되는 합동 자산들을 육군 지휘관들은 통제할 수 있기를 원했다.…결과적으로 공군 화력의 효과성이 지장을 받았다.…넓혀진 작전지역에서 공격용 헬리콥터를 운용했지만 전쟁의 전략 및 작전적 결과에 긍정적인 효과를 거의 얻지 못했다." David E. Johnson, *Learning Large Lessons,* pp. 131, 172–175; "육군 작전지역 확대 문제는 한국육군이 처음 거론한 것이 아니다. 미 육군과 공군에서 시작된 것이다.…한반도의 경우 FEBA에서 FB까지 60㎞인데 FB를 북한지역을 향해 이북으로 이동해 달라고 미 육군이 요구해왔다. 육군 작전지역을 확대하면 공군 작전지역이 줄어든다. 결과적으로 한반도 전쟁에서 육군과 공군 간 주도권 측면에서 문제가 생겼다.…아파치헬기 능력뿐만 아니라 정찰 및 감시 능력이 신장되었다며 90㎞까지 늘려달라고 요구한 경우도 있다.…아프간 전쟁과 이라크 전쟁에서 아파치를 포함한 지상화력의 효력에 의문이 제기되면서 미 육군의 경우 늘려달라는 요구를 중지했다.…한국육군들이 미 육군의 주장을 받아들여 한반도에서 작전지역을 늘린 것이다. 문제는 한국군 내부에서 이 문제와 관련하여 논의한 적이 없다는 점이다." 예비역 공군 소장 고덕천 장군과의 2012년 8월 7일 인터뷰.

218) 합동참모대학에서 10년 간 합동교리를 연구했던 필자가 육군 작전지역 확대의 문제를

한 무기체계를 육군이 구입하는 경우 우군살상 등 문제가 초래될 수 있었다. 이미 2009년 6월 24일 『제12회 항공우주력 국제학술회의』에서 『동아일보』의 이정훈 기자는 "국방개혁 2020과 2025를 통해 육군이 작전지역을 대거 넓히면서 공군 작전지역과 중첩되고 있다."고 주장한 바 있었다.

이처럼 대한민국 국방을 주도하고 있는 한국육군은 한반도 항공력을 통제하고자 적극 노력했는데 이는 한국공군의 존재를 부정하는 행위였다. 국방개혁 2020을 다루고 있는 5장에서 알게 되겠지만, 보다 심각한 문제는 "지상전은 한국군이, 공중전, 해전 및 합동전은 미군이 수행한다"는 미국의 한반도 방위정책으로 인해 지난 60여 년 동안 현행작전 중심으로 운용해 왔던 한국공군의 대부분 장교들이 이 같은 문제의 본질을 제대로 파악하지 못하고 있었다는 사실이다. 5장에서 보다 상세히 살펴보겠지만 국방개혁 2020과 2025에서는 이처럼 교리적으로 타당성이 없는 개념에 근거하여 육군의 군단 및 사단 작전지역을 대거 넓힌 상태에서 ATACMS, 공격용 헬기 등 엄청난 규모의 육군 무기를 구입하고자 노력했다.

3. 지상군의 정치적 파워

오늘날 한국육군의 정치적 파워는 대단한 수준이다. 한국육군이 막강한 파워를 가질 수 있었던 이유에 지상군 고유의 이점이란 부분이 있다. 육군은 국가사회 전복을 통해 정치집단으로 부상할 가능성이 항상 있는데, 이 같은 사실을 미국 또한 인지하고 있었다.[219] 결과적으로 9.11 테러

처음 접한 것은 그 순간이었다.

219) "미국을 설립한 세대(世代)들이 가장 보편적으로 또는 보다 완벽히 이해하고 있던 원칙에 평시 육군의 위험성에 관한 것이 있다. 육군은 통제되지 않는, 또는 통제가 불가능한 형태의 권력을 의미했다. 때문에 평시 육군을 유지하는 국가의 경우 합법적인 정부

이전 미국인들은 가능한 한 미 본토에 지상군을 유지하지 않고자 노력했다. 이는 해군 및 공군과 달리 육군의 경우 지역을 관장하고 있다는 점에서 지역 내부에서 영향력을 행사할 수 있기 때문이었다.

이 같은 지상군의 본질적인 이점 외에 한국육군은 정치적 측면에서 또 다른 이점을 누리고 있다. 평시 50만 병력을 유지하고 있으며 대한민국 성인 남자의 대부분이 거쳐 가고 있다는 사실만으로도 한국육군은 대단한 영향력이 있다. 더욱이 박정희, 전두환, 노태우란 육군 출신 대통령이 대한민국을 통치하던 당시 한국육군은 막강한 정치적 네트워크를 구축할 수 있었다. 이들 인적 네트워크, 국방자원 등을 동원하여 한국육군은 자신을 적극 지원하는 안보공동체를 조성했다. 이 부분과 관련하여 『디펜스 21』의 편집장인 김종대는 다음과 같이 표현하고 있다. "한국의 안보공동체는 육군 중심으로 되어 있다. 예를 들면 대학교수와 언론인 가운데 해군과 공군의 입장에 동조하는 사람이 많지 않다. 육군에 동조하면 많은 이익이 생기지만 해군과 공군에 동조하면 손해만 보기 때문이다. 국방 자원을 육군이 통제하기 때문이다.…."[220]

방위사업청장을 역임한 이선희 장군 또한 비슷한 관점을 표명하고 있다. "국방 관련 위원회를 구성하는 경우 양념으로 해군과 공군의 현역 및 예비역 장교를 몇 명 포함시키지만 이들도 군 관련 일에 참여하고 싶은 입장이다. 육군에 잘못 보이면 손해 볼 수 있다는 점에서 육군에 반대되는 이야기를 하지 않고 침묵으로 일관하고 있다. 해군과 공군 장교가 소신 있게 주장을 피력하기가 쉽지 않은 실정이다. 민간인들도 상황은 마찬가지다. 국방 공동체가 육군 중심으로 되어 있기 때문이다. 육군이 따돌림

가 전복(顚覆)되고, 독재자가 출현할 위험이 있었다." Richard Kohn, "The Origins of the Prejudice Against Standing Army," *Foundations of Military* (New York : Forbes Custom Publication, 1998), p. 29.

220) 김종대 편집장과의 2012년 8월 14일 인터뷰.

시키면 손해 보기 때문에 학자들도 육군 편을 들지 않을 수 없는 입장이다."[221] 대한민국 안보공동체에 관해 노무현 대통령은 다음과 같이 표현했다. "국방개혁은 대단히 어려운 문제입니다. 윤광웅 국방부장관이 없었더라면 국방개혁을 생각할 수 없었을 것입니다. 국방 관련 정부 연구기관의 연구원들이 구태의연한 사고에 빠져 있습니다. 이들을 바꾸어야 하지만 현재로서는 어려운 실정입니다."[222]

한국군 국방부와 합참을 지원하는 한국국방연구원은 대표적인 경우다. 이곳의 경우 공군과 해군보다는 육군의 구미에 맞는 보고서를 작성할 수밖에 없는 실정이다. 그 이유는 과제 제기 부서인 국방부와 합참의 과장들이 연구 결과를 평가하며, 이들 평가가 연구원의 승진에 많은 영향을 주기 때문이다. 또한 국방부와 합참에서 육군 장교 또는 예비역 육군 장교들이 막강한 영향력을 행사하고 있기 때문이다. 결과적으로 한국육군은 자군에 유리한, 자군의 입지를 강화시켜주는 연구보고서를 지속적으로 생산해낼 수 있는 입장인 반면 해군과 공군은 이 같은 이점을 누리기 곤란한 상황이다.

이미 살펴보았듯이 한국국방연구원은 1960년대 당시 한국육군 장교들이 정립한 문제의 통합군 논리를 확대 재생산하는 성격의 보고서를 1981년, 1986년, 1992년에 발간했다. 또한 이 책의 5장에서 알게 되겠지만 국방개혁 2020 당시 육군 병력 감축을 이유로 육군 전력을 과도하게 건설하는 과정에서 남북한 전력비교에 관한 한국국방연구원의 보고서가 지대한 영향을 끼쳤다고 한다.[223] 이명박 정부 출범 2년 차인 2009년에는 해군과 공

221) 이선희 전 방위사업청장과의 2012년 8월 24일 인터뷰.

222) "Confidential Seoul 002827, Subject: President Roh's Informal Comments On OPCON, North Korea, USG, and Domestic Pplitics", http://www.wikileaks-kr.org/dokuwiki/06seoul2827 (검색일 : 2012. 7. 25).

223) 5장에서 알게 되겠지만 많은 사람들이 당시 육군 병력 감축과 비교하여 과도하게 육군

군의 경우 '04년 대비 '09년 대북 전력지수가 각각 32%, 12% 상승한 반면 병력과 부대를 감축하는 육군의 경우 7% 하락했다[224]는 논리를 한국국방연구원이 제공했는데 6장에서 알게 되겠지만 국방개혁 2020에서 예정되어 있던 공군 사업을 폐기 또는 지연시키며 육군 사업을 추진하는 과정에서 이들 보고서가 영향력을 행사한 듯 보인다. 그런데 육군 입장을 변호한 이들 한국국방연구원의 보고서는 비밀 수준으로 발간되었다.

군사적 타당성에 무관하게 한국국방연구원의 연구원들이 육군 입장을 두둔하고 있음을 보여주는 논문도 없지 않다. 예를 들면 2011년 한국국방연구원의 노훈 박사는 자군에 유리한 방향으로 합동성 개념을 해석 및 이용하라고 다음과 같이 육군에 조언했다. "육군은 포괄적인 합동성 효과의 향상보다는 육군 입장에서 합동성에 대한 협조와 합동성을 이용함으로써 효과를 극대화하는 개념 발전에 관심을 두고 지속적으로 발전시켜 나가는 것이 바람직하다.…전투력 발휘의 제한사항을 없애기 위해 가능한 모든 수단과 방법을 동원하여 지속적으로 강구해 나갈 필요가 있고…"[225] 이 같은 노훈 박사의 조언을 반영했는지 공군작전 지역을 침해하는 방식으로 전방전투지경선을 보다 더 이북 지역으로 이동시키는 방안의 연구를 지시하면서 2012년 김상기 육군참모총장은 "전방전투지경선 이북 지역을 공군작전지역으로 분류 시 지상군사령관 입장에서 전방전투지경선 이북

이 전력을 건설했다고 생각했다. 그 과정에서 한국국방연구원의 보고서가 지대한 영향을 했다고 증언했다.

224) 최근 모 육군 장교는 필자에게 이처럼 주장하면서 한국국방연구원에서 2009년 8월에 발간한 "남북한 실질군사력 및 전쟁수행능력 비교평가"란 보고서와 2010년 2월에 발간한 "전략환경 변화에 따른 군사력 평가"란 보고서에 근거한 것이라고 말했다.; 당시의 연구 결과에 관해 알고 있는 모 박사는 이들 보고서가 잘못된 가정과 절차에 근거하고 있는 등 문제가 많은 보고서라고 말했다.

225) 노훈, "병력감축에 따른 육군의 전투력 발휘 완전성 보장대책." 『국방개혁 성공! 육군은 어떻게 할 것인가?』, 2011년 육군토론회/정책포럼, pp. 187-188.

지역에 대한 연속적인 작전계획(장차작전) 수립이 제한될 수 있음"[226]이란 이유를 제시했다.

한편 한국국방연구원에서 부원장을 역임한 예비역 육군대령 권태영 박사는 2020년경에는 육군 군단의 경우 100-150km를 감시 정찰하고 정밀 타격하는 임무와 고도 10km 수준의 방공 기능을 담당할 수도 있다고 주장[227]했는데 이것 또한 교리적으로 타당성이 없었다. 이미 살펴본 바처럼 교리적으로 보면 미사일, 고정익항공기, 회전익항공기, 무인항공기를 포함한 전구의 모든 항공력을 공군구성군사령관이 통합적으로 지휘 통제함이 원칙이다. 한국국방연구원의 심경욱 박사 또한 "10km 수준의 한반도 방공임무를 육군이 수행해야 할지 모른다"는 권태영 박사와 동일한 논리를 전개했다.[228] 10km 이내의 방공임무에 지대공미사일뿐만 아니라 공군의 많은 고정익 항공기들이 투입되며, 이들 항공기가 방공임무뿐만 아니라 공군의 다양한 임무를 수행한다는 점에서 보면 이는 육군이 공군을 전적으로 지휘 통제하지 않고는 불가능한 논리였다. 818계획 당시 육군 방공포사령부가 공군으로 이관된 것은 교리적 논리에 근거하고 있었다.[229]

---

226) 합동군사대학 합동전투발전부, "전방전투지경선 정립 토의." p. 9.

227) 권태영, "21세기 한국적 군사혁신과 국방개혁 추진." 『전략연구』. 제12권 제3호 통권 제35호 (2005. 11), p. 50.

228) 심경욱, "전략환경 변화! 육군은 무엇을 준비해야 하는가?." 『국방개혁 성공! 육군은 어떻게 할 것인가』, 2011년 육군토론회/정책포럼, p. 215.

229) 공중우세 확보를 위한 제공작전의 일부인 방공작전은 고정익 항공기, 지대공미사일, 대공포가 수행한다. 지휘통일 원칙에 따라 이들 무기는 단일지휘관이 지휘해야 한다. 한반도에서 보면 공군구성군사령관이 이들 무기를 통합적으로 지휘 통제한다. 통합 지휘 측면에서 1980년대 당시 한국공군은 육군이 보유하고 있던 방공무기의 공군 이전을 수차례에 걸쳐 언급했다. 이 같은 노력의 결과로 818 당시 육군 방공포가 공군으로 이관된 것이다. 예비역 공준소장 김동호 장군과의 2013년 6월 28일 인터뷰; 1988년 역대 공군참모총장과 공군본부와의 대화 내용은 방공작전에 대한 공군의 입장을 보여주고 있다. "장성환 전 공군참모총장 : 방공작전에 관한 한 공군이 전 작전요소를 통합하여 작전 지휘할 필요가 있는데? 서동열 공군참모총장 : 세계적인 추세는 방공체제의 일원화입니다.…자체 보호를 위해 운영되고 있는 방공 요소를 제외하면 공군에서 운용해야 되겠다

4. 북한 위협 상존

2012년 8월 17일에 방영된 "쾌도난마"란 TV 프로그램에서 정치평론가 윤창중은 "한국군을 30만으로 줄일 것이란 김두관 후보의 공약을 비판하면서 북한군이 125만에 육박한다"는 사실을 강조했다. 한국군의 병력 감축에 찬성한다는 의미는 아니다. 그러나 북한군의 병력에 병력으로 대항한다는 개념은 옳지 않다. "병력을 병력으로 대항해야 한다"는 논리에 따르면 한국군과 비교하여 훨씬 적은 병력을 유지하고 있는 일본 자위대는 북한군과 싸워 이길 수 없을 것이며, 항공력과 기갑 전력을 중심으로 구성되어 있는 이스라엘 군이 소수 병력으로 방대한 병력의 주변국들과의 전쟁에서 승리하는 이유를 설명하지 못한다.

이 같은 논리는 북한 지상군과 비교하여 1/2 수준의 육군을 보유하고 있는 미군이 지구상 도처에서 진행되는 위기에 대응하고 있는 현상을 설명할 수 없다. 그러나 대한민국 안보공동체의 군사지식이 충분한 수준이 아니란 점에서 95만 병력을 유지하고 있는 북한육군이 대한민국 국방의 군 구조에 적지 않은 영향을 주고 있다. 결과적으로 한국육군의 전력 보강 목적으로 지상군 중심의 북한군이 이용되고 있는 실정이다.[230)]

북한 위협이 한국군 군 구조에 영향을 끼치고 있는 것은 자국의 세계전략 변화에 따라 미국이 북한위협의 실상을 임의로 평가했기 때문일 수 있다. 예를 들면 전시작전통제권이 전환되기 이전 미국은 북한 지상군 중심의 재래식 위협을 강조했다.[231)] 이 같은 맥락에서 한국군 지상군 전력의 증

는 것이 공군의 입장입니다." 군구조 개선(818계획)에 대한 설명회 pp 17-18.

230) 일각에서는 북한군 병력이 몇 십만이 안 된다는 주장도 있다.

231) 북한 재래식 전력의 저하를 미국은 전시작전통제권 전환이 구체적으로 결정된 2006년 이후 언급하고 있다. "2003년에 이 같은 변화 과정이 시작된 것은 4가지 요인 때문이다.…네 번째 요인은 1990년대에 소련(북한에 무기를 공급해준 주요 국가)과 북한 경제

강을 강조했다. 전시작전통제권 전환이 결정된 이후 미국은 북한군 재래식 전력이 미미한 수준이라며 점차 기존 관점을 수정했다. 즉 북한 위협이 증대되고 있다는 한미연합사령관의 판단을 한국의 비평가들이 신뢰하지 않고 있다는 표현[232]에서 북한 위협에 대한 한미연합사의 잘못된 판단[233]이란 표현을 거쳐, 북한군 재래식 전력이 1990년대 이후 현저히 줄어들었다는 표현[234]으로 입장을 바꾸었다. 2008년 이후 북한군 재래식 능력을 미국이 대수롭지 않게 평가하고 있다는 점은 여타 보고서에서도 목격된다. 예를 들면, 미 국방부 아시아-태평양 총괄인 리처드 롤리스(Richard P. Lawless)는 "재래식 무기로 전쟁을 한다면 한국이 북한을 방어하고 격퇴할 수 있을 것이다. 미국이 지원한다면 한국은 보다 신속하고 확실하게 이길 것이다."고 말하고 있다.[235]

가 몰락하면서 북한의 재래식 전력이 대거 약화되었다는 인식이다." Larry A. Niksch, "U.S.-South Korea Military Alliance"(April 28, 2008), pp. 17-20; Larry A. Niksch, "U.S.-South Korea Military Alliance"(July 25, 2008), pp. 14-17.

232) "2001년 3월의 하원 증언에서 주한미군 사령관인 토머스 슈워츠(Thomas Schwarz) 대장은 북한군의 규모와 무기가 방대한 수준이란 점, 2000년에 대규모 훈련을 수행했다는 점, 장사정포와 다연장포가 수도 서울을 사정거리 안에 두고 있다는 점을 거론하며 북한의 위협이 점차 증대되고 있다고 말했다. 슈워츠의 증언에 대해 한국 내부에서 그리고 다수의 한반도 전문가들이 비판적인 시각을 보였다." Larry A. Niksch, "Roh Moo-hyun's Election and South Korean Criticism of the U.S. Military Presence." *Korea: U.S.-Korean Relations_Issues for Congress*(March 17, 2003), p. 14; Larry A. Niksch "Roh Moo-hyun's Election, Anti-Americanism, Plans to Change the U.S. Military Presence." *Korea: U.S.-Korean Relations_Issues for Congress*(July 18, 2003), p. 14.

233) "1998년 이후 한국의 여론은 주한미군에 대해 비판적인 시각을 견지하게 되었는데, 이는 한국의 민간인과 미군이 개입되어 있는 사건들, 북한의 군사적 위협에 대한 한국인들의 우려가 줄어들고 있다는 점, 주한미군이 북한의 재래식 전력의 능력을 과장했다는 점 때문이다." Larry A. Niksch, "Anti-Americanism and Plans to Change the U.S. Military Presence." *Korea: U.S.-Korean Relations_Issues for Congress*(April 14, 2006), pp. 13-14.

234) "네 번째 요인은 1990년대에 소련(북한에 무기를 공급해준 주요 국가)과 북한 경제가 몰락하면서 북한의 재래식 전력이 대거 약화되었다는 인식이다." Larry A. Niksch, "U.S.-South Korea Military Alliance"(April 28, 2008), p. 17; Larry A. Niksch, "U.S.-South Korea Military Alliance"(July 25, 2008), p. 14.

235) 허만섭 기자, "미국 국방부 '아시아, 태평양 총괄' 리처드 롤리스가 밝힌 한미동맹의 진

제4절 국방개혁의 역사적 궤적 : 818계획, 국방개혁 2020, 국방개혁 307

이 책에서 다루고 있는 국방개혁인 818계획, 국방개혁 2020, 국방개혁 307은 몇몇 공통점이 있다. 이들 국방개혁은 육군이 전쟁을 주도하고 해군과 공군이 육군을 지원한다는 육군문화에 근거하고 있다. 결과적으로 상부지휘구조 중심의 818계획과 국방개혁 307에서는 상부지휘구조를 육군 중심으로 개편했거나 개편을 추진했다. 전력구조 중심의 국방개혁 2020에서는 군단장이 공군과 해군의 항공력을 관장하여 전쟁을 수행한다는 육군 중심 입체고속기동전인 공지전투 교리에 입각하여 전력을 건설하고자 노력했다. 결과적으로 육군 작전지역을 대거 확대했다. 또한 대통령의 의도에 무관하게 개혁안으로 인해 육군의 입지가 대거 강화되었다.

1. 역사적 관점에서 본 818계획

1960년 이후 한국육군 장교들은 육군 중심 단일군 추진 방안을 연구했다. 이들 연구 결과에 근거하여 1959년부터 818계획이 추진된 1988년 이전까지 한국군은 수차례에 걸쳐 단일군제로의 전환을 추구했다. 그러나 이들 노력은 일부 하부구조 통합으로 국한되었다. 818계획은 단일군을 겨냥한 상부지휘구조 개편이 성공을 거둔 최초의 경우였다. 그러나 해군과 공군의 저항뿐만 아니라 정치권의 반대로 818계획을 통해 국방부는 완벽한

실." 『신동아』 통권 575호(2007. 8. 1), pp. 82-104.

단일군제를 추진하지 못했다. 군정은 국방부장관에서 각군 본부로, 군령은 국방부장관에서 합참으로 연결되는 형태로 귀착되었다. 이미 살펴본 바처럼 당시 정착된 통제형 합참의장제는 단일군제로 가기 위한 중간 단계에 해당했다.

2. 역사적 관점에서 본 국방개혁 2020

일반적으로 알려진 것과 달리 국방개혁 2020은 병력구조 중심이 아니고 전력구조 중심의 개혁이었다. 국방개혁 2020은 미 육군이 1982년에 정립했지만 합동교리가 아니고 육군교리란 점에서 미군이 배격한 공지전투교리를 거의 답습한 입체고속기동전 교리에 근거하고 있었다. 국방개혁 2020 당시 육군은 공군 작전지역을 침해하는 방식으로 군단 및 사단 작전지역을 넓히고 이들 지역에서 작전을 수행하기 위한 전차, 헬리콥터, 무인항공기, 지대지미사일, ATACMS 등을 구입하기 위해 국방개혁 2020에서 책정되어 있던 투자비 271조의 절반을 확보했다. 결과적으로 중복전력 건설과 우군이 발사한 화기에 우군 항공기가 격추될 수도 있는 우군살상 가능성이 초래되었다.

문제의 입체고속기동전 교리를 적용하여 한국육군이 엄청난 전력을 건설할 수 있었던 것은 청와대 참모뿐만 아니라 작전지역 확대로 인해 직접 영향을 받는 한국공군 장교는 물론이고 한국군 장교들의 군사적 전문성에 문제가 있었기 때문이었다. 이처럼 한국군 장교들의 군사적 전문성에 문제가 있었던 것은 한미동맹이 체결된 1954년 이전 한국군이 현대전을 경험해본 적이 없으며, 미군이 합동전과 공중전을 주도하고 한국군이 지상전을 주도한다는 미국의 한반도 국방정책이 장기간 동안 유지되었기 때문이었다.

3. 역사적 관점에서 본 국방개혁 307

국방개혁 307은 818계획과 국방개혁 2020의 연장선상에서 생각할 수 있다. 국방개혁 307은 국방개혁 2020에서 완성하지 못한 한반도 항공력에 대한 지휘 통제 권한을 완결하고 818계획에서 완성하지 못한 단일군제로의 전환을 완결하기 위한 것이었다. 즉 육군이 전쟁을 주도하고 해군과 공군이 육군을 지원한다는 개념을 지휘구조 및 전력구조 측면에서 완결하기 위한 것이었다. 항공력 지휘 통제의 문제는 은밀한 방식으로 지속적으로 추진되었던 반면 통합군으로의 상부지휘구조 개편안은 이명박 대통령의 강력한 의지로 국무회의에 상정되었다. 그러나 단일의 군인이 통제할 수 있는 범주, 즉 '지휘 폭(Span of Control)'에 한계가 있다는 점으로 인해 해군과 공군의 예비역 장교는 물론이고 국방부장관, 합참의장, 육군참모총장을 역임한 예비역 육군 장교들의 격렬한 반대로 무산되었다.

제5절 평가

전 세계 각국이 육군, 해군, 공군을 중심으로 합동 차원에서의 전쟁 수행 개념을 정립하고자 적극 노력하고 있으며, 한국군이 말하는 단일군제 또는 통합군제를 운용하는 국가가 지구상에 존재하지 않는 오늘날, 한국군이 다수의 국방개혁을 통해 점차 육군 중심 단일군에 근접해가고 있는 것은 무슨 이유 때문인가? 이는 한미동맹으로 인해 한국군이 교리 및 전략과 같은 관념적 구조 측면에서 뿐만 아니라 병력 및 전력과 같은 물질적 구조 측면에서 육군 중심 비대칭 구조를 이루고 있다는 점, "전쟁은 육군이 주도하고 해군과 공군이 육군을 지원해야 한다"는 육군 문화 때문이다. 막강한 파워를 이용하여 한국육군이 육군문화를 국방 차원에서 강요할 수 있었기 때문이었다.

한국전쟁 이후 미국은 북한의 남침을 방지하기 위해 한미상호방위조약을, 남한의 북침을 막기 위해 한미합의의사록을 체결했다. 한미합의의사록으로 인해 미군이 한국군을 작전 통제하게 되었으며, 한국군의 병력과 부대 구조가 육군 중심의 비대칭 구조를 이루게 되었다. 미국은 한반도 항공력을 움켜쥐는 등 한국군이 보병 중심의 군대가 되도록 노력했다. 결과적으로 한국군은 교리 및 전략과 같은 관념적 구조 측면에서 뿐만 아니라 병력·전력·부대 및 지휘 구조 측면에서 육군 중심의 극심한 비대칭 구조를 이루었다.

주한미군 철수에 대비한 전구 지휘구조를 구상하는 과정에서 이 같은 사실이 적지 않은 영향을 끼쳤다. 육군 장교들은 초대 공군참모총장이던 김정렬 장군의 우발적인 실수로 한국전쟁 초반 2주 동안 육군참모총장이

3군 총사령관 직책을 겸임했다는 사실, 1954년 이승만 대통령의 지시로 명목상이나마 합참의장이 각군 작전부대를 지휘통제 했다는 사실뿐만 아니라 1945년 이후 미군 내부에서 진행되고 있던 국방 재조직 논쟁을 육군 문화를 한국군에 강요하기 위한 논리로 이용했다.

이들 우발적인 실수를 근거로 1960년 이후 육군장교들은 단일군을 변호하는 수십 편의 논문을 발표했다. 단일군으로 직접 전환하는 경우 무리가 따를 수 있다며 합참의장이 각군 작전부대를 지휘 통제하는 단계를 제시했다. 그 과정에서 사실 왜곡도 없지 않았다. 육군 중심 단일군 개념에 입각해 한국국방연구원과 같은 국방 연구기관들이 단일군을 옹호하는 몇몇 연구보고서를 발간했으며, 장교들의 논문과 국방 연구기관의 연구결과에 근거하여 1959년부터 국방부는 국방기구개편을 염두에 둔 위원회를 10여 차례 운영했다. 이들 위원회와 연구는 목표 달성을 위한 전략 측면에서 차이가 있었을 뿐 단일군(통합군)을 추구했다. 손쉽게 통합할 수 있는 하부조직부터 단계적으로 통합해야 한다는 원칙에 입각해 지난 수십 년 동안 한국군은 군정 및 군령 조직의 통폐합을 추구했다.

이 같은 통폐합은 육군 중심 단일군 개념, 즉 육군이 한반도 전쟁을 주도하고 해군과 공군이 육군을 지원한다는 개념에 근거하고 있었다. 육군의 보병, 포병, 기갑, 공병, 통신과 같은 전투 병과를 제병협동(Combine of Arms) 개념에 근거해 통합적으로 운용하듯이 해군과 공군이 육군의 여타 전투 병과와 동일 선상에서 지상전을 지원한다는 개념에 근거하고 있었다. 육군이 제반 전투 병과를 고려한 단일의 군정과 군령 조직을 유지하고 있듯이 해군과 공군이 지상전에 통합된다는 육군의 논리에서 보면 육군, 해군 및 공군의 군정 및 군령 조직을 육군 중심 단일 조직으로 통폐합함이 타당성이 있어 보였다. 그러나 이는 합동 차원에서의 전쟁을 염두에 둔 것이 아니고 육군 중심 지상전 수행을 위한 것이었다.

지난 수십 년 동안 한국군은 단일군을 전제로 단계적으로 조직을 통폐합해야 한다는 논리를 국방문서체계에 반영하고는 점진적으로 조직 통폐합을 추진해왔다. 1971년 당시 특검단장으로서 통합군을 추진했던 김희덕 장군은 818계획에 참여하고 있던 육군, 해군 및 공군의 연구원들에게 "합동군제를 하겠다면서 사관학교 통합 등을 언급하고 있는데, 이는 잘못이다. 합동군제라고 하면서 왜 하부 조직을 합치는가? 이 같은 통합은 통합군(단일군)을 전제로 한 것이다. 보안사 통합도 잘못된 것이다."[236]고 주장했다. 전두환 대통령에게 보고된 1987년의 "군구조 검토안"이란 제목의 보고서에서 또한 "통합군을 전제로 할 때만이 조직 통폐합이 가능하다."[237]고 말하고 있다. 818계획 당시 실무 책임자로 일했던 합참전략국장 예비역 육군중장 용영일 장군은 "합동군에서는 조직 통폐합을 생각할 수 없다. 조직 통폐합은 통합군을 전제로 한 것이다."[238]고 말했다. 여기서 보듯이 한국군은 육군 중심 단일군을 염두에 둔 상태에서 조직 통폐합을 추구해왔던 것이다. 국방개혁을 통해 한국군이 점차 육군 중심 단일군에 근접해간 것은 이 같은 이유 때문이다.

1980년대에 접어들면서 한국육군은 미 육군이 정립한 공지전투(Airland Battle) 교리에 심취했다. 군단장이 공군의 항공기를 지휘 통제하며 전쟁을 수행한다는 공지전투 교리를 입체고속기동전으로 개칭하고는 이것을 육군의 주요 교리로, 합동교리로 정립하고자 적극 노력했다. 합동교리가 아니고 육군교리란 점에서 미군조차 배격했던 공지전투 교리에 한국육군이 열광했던 것은 이 교리가 "육군이 전쟁을 주도하고 해군과 공군이 육군을 지원한다는 개념"과 일치했기 때문일 것이다. 이 교리를 적용하는 경우

236) 예비역 공군준장 조건환 장군과의 2012년 4월 5일 인터뷰.

237) 김건태, 『국방조직의 이론과 실제』, p. 363.

238) 예비역 육군중장 용영일 장군과의 2012년 5월 29일 인터뷰.

향후에도 육군이 국방을 주도할 수 있을 것이기 때문일 것이다. 이외에도 북한군이 많은 지상군을 보유하고 있다는 사실을 이용하여 대한민국 또한 많은 육군병력을 유지해야 할 것이란 논리를 전개했으며, 막강한 정치적 영향력을 이용하여 육군 중심의 안보공동체를 조성했는데 이는 한미동맹으로 인해 형성된 육군 중심 비대칭구조를 지속적으로 유지하기 위함일 것이다.

그러나 이 같은 육군 중심 단일군 구조로는 제대로 전쟁을 수행할 수 없을 것이다. 해군과 공군 중심으로 진행될 주변국과의 전쟁은 물론이고 북한군이 제기하게 될 다양한 위협에 효과적으로 대응할 수 없을 것이다. 4장, 5장 및 6장에서 자세히 살펴보겠지만 육군 중심 단일군(통합군) 논리와 입체고속기동전 교리가 818계획 이후의 한국군의 모든 국방개혁에서 엄청난 영향력을 발휘하면서 한국군이 보다 더 육군 중심으로 변모해갔다. 국방개혁 2020의 경우 개혁성향이 있다고 생각되었던 조영길 국방장관에 이어 윤광웅 제독을 국방장관으로 임명할 정도로 3군 균형발전에 대한 노무현 대통령의 국방개혁 의지는 확고했다. 그러나 국방개혁 2020을 통해 한국군은 보다 더 육군 중심으로 변모해갔는데 이는 육군들이 정립해놓은 방대한 분량의 육군 중심 문서체계, 육군 중심 안보공동체뿐만 아니라 해군 및 공군과 비교한 육군의 막강한 파워 때문이었다.

제 4 장

통합 절충형 국방개혁 : 818계획

제4장
통합 절충형 국방개혁 : 818계획

작전통제권 전환에 대비한 한국군 독자적인 작전 수행체제 정립과 목표 위주의 효율적인 군사력 건설, 3군 균형발전 등을 목적으로 하고 있던 "장기 국방태세 발전방향"이란 명칭의 818계획은 3단계로 진행되었다. 기본 연구방향 정립 목적의 제1단계는 1988년 9월 1일부터 12월 31일까지 지속되었다. 1단계 후속 보완 목적의 2단계 연구는 1989년 2월 1일부터 12월 31일까지, 2단계에서 확정된 군구조 개선 방안을 실제 시행하는 3단계는 1990년 1월 1일부터 1991년 12월 31까지 진행되었다.

제1단계 연구에서는 1988년 9월 1일부터 동년 12월 31일까지 각군의 장성 및 영관급 장교와 한국국방연구원 및 국방대학원의 전문가 등 50명으로 구성된 818 추진위원회를 구성하여 ① 한국적 여건에 부합하는 독자적인 군사전략 정립, ② 통합전력 발휘를 보장할 수 있는 군구조 개선, ③ 가용 자원의 제한성을 고려한 군사력 정비란 3대 과제를 연구했다. 그러나 818계획의 핵심은 통합군제, 합동군제와 같은 군제를 선정하는 일이었다.

제1단계 연구 결과로 국방부는 맨 처음 통합군제를 보고했지만 "해·공군의 반대로 통합군제가 곤란하다"는 대통령의 판단에 따라 통합군제에 근접한 국방참모총장제를 1989년 1월 24일 대통령에게 보고했다. 당시의 보고에는 각군 사관학교, 군수, 정보, 통신 등의 하부조직을 가능한 한 통합하고, 각군 본부를 40% 줄이는 한편, 국방참모총장에게 국방참모본부에 대한 인사권과 주요 작전부대 지휘관에 대한 인사권을 부여하며, 육군의 방공포를 공군에 이관한다는 내용이 포함되어 있었다.

제1단계 후속 보완연구를 추진하기 위하여 국방부장관을 위원장으로 하는 추진위원회를 편성 연구하여 연구 중간결과를 1989년 8월 24일 대통령에게 보고했다. 사관학교 통합이 보류되는 등 1월 24일에 보고한 내용과 비교해 많은 부분이 희석되었다는 대통령의 질책에 따라 1989년 9월 1일부터 12월 31일까지 2단계 연구를 보완하기 위한 연구가 청와대·안보보좌관실과의 조율 아래 진행되었다. 그러나 해·공군과 야당 의원들의 반대로 8월 24일에 보고한 내용에서 크게 벗어나지 못한 내용을 1989년 11월 16일 대통령에게 보고하여 최종 승인을 받았다.

1990년 1월 1일부터 1991년 12월 31일까지 진행된 3단계 연구에서는 법적 및 내용적으로 계획을 일단락 짓는 과정으로서 국군조직법을 개정하고, 이에 따라 국방부 본부, 합참본부를 비롯한 14개 주요 상급부대에 대한 증설 및 창설 작업과 통폐합 작업을 단행했다.

제1절 노태우 정부와 818 국방개혁의 방향

당시 연구의 핵심은 통합군제, 합동군제와 같은 군제[1]였다. 818계획과 관련된 대통령의 지시는 통합군 또는 통합군에 가까운 합동군이었다.[2] 그러나 818계획은 통제형 합참의장제로 귀결되었다.

노태우 대통령이 통합군을 선호했음은 통합군 추진 목적으로 이종구 국방부장관이 각 군 참모총장과 함께 노태우 대통령에게 보고한 1991년 8월의 대통령의 다음과 같은 발언을 통해 확인된다. "내가 들으니 각군에서 오늘 보고한 통합군안을 주장한다는데, 이제는 각군에서 진심으로 통합군체제의 불가피성을 공감하고 있다는 뜻인가?…바람직한 방향이라고 생각함. 처음부터 그렇게 하려던 것인데 광범한 공감대의 확립이 미흡하여 적절한 중간선의 체제를 선정했었던 것임.…"[3]

이 같은 노태우 대통령의 발언은 "노태우 정부는 통합군 형태의 강력한 지휘구조로 국방참모총장을 신설해 군의 전쟁 수행능력을 높이고 방만한 군 조직을 효율화하려 했다.…결국 최초 의도에서 한발 물러난 합동

---

1) "군 구조 분야에 치중한 나머지 군사전략과 무기체계 분야는 앞으로도 발전시켜야 할 여지를 많이 남겨 놓았다." 공보처, 『제6공화국 실록: 노태우 대통령 정부 5년 – 2권. 외교·통일·국방』(정부간행물제작소, 1992), p. 565. 여기서 말하는 군 구조는 상부지휘구조를 의미했다.

2) "노태우 대통령은 군사적 효용성을 보면 단일군에 가까운 통합군이 최선이나 제반 여건을 고려해보면 통합군에 가까운 합동군도 괜찮을 것 같다."고 지침을 주었다. 예비역 육군소장 이석복 장군과의 2012년 5월 24일 인터뷰.

3) "818시업 중간보고시 지시하신 사항을 시달 실천에 만전을 기하도록 하겠습니다."며 1991년 8월 19일 김희상 국방정책 비서관은 보고서를 작성해 대통령의 결재를 받았으며 문서를 각군에 내렸다. 제목: 대통령 지시 및 말씀사항, 보고관 : 국방정책 비서관 김희상, 기안일자 : 1991. 8. 19.

군제로 변화를 마무리했다."[4]는 1988년 당시 청와대 국방비서관으로 일했던 신양호 장군의 발언, "청와대 주변에 있는 군인들과 몇몇 민간인 학자들이 통합군해야 한다고 하여 대통령이 국방부에 통합군 연구하라고 지시하고 문서를 내렸다."[5]는 조영길 전 국방부장관의 증언, "818은 통합군하기 위해 모인 것이다."[6]는 군 구조 관련 해군 대표였던 이기정 제독의 증언, "나는 통합군을 최선의 방안으로 생각했다.…통합군이 해·공군에 절대적으로 유리한 것으로 생각했다.…막강한 육군참모총장 권한을 상실하게 된다는 점에서 통합군을 육군이 반대할지 모르겠지만 해·공군이 반대하는 것은 도무지 이해되지 않았다."[7]는 청와대 안보정책비서관으로서 818계획을 입안했던 김희상 예비역 육군중장의 증언, "…효율적이고도 경제적이며 통합전력을 발휘할 수 있는 군을 염두에 둔 것으로 생각했다. 통합군 또는 단일군을 염두에 두고 하시는 것으로 생각했다.…"[8]는 818계획 당시 총괄 업무를 담당했던 예비역 육군소장 이석복 장군의 증언은 대통령의 최초 의도가 통합군이었음을 보여주고 있다.

이처럼 대통령과 육군 중심 국방부가 통합군을 선호했음에도 불구하고 818계획은 합참의장이 3군 작전부대를 지휘하는 반면 각 군 본부가 군정을 관장하는 통제형 합참의장제로 귀결되었다.

4) 예비역 육군소장 신양호, "더 이상 미룰 수 없는 국방개혁." 『월간중앙』(2011, 5), pp. 104-107.

5) 조영길 전 국방부장관과의 2012년 6월 21일 인터뷰.

6) 예비역 해군준장 이기정 제독과의 2012년 6월 27일의 인터뷰.

7) 예비역 육군중장 김희상 장군과의 2012년 5월 18일 인터뷰.

8) 2012년 5월 24일의 이석복 장군과의 인터뷰.

제2절 818 국방개혁의 명분

왜 노태우 대통령은 3군 병행적으로 운용되던 한국군을 육군 중심 단일군인 통합군으로 개편하고자 했을까? 818계획을 추진할 당시 북한위협을 포함한 위협환경의 변화와 한미동맹의 변화는 있지 않았다. 노태우 대통령은 1960년대 초반부터 한국육군이 추구했던 단일군제의 연장선상에서 818계획을 추진했다.

주변국 위협은 배제한 채 북한위협만을 간주했으며, 북한군을 육군 중심 단일군으로 평가했다. 단일군에 대항하기 위한 최상의 방안은 단일군이란 명분에서 육군 중심 단일군인 통합군을 추진한 것이었다. 또한 한미동맹의 약화 가능성을 명분으로 한국군 독자적인 전쟁 수행체제를 정립하고자 했지만 1988년 당시 한미동맹의 약화 가능성을 보여준 유일한 증거는 한국국민 내부에서 반미감정이 고조되고 있었다는 사실 뿐이었다.

1. 탈냉전과 위협환경의 변화 : 북한 위협만 고려

818계획이 추진되던 1988년 당시 한국은 소련, 중국, 일본과 같은 주변국이 제기하는 위협과 북한위협에 직면해 있었다. 그러나 한국은 주변국이 제기하는 위협은 거의 고려하지 않았다.

1988년의 국방백서에서는 "적의 무력침공으로부터 국가를 보위하고 평화통일을 뒷받침하며 지역적인 안정과 평화에 기여"[9]하는 것을 국방목

9) 대한민국 국방부, 『국방백서 1988』, p. 23.

표로 삼고 있었다. 그런데 여기서 말하는 적은 북한을 의미했다. 이는 한반도 대립상황을 한반도 내에서 민족적 재통일을 시도하려는 남북한 간의 직접적인 대립과 갈등, 남북한을 통해서 자신들의 영향력을 행사하고자 하는 미국, 일본, 중국, 소련 4국의 간접적인 세력관계, 직접적인 미국, 일본, 중국, 소련 4국 간의 세력관계로 규명하고 있다[10]는 점에서 잘 알 수 있다. 이 같은 한반도 대립상황으로 인해 대한민국 국방은 첫째, 북한의 직접적인 군사위협에 대처하기 위한 자주국방태세 확립, 둘째, 북한에 육속된 배후에서 직간접적인 군사지원을 제공하고 있는 소련과 중국의 위협에 상응하는 아측의 동맹세력 확보, 셋째, 미국을 비롯한 자유진영의 동북아지역 방위를 위한 지역전력으로서의 한국군의 역할과 기여를 염두에 두고 있었다.[11] 즉 소련, 중국, 일본이 한반도에 직접 제기하는 위협은 고려하지 않고 있었다. 이 같은 점으로 인해 1988년의 국방백서에서는 북한 위협에 초점을 맞추고 있었다.[12]

한편 북한은 막강한 지상군 중심의 단일군을 편성하고 있으며 기회가 도래하는 경우 전방을 통한 정규전과 후방에서의 비정규전을 배합하는 형태의 전쟁을 속전속결 방식으로 동시에 수행할 수 있을 것으로 생각했다.[13]

이 같은 위협인식이 818계획에 영향을 미쳤다. 818계획 실무책임자였던 예비역 육군중장 용영일 장군은 818계획과 북한의 관계를 다음과 같이 표현하고 있다. "북한을 봐라. 북한은 총참모장 밑에 각군 본부도 없고 군사령부도 없는 강력한 단일군제를 운용하고 있다. 대한민국은 북한과 싸

10) 위의 책, p. 31.

11) 위의 책, p. 32.

12) 위의 책, pp. 33-34.

13) 위의 책, pp. 25-27.

워야 하기 때문에 북한과 유사한 군제를 구비해야 한다. 한미연합사와 같은 간출한 조직을 구비해야 한다. 미국의 3성 장군 지휘 지역도 안 되는 한반도에서 지휘구조가 너무나 복잡했다. 자원도 아끼고 무기를 현대화 하려면 통합군만이 정답이라고 생각했다."[14][15] 818계획 당시 국방부 안보정책비서관이던 김희상 장군은 818계획과 북한의 관계를 다름과 같이 표현하고 있다. "…러시아 및 중국과 북한의 관계를 차단하고 북한사회를 개방시키는 대북개방 정책을 통해 독재체제를 바꾸어 기회가 생기면 통일을 뒷받침해야 하는데…독자적으로 움직일 수 있는 시스템을 구비해야 한다는 것이 818계획의 기본이다. 3군 병립제는 곤란하다는 인식에서 합참을 강화하기로 결정했다."[16]

2. 한미동맹의 약화 가능성 : 반미감정

818계획이 추진된 1988년 5월 이전 한미동맹의 약화 가능성은 크게 두드러지지 않았다. 1970년대 당시 미국은 작전통제권 전환을 고려하고 있었다. 그러나 미국 대통령에 당선된 레이건(Ronald Wilson Reagan)이 동맹국들 간의 관계 강화를 추구하면서 1980년대 당시 미국은 작전통제권 전환을 고려하지 않았다. 작전통제권 전환 가능성 등 미국의 한반도 정책변화

14) 예비역 육군중장 용영일 장군과의 2012년 5월 29일 인터뷰.

15) 여기서는 총참모(General Staff)란 '전쟁의 천재'들이 운용하는 북한군을 단일군(통합군)으로 말하는 한편 미국의 태평양사령부와 같은 Unified Command를 통합군으로 번역하면서 한국군 또한 육군, 해군 및 공군이 없는 단일군으로 가야한다는 논리를 주장하고 있다. 이는 하늘에서 내리는 눈(雪)과 사람의 눈(目)을 동일시하는 것과 같은 논리다. 북한군과 미군의 군제는 전혀 다르다. 또한 북한군은 단일군이 아니며 미군의 Unified Command 또한 한국군이 말하는 단일군이 아니다.

16) 예비역 육군중장 김희상 장군과의 2012년 5월 18일 인터뷰.

가능성은 냉전 종식에 즈음한 1990년 이후 등장한 현상이었다. 818계획이 추진된 1988년 당시에는 동구권도, 구소련도 붕괴되지 않았으며, 주한미군의 철수 가능성도 거론되지 않았다. 선거 유세가 진행되고 있던 1987년 노태우 후보는 작전통제권 전환을 언급했는데, 이는 국제 안보환경 변화에 입각한 것이 아니었다. 그러나 1980년대 초반 이후 고조되고 있던 반미감정, 86아시안게임의 성공적인 개최로 인해 고양된 국민의 자긍심과 같은 요인들이 한미동맹을 약화시킬 가능성은 있었다.

한국국민의 반미감정은 전두환 정부가 출현한 1980년을 기점으로 부각되었다. 닉슨(Nixon) 대통령이 주한미군 병력을 일부 철수시키고, 카터(Jimmy Carter) 대통령이 북한의 인권 문제를 외면한 반면 한국 내부의 인권 문제를 부각시키면서 1970년대 후반에는 한미 간에 긴장이 고조되었다. 이 같은 상황에서 1980년 전두환 정권의 5공화국이 출범했다.

많은 한국인들은 전두환에 의한 1980년의 쿠데타에 미국이 개입되어 있는 것으로 생각했다. 당시 주한미군사령관 위컴(John Wickham)은 자신이 한국군의 이동을 저지할 수 있는 입장에 있지 못했다고 언급했다. 예를 들면 쿠데타에 개입한 특전사를 통제할 수 있는 입장이 아니었다고 말했다. 그럼에도 불구하고 "한국인은 들쥐와 같기 때문에 강력한 리더가 필요하다"[17]는 발언을 하는 등 위컴은 의혹을 부채질했다. 당시 위컴은 전두환의 한국군 운용과 관련해 이의를 제기하지 않았다. 뿐만 아니라 "한국인들은 민주주의에 준비되어 있지 않다"고 공식 언급함으로써 친미 성향의 한국 정부를 미국이 맹목적으로 지지하고 있는 듯 보이게 만들었다.[18]

또한 1980년의 광주항쟁 당시 한국국민, 특히 대학생들은 광주시민을

17) Selig Harrison, "Dateline South Korea: A Divided Seoul," *Foreign Policy*, no. 67(Summer 1987), p. 157; Kim Jin-wung, "Recent Anti-Americanism in South Korea: The Causes," *Asian Survey* 29, no. 8(August 1989), p. 755.

18) Sanford Ungar, "South Korea: Ally, New Competitor," *Atlantic*(December 1983), p. 23.

겨냥한 한국군의 무력행사와 관련해 미국을 비난했다. 미국이 한국군에 대한 작전통제권을 행사하고 있었다는 점으로 인해 많은 한국인들은 미국이 광주에서의 비극적인 상황을 막을 수 있는 입장에 있었다고 생각했다.[19] 당시 광주에 있던 미국의 인류학자인 루이스(Linda Lewis)는 "미국정부가 당시 상황에 적극 개입했을 것이다(해야만 하였을 것이다)"라고 언급했다.[20] 광주에서의 미국의 역할을 문제 삼으며 조성되기 시작한 반미감정은 1980년의 광주 미문화원 방화사건, 1982년의 부산 미문화원 방화사건, 1985년의 서울 미문화원 점거사건 등 일련의 사건을 초래하면서 점차 국민적 관심사로 부상했다.

한편 소련의 아프간 침공 이후 대소 봉쇄전략 측면에서 동맹국과의 관계강화를 희망했던 레이건 대통령 당시의 미국은 전두환 정권과의 우호적인 관계를 추구했는데, 이 같은 미국의 정책에 대학생을 중심으로 한 일부 한국인들이 분개했다.

1987년 여름에는 거리 시위가 고조되었다. 많은 한국인들은 전두환 정권이 정치적으로 타협적이지 않다는 점뿐만 아니라 전두환 정권의 존재 자체를 놓고 미국을 비난했다.[21] 1988년의 서울올림픽에서는 2명의 수영 선수들이 호텔의 석고상을 절도하는 등 몇몇 미국인들에 의한 바람직하지 못한 행동이 목격되었다. 이 같은 행동으로 인해 한국인들의 비난이 고조되었다.

또한 자동차, 식량을 포함한 교역물자들과 관련해 전개된 한미 간의 격

19) Kate Ouslay, "Wartime Operational Control," *SAIS U.S.-Korea Yearbook*(Johns Hopkins University, 2006), p. 32.

20) Linda Lewis, "The 'Kwangju Incident' Observed: An Anthropological Perspective on Civil Uprisings," *The Kwangju Uprising: Shadows Over the Regime in South Korea* (Boulder, CO: Westview Press, 1988), p. 23.

21) Manwoo Lee, "Double Patronage Toward South Korea: Security vs. Democracy and Human Relations," in Alliance Under Tension, eds. Lee et al. pp. 43-44.

렬한 무역 분쟁이 반미감정에 일조했다. 1980년대 초반까지 대미 무역적자를 보이던 한국은 1982년부터 흑자로 반전했으며 1986년에는 거의 1백억 달러의 흑자를 거두었다. 특히 자동차, 전자제품 등은 미국 업계에서 점차 경계의 대상이 되었으며, 이것이 한국의 경제력에 대한 상당 수준의 과대평가와 결합되면서 미국의 한국에 대한 강경 대응책을 초래했다. 1983년부터 미국은 한국을 불공정 교역국으로 간주하여 한국의 시장개방과 더불어 대미 덤핑수출 방지 등을 요구해왔다. 이 같은 미국의 요구는 한국 내부에서 엄청난 반향을 불러일으켰다. 결과적으로 특정 산업의 불황뿐만 아니라 전반적인 국가의 경쟁력 약화를 초래하면서 미국에 대한 부정적인 인식이 확산되었다.

베를린장벽이 무너진 이후의 여론조사에 따르면, 한국의 많은 젊은이들이 한반도 통일을 방해하고 있다며 미국을 비난하고 있었다. 1987년 7월 한 시위자는 다음과 같이 말했다. "우리가 미국인을 좋아하지 않는 것이 아닙니다. 그러나 지난 37년 동안 당신들은 한국의 잘못된 친구들을 지원했습니다."[22)]

1980년대 당시 한국이 거둔 성공으로 인해 미국에 대한 한국의 의존성이란 문제가 한국인 입장에서 굴욕적인 현상이 되었다. 이만우는 다음과 같이 말하고 있다. "반미감정은 한국 민족주의의 부활을 상징하고 있습니다."[23)] 그의 이 같은 주장을 여론조사 결과가 입증해주었다. 한국인이 선호하는 국가의 관점에서 보면 오랜 기간 동안 미국은 거의 가장 높은 수준에 있었다. 그러나 1980년대 당시 미국에 대한 한국국민의 지지도는 극적으로 하락해 1988년에는 9위로 전락했다.[24)] 미국에 대한 우호 정도는 도시

---

22) "Banner Battle Rouses Crowd at Seoul Rally," *Washington Post*(July 19, 1987), p. A18.

23) Manwoo Lee, "Anti-Americanism and South Korea's Changing Perception of America," p. 26.

24) Kim Kyong-dong "Korean Perceptions of America," in Korea Briefing(1993), p. 177.

민, 전문가 집단, 젊은이들 가운데 하락폭이 심했는데, 이는 불길한 징조였다. 북한위협으로 인해 한국은 안보를 미국에 의존할 수밖에 없었는데, 일부 한국인들 입장에서 보면 이는 부자연스런 현상이었다.

광주항쟁과 관련해 불거진 미국의 책임론에 더불어 한국의 국력신장을 배경으로 1980년대 후반에는 작전통제권 전환에 관한 논의가 활발히 진행되었다. 결과적으로 대통령 후보 시절인 1987년 노태우는 작전통제권 전환을 대선공약으로 내걸었다. 노태우 정부는 1995년까지 한국군의 작전통제권을 전환한다는 목표를 세웠다.[25)]

3. 지원 세력의 선호

2장 2절과 3장 3절에서 살펴보았듯이 1960년대 초반 이후 육군 장교들은 단일의 군인이 군정과 군령을 통합적으로 지휘하는 통합군, 육군 중심 단일군을 구상했다. 통합군의 정당성을 합리화할 목적으로 육군 장교들이 작성한 논문에서는 한국군이 30여 년 동안 3군 병립적인 지휘구조를 유지해왔다는 점에 착안했다. 결과적으로 통합군을 곧바로 추진해야 할 것이라고 주장한 논문뿐만 아니라 곧바로 추진하는 경우 부작용이 따를 수 있다며 합참의장이 각 군 작전부대를 지휘하는 형태를 거쳐 통합군으로 가는 단계별 전략을 제시한 논문도 있었다. 추구 전략에 무관하게 이들 논문에서는 육군 중심 단일군인 통합군을 최종 달성해야 할 이상적인 모습으로 구상하고 있었다.

이들 노력으로 인해 1988년 이전 8차례에 걸쳐 통합군제가 추진되었다. 그러나 이미 언급한 바처럼 군정과 군령권을 단일의 군인이 행사하는

---

25) 이귀원 기자, "62년 만에 전시작전통제권 환수." 『서울=연합 뉴스』(2007. 2. 24).

통합군, 합참의장이 각군 작전부대를 지휘하는 통제형 합참의장제란 개념은 군사이론에 근거한 것이 아니고 1950년대 당시 이승만 대통령의 실수와 초대 공군참모총장을 역임한 김정렬 장군의 실수에 기인한 것이었다. 한편 818계획은 합참작전국이 "군구조발전계획안"을 전두환 대통령에게 보고한 1985년 4월 2일에 이미 예정되어 있었다. 당시 전두환 대통령은 "통합군으로의 발전은 필연적인 방향이지만 88위기를 극복해야 하는 중요한 시기에 군구조의 대폭 개편은 시기적으로 부적절함으로 88이후에 시행토록 하라."[26]고 말했다.

818계획 당시 해군과 공군 장교들이 통합군을 극구 반대하고 있었던 반면 육군 장교들은 통합군을 적극 지지하고 있었다. 육군들이 통합군을 적극 지지하고 있었음은 "육군참모총장인 이종구 대장이 군무회의에서 통합군을 적극 주장했다"[27]는 전 공군참모총장 서동열 대장의 1989년 2월 발언을 통해 분명히 확인된다. 이는 818계획 핵심 요원들의 증언을 통해서도 잘 알 수 있다. 예를 들면 818계획 실무 책임자였던 예비역 육군중장 용영일 장군은 다음과 같이 말하고 있다. "육군 중에 통합군 반대했다는 이야기를 들어본 적이 없는데, 성우회에 갔더니 '818 당시 자신이 통합군을 반대했다'고 조영길 장군이 말하더라."[28] 이 문제와 관련해 이석복 장군은 다음과 같이 말했다. "당시 단일군과 통합군의 구분이 없었다. 육군은 누구나 단일군으로 가는 것으로 생각했다."[29] 마찬가지로 1982년 당시 안보문제연구소장 김종휘 박사는 노태우 대통령의 후원 아래 통합군을 연구

26) 김건태, 『국방조직의 이론과 실제』 (서울 : 국방대학교 출판사, 1996), pp. 361-369에는 상기 연구안이 요약되어 있다.

27) "육군참모총장이 군무회의 때 효과적인 군 구조는 단일참모총제제(통합군제)임을 역설한 바 있습니다."고 공군참모총장인 서동열 대장은 말했다. "역대참모총장 질문 및 답변 내용"(1989. 2. 2. 11:00~14:00), p. 22.

28) 예비역 육군중장 용영일 장군과의 2012년 5월 29일 인터뷰.

29) 2012년 5월 24일의 이석복 장군과의 인터뷰.

한 바 있었다.[30] 이미 언급한 바처럼 노태우 대통령 또한 통합군제 추진의 정당성을 1981년에 확신하고 있었던 것이다. 노태우 대통령이 통합군을 추진한 것은 이전의 한국육군들의 노력과 관련이 있었다.[31]

통합군제에 대한 해·공군과 야당 총재들의 반대로 노태우 대통령은 합참의장이 군령을, 각 군 참모총장이 군정을 책임지는 통제형 합참의장제로 방향을 전환했는데, 이것 또한 육군 장교들의 이전의 노력과 관련이 있었다.[32] 818계획 이전에 발간된 많은 연구보고서에서 주장하고 있듯이 "통합군이 정답이지만 군정을 각 군 참모총장이, 군령을 합참의장이 행사하는 통제형 합참의장제를 거쳐 가야 한다"고 많은 육군들이 생각하고 있었다. 이상훈 전 국방부장관은 "여러 나라의 군대를 견학시키고 공부시키고 연구해보니 통합군제로 가긴 가야 하지만 가기 전에 합동군제가 당시를 기준으로 우리에게 적합하다고 결론을 내린 것이다."[33]고 말했다. 예비역 육군중장 용영일 장군은 "통합군으로 가기 위해 먼저 합동군으로 가는 것이다."[34]고 말했으며 대령 실무자로 818계획에 참여했던 예비역 모 육군준장은 "국방개혁 307을 통해 통합군을 달성하지 못하면 818계획이 의미가 없다. 통합군을 염두에 두고 818계획 당시 합동군으로 간 것이다."[35]고 말했다.

통제형 합참의장제의 채택이 통합군을 염두에 둔 장기적 포석의 일환

30) 2012년 6월 21일의 조영길 장관 인터뷰.

31) 예를 들면 1964년의 국방기구조정위원회, 1971년의 특명검열단, 1973년의 특명검열단, 1980년의 합동전략연구위원회, 1985년의 합참작전연구위원회에서는 통합군을 추구했다. 이 책의 3장 참조.

32) 예를 들면 1966년의 군사기구조정위원회에서는 합참이 각 군 작전부대에 대해 군령권 행사하는 통제형 합참의장제를 거쳐 단일군제로 나아갈 것을 건의했다. 이 책의 3장 참조.

33) 이상훈 전 국방부장관과의 2012년 6월 4일 인터뷰.

34) 예비역 공군준장 조건환 장군과의 2012년 4월 5일 인터뷰.

35) 2012년 7월 21일 전화 인터뷰.

이었음을 언론매체 또한 보도했다. 이 문제와 관련하여 1989년 10월 17일의 『한겨레신문』은 "문민통제 약화 '군사우위' 경계론 높아"란 제목의 기사에서 다음과 같이 밝히고 있다. "통합군 추진론자들은…통합군체제의 도입으로 통합전력 발휘를 보장하는 체제로 가야 한다…과도한 혼란과 각 군의 이해관계 상충을 피하기 위해 당분간 단계적 추진이 바람직하다.…육군교육사령관 김진영 중장이 지난 88년 발간한 논문집 『군사발전』 제47호에 게재된 논문 '군사지휘체제 발전'은 '통합군 추진을 위해 합참을 강화, 군령 지휘계선에 접근시킨 뒤 각군 본부를 축소해 각군 총장을 통합 지휘하는 합참의장제로 발전시키는 1단계를 거쳐 종국에는 단일참모총장제로 가야한다'는 결론을 내려 군구조개편안이 강력한 통합군제제임을 스스로 밝히고 있다."[36]

노태우 대통령이 취임 초반에 통합군 중심의 국방개혁을 시작할 수 있었던 것은 당시로부터 근 30년 동안 군제에 관해 육군 장교들이 연구한 많은 결과가 있었기 때문이었다. 또한 통합군의 정당성에 관해 육군 장교들이 확신하고 있었기 때문이었다. 이처럼 기득권 유지 및 확대 차원에서의 노태우 대통령의 지원 세력인 육군들의 선호와 이전의 노력이 818계획의 시작과 추진방향에 영향을 주었던 것이다.

4. 대통령의 선호

노태우 대통령이 818계획을 추진했던 표면적인 이유는 작전통제권 전환 가능성을 포함한 한미동맹의 성격 변화 가능성과 북한 위협을 고려하여 3군 병행적으로 운용되고 있던 한국군의 육군, 해군 및 공군을 3군 합

36) 김형배 기자, "문민통제 약화 '군사우위' 경계론 높아." 『한겨레신문』(1989. 10. 17).

동작전을 수행할 수 있는 단일군 구조로 전환하기 위함이었다. 그러나 이미 살펴본 바처럼 안보환경의 변화가 거의 있지 않았던 1959년 이후 한국군은 육군 중심 단일군으로의 전환을 8차례 추진한 바 있다. 이 같은 점에서 보면 안보환경의 변화 가능성은 통합군 추진을 위한 표면적인 이유로 생각할 수 있을 것이다.

군 구조 개편 이유로 노태우 대통령은 작전통제권 전환 가능성을 언급했다. 군 구조 개편과 작전통제권 전환의 관계에 대해 노태우 후보는 1987년의 13대 대통령 선거공약에서 다음과 같이 말하고 있다. "한국적인 작전지휘체제를 확립하고 미군의 작전지휘권을 한국이 이양 받을 수 있도록 노력한다."[37] 노태우 대통령은 『노태우 육성 회고록: 전환기의 대전략』[38]에서 또한 이 같은 사실을 소상히 밝히고 있다.

"나는 818계획으로 알려진 군 구조 개편을 추진했다. 현대전의 특징은 육·해·공군이 따로 싸우는 것이 아니라 긴밀히 협력해 합동작전을 벌이는 것이다. 이는 미래의 전쟁에서도 변함이 없을 것이다.…한국군도 작전권은 미국에 있었지만 육·해·공군이 제각기 작전하는 상황이었다. 때문에 나는 평시작전권을 환수한 다음에도 육·해·공군이 작전권을 따로 가져서는 안 되겠다고 생각했다. 그래서 1988년 7월 14일 나는 '민족자존을 위한 자주국방 태세를 확보할 수 있는 전략개념과 3군 합동 차원의 작전운용 및 군사력 건설을 위한 연구위원회를 구성해 2000년대에 대비할 수 있는 방안을 만들어 보고하라'는 지시를 내렸다.…그래서 현대전과 미래

37) 『조선일보』(1987. 11. 26).

38) 조갑제닷컴(chogabje.com)의 조갑제 대표는 『월간조선』 편집장으로 근무하던 1999년에 노태우 대통령을 12일 동안 인터뷰하여 그 내용을 그해 『월간조선』 5월호부터 다섯 달 동안 연재하였고, 그 후 6·29선언 20주년인 2007년에 연재 내용을 정리하여 책으로 출판했다. 이 책이 바로 『노태우 육성 회고록: 전환기의 대전략』이다. 이 책에는 노태우 대통령의 재임 시절 정치, 경제, 국방, 사회, 문화, 복지 정책의 배경과 정책결정과정 등이 기록되어 있다.

전에 대비한 건군 이래 최대의 군 개편이 이루어진 것이다."[39] 계속해서 노태우 대통령은 "우리가 독자적으로 지휘권을 갖지 못한 것은 주권국가로서는 창피한 일이었다.…더구나 미국 측이 감군, 철군을 거론할 때마다 얼마나 우여곡절을 겪었는가. 나는 이 문제를 극복하지 않으면 안 된다고 생각했다.…따라서 언제가 될지 모르지만 미군이 나가더라도 우리가 작전권을 행사할 수 있는 훈련을 쌓아야겠다고 생각했다. 이런 맥락에서 나는 818계획을 추진한 것이다."고 말하고 있다.

1990년 2월 7일의 국방부 업무보고 당시, 노태우 대통령은 "우리의 안보는 우리의 피와 땀으로 지키지 않으면 안 된다. '한국방위의 한국화'를 추구해야 할 시점이다. 이에 따라 818사업이 추진되는 것이며 우리안보의 보장은 이 사업의 성공여부에 달려있다"고 강조했다.[40] 1990년 10월 1일의 국군의 날 연설에서 또한 노태우 대통령은 "현대전은 육·해·공군의 입체전이며, 전후방 구분이 없는 동시성을 갖고 있습니다. 또한 과학기술 발전은 무기체계와 전쟁 양상을 근본적으로 바꿔놓고 있습니다. 이에 따라 우리는 보다 효율적인 지휘체계와 신속한 정보통신망, 그리고 새로운 장비와 보급체계를 갖추어야 합니다. '합동참모본부'는 우리 군의 새로운 도약을 이룰 중추기구로서 군의 자율성을 높이고 현대전에 대응할 효율적인 통합 체제를 갖출 것입니다."[41]고 언급했다. "미국이 최근 몇 년간 자주해온 말이 '한국이 주도적 역할을 맡고, 미국이 지원 역할을 맡는다.'는 것이었다.…우리가 명실공이 안보에 있어 주도적 역할을 맡으려면 평시작전권 환수는 필요불가결하다.…그런데 평시작전권을 받을 주체가 필요했다. 다시 말해 작전지휘권은 육·해·공군이 나눠 갖고 있는데 그런 식으

39) 조갑제, 『노태우 육성회고록: 전환기의 대전략』(서울: 조갑제닷컴, 2007), pp. 333-336.

40) [뉴스] "'독자 방위체제 구축' 노 대통령 지시" 『동아일보』(1990. 2. 7).

41) 대통령 공보비서실, 『민주·번영·통일의 큰 길을 열며: 노태우 대통령 재임 5년의 주요 연설』(서울 : 동화출판사, 1993), p. 482.

로는 현대전의 추세에 비추어 효율적이지 못하다는 문제점이 있었다. 그래서 818계획이란 군 개편작업을 하려 했던 것이다."[42]

그러나 이미 언급한 바처럼 작전통제권 전환은 표면적인 이유에 불과했다. 노태우 대통령은 "전쟁은 육군이 주도하고 해군과 공군이 육군을 지원해야 한다"는 육군문화를 지원할 수 있도록 통합군 중심의 군 구조 개편을 추구했다. 이 같은 맥락에서 이미 1981년 보안사령관으로서 통합군을 추진하다가 공군의 저항으로 실패로 끝난 바 있었다. 노태우 대통령이 취임과 동시에 통합군 중심의 군 구조 개편인 818계획을 추진했던 것은 이 같은 이유 때문이었다. 노태우 대통령은 818계획의 추진뿐만 아니라 추진 방향을 구체적으로 결정했으며, 정보기관을 통해 진행 상황을 주시하면서 상세 통제했다.

1988년 2월 15일 노태우 정권은 출범과 동시에 청와대비서실 내부에 안보보좌관실을 신설하고는 안보보좌관에 김종휘, 안보정책비서관에 김희상, 외교안보비서관에 민병석을 임명했다. 안보보좌관실의 국방개혁 의지와 구상은 오자복 국방부장관이 대통령에게 업무를 보고한 5월 6일 표면화되었다. 당시 노태우 대통령은 "국방태세 전반을 점검하여 제2의 창군에 버금가는 자세로 대대적인 자기혁신 노력을 기울여 달라"고 군 수뇌부에 주문했다. 이 같은 대통령의 주문은 오자복 장관의 업무 보고에 앞서 안보보좌관실이 대통령에게 보고한 2시간에 걸친 상세 보고가 근간이 되었다. 이 같은 국방개혁에 관한 대통령의 의지는 5월 16일에 있었던 국방부 전력증강 업무보고 당시 재차 확인되었다.

또한 최세창 합참의장이 장기합동군사전략기획서를 보고한 7월 14일 노 대통령은 "2000년대 민족자존 통일번영의 새로운 시대를 개척해 나갈 수 있는 자주국방 태세를 확립할 수 있는 전략개념과 3군 합동차원의 작

42) 조갑제, 『노태우 육성회고록: 전환기의 대전략』, p. 337.

전운용 및 군사력 건설을 재강조하고, 제2창군에 임하는 참신한 마음으로 민족사적 대과업을 완수할 수 있는 새 국군을 건설하기 위해 육·해·공군 최정예 요원을 집결하여 한시적 연구위원회를 구성하라."[43]고 지시했다. 결과적으로 장기국방태세에 대한 연구가 시작됐다.[44]

이 같은 대통령의 지시에 따라 1988년 8월 18일 오자복 국방부장관과 최세창 합참의장, 김종호 해군참모총장, 서동열 공군참모총장, 박희도 육군참모총장이 참석한 가운데 1시간에 걸쳐 용영일 합참전략기획국장이 '장기국방태세 발전방향 연구계획'을 보고했다. 이것을 '818계획'으로 지칭하게 된 것은 보고 날짜가 8월 18일이었기 때문이었다. 또한 1976년 8월 18일에 있었던 북한군의 '818 도끼만행 사건'을 기리기 위함이었다. 여기에는 뒤집어도 동일한 숫자인 818처럼 국방개혁을 완벽히 수행하자는 의미가 담겨있었다.

당시 용영일 소장의 보고는 1988년 8월부터 12월까지 1단계로 합참이 군 구조 개편 등 장기국방태세 발전방향을 연구하여 12월에 그 결과를 보고하고 1989년 1월부터 12월까지 각군이 2단계 연구를 진행한 후 합참이 종합 보고한다는 것이었다. 보고를 받은 노태우 대통령은 다음과 같은 지침을 주었다.

"군 구조는 단일군제 또는 통합군제가 이상적이다. 그러나 통합군제에 가까운 합동군제도 가능할 듯 보인다. 이스라엘 군을 준용하되 독일군 군제를 참조하라. 계획 추진을 위해 우수한 인재를 선발해 818연구위원회를 구성하되 군 차원에서 교감을 얻기 위해서는 해군과 공군의 입장을 강화하고 해병대에도 참여 기회를 부여하라. 또한 연구위원회 운용시 불필요한 통제나 너무 많은 지침을 주어 연구 분위기를 구속하지 말고 국방참모

43) 공보처, 『제6공화국 실록: 노태우 대통령 정부 5년 - 2권. 외교·통일·국방』, pp. 560-561.

44) 김종대 지음, 『노무현 시대의 문턱을 넘다』 (서울 : 나무와 숲, 2010. 3), pp. 183-184.

본부(현 합참)가 주관해 연구를 추진하되 국방부장관은 군정과 군령의 조정과 방산체계, 연구개발, 국방본부의 조직개편(축소를 의미) 등을 검토하라. 특히 철저한 자기 성찰과 혁신으로 제2의 창군을 이루어낼 수 있도록 각군 및 관련 부서의 개별적 이해관계에 얽매이지 말고 이를 초월하는 자세로 연구에 임해주기 바란다."[45)46)] 또한 "…군의 원로들을 포함하여 각계 각층의 의견을 최대한 수렴하라"[47)]고 당부했다.

45) 위의 책, pp. 184-185.

46) 이석복 장군과의 2012년 5월 24일 인터뷰.

47) 이석복, "군구조 개선의 필요성과 내용,"『민족지성 53호』(서울 : 민족지성사, 1990), pp. 177-187.

제3절 정치과정의 역동성과 절충형 국방개혁

당시 국방부가 국무회의에 제출한 국방개혁안의 성격 측면에서 보면 818계획은 연구방향 정립을 목적으로 하던 제1단계(1988년 9월 1일부터 12월 31일까지), 1단계 후속 보완을 목적으로 하던 2단계(1989년 2월 1일부터 12월 31일까지)로 구분하여 설명할 수 있다.

1단계에서의 주요 쟁점 사항은 통합군, 합동군과 같은 군제를 정립하는 것이었다. 1단계 당시 해군본부와 공군본부는 연구위원회에 파견되어 있던 자군 요원들과 긴밀한 관계를 유지하며 자군 입장을 반영시키고자 적극 노력했다. 또한 대통령이 추구하고 있던 통합군에 대한 반대 입장을 분명히 했다.

1단계에서 각군 본부는 유지하지만 각군의 군정과 군령 조직을 가능한 한 최대한 통합하고, 국방참모총장이 각군 참모총장을 지휘하는 국방참모총장제로 군제가 결정되자, 2단계에서 해군과 공군은 818 연구위원회, 예비역 장군들을 통해, 그리고 국방부장관이 주관하는 군무회의 등을 통해 자군의 입장을 강변했다. 이 같은 노력에도 불구하고 자군의 입장이 관철되지 않는 등, 힘의 열세를 의식하고 있던 해·공군은 1989년 9월 1일 이후 자군 출신 예비역 장성뿐만 아니라 야당 국회의원들의 도움을 얻고자 적극 노력했다.[48)]

---

48) “공군 김창규, 김성룡, 장지량, 박원석, 해군 함명수, 이성호 이상 6명은 1989년 11월 21일과 22일에 3야당 총재 및 민정당 대표를 방문하여 818계획의 반대 입장을 전하고 각 당에 입법 저지를 요청했다. 특히 김영삼 총재는 민주당의 반대 입장을 밝히고 평민당 및 공화당과 협조하여 입법 저지를 위해 최선을 다하겠다고 답변했다.” 818계획(군 구조 분야) 설문 분석결과 : 예비역장성단 자문회의/ ‘89 무궁화회의.

해·공군과 야당 총재들의 반대로 노태우 대통령은 군정은 각 군 참모총장이 군령은 합참의장이 행사하는 통제형 합참의장제를 선택했다.

1. 노태우 대통령의 성향(입장)

노태우 대통령은 군 출신이면서도 독단적이거나 배타적인 성격[49]이라기보다는 다른 사람의 의견을 경청하고 심사숙고하는 성격이고 모든 일에 강력한 추진력보다는 조화를 강조하는 사람이었다. 대화와 타협을 존중하는 성격이었다. "전두환 대통령은 힘과 돈만 있으면 정치가 된다는 정치철학이었고 노태우 대통령은 그것으로는 안 되고 국민 전체의 참여, 정치인들 간에 협상 및 대화하고 타협해야 한다는 지론을 견지했다."[50]

노태우 대통령은 '보통 사람'의 이미지를 부각시키고자 노력하면서 지시와 명령에 치중하는 하향적 접근보다는 밑으로부터의 건의를 수용하는 상향적인 접근방식을 원용하고자 노력하는 편이었다. 박정희 및 전두환 대통령이 타인의 의견이나 국민여론을 무시하는 여론 배제형인데 반해 노태우 대통령은 비교적 다른 사람의 의견을 귀담아 듣는 이른바 여론 수렴형으로 간주하고 있다.[51] 육사 운동부 시절에는 단체경기 도중 전체가 하나가 될 수 있도록 친화력을 강조했으며 사단장 시절에는 사단참모회의가 열려도 자기 주장을 먼저 내세우는 법이 없이 고급장교에서 하급 장

49) 일반적으로 군 출신이 무력으로 권력을 장악하면 그는 자신의 권력을 전리품으로 간주하기 때문에 정복자의 환상에 도취되어 직권을 남용하기 쉬우며 정책결정 스타일도 독선적이고 배타적인 패턴을 고수하게 된다. 김호진, 『한국정치체제론』(서울 : 박영사, 1990), p. 277.

50) 박철언, 『바른 역사를 위한 증언』(서울 : 랜덤 중앙하우스, 2005), p. 409.

51) 김호진, 『한국정치체제론』, p. 278.

교에 이르기까지 모든 의견을 경청한 다음 결론은 언제나 중지를 모아 심사숙고한 끝에 내렸다.[52] 또한 학교 안에서 동료들끼리 싸움이 나거나 편싸움이 났을 때 중재자 노릇을 잘해 '노정승'이란 별명이 붙었다.[53]

노태우 대통령은 정책결정 과정에서 여론을 많이 의식했다. 이로 인해 공권력을 통한 억압방식을 자제하고 민중융합의 전략을 구사하여 억압충동의 자제와 권력의 절약으로 인내성 있게 참는 지도자 혹은 민주적 온건형 지도자로 평가되고 있다.[54] 강하게 드러나지 않으며 상대방과 국민들의 의사에 귀를 기울이고, 매사에 다소 혼란이 있거나 시간이 걸리더라도 무리하지 않은 태도를 보임으로써 순리를 따르고 신중하게 처리하는 형태였다.[55]

또한 이미지와 스타일을 중시하는 사람이었다. 어린 시절부터 음악과 문학을 좋아하여 셰익스피어의 극시인 햄릿의 원전을 암송할 정도였다. 퉁소 연주와 휘파람불기는 뛰어난 솜씨를 자랑했다.[56] '보통사람'이란 슬로건은 스타일을 중시하는 노태우 대통령을 보여주는 전형적인 부분이었다. 노태우 대통령은 청와대를 개방하고 상의를 벗고 원탁회의를 주재하거나 자신이 직접 서류 가방을 들고 다니는 모습을 국민들이 볼 수 있도록 했다.

대통령은 한번 정한 일은 일부 부작용과 저항이 따르더라도 도중 그만두는 일이 없어야 하며, 강압적 권위를 떨쳐버리되 신뢰와 위엄을 갖추어

52) 위의 책, p. 136.

53) 이경남, 『용기있는 사람 노태우』(서울 : 을유문화사, 1987), pp. 75, 101.

54) 김호진, 『한국정치체제론』, p. 282.

55) 영홍철, "노태우 : 대세순응형 리더십." 한국정치학회 편 『한국현대정치사』(서울 : 백당서당, 2001), p. 78.

56) 이경남, 『용기있는 사람 노태우』, pp. 75, 101.

야 함[57]에도 불구하고 업무를 참모와 관료들에게 많은 부분 위임하고, 이견을 경청하는 한편 여론에 지나치게 민감히 반응한 결과 노태우 대통령은 국민들에게 우유부단하다는 인상을 주었으며 정책수행에 효과적이지 못했다.[58] 이러한 노태우 대통령의 리더십은 성원지향형(Follower-Oriented)을 가미한 체제유지형으로 규정지을 수 있다. 창조적 개혁보다는 현상유지 성향이 강했다.[59]

2. 주요 행위자들의 입장

육군은 통합군을 선호했다. 818계획이 추진되던 1988년 당시는 군사정권 시절이었다. 6.29 선언을 통해 노태우 대통령이 민주화를 선언했지만 1960년 이후 육군들이 대한민국을 이끌어왔다는 점에서 육군의 파워는 대단한 수준이었다. 서열상으로는 합참의장이 위였지만 실질적으로는 육군참모총장의 파워가 보다 막강했다.[60] 어느 측면에서 보면 국방부장관과 비교해도 막강한 수준이었다.[61] 이 같은 군 내부에서의 위상 외에 대한민

57) 이진의, 『고뇌하는 한국 지도력의 위기』(서울 : 세광, 1991), p. 101.

58) “여론조사에서 노대통령이 대통령으로서의 역할을 잘못하고 있다는 비판이 40.1%인 반면 잘하고 있다는 긍정적인 평가는 28.1%로 나타났다. 부정적으로 평가한 사람들은 그 이유로 경제정책의 잘못, 치안문제와 더불어 우유부단을 첫째로 꼽았다.” 『조선일보』(1990. 3. 6).

59) 김호진, 『한국정치체제론』, p. 279.

60) 장지량 전 공군참모총장은 “합참의장은 국군 현역 장군 가운데 서열이 1번인데…육군에서 참모총장이 될 수 없는 사람을 갖다 놓았어요…”고 말했다. “역대 공군참모총장 초청 818계획 설명회.” 일시(1989.2.2.). 장소(공군본부), 대상(역대 공군참모총장 11명), pp. 27-28.

61) “육군참모총장이 국방장관의 권위를 능가하던 상황이었다.” 예비역 육군중장 김희상 장군과의 2012년 5월 18일 인터뷰.

국 내부에서 육군의 위상은 대단한 수준이었다. 예를 들면 통상 소장급 장군이 보임되는 육군본부 인사참모부장은 대한민국의 주요 보직자 중 한 명이었다. 3장에서 살펴본 바처럼 818계획 당시 막강한 파워가 있던 '하나회'의 일원이자 노태우 대통령의 고등학교 후배였던 이종구 육군참모총장이 통합군을 적극 선호하고 있었다. 결과적으로 육군 장교들은 내면적으로는 모르지만 표면적으로는 통합군에 반대할 수 없는 입장이었다. "육군 중에 통합군 반대했다는 이야기를 들어본 적이 없는데, 성우회에 갔더니 '818 당시 자신이 통합군을 반대했다'고 조영길 장군이 말하더라."[62]는 용영일 장군의 증언, "당시 단일군과 통합군의 구분이 없었다. 육군은 누구나 단일군으로 가는 것으로 생각했다."[63]는 이석복 장군의 증언은 육군 장교들이 강력히 통합군을 지지했음을 보여준다. 이처럼 대한민국 내부에서 막강한 파워를 행사하던 육군이 통합군을 지지하고 있었다.

해군과 공군은 미군과 동일한 비통제형 합참의장제를 선호하고 있었다. 한국군이 육군 중심 통합군이 되고 통합군사령관을 육군이 차지하는 경우 해군참모총장과 공군참모총장, 해군 및 공군본부가 없어지는 반면 해군 함정과 공군 조종은 보병, 포병, 기갑과 마찬가지로 육군의 1개 병과처럼 기능하게 된다. 인사권을 포함한 군정권을 상실하게 된다. 1948년 이후 근 40년 동안 독자적으로 군을 유지해온 해군과 공군 장교 가운데 육군의 일개 병과로 기능하며, 생활하기를 원하는 사람이 있었을까? 특히 해군과 공군을 주도해온 함정장교와 조종장교들의 경우 이것을 쉽게 수용할 수 없는 입장이었다. 1982년 1월의 통합군 논쟁 당시 이희근 공군참모총장이 통합군에 격렬히 저항했던 바에서 보듯이 해군과 공군의 수뇌부는 통합군으로의 전환을 수용할 수 없는 입장이었다.

---

62) 예비역 육군중장 용영일 장군과의 2012년 5월 29일 인터뷰.

63) 2012년 5월 24일 이석복 장군과의 인터뷰.

육군 장교 중심으로 편성되어 있던 국방부는 육군의 선호인 통합군을 지원해야만 하는 입장이었다. 국방부 입장은 "노태우 대통령의 지시는 통합군이었는데 장관으로서 이것을 관철시켜야만 했다."[64]는 이상훈 전 국방부장관의 발언을 통해 잘 알 수 있다. 육군 출신 대통령과 육군참모총장이 통합군을 강력히 선호하고 있던 상황에서 육군 대장 출신의 이상훈 국방부장관은 통합군을 관철시켜야만 하는 입장에 있었다. 지금과 마찬가지로 국방부의 주요 구성원이 육군 출신이었다는 점에서 국방부는 통합군이 아닌 다른 입장을 표방할 수 있는 상황이 아니었다.

3. 해군과 공군의 저항

가. 제1단계 연구(1988. 9. 1~12. 31) : 연구 방향 결정

1단계 연구는 연구 초안을 검토하기 위한 합참의장 주재 각군 참모차장이 참석하는 조정회의 4회, 각군 의견수렴과 합동회의 8회, 본부장 주재 합동전략회의(12. 13), 연구방향 결정 대통령 중간보고(12. 15), 합참의장 주재 합동참모회의(12. 16), 국방부장관 주재 군무회의(12. 24)를 통해 89년 1월 24일에 대통령에게 보고함으로써 종료되었다.[65]

당시의 군제 연구는 오랜 기간 군제 분야를 연구해온 조영길 장군이 주도했다. 군제 분야의 각군 최고 엘리트들이 자유롭게 토론할 수 있게 되면서 대통령의 의중일 뿐만 아니라 대부분의 육군들이 신봉하고 있던 통합군제가 논의에서 배제되었다. 통합군안의 논의 배제를 위해 각군 대표들

64) 이상훈 전 국방부장관과의 2012년 6월 4일 인터뷰.

65) 818계획(군 구조 분야) 설문 분석결과 : 예비역장성단 자문회의/'89 무궁화회의.

은 다음과 같이 주장했다.

육군대표인 조영길 준장은 주로 국가의 정치적 제도 측면에서 통합군의 문제점을 거론했다. "통합군은 안 된다고 주장했다. 자유민주주의체제와 맞지 않는다. 군제는 그 나라의 정치체제와 관련된 선택의 문제다.… 기본 군제는 그 나라의 정치체제와 관련된 권한의 분배, 국가권력의 분배와 관련되기 때문에 군인들이 다루어서도 안 된다. 헌법 학자들이 국가의 정치권력을 구상할 당시 구상하는 것이다. 우리나라는 후진국이기 때문에, 건국하자 전쟁을 겪고 작전통제권을 미군에 넘겨준 상태에서 수십 년을 지내다 보니, 군제가 애매한 모습을 갖게 된 것이다. 우리나라 정치체제에 맞는 군제를 선택해야 한다.…"[66)67)] 공군대표인 조건환 준장은 조직이론 등 논리적 타당성 측면에서 통합군제의 문제점을 거론했다. "지금까지 통합군 문제는 왜 통합군해야 하는가? 즉 군 문제의 본질에 대한 인식에서 출발한 것이 아니고 위에서 내려온 것이다. 먼저 우리 군에 무슨 문제가 있는지를 파악해 모든 문제를 취합해야 한다. 이들 문제를 해결하려면 어떻게 변해야 할 것인지를 결론짓자. 반대도 답이다. 반대 또는 찬성에 무관하게 이유가 분명해야 한다. 원칙에 입각해야 한다. 조직원칙에 입각해야 한다. 예를 들면, 기능별 분류, 의사결정, 지휘통일과 같은 조직원칙에 충실해야 한다. 이 같은 조직원칙을 고려해보면 단일지휘관에 권한이 과도하게 집중되어 있으며, 3군의 특성과 강점을 제대로 살릴 수 없는 통합군은 합당한 대안이 아니다."[68)] 해군대표인 이기정 제독은 외국군 사

66) 조영길 전 국방부장관과의 2012년 6월 21일 인터뷰.

67) 1960년대 이후 한국 육군들은 곧바로 통합군으로 가야 한다고 주장한 사람과 합참의장이 각 군 작전부대를 지휘하는 단계를 거쳐 통합군으로 가야 한다고 주장하는 사람으로 나누어져 있었다. 조영길 장군은 육군의 정서를 전면 부정한 것이 아니고, 육군들의 일반적인 관점을 주장하고 있었다.

68) 예비역 공군준장 조건환 장군과의 2012년 4월 5일 인터뷰.

례를 거론하며 통합군에 반대했다. "수십만에 달하는 한국군의 군정과 군령을 단일의 통합군사령관이 지휘 통제하는 것은 말이 안 된다. 전시 100만이 넘는 군대를 한 사람이 지휘 통제하면 안 된다. 미국도 합참의장에게 권한을 주지 않고 문민통제하고 있는데? 각군의 특성을 살려서 합동작전을 해야 한다. 연합작전 측면에서도 미군과 군제를 맞추어야 한다. 단일군으로 갔다가 원상 복귀한 캐나다의 사례에서 보듯이 통합군은 곤란하다. 다른 나라처럼 합동군으로 가야 한다."[69]고 주장했다.

당시의 군제연구를 주도한 조영길 장군의 생각을 818계획 위원회의 총괄로 일했던 이석복 장군은 다음과 같이 요약하고 있다. "조영길 장군은 육군들이 당연히 통합군을 생각하고 있던 상황에서 이처럼 하면 안 된다고 생각했다. 자신이 결정권은 없지만 이처럼 해서는 곤란하다고 생각했다. 통합군으로는 각군의 의견을 수렴할 수 없을 것으로 생각했다. 해·공군 장군들의 의견에 조영길 장군이 동의했다." "통합군이 곤란하다"고 말하기에 "특정 방안을 정답으로 생각하지 말고 충분히 토의해 무엇이든 만들어내라고 요구했다."[70]고 말하고 있다.

결과적으로 대통령을 포함해 대부분의 육군들이 원하고 있던 통합군안이 연구 대상에서 배제되었으며 "최선의 안은 비통제형 합참의장제이지만 통제형 합참의장제도 무방하다"는 결론을 연구위원들이 내렸다. 연구결과에 통합군제가 포함되어 있지 않자 실무책임자인 용영일 장군뿐만 아니라 총괄 업무를 담당하던 이석복 장군의 입장이 난처해졌다. 이 문제와 관련해 조건환 장군은 다음과 같이 증언하고 있다. "용영일 장군과 이석복 장군의 입장이 난처해졌다.…연구가 종료될 즈음 '통합군을 연구하기 위한 위원회인데 통합군제가 빠지면 어떻게 하는가?' 라며 통합군제 추

69) 예비역 해군준장 이기정 제독과의 2012년 6월 27일의 인터뷰.

70) 2012년 5월 24일의 이석복 장군과의 인터뷰.

가를 요구했다. 추가해주었더니 국방대학교 안보과정 학생들을 대상으로 818계획과 관련해 강의하면서 용영일 장군이 '통합군으로 가야 하지만 먼저 합동군으로 간다. 한꺼번에 갈수 없기 때문이다.'고 발표했다. 내가 용영일 장군에게 '이럴 수 있습니까? 통합군제는 결론에 포함되어 있지도 않았는데 이럴 수 있습니까? 내용을 절취한 것입니다.'고 강력히 항의했다.…이들 모두는 '통합군으로 간다는 결론을 내려놓은 상태에서 일시적으로 합동군안을 내세운 것임을 보여주고 있다.' 이처럼 1차 연구가 종료되었다."[71]

818계획을 연구할 당시에서조차 이미 방향을 정해놓고 연구를 추진하고 있는 것 아닌지? 의문이 제기되었다. 대령 신분으로 연구위원회에 참여했던 방위사업청장 출신의 이선희 장군은 이 문제와 관련해 다음과 같이 증언하고 있다. "전략연구위원회에서 연구할 당시 연구 방법은 좋더라. 어떻게 싸울 것인가를 결정하고, 싸우기 위한 무기체계를 건설하고 이들 체계를 운용하기 위한 인력과 군 구조를 만드는 것이었다. 그러나 이들은 원칙적으로 시차별로 연구해야 한다. 그런데 당시는 이들이 동시에 진행되었다. 이는 무언가 결론이 나와 있다는 의미다. 전략연구위원회에서의 토론 결과와 상부에서 내려온 결론은 달랐다."[72]

연구위원회와 별도로 국방부와 합참에서 군제가 연구되고 있었음을 보여주는 증거도 없지 않다. 한국군의 국방조직 법령 고찰에 관한 요약집에서 국방부는 "818기획단에서는 강력한 통합군제로 작전의 통합성과 신속성을 추구했으며, 군사력 건설의 통합성과 경제성을 제고하고자 노력했다. 결과적으로 3군 병립 구조를 통합군제로 변경하는 것으로 연구했는데, 언론·학계·야당의 비판으로 절충안인 합동군제를 수용했다.…과거의

71) 2012년 4월 5일의 조건환 장군과의 인터뷰.

72) 이선희 전 방위사업청장과의 2012년 8월 24일 인터뷰.

전형적인 통합군제를 연구안으로 채택했는데, 초기 단계부터 해·공군의 반대에 봉착했다.…818계획에서는 3개안을 연구했는데, 1안과 2안은 통합군제인 반면 3안은 합동군제였다."[73]고 밝히고 있다. 그런데 이들 내용은 연구위원회의 연구 결과와 전혀 달랐다. 연구위원회와 무관하게 국방부와 합참에서 군제 연구가 진행되고 있었음을 암시하는 발언도 있다. 조영길 장군은 "통합군과 관련하여 처음에 용영일 장군과 이석복 장군이 있는 부서에서 그림을 그리고 있었다.…나는 이들 그림을 고려하지 않았다."[74] 고 말하고 있다. 용영일 장군은 다음과 같이 암시하고 있다. "처음에는 모든 방안을 연구했다. 연구위원들은 합참이나 국방부 차원에서 내린 결론에 관해 잘 모르고 있을 것이다. 최초 보고 당시 실무자 선에선 다양한 안을 연구했다."[75]

역대 해군참모총장을 대상으로 한 818계획 간담회에서 김종곤 제독은 국방부가 대통령에게 통합군제를 보고했음을 암시하는 다음과 같은 발언을 하고 있다. "미군 철수와 작전통합지휘를 위하여 조직을 보강해야 한다. 이를 위해 사실 처음에는 단일참모총장제(통합군제)를 추구했다. 대통령 재가 과정에서 합참의장제로 후퇴했다."[76] 이 같은 사실을 실무 책임자로서 유일하게 대통령에게 보고했던 용영일 장군 또한 입증해주고 있다. "1차 비공식보고(아마도 1988년 12월 15일 이전) 당시 통합군(1안), 합동군(2안)을 갖고 청와대에 갔다. 국방부는 대통령에게 통합군을 건의했다. 내가 국방부장관과 대통령에게 통합군을 강력히 건의했다. 해·공군의 반대를 거론하며 대통령이 결심을 내리지 못하더라. 결재판을 놓고 가라고 하더라. 그

73) 국방부, "한국 국방조직 법령 고찰." pp. 18, 23, 31–32.

74) 조영길 전 국방부장관과의 2012년 6월 21일 인터뷰.

75) 2012년 5월 29일 및 6월 16일의 용영일 장군과의 전화 인터뷰.

76) "역대 해군참모총장 초청 818계획 설명회." 일시(1989. 2. 28). 장소(해군회관), 대상(역대 해군참모총장 11명), p. 4.

후 얼마 뒤 합동군으로 하라는 지시가 떨어졌다."[77]

합동군제로 보고하라는 대통령의 지시에 따라 1989년 1월 24일 국방부는 1988년 8월 18일에 대통령이 내린 지침인 "통합군에 근접한 합동군제인 국방참모총장제"에 입각하여 군수, 정보, 통신, 교육, 인사와 같은 각 군의 군정과 군령 조직을 가능한 한 최대한 통합하고, 각군 본부 병력을 40% 줄이며, 국방참모총장에게 일정 수준의 인사권을 부여하는 방안을 보고하게 된다.[78]

나. 제2단계 연구(1989. 2. 1~8. 31) : 연구 방향 구현

2단계에서는 국방참모본부의 편성, 국방참모총장의 인사권, 국방참모총장 인선 문제, 각군 사관학교 통합을 포함한 하부조직 통합 문제, 각군 본부 정원 40% 감축 편성, 방공포를 공군으로 이관하는 문제 등을 놓고 격론을 벌였다. 2단계에서는 합참의장 주재 각군 참모총장이 참석하는 실무추진위원회 3회, 국방부 기획관리실장 주관 조정통제회의 4회, 각군 의견수렴 및 합동회의 6회를 실시했을 뿐만 아니라 독일, 영국, 프랑스 및 이탈리아의 군제를 파악하기 위해 1989년 4월 16일부터 4월 30일까지 2주에 걸쳐 육군, 해군 및 공군 장군 각 1명과 2명의 육군대령이 이들 국가를 방문했다. 5월 14일의 정책심의회의와 5월 15일의 장관보고를 거쳐 5월 20일에 국방부장관이 주관하는 군무회의를 개최했으며 8월 24일 대통령의 재가를 받았다.[79]

2단계 연구에서의 각군 간의 이견은 818계획 위원회 실무자 차원에서

---

77) 예비역 육군중장 용영일 장군과의 2012년 5월 29일 인터뷰.

78) 3장에서 자세히 언급했지만 합동군제에서는 군수, 정보, 통신, 교육 기관과 같은 군정 조직의 통폐합은 이론적으로 불가능한 일이다.

79) 818계획(군 구조 분야) 설문 분석결과 : 예비역장성단 자문회의/ '89 무궁화회의.

뿐만 아니라 각 군 장교 내부에서 그리고 연구결과를 심의하고 결정하는 각군 참모총장이 참석하는 심의회의, 합동참모회의 및 군무회의에서 노출되었다. 그러나 육군의 의도대로 결론이 도출되었다.

해군과 공군은 국방참모본부 편성, 국방참모총장 인선, 국방참모총장 인사권의 문제를 군제 이상으로 중요시 여겼다. 이들 문제와 관련하여 각 군은 연구위원회 수준과 군무회의 수준에서 대립했다. 연구위원회 수준에서 보면 해군과 공군은 적정 비율의 자군 장교가 합동 조직에 보임되어야 한다고 주장한 반면 육군은 융통성 있게 운용해야 한다고 주장했다. 결과적으로 유사 국가들의 합동참모본부 편성을 파악하기 위해 영국, 프랑스, 독일 및 이탈리아를 연구위원들이 방문했다.

당시의 방문과 관련하여 이석복 장군은 "공군과 해군이 육군에 대해 피해의식이 있다는 것이 문제였다. 공군과 해군에 믿음을 줄 수 있어야만 했다.…우리와 규모 또는 전략적 환경이 비슷한 군대를 연구해야 하겠다는 인식에서 이탈리아, 프랑스, 독일, 영국을 방문하기로 결심했다.…청와대에 자금 지원을 요청했다. 공군과 해군은 자군에서 자금을 충당하도록 했다.…각국의 공통적인 결과가 2 : 1 : 1이었다.…4개국을 방문하니 답이 나오더라. 이탈리아 2 : 1 : 1, 독일은 해군이 작고, 영국은 1 : 1 : 1, 프랑스가 3 : 1 : 1이더라."[80] 당시의 방문과 관련해 윤광웅 전 국방부장관은 "육군의 이석복 장군, 김희상, 유홍모 대령이 유럽 국가들을 방문하기로 되어 있었다. 해·공군에서 '육군만 가면 육군에 유리한 부분만 보고 오지 않겠는가' 고 이의를 제기했다. 결과적으로 해·공군은 각군 예산으로 유럽 4개국(서독, 프랑스, 이태리, 영국) 출장에 동행했다.…귀국 비행기 안에서 합참 편성의 문제를 놓고 논쟁했다. 합동군을 유지하려면 8 : 1 : 1은 너무했다고 인식했으며 2 : 1 : 1 문제를 논의하기로 합의했다. 이것의 관철을 위

80) 이석복 장군과의 2012년 5월 24일 인터뷰.

해 이석복 장군과 김희상 대령이 적극 노력했다."[81]고 말하고 있다. 공군의 조건환 장군은 "어느 날 이석복 장군에게 '통합군으로 간다는 말이 있는데?' 라고 말하자 합동군으로 가기 위해 유럽을 방문할 것이라고 말하더라. 구라파를 방문한다면 함께 방문해야 한다고 주장했다.…2 : 1 : 1과 합참의장 윤번제 아이디어를 유럽 방문을 통해 얻었다.…방문 보고서를 함께 작성해야 할 것이라고 주장했다. '합동군제 이상으로 중요한 것이 합참의장 윤번제다. 윤번제하지 않는 나라는 세계에서 대한민국뿐이다. 북한도 윤번제다. 북한군 총참모장인 오호극은 공군사령관 출신이다. 건전한 의사결정을 위해 특정 군이 주도하지 못하게 해야 한다' 고 주장했다.…국군조직법에 이들 개념을 반영해야 한다고 주장했다."[82]고 말하고 있다.

그러나 국방참모본부의 2 : 1 : 1 편성과 국방참모총장 윤번제 또는 순번제를 국군조직법에 명시하는 문제는 유럽 방문을 통해 확인한 결과만은 아니었다. 이는 해군과 공군이 염원하고 있던 부분이었다. 연구원들이 유럽을 방문하기 이전인 1989년 2월 2일에 있었던 역대 공군참모총장 간담회에서 또한 이들 문제가 거론되었다. 1대 및 3대 공군참모총장을 역임한 김정렬 장군은 "군의 독립성을 유지하면서 현안 문제를 보완하는 것이 국방참모총장제라면…국방참모총장 윤번제를 명문화할 필요가 있습니다.…윤번제가 시행되지 않으면…육군부대가 된다는 것을 명심해야 합니다."[83] 장지량 장군은 "미국에서는 각군 참모총장을 지내고 그 다음에 윤번제로 하는 것이 합참의장이에요…국방참모총장제이니 각군 참모총장

81) 윤광웅 전 국방부장관과의 2012년 4월 19일 인터뷰.

82) 2012년 4월 5일의 조건환 장군과의 인터뷰.

83) "역대 공군참모총장 초청 818계획 설명회." pp. 25-26.

을 지낸 사람이 윤번제로 국방참모총장이 되어야 한다."[84]고 말하고 있다. 공군본부 기참차장 조건환 장군은 "1차보고 당시 대통령께서 '국방참모총장을 3군이 돌아가며 해야 한다'고 말씀하셨는데 실효성을 위해 앞으로 많은 연구검토가 있어야 한다."[85]고 말하고 있다. 2 : 1 : 1과 관련해 김정렬 장군은 "육군 50%에다가 해군 25%, 공군 25% 나는 그것을 지키기만 해도 괜찮다고 봅니다."[86]라고 말하고 있다.

1989년 2월 28일의 역대 해군참모총장 간담회에서 김종곤 제독은 "국방참모총장의 순번제"[87]를 주장했으며, 해군 예하부대 장교들을 대상으로 한 교육에서 장교들은 "국방참모본부 편성이 통합전력 발휘를 보장할 수 있도록 육군, 해군 및 공군이 적절한 비율로 편성되어야 하며, 국방부 내국과 의무사 및 기무사와 같은 국방부 직할부대의 편성도 대폭 개선되어야 한다."[88]고 주장했다.

육군, 해군 및 공군의 국방참모본부 보임을 2 : 1 : 1 비율로 하는 문제와 국방참모총장 윤번제 또는 순번제 문제가 대단히 민감한 사안이었음을 조건환 장군은 다음과 같이 표현하고 있다. "노태우 대통령이 국방참모총장을 3군이 돌아가며 해야 하고 2 : 1 : 1의 문제를 공식적으로 언급했는데 이는 통합군으로 가기 위한 사탕발림이다"고 말하자 어느 날 이석복 장군이 내게 모처에서 "조 장군이 대통령을 모독했다고 하더라."고 말했다.[89] 이 같은 과정을 거쳐 실무자 수준에서는 국방참모총장의 윤번제 내지는 순번제가 그리고 국방참모본부의 각군 비율을 2 : 1 : 1로 정하는 문

84) "군구조 개선(818계획)에 대한 설명회." p. 29.

85) 위의 글, p. 14.

86) 위의 글, p. 29.

87) "역대 참모총장 초청 818계획 간담회 결과." p. 5.

88) "예하 부대 홍보교육 결과." p. 3.

89) 2012년 4월 5일의 조건환 장군과의 인터뷰.

제가 어느 정도 윤곽을 잡았다.

실무자 수준에서 어느 정도 의견이 일치되었으며 대통령 또한 언급한 국방참모본부의 2 : 1 : 1 기준 편성과 국방참모총장 윤번제 또는 순번제 문제뿐만 아니라 국방참모총장의 인사권 문제란 3가지 사안은 5월의 국방부 군무회의에서 주요 쟁점사안이었다.

이종구 육군참모총장, 김종호 해군참모총장, 서동열 공군참모총장이 참석한 당시의 군무회의 분위기와 관련해 조건환 장군은 다음과 같이 말하고 있다. "89년 5월 2차 연구 결과를 최종 결정하기 위한 국방부장관 주관 군무회의가 있었다. 전역을 앞둔 서동열 참모총장에게 '총장님! 총장님은 전역하시면 그만이지만 후배들을 생각해 최선을 다해주십시오'라고 말했다. '조 장군도 참석하는 것이지?'란 총장님의 말씀을 듣고 얼떨결에 군무회의에 참석했다. 국방부장관, 각군 참모총장, 합참의장 등이 참석한 군무회의에서 서동렬 총장이 공군의 입장인 '2 : 1 : 1 편성과 국방참모총장 윤번제를 주장하는 한편 국방참모총장의 인사권 행사 불가 이유'에 대해 언급하더라. 이종구 육군참모총장이 '2 : 1 : 1 편성과 국방참모총장 순환제 또는 윤번제에 반대하는 한편 국방참모총장에 대한 인사권 부여를 주장하더라.' 이상훈 국방부장관이 '결정을 내리지 못하겠다며 각군 참모총장을 개별적으로 불러 말하겠다'고 하더라. 그 후 공군참모총장이 정용후 장군으로 바뀌었다."[90]

국방참모총장 인선[91]과 관련하여 해·공군은 국군조직법에 각군의 순환 및 윤번제 임명을 명시하자고 주장한 반면 육군과 해병대는 대통령의 통수권을 제한할 수 있다며 여기에 반대했다. 또한 인사관리는 능력 위주로

90) 2012년 4월 5일의 조건환 장군과의 인터뷰.

91) 방진석, "6공화국의 군 구조 개편결정에 관한 연구." (석사학위논문, 국방대학교, 1994), pp. 69–72.

해야 하는데 사전 인선하면 나눠 먹기식으로 결정되기 때문에 인사관리 원칙에도 위배된다며 반대 입장을 분명히 했다. 특히 윤번제 또는 순번제로 국방참모총장을 사전 임명하면 곤란하며 최고 군령권자가 상황과 정치성을 고려해 융통성을 발휘할 수 있도록 해야 한다고 주장했다. 한반도 전장 환경 변화로 지상군과 비교해 공군의 역할이 보다 중요해지면 공군에서 국방참모총장을 임명하는 것이 당연하기 때문에 주요 작전지휘관을 순환 임명한다는 것은 말도 안 된다는 논리였다.

그러나 공군은 818정신이 군의 새로운 도약을 위한 통합전력 발휘와 3군 균형발전인 반면 현실적으로 국방부 정책결정권자의 대부분이 육군이다 보니 3군 균형 발전이 불가능하다고 주장했다. 이러한 문제를 해결하기 위해서는 국군조직법에 국방참모총장의 윤번제를 명시하는 것이 타당하다고 주장했다. 해군은 현재 추진되고 있는 국방참모총장제를 기본적으로는 찬성하나 해·공군 내부에 만연되어 있는 피해의식을 불식시켜 공감대를 형성한다는 차원에서 국방참모총장의 순환 임명 원칙을 국군조직법에 명시해야 한다고 주장했다. 이 문제와 관련하여 이석복 장군은 다음과 같이 말하고 있다. “능력이 부족한 사람이 임용될 수 있다는 사실로 인해 순번제 또는 윤번제에 동의할 수 없었다. 국방참모총장이 너무나 중요한 직책이기 때문이다. 대통령이 군의 발전과 미래를 위해 합리적으로 판단해야 할 것으로 생각했다.…해군과 공군이 자군 이익만을 고려한 소군적인 시각을 견지하고 있다는 비판을 받을 것으로 생각했다.”[92)]

각군은 국방참모본부의 적정 비율 편성 문제[93)]와 관련해서 또한 심각한 대립을 보였다. 해·공군은 3군 균형발전 차원에서 국군조직법에 국방참모본부의 각군 구성 비율을 2 : 1 : 1로 명시하자고 주장했다. 구성 비율

---

92) 이석복 장군과의 2012년 5월 24일 인터뷰.

93) 방진석, “6공화국의 군 구조 개편결정에 관한 연구.” pp. 69–72.

을 국군조직법에 넣는 것도 합리성이 있고 넣지 않는 것도 합리성이 있으나 지금까지 헌법상 합참의장을 해·공군도 할 수 있었음에도 불구하고 한 번도 한 적이 없었다는 점을 고려해 대군(육군)이 소군(해·공군)에 양보한다는 차원에서 법적으로 명시해야 할 것이란 입장을 견지했다. 그러나 육군은 군구조 개편이 군사력 건설의 효율성과 강력한 군사력 건설에 역점을 두어야 하며 편제는 고정이 아닌 신축성이 있어야 하기 때문에 각군의 구성 비율을 법이나 령(令)으로 제한하면 곤란하다고 주장했다. 작전수행 과정에서 참모 본부의 각군 구성 비율이 2 : 1 : 1이 될 수도 있지만 1 : 1 : 1도 될 수도 있기 때문에 국방참모본부의 구성 비율을 법조문에 넣는 것은 졸렬한 방법이라고 주장했다. 2 : 1 : 1을 구현하기 위한 해·공군의 노력과 관련하여 이석복 장군은 다음과 같이 말하고 있다.

"국군조직법에 2 : 1 : 1 정신이란 문구를 반영했다. 합참의장, 국방부장관, 육군참모총장에게 이 같은 문구가 법에 반영되지 않으면 해군 및 공군과 함께 갈 수 없음을 강변했다. 세계적으로 해·공군이 중요한 의미를 갖는 추세인데 해·공군이 커져야 할 것 아닙니까? 우리가 너무 가난했기 때문에 육군 중심으로 운용했던 것 아닙니까? 미래에는 군의 모습이 달라져야 한다고 언급했다. 이 같은 논리에 동의하면서도 육군들은 못마땅하게 생각했다. 당시 육군들은 당연히 통합군으로 가는 것으로 생각하고 있었다.…2 : 1 : 1을 믿을 수 없다는 것이 해·공군의 의심이었다.…당시 2 : 1 ; 1, 국방참모총장 순환제 등과 관련해 육군본부, 합참의장 등으로부터 많은 곤혹을 치렀다."[94)]

김희상 장군은 다음과 같이 말하고 있다. "이석복 장군이 해·공군을 설득하는 과정에서 2 : 1 : 1 개념이 나왔나 보더라.…가급적이면 각군이 모

94) 이석복 장군과의 2012년 5월 24일 인터뷰.

든 의사결정에 참여하도록 하고 의식구조가 바뀌면 되는 것이다.…"[95] 국방개혁 2020 당시 국방개혁실장을 역임했으며 818계획 당시 실무자로 일했던 예비역 육군소장 김경덕은 육군들의 정서를 다음과 같이 표현하고 있다. "2 : 1 : 1은 능력위주 적재적소 개념이 아니라 나눠 가지는 개념이다. 당시 합동참모본부나 국방부에서 근무해보면 비교적 해군과 공군의 실무 장교들은 조종사와 항해병과 장교들이고 그 특성상 중령계급에서 정책수립 능력을 구비할 여건이 되지 못했던 것 같았다. 근무하면서 어려워하더라. 의사결정과정이 육군 일색이란 점에서 해·공군의 불만이 있었는데 이를 해소하기 위한 것이 2 : 1 : 1 개념이다.…"[96] 국방부 군비통제관을 역임했으며 김대중 정권 당시 국방개혁을 주도했으며 818계획 당시 실무자로 일했던 예비역 육군소장 김국헌은 다음과 같이 말하고 있다. "…2 : 1 : 1은 말도 안 되고 적어도 4 : 1 ; 1 정도가 맞다. 5 : 1 : 1도 좋지. 이석복, 용영일, 이상훈 장군이 일을 쉽게 하는 사람들이기 때문에 2 : 1 : 1 개념이 나온 것이다. 그런데 이것을 해·공군이 전가(傳家)의 보도(寶刀)로 생각하고 있다."[97]

국방참모총장의 주요 지휘관 임명 추천권 문제[98]와 관련해 공군은 통합군제로 가면 문제가 없으나 기본적으로 합동군제란 점에서 그 기본정신에 맞도록 각군 참모총장이 인사권을 갖는 것이 타당하다고 보았다. 작전사령관과 그 예하에 많은 지휘관이 있는데 이들 지휘관을 전반적으로 지휘하는 사령관을 임명하는 권한이 각군 참모총장에서 국방참모총장으로 변경되면 한국적 의식구조 측면에서 상당한 혼란을 초래할 수 있다는

95) 김희상 장군과의 2012년 5월 18일 인터뷰.

96) 김경덕 장군과의 2012년 6월 7일 인터뷰.

97) 김국헌 장군과의 2012년 5월 23일 인터뷰.

98) 방진석, "6공화국의 군 구조 개편결정에 관한 연구." pp. 69-72.

것이었다. 따라서 합동군제를 채택함에 따른 책임과 권한을 일치시키는 것이 타당하므로 법의 원칙대로 각군 참모총장이 인사권을 행사하고 국방참모총장의 의견을 사전에 들으면 충분할 것이라고 주장했다. 이에 대해 해군은 주요 지휘관 임명 당시 각군 참모총장이 국방참모총장의 동의를 받아 추천하는 대안을 제시했다.

이는 군정권과 군령권을 보장하면서 지휘체제를 확립할 당시 인사권이 가장 중요하다는 점에서 국방참모총장의 권한도 인정하면서 각군 총장의 인사권을 보장해야 일사불란한 지휘가 가능하다는 논리에 근거하고 있었다. 즉 각군 참모총장이 주요 지휘관을 임명할 당시 국방참모총장의 사전 동의를 받는 것이 좋다는 것이었다. 육군은 작전지휘권을 행사하는 사람이 주요 작전지휘관의 임명에 관여하지 못하면 현실적으로 작전이 불가능하다며 "군정을 배제한 군령은 있을 수 없으며 군령을 배제한 군정도 있을 수 없다"고 주장했다. 국방부장관은 국방참모총장이 직접 지휘하는 육군 군사령관, 해·공군 작전사령관, 해병대사령관을 각군 참모총장의 건의를 받아 추천하면 각군 참모총장의 의견이 배제되는 것이 아니라며 국방참모총장에게 주요 작전사령관에 대한 추천권을 부여하는 것이 타당하다고 생각했다.

이 문제와 관련해 이석복 장군은 다음과 같이 말하고 있다. "나도 처음에는 소장부터는 국방참모총장이 진급 권한을 가져야 한다고 생각했다. 여기에 대한 해·공군의 저항뿐만 아니라 육군의 저항도 만만치 않더라. 참모총장은 무엇 하는 사람인가? 란 인식이 팽배했다. 2성 장군부터는 각군 참모총장의 눈치를 보지 않게 된다. 각군이 모두 거부하더라.…각군 본부 참모부장들이 반대했다.…이처럼 하려면 통합군으로 가든가 합동군제로 가면서 인사권을 갖는 것은 안 된다고 생각했다."[99]

99) 이석복 장군과의 2012년 5월 24일 인터뷰.

상대적으로 파워가 막강한 육군의 관점이 상황을 주도했다. 2단계 연구에서는 국방참모총장의 윤번제 또는 순번제가 채택되지 않았으며, 2 : 1 : 1 문제는 2 : 1 : 1 정신이란 애매모호한 표현으로 그 의미를 희석시키다가 결국 이 같은 문구조차 국군조직법에서 배제되었다. 한편 노태우 대통령이 강력히 요구했던 국방참모총장의 인사권 문제는 육군조차 반대했다는 점으로 인해 배제되었다.

1989년 1월 21일 국방부는 국방참모총장이 각군 참모총장을 지휘하고, 국방참모본부 요원들에 대한 인사권과 주요 작전지휘관에 대한 진급 추천권을 갖도록 하며, 군수, 교육, 정보, 통신과 같은 하부 조직을 가능한 한 최대한 통합하고, 육군의 방공포를 공군으로 이관하는 방안을 대통령에게 보고한 바 있었다. 그러나 8월 24일 보고에서는 사관학교 통합이 보류되는 등 1월 21일 보고와 비교해 내용이 많이 희석되었다. 이는 각군 간의 이견뿐만 아니라 이론적으로 통합이 불가능했기 때문이었다. 여기에 대한 관련자들의 의견은 다음과 같다.

이석복 장군은 다음과 같이 말하고 있다. "방공포 문제는 나이키, 호크 등의 수명이 다할 당시 자연스럽게 공군으로 이관하는 것으로 육군은 대부분 생각했다. 전군(轉軍)에 따른 충격은 대단한 것이었다. 자연스런 이관을 보고드렸다. 그랬더니 노태우 대통령이 즉각 이관하라며 화를 내셨다. 사관학교 문제는 처음에는 해·공군이 반대하다가 나중에는 육군들이 보다 반대하더라. 사관학교 통합 문제는 차후 하는 것으로 건의 드렸다. 군수는 육군의 경우 공통 품목이 많아 통합이 유리했던 반면 해·공군은 자군 특성을 반영하는 물품이 대단히 많았다. 통합 효과가 거의 없었다. 전투복과 같은 공통 품목은 조달본부에서 하더라도 각군이 자군 특성에 맞는 부분을 유지해야 할 것으로 판단했다."[100]

100) 이석복 장군과의 2012년 5월 24일 인터뷰.

이선희 장군은 다음과 같이 말하고 있다. "사관학교, 군수 등의 완벽한 통합이 안 된 이유는? 본질적으로 육군이 반대했기 때문이다. 사관학교 통합의 경우가 그렇다. 군수도 육군이 반대했기 때문에 안 된 것이다. 해·공군 반대 때문인 듯 말하지만 본질은 육군의 반대 때문이다. 육군은 해·공군 반대에도 불구하고 통합을 추진한다. 안 되는 이유는 육군 내부의 반대 때문이다."[101] 김희상 장군은 다음과 같이 말하고 있다. "…사관학교부터 통합을 추구했는데, 체육 과목도 각군 사관학교가 차이가 있다고 하더라.…방공포는 공군으로 전군이 결정되니 억울한 사람이 많더라.…"[102] 용영일 장군은 다음과 같이 말하고 있다. "통신과 정보는 군령 분야라 통합이 용이했던 반면 사관학교와 군수는 군정 분야라며 반대가 심하더라. 결과적으로 내용이 많이 희석되었다. 합동군제에서는 교육기관과 같은 군정 분야를 통합하면 안 된다는 생각이 보편적이었다.…군정 분야의 통합은 각군 참모총장이 존재하는 한 곤란하다고 하더라. 각군 참모총장의 존재 의의가 없다고 하더라.…"[103] 하부조직을 통폐합하는 문제와 관련하여 해·공군 예비역 장군 또한 격렬히 반대했다. 예를 들면 공군참모총장을 역임한 장지량 장군은 사관학교 통폐합에 반대하면서 "독수리 새끼는 독수리가, 오리 새끼는 오리가, 능구렁이 새끼는 능구렁이가 키워야 한다.…"[104]고 주장했다.

이처럼 군 구조 개편 과정에서 3군 간에 표출된 이견은 크게 해·공군 대 육군으로 양분되었다. 특히 해·공군은 육군 중심의 군 운영을 비판하며 군 구조 개편을 3군 균형발전의 계기로 삼고자 했다. 결과적으로 국방

101) 이선희 전 방위사업청장과의 2012년 8월 24일 인터뷰.

102) 김희상 장군과의 2012년 5월 18일 인터뷰.

103) 예비역 육군중장 용영일 장군과의 2012년 6월 16일의 전화 인터뷰.

104) 2012년 4월 5일의 조건환 장군과의 인터뷰.

참모총장 임명, 국방참모본부 편성, 국방참모총장의 주요 지휘관 임명동의권 문제를 놓고 해·공군과 육군이 대립했다. 그러나 파워의 열세로 해·공군의 입장이 반영되지 못했다.

다. 제2단계 보완연구(1989. 9. 1~12. 31)

2단계 보완연구는 당시까지 군 내부에서 보안을 유지하며 은밀하게 진행되던 군 구조 연구가 외부로 노출된 상태에서 야당 국회의원과 해·공군 예비역 장군들이 반대하는 가운데 진행되었다는 특성이 있다. 또한 8월 24일의 대통령 보고 이후 통합군을 겨냥해 진행되었다는 특성이 있다. 자군의 주장이 군 내부에서의 대화를 통해 관철되지 않자 해·공군은 예비역 참모총장, 야당 국회의원을 포함한 외부 세력과의 연계를 도모했다. 해·공군과 공감대를 형성하고 있던 야당 의원들의 반대로 10월 24일 국방부는 8월 24일에 대통령에게 보고한 수준을 언론에 공포했으며 최종적으로 11월 16일 대통령에게 보고했다.

1월 24일의 보고와 비교해 내용이 매우 희석되었다는 대통령의 질책으로 9월 1일 이후 국방부는 통합군을 재차 추진했다. 비밀리에 진행되던 군 구조 개편 작업이 외부에 노출된 것은 이선호 박사가 『동아일보』에 기고한 글과 10월 초순에 있었던 국정감사를 통해서다. 그 이전에는 국방부가 공식 배포한 자료를 통해서만 언론은 정보를 얻을 수 있었다. 예를 들면 1989년 10월의 국정감사에서 이광로 의원이 "818계획은 지휘계통 통일을 위한 것으로 알려졌는데 공개할 용의는 없는가?"라고 질문했을 뿐 민정당 의원들은 818계획에 대한 국방부의 입장을 공개적으로 질문한 적이 없었다.[105] 이 같은 언론보도에서 알 수 있듯이 통합군 논의는 은밀히 진행되

105) 남찬순 기자, "문민정치 역행 : 통합군안 논란." 『동아일보』(1989. 10.9).

고 있었다.

한편 1989년 5월 국방부가 "통합군이 아니고 합동군을 추구하고 있다"[106]고 공식 발표했던 반면 "통합군 또는 통합군에 근접한 합동군을 추구해야 하는 입장이었다"는 점에서 국정감사 이후 국방부는 문제를 단계적으로 접근해야만 했다. 그러나 당시까지와는 달리 문제를 거론하지 않을 수 없는 입장이었다. 이 같은 사실은 국방부의 움직임에서 그대로 목격되었다. 1989년 9월 11일 이상훈 국방부장관은 민정당 당직자 회의에 참석하여 "합참의장이 3군의 조정 통제 기능을 수행하는데 문제점이 있음을 지적하고 통합군사령부 또는 연합사령부의 설치가 필요하다."[107]고 말했다. 그러나 여기서 이상훈 국방부장관은 통합군을 군정은 각군 참모총장을 통해 군령은 국방참모총장을 통해 행사하는 의미로 사용했다. 즉 1989년 2월부터 8월까지 연구한 내용을 되풀이하는 수준에서 언급했다.

군정은 각군 참모총장이 군령은 국방참모총장이 행사하는 의미에서의 통합군은 이상훈 국방부장관이 3당 총재인 김종필, 김영삼, 김대중 총재를 방문해 군정 군령을 단일의 군인이 지휘하는 형태의 통합군안을 설명한 10월 16일 이전까지 지속되었다. "3군 장악 통합군안 새 쟁점"이란 1989년 10월 11일 뉴스에서 『동아일보』는 "…통합군 형태로 개편하는 작업이 진행되고 있다.…정부가 구상중인 818계획은 3군을 통합한 국방참모본부를 창설하고, 국방참모총장(통합군사령관)이 3군에 대해 군령권의 핵심인

106) "합참의 고위 관계자는 기자 간담회에서 군 구조 개편의 기본 방향이 각군 본부를 완전히 통합하는 통합군이 아닌 합동군 개념이며 연구가 완료되는 91년쯤 합동군사령부가 발족되는 것으로 23일 밝혔다.…합동군사령부는 현재 국방부장관의 작전에 관한 군령권 행사를 보좌하는 합참의장에게 군령권의 일부를 위임하는 형태로 진행 중이다." [뉴스] "국군 합동사 91년께 발족." 『경향신문』(1989. 5. 24); [뉴스] "육해공군 본부 존속 합참권한 강화키로." 『동아일보』(1989. 5. 24).

107) [뉴스] "이 국방 직제 개편보고 민정 당직자회의 참석." 『동아일보』(1989. 9. 11); [뉴스] "육·해·공 통합군 창설계획 국방부 보고." 『한겨레신문』(1989. 9. 12).

작전지휘권과 정보를 장악한다는 것이다. 이에 따라 각군 참모총장은 계속 유지되지만 사실상 인사, 군수 등 일반 행정 기능만을 갖게 되며…"[108] 라고 표현하고 있다.

1989년 10월 14일의 통일, 외교, 안보 분야 대정부 질문에서 군 구조 개편 문제와 관련해 야당의원들이 질문하자 이상훈 국방부장관은 "…국방참모총장은 국방부장관의 명을 받아 각군의 주요 작전부대만을 작전 통제하며 각군 총장은 작전권을 제외한 지휘권, 즉 인사, 자원, 분배, 감사권 등을 종전과 같이 행사하게 된다."[109]고 군 구조 개편계획의 골자를 말했다. 당시까지만 해도 언론이 국방부의 군 구조 개편 상황에 관해 제대로 알지 못했는데 이는 "이상훈 국방부장관은 지난 2월 임시국회에서 '우리의 합참제도로는 3군병립제로 인해 통합전력의 발휘가 어렵고 각군별 군정 운용의 비경제성이라는 문제가 지적돼 88년부터 개선방안을 연구 중에 있다.…국방위원회 소속 야당 의원들이 문제점을 지적함으로써 군 조직개편이 여권 내부에서 심도 있게 추진되고 있는 것으로 드러났다."[110]는 동일 날짜의 『동아일보』 기사에서 확인할 수 있다.

이처럼 10월 14일의 국정감사에서조차 통합군의 의미를 군정은 각군 참모총장이 군령은 국방참모총장이 행사하는 것으로 설명하는 한편 10월 12일의 김대중 총재 10월 14일의 김영삼 총재와의 회동에서 국방부는 국방참모총장이 군정과 군령을 동시에 행사하는 방안을 설명했다.[111]

108) 조성하 기자, "3군장악 통합군안 새 쟁점." 『동아일보』(1989. 10. 11).

109) 김재홍 기자, "국군통합안 공방 '정치개입 우려' '현대전에 필수'." 『동아일보』(1989. 10. 16).

110) 위의 글.

111) 이상훈 전 국방부장관과의 2012년 6월 4일 인터뷰; 이상훈 전 국방부장관은 동일 내용을 2011년 4월 평화연구소에서 또한 언급했다.; 이상훈 전 국방부장관과 함께 818계획 당시 3당 총재를 방문했던 용영일 장군 또한 2012년 5월 30일의 전화 인터뷰에서 동일하게 증언했다.

이처럼 국방부가 재차 통합군을 추구한 반면 자신의 힘만으로는 저지할 수 없다고 생각했던 해군과 공군은 외부세력과의 연대를 추구했다. 해·공군과 외부세력의 연대 가능성은 이미 1989년 2월에 목격되었다. 역대 공군참모총장을 대상으로 한 818계획 간담회에서 김정렬 장군은 "국회에 있는 김성룡 같은 분은 윤번제가 꼭 시행되지 않으면 우리가 염려하는 육군부대가 된다는 것을 명심해야 한다."[112]고 말했으며 김성룡 국회의원[113]은 "현역 여러분들이 군 구조 개선안에 크게 반대하지 않는 것 같으니… 공군총장은 책임지고 총장직을 사퇴해야 한다.…"[114]고 말하는 등 818계획과의 일체성을 과시했다.

현역과 예비역 간의 유대관계 형성 문제와 관련해 조건환 장군은 다음과 같이 말하고 있다. "88년 1월 그 해 장군진급자들과 역대 공군참모총장들이 제주도에서 세미나를 했다. 통합군을 주제로 발표했다. '합참이 통합군 관련 문서를 전두환 대통령에게 보고하자 88올림픽 이후 추진하라는 단서와 함께 결재했다.'는 사실과 통합군의 본질에 관해 설명하자, '통합군은 안 된다'고 총장들이 말했다. 김창규 총장이 '어려운 문제다. 현역들 힘만으로 문제를 해결하지 못할 수도 있다.…도움이 필요하면 언제든지 연락하라고 말했다.'"[115]

오늘날과 달리 당시는 군인들의 발언권이 매우 컸으며, 예비역 장군들을 무시하지 못하던 시절이었다. 특히 육군, 해군 및 공군 예비역 가운데 최고 원로인 김정렬 장군은 대단한 영향력이 있었다. 따라서 국방부는 김정렬 장군을 설득하기 위해 노력했다. 김정렬 장군을 설득하는 문제의 중

112) "군구조 개선(818계획)에 대한 설명회." p. 27.

113) 10대 공군참모총장(1968년 8월 1일~1970년 8월 1일) 역임.

114) "군구조 개선(818계획)에 대한 설명회." p. 24.

115) 2012년 4월 5일의 조건환 장군과의 인터뷰.

요성을 이석복 장군은 다음과 같이 말하고 있다. "공군의 김정렬 장군을 용영일 장군과 찾아뵈었다.…김정렬 장군에게 말씀드린 핵심 내용은 '언제까지 미군에 의존해야 합니까? 국가의 경제발전에 부응하는 임무와 역할을 수행해야 하는 것 아닙니까? 미국 또한 대한민국의 자립을 원하고 있을 것입니다. 이는 보다 굳건한 한미동맹을 발전시키기 위한 방안일 것입니다. 자립하는 대한민국에 대해 미국이 보람을 느낄 것입니다. 함께 공조해 활동할 수 있는 군이 되어야 합니다.' 그러자 김정렬 장군이 공군 예비역들을 최대한 설득하겠다고 하시더라. 이것이 크게 도움이 되었다."[116) 용영일 장군은 다음과 같이 말하고 있다. "공군은 김정렬 장군이 가장 반대했다.…육군의 원로 예비역 장군들 또한 김정렬 장군을 어렵게 생각했다. 김정렬 장군에게 별도 보고를 드렸다."[117)]

한편 해·공군은 민주당의 김성룡 의원과 공화당의 옥만호 의원 등 군 출신 의원을 비롯해 일부 야당 의원들을 은밀히 만나 818계획의 국회통과를 적극 저지할 움직임을 보였다.[118)] 이 같은 움직임을 차단하기 위해 국방부는 해·공군 참모차장을 동원했다. 왜냐하면 해·공군 참모총장들이 통합군에 반대하는 입장이었던 반면 해·공군의 여타 장군들은 상황이 달랐기 때문이다. 당시 통합군에 대한 찬성 또는 반대는 군사적 논리보다는 개인 입장과 관련이 많았다. 해·공군 참모총장들은 통합군이 관철되는 경우 자신이 총장으로 재직할 당시 자군의 정체성을 상실했다는 책임을 면치 못할 가능성이 있다는 점, 군에서 최고 계급까지 승진했다는 점에서 통합군에 격렬히 반대해야 하는 입장이었다. 반면에 여타 장군들은 또 다른 진급 가능성을 고려하지 않을 수 없었다. 결과적으로 청와대를 중심으로

116) 이석복 장군과의 2012년 5월 24일 인터뷰.

117) 예비역 육군중장 용영일 장군과의 2012년 6월 16일의 전화 인터뷰.

118) 김형배 기자, "'통합군, 정계개편 구도의 일환' 의혹." 『한겨레신문』(1989. 10. 19).

추진되고 있던 통합군에 내심은 아닐지라도 표면적으로는 동조하지 않을 수 없는 입장이었다.

이 문제와 관련해 조건환 장군은 다음과 같이 증언하고 있다. "제주도 발언을 상기해 김창규, 장지량 장군 등 몇몇 역대 공군참모총장님을 찾아 뵙고는 '현역들은 한계가 있습니다.…도와주십시오.'라고 간청했다. 그 후 해·공군 역대 참모총장들이 3당 야당 총재들을 만나고자 한다는 사실을 간파한 국방부는 접촉을 차단하고자 노력했다. 어느 날 공군참모차장이 '국회의원들과 접촉하지 못하도록 역대 참모총장들을 찾아뵙자고 연락해왔다.…장지량 총장을 찾아뵈었더니 장지량 총장이 공군참모차장에게…참모총장이 되면 공군에 몇 년 더 있을 수 있나?…공군에 있을 기간이 더 긴가 아니면 전역 후 기간이 더 긴가? 알아서 하게'라며 역정을 내었다."[119)]

3. 정치권의 반대

통합군에 대한 정치권의 반대는 국방위 국정감사가 있었던 1989년 9월 19일 공군참모총장 출신 김성룡 의원에 의해 최초 제기되었다. 당시 김성룡 의원은 "육군이 군령권을 장악한 상태에서 통합군사령관인 국방참모총장이 육·해·공군을 지휘하게 될 경우 절대적 권한을 행사하게 되어 3군 균형을 유지하고 있는 현 체제가 무너지고 문민통제마저 불가능하게 되어 군의 정치적 개입을 제도적으로 보장하는 결과가 초래될 것이다."[120)]

119) 2012년 4월 5일의 조건환 장군과의 인터뷰.

120) 박화강 기자, "한은 특융 땅투기에 악용." 『한겨레신문』(1989. 9. 20). 신문의 타이틀과 내용이 달라 보인다. 그러나 이는 당시 국정감사의 몇몇 대상 중 하나를 타이틀로 한 것이다.

고 주장했다.

그러나 통합군안에 대한 정치권의 본격적인 반대는 이상훈 국방부장관과 818계획 실무책임자였던 용영일 장군이 야당 총재들을 방문했을 당시 표출되었다. 국방부장관과 야당 총재들과의 회동에 관해 언론은 다음과 같이 보도하고 있다. "이상훈 국방부장관은 국정감사 당시 의원들의 질의에 공식 발표 단계에는 이르지 못한 내부 연구 사안임을 강조했으나 국정감사가 끝나자마자 야당 총재들을 대상으로 본격적인 로비활동에 들어갔다. 국방부장관이 818계획 군 조직법 개정안을 설명하는 자리에는 2급 비밀 사항이라는 사전 요청으로 배석자도 당5역만 허용되었다. 공화당의 김종필 총재는 정치권에서의 실현 가능성 여부를 거론했으며, 김대중, 김영삼 총재는 생리적으로 거부할 수밖에 없는 사안임을 충고 겸 지적했다. 김종필 총재는 '3야당이 협력할 수 없을 것이니 평지풍파를 만들지 않는 편이 좋겠다.'고 말했다. 김대중 및 김영삼 총재 또한 '현 시점에서 군의 개편은 바람직하지 않다.'고 분명히 말했다. 그러나 이상훈 국방부장관은 '지금 당장 이 안대로 개편돼야 한다는 것은 아니나 언젠가는 이 방향으로 가야 한다.'고 말하는 등 여운을 남겼다."[121]

이상훈 국방부장관과 3당 총재들과의 대화에서 거론되었던 내용은 10월 17일자의 『한겨레신문』을 통해 보도되었다. "국방총장에 3군 인사권도 부여"란 제목의 기사에서 『한겨레신문』은 국방부의 정통한 소식통을 거론하며 "국방부는 당초 3군병립제의 해체에 따른 지휘계통상의 혼란과 해·공군의 사기 저하 등을 우려 당분간 각군의 특성을 일정 부분 유지하는 군정, 군령 이원화의 합동군 개편안을 마련해 지난 8월 청와대에 보고했으나 그 후 청와대 쪽의 군정, 군령 일원화 지시에 따라 국방참모총장

121) 김재홍 기자, "국군통합안 공방 '정치개입 우려' '현대전에 필수'." 『동아일보』(1989. 10. 16).

이 당분간은 군령권만 갖되 장기적으로 군정권까지 장악하는 강력한 통합군 형태를 추진하고 있다."고 보도했다. 또한 "통합전력체제에서 작전을 지휘할 국방참모총장의 각군에 대한 인사권 행사는 지휘체계상 자연스런 일이다."란 국방부 당국자의 발언을 보도했다. 계속해서 "통합군 추진자들은 '정차 우리군의 지휘체제는 작전지휘권 환원과 관련, 통합군체제의 도입으로 통합전력의 발휘를 보장하는 체제로 가야한다'며 '과도한 혼란과 각군의 이해관계 상충을 피하기 위해 당분간 단계적 추진이 바람직하다'…육군교육사령부(사령관 김진영 중장)이 지난 1988년 발간한 논문집 『군사발전』 제47호에 게재된 논문 '군사지휘체제 발전'은 '통합군 추진을 위해 합참을 강화, 군령 지휘계선에 접근시킨 뒤 각군 본부를 축소해 각군 총장을 통합 지휘하는 합참의장제로 발전시키는 1단계 과정을 거쳐 종국에는 단일참모총장제로 가야 한다.'는 결론을 내려 군구조 개편안이 강력한 통합군제임을 스스로 밝히고 있다."[122]고 보도했다.

이 같은 보도에 이어 1989년 10월 19일 『한겨레신문』은 다음과 같이 보도했다. "국방부와 각군 본부는…예민한 반응을 보였으며, 육군 일부와 대부분의 해·공군 장교들은 각군의 특성 및 전문성의 저해와 문민통제 약화 등의 이유를 거론하며 강력히 반발했다.…해·공군 예비역 장성과 전역 장교들은…이 계획의 국회통과 저지에 나설 움직임마저 보이고 있다.…김종필 총재(10일), 김대중 총재(12일), 김영삼 총재(14일)와의 회동 당시 이들 총재는 '통합군제는…군사쿠데타로 집권했던 박정희, 전두환 두 전직 대통령도 군권의 과도한 집중에 따른 역기능 때문에 채택을 보류한 제도를 이 시점에 다시 추진하는 의도가 어디 있는냐'면서 강한 불만과 함께 반대 입장을 분명히 밝힌 것으로 알려졌다."[123]

122) 김형배 기자, "문민통제 악화 '군사우위' 경계론 높아." 『한겨레신문』(1989. 10. 17).

123) 김형배 기자, "'통합군, 정계개편 구도의 일환' 의혹." 『한겨레신문』(1989. 10. 19).

당시 야당 총재들의 반대와 관련하여 이상훈 전 국방부장관은 다음과 같이 증언하고 있다. “노태우 대통령의 지시는 통합군이었다. 장관으로서 이것을 관철시켜야만 했다. 해·공군의 반대도 문제였지만 정치지도자들을 만족시키는 것은 보다 중요한 문제였다.…김영삼 총재의 통합군 반대가 충격적이었다. 최형우와 김동영이 통합군 관련 보고를 듣고 있다가 ‘또 쿠데타 하려고?’ 라고 말하더라. 김영삼 총재가 ‘모르는 소리 말아라. 쿠데타는 소장(少將)이 하는 것이다’ 고 말하더라. 김대중 평민당 대표 또한 반대하니 방법이 없더라. 결과적으로 노태우 대통령에게 말씀드려 정치적 이유로 통합군으로 가지 못한 것이다.”[124)]

4. 기득권 세력의 분열

818계획 당시 대부분의 육군들은 통합군을 적극 지지했다. 이는 “실무국장으로서 통합군으로 가야한다고 생각했다. 육군들은 대부분 그처럼 생각했다.”[125)]는 용영일 장군의 증언을 통해 잘 알 수 있다. 여기서 한걸음 더 나아가 용영일 장군은 다음과 같이 말했다. “육군 중에 통합군 반대했다는 이야기를 들어본 적이 없는데, 성우회에 갔더니 ‘818 당시 자신이 통합군을 반대했다’ 고 조영길 장군이 말하더라.”[126)] 이석복 장군 또한 비슷하게 증언하고 있다. “조영길 장군은 육군들이 당연히 통합군을 생각하고

124) 이상훈 전 국방부장관과의 2012년 6월 4일 인터뷰; 이상훈 전 국방부장관은 동일 내용을 2011년 4월 평화연구소에서 또한 언급했다.; 이상훈 전 국방부장관과 함께 818계획 당시 3당 총재를 방문했던 용영일 장군 또한 2012년 5월 30일의 전화 인터뷰에서 동일하게 증언했다.

125) 예비역 육군중장 용열일 장군과의 2012년 6월 19일 인터뷰.

126) 예비역 육군중장 용열일 장군과의 2012년 5월 29일 인터뷰.

있는 상황에서 이처럼 하면 안 된다고 생각했다."[127]

결과적으로 보면 818계획을 추진할 당시 육군 장교 가운데 통합군에 공개적으로 반대한 사람은 조영길 장군뿐이었다. 그러나 조영길 장군 또한 육군들의 주장에서 크게 벗어나지 않았다. 당시 조영길 장군은 합참이 각 군 작전부대를 지휘하는 방안을 주장했는데, 이는 1954년 당시 이승만 대통령의 잘못으로 합참의장이 잠시 각 군 작전부대를 명목상으로 지휘한 적이 있다는 사실에 근거하고 있었다. 이 같은 방안을 1960년부터 한국육군 장교들이 끊임없이 주장해오고 있었다.

일부 육군들은 합동군을 거쳐 통합군으로 가야 한다고 주장했는데, 이는 분열이 아니고 접근 전략의 차이였다. 예를 들면 당시 국방부장관으로서 818계획을 추진했던 이상훈 장군은 "여러 나라의 군대를 견학시키고 공부를 시키고 연구해보니 통합군제로 가긴 가야 하지만 가기 전에 합동군제가 당시를 기준으로 우리에게 적합하다고 결론을 내린 것이다."[128]고 말했다. 818계획 당시 실무책임자였던 예비역 육군중장 용영일 장군 또한 "통합군으로 가기 위해 먼저 합동군으로 가는 것이다."[129]고 말한 바 있다. 1960년 이후 육군들이 작성한 군제 관련 논문에는 통합군으로 직접 가야 한다는 논문도 있었지만 "한국군이 수십 년 간 3군 병립제를 운용해왔음을 거론하면서 합참의장이 각 군 작전부대를 지휘하는 형태를 거치는 등 단계별로 통합군으로 가야한다"고 주장한 논문도 적지 않았다. 이들 논문 또한 달성 전략 측면에서 차이가 있었을 뿐 통합군을 추구하고 있었다.

한편 이석복 장군은 2 : 1 : 1과 국방참모총장 순번제의 필요성을 국방부장관, 합참의장, 육군참모총장에게 적극 강조했는데, 이것 또한 기득권

127) 이석복 장군과의 2012년 5월 24일 인터뷰.

128) 이상훈 전 국방부장관과의 2012년 6월 4일 인터뷰.

129) 예비역 공군준장 조건환 장군과의 2012년 4월 5일 인터뷰.

세력에 대한 반발이라기보다는 해군과 공군의 현역 및 예비역들의 반대를 무마하기 위한 전략으로 볼 수 있다. 이는 "2 : 1 : 1과 국방참모총장의 순번제 적용을 실무자선에서 수용하면서 각군의 저항이 수그러들었다"는 이석복 장군의 증언에서 잘 알 수 있다. 그러나 2 : 1 : 1과 국방참모총장 순번제 개념은 각군 참모총장과 국방부장관이 참여하는 군무회의에서 채택되지 않았다.

마찬가지로 사관학교 통합 등에 대한 일부 육군들의 반발은 엄밀한 의미에서 통합군에 대한 반발로 볼 수 없다. 왜냐하면 통합군이 군사적 타당성이 아니고 육군의 기득권을 보다 강화하기 위한 것이었다는 관점에서 보면 각군 사관학교 통합은 당시 대한민국에서 막강한 영향력을 행사하고 있던 육군사관학교의 기득권 포기를 의미했기 때문이다. 군수의 완벽한 통합에 대한 일부 육군들의 반대는 제도와 절차가 상이한 각군의 군수체계를 단일의 제도와 절차로 통일할 수 없었기 때문이었다.

여기서 보듯이 818계획 당시 목격되었던 육군 내부의 이견은 통합군에 대한 반발이라기보다는 육군의 기득권을 유지하기 위한 경우이거나 이론적으로 어찌할 수 없는 경우였던 것이다. 또는 접근 전략의 차이에 기인한 것이었다. 이 같은 점에서 보면 818계획 당시 기득권 세력의 분열은 있지 않았다. 그러나 단일군 또는 통합군, 통합군에 근접한 합동군을 추구하고 있던 노태우 대통령의 선호가 이 같은 접근 전략의 차이 그리고 각 군 체제 간의 근본적인 차이로 인한 통합의 부적합성으로 인해 지장을 받았다.

5. 여론의 부정적인 기류

통합군에 대한 부정적인 여론을 조장한 글은 예비역 해병대령이자 한국시사문제연구소 부소장인 이선호 박사가 1989년 10월 2일 『동아일보』에 기고한 "통합군 발상의 비민주성"이란 제목의 칼럼이었다. 그 이전까지 언론매체는 국방부의 공식 입장을 전달하는 수준이었다. 당시의 글에서 이선호 박사는 "최근 국방 당국이 현행 3군 체제를 통합군으로 바꾸려는 군구조 개편안을 내놓았다.…통합군은 제국 일본군이나 나치 독일군의 조직과 맥을 같이 한다.…통합군체제를 추구하면서 국방부는 통합전력 발휘, 3군 균형발전, 전투 즉응성 제고란 이유를 거론하고 있다. 그러나 이들 모두가 사실이 아니다.…국방참모총장을 3군 윤번제로 하지 않는 한 육군의 득세로 인사병폐가 보다 악화될 것이다.…국방참모총장이 전차, 함정, 항공기 모두를 통제하는 막강한 실력자로 부상하면 제2의 5.16이나 10.26 사태가 우려된다.…통합군이 되면 상당수의 고위급 장성이 늘어난다.…해군과 공군이 육군의 일개 병과나 기능사령부로 전락하면서 직업 군인들의 결집력과 군에 대한 충성심이 손상될 것이다.…"[130]고 주장했다.

이선호 박사의 글이 발표된 10월 2일부터 "통합군이 아니고 통제형 합참의장제를 추구하기로 결정했다"는 내용을 이상훈 국방부장관이 발표한 1989년 10월 26일까지 『한겨레신문』, 『경향신문』, 『동아일보』, 『한국일보』는 국방개혁의 문제점에 관한 다양한 시각을 거의 매일 다루었다. 예를 들면 『동아일보』의 남찬순 기자는 "문민정치 역행 : 통합군안 논란"이란 제목의 1989년 10월 9일 글에서 국방부의 군 구조 개편 추진이 엄청난 파문을 초래하고 있다며, 정부는 군의 능률과 자원의 효율성을 목표로 하고 있지만 통합군이 되면 작전권한이 편중되고 3군 팀워크 차원에서 문제가 될 수 있다는 사실을 야당 의원들이 우려하고 있다고 말했다. "3군 장악 통합군안 새 쟁점"이란 제목의 1989년 10월 11일 글에서 『동아일보』의 조성하

130) 한국 시사문제연구소 부소장, "통합군 발상의 비민주성." 『동아일보』(1989. 10. 2).

기자는 군 구조 개편 방향에 대한 각군과 정치권의 반응을 전달하고 있다. "군사지휘체제 발전"이란 제목의 육군교육사령부 김기학 중령의 논문에서 보듯이 통합군이 장기적 포석에서 진행되고 있다는 점, 해군과 공군이 육군 위주의 군 구조 개편으로 인해 자군의 전문성이 위축될 수 있음을 우려하고 있는 반면 정치권은 문민통제가 약화될 수 있으며 헌법정신에 위배될 수 있음을 우려하고 있다는 사실을 밝히고 있다. "여야 통합군안 놓고 시의적절, 정치개입 음모 설전"이란 제목의 1989년 10월 14일 글에서 『동아일보』는 정부의 통합군안을 정치개입 음모로 신랄하게 비판하는 야당의원들의 주장과 시의적절한 것으로 적극 옹호하는 여당 의원들의 주장을 동시에 거론하고 있다. "국군통합안 공방 : 정치개입 우려 대 현대전에 필수"란 제목의 1989년 10월 16일 글에서 『동아일보』의 김재홍 기자는 통합군사령관의 권한이 너무나 비대하여 정치개입 가능성이 있다는 야당 의원들의 반대 논리와 효율적인 합동작전 수행을 위해 당연한 현상이란 국방부의 논리를 보도하고 있다. "통합군, 정계개편 구도의 일환 의혹"이란 제목의 1989년 10월 19일 글에서 『한겨레신문』의 김형배 기자는 대구경북(TK) 출신들이 장기적으로 군을 장악하기 위한 포석이란 관점, 내각제 추진을 위한 사전 포석이란 관점, 해·공군 예비역 장성들이 중심이 되어 입법 저지를 도모하고 있다는 사실을 전달하고 있다.

6. 대통령의 타협

군제와 관련한 노태우 대통령의 최초 타협은 연구 방향을 국방부가 보고한 1988년 12월 15일에 있었다. 육군·해군 및 공군본부를 해체하고 단일군으로 한국군을 통합해야 한다는 노태우 대통령의 비전에 육군이 동조한 반면 해군과 공군이 합참과 별도의 합동군사령부를 운용하는 비통제형 합참의장제를 선호하는 등 통합군제에 격렬히 반대하고 있음을 다양한 채널을 통해 보고받고 있던 노태우 대통령은 국방부의 통합군제 권유에도 불구하고 통합군에 가까운 합동군 형태의 국방참모총장제를 선택하게 된다.[131]

1988년 12월 15일의 비대면 보고 당시 대통령은 "첫째, 상부구조 개편 시 국방참모본부의 수장인 국방참모총장에게는 그 직위에 상응한 권한(인사권)을 부여하고, 보안사령부와 정보 기능을 통합사령부로 구성하는 문제는 신중히 재검토하라. 육군 방공포사령부의 공군으로의 전군 조치와 함께 3군 사관학교를 비롯한 교육기관을 조기 통합하라. 둘째, 과도하게 비대화된 국방부 본부와 국방부 직할 기관을 축소 개편하면서 고급 사령부에서 말단 전투부대까지 조직체계는 물론, 제대 단위와 수, 부대구조, 무기체계 등 전반적인 사항을 검토하라. 셋째, 군 구조와 더불어 인력구조와 인력운용 계획도 발전시키고 내년도 후속 연구계획을 조속히 보고하라."[132]고 지시했다.

이 같은 대통령의 지시에 따라 1989년 1월 24일 국방부는 후속 연구계획을 보고했다. 이날 용영일 합참 전략기획국장은 이상훈 신임 국방부장관, 최세창 합참의장, 이종구 육군참모총장, 김종호 해군참모총장, 서동열 공군참모총장, 김재창 합참 작전국장 등 주요 군 수뇌부들이 참석한 가운데 818 추진계획을 보고했다. 당시 국방부는 육군이 지지하고 있던 단일참모총장에 입각한 통합군제와 해군과 공군이 지지하고 있던 비통제형 합참의장제의 절충안인 국방참모총장제를 중점적으로 보고했다. 노태우 대통령은 국방참모총장제를 선택했다. 이는 "해군과 공군의 강력한 반발

131) 2012년 5월 29일 및 6월 16일의 용영일 장군과의 전화 인터뷰 등.

132) 김종대 지음, 『노무현 시대의 문턱을 넘다』, pp. 186-187.

을 고려해볼 때 통합군제의 수용이 곤란할 것이다"는 노태우 대통령의 판단의 결과였다.

또한 "통합군에 가까운 합동군도 가능할 듯 보인다."는 대통령의 최초 지침으로 인해 국방참모총장제란 합동군제를 채택했음에도 불구하고 합동군제에서는 이론적으로 불가능한 하부조직 통폐합, 국방참모총장에 대한 인사권 부여 등의 방안을 국방부는 강구했다. 합참전략기획국의 1월 24일 청와대 보고에 각군 사관학교, 군수, 정보, 통신 등, 각군의 모든 하부조직을 통폐합하고, 각군 본부 정원을 40% 삭감하며, 방공포를 공군으로 이관하는 등의 안이 포함되어 있었던 것은 이 같은 이유 때문이었다.

보고를 받은 노태우 대통령은 연구안의 기본개념과 연구방향을 승인하고 "가급적 조기에 818위원회를 재편성 운영하고 계획을 적극 실천해 줄 것"을 당부했다. 노대통령은 이어서 "군사전략과 군비지침은 계속 보완 발전시켜 나가고, 상부구조는 정책기능 위주로 정비하여 축소 개편하는 한편 하부구조는 경쾌하면서도 단단한 전투형으로 발전시키며, 각군의 상호 이해와 공감대 형성을 통하여 기능별 통합을 보다 구체화하여 적극 추진할 것"[133]을 지시했다. 보다 구체적으로 말하면 "저고도 방공무기만 육군에 잔류시키고 중고도 및 고고도 무기체계는 공군으로 전환시키는 이원적 분리방법을 검토할 것, 각군 사관학교 및 각군 대학의 교육체계를 재정비하여 합동교육을 확대할 것, 국방부 및 각군 본부의 행정 조직을 필수 정책기능 위주로 재정비하고 방산 및 연구개발 체계의 효율성을 높일 것, 각군의 제대별 군 구조 연구시 최대 전투력 발휘에 중점을 두고 경쾌한 전투형 조직으로 발전시킬 것 등의 추가 지침"[134]을 내렸다.

818계획의 주요 이슈였던 군제가 국방참모총장제로 결정되자 2차 연구

133) 위의 책, p. 187.

134) 위의 책, p. 187.

에서는 국방참모본부의 편성, 국방참모총장의 인사권, 국방참모총장 인선(人選)의 문제가 주요 이슈가 되었다. 뿐만 아니라 1월 24일에 보고한 각군 사관학교 통합 등 하부 조직 통폐합의 문제, 각군 본부를 40% 삭감 운용하는 문제, 방공포를 공군으로 이관하는 문제를 놓고 격론을 벌였다.

그 후 7개월 뒤인 1989년 8월 24일에는 각군에서 합의 도출한 818계획 중간 결과를 이상훈 국방부장관, 정호근 합참의장, 이종구 육군참모총장, 김종호 해군참모총장, 정용후 공군참모총장이 배석한 가운데 용영일 합참 전략기획국장이 보고했다. 상부구조개선과 관련된 주요 쟁점은 각군의 작전기능을 통합한 국방참모본부에 군령권과 더불어 적정 수준의 인사권을 부여하라는 청와대 지침과 달리 각군 참모총장들이 인사 및 군수 행정 기능을 각군 본부가 행사하도록 하고 국방참모본부의 군사력 소요 제기 기능조차 각 군의 영향력 아래 두고자 한 데 있었다. 이날 보고에서는 비대한 상부조직 축소를 위해 군령 및 군정 기능의 분리에 따라 중첩되거나 불필요한 기능을 과감히 정비하여 각군 본부 인력을 40% 줄이겠다던 1월 24일의 보고와 달리 20% 감축으로 후퇴 조정하고, 국방참모본부의 육군, 해군 및 공군 비율을 2 : 1 : 1로 조정하는 것으로 보고하여 논란이 있었다.[135]

또한 공군으로 전군 조치하게 되어 있던 육군 방공포의 전군을 지연시키고자 했으며, 각 군 사관학교 통합을 보류하고, 군수 통합을 공통 부문으로 국한시켰으며, 3군의 통신 통합을 청와대에 추가 통신지원단을 파견하는 수준으로 한정했다. 이 같은 내용을 보고받은 노 대통령은 크게 화를 내고는 1월 24일 보고 당시의 자세로 되돌아갈 것을 요구했다. 이 같은 대통령의 요구에 따라 89년 9월 1일 국방부는 연구위원들을 재소집했으며, 청와대 안보보좌관실과의 조율 아래 연구를 추진했다.

135) 위의 책, p. 188.

1989년 9월 1일 이후 국방부는 통합군으로 방향을 선회했다.[136] 당시까지만 해도 818계획은 간혹 국방부가 언론을 통해 일부 사항을 공표했지만 외부에 알려지지 않은 채 비밀리에 진행되었다. 그러나 "국방부가 통합군을 추구하고 있다"는 내용의 이선호 박사의 10월 2일자 『동아일보』 기사와 국정감사를 통해 외부에 본격적으로 노출되었다. 국방부장관과 김영삼, 김대중, 김종필 3당 총재들과의 10월 회동에서 비공식 언급된 통합군 추진 계획을 『한겨레신문』이 10월 17일 보도하면서 국방부가 곤란한 입장이 되었다. 더불어 해·공군 역대 참모총장들이 야당 총재들과 회동하여 통합군 반대 의사를 전달하고, 김영삼, 김대중, 김종필 총재가 통합군을 강력히 반대함에 따라 10월 25일 국방부는 청와대와의 조율을 거쳐 "통합군이 아니고 합동군을 연구하고 있다…현재 추진 중인 군구조 개편안의 골격은 국방참모총장제로서 군정권과 군령권을 모두 쥔 국방부장관 밑에 국방참모총장을 두고 국방참모총장은 장관의 명을 받아 3군의 주요 작전부대만을 통제하게 된다."[137]는 구체적인 연구 내용을 언론에 보도했으며 11월 16일에는 그 내용을 대통령에게 비대면 보고하여 최종 결재를 받았다. 결과적으로 국방부가 국무회의에 제기한 818계획의 개략적인 윤곽이 결정되었다.

이처럼 818계획은 시작에서 종료에 이르는 모든 단계에서 노태우 대통령이 거의 절대적인 영향력을 행사하는 가운데 진행되었다.

---

136) 조성하 기자, "3군 장악 통합군안 새쟁점." 『동아일보』(1989. 10. 11); "1989년 9월 1일부터 시작된 2차 연구위원들이 정호근 합참의장에게 신고하러 들어갔더니 '통합군 반대할 사람은 자군으로 돌아가도 좋다.' 고 말하더라. 89년 8월에서 9월로 기억되는데 대통령이 계룡대의 육·해·공군 장군들을 집합시키고는 '통합군해야 한다' 고 강력히 말하더라. 이면에서 통합군으로 바꾸기 위한 작업이 진행되고 있다는 소문이 돌았다." 예비역 공군준장 조건환 장군과의 2012년 4월 5일 인터뷰.

137) [뉴스] "참모총장은 주요부대만 통제 군 개편 통합아닌 합동 개념." 『경향신문』(1989. 10. 24).

제4절 818계획의 재평가

왜 노태우 대통령은 3군 병립적으로 운용되고 있던 한국군 상부지휘구조를 육군 중심 단일군인 통합군으로 개편하고자 했을까? 왜 노태우 대통령은 통합군을 선호했음에도 불구하고 통제형 합참의장제를 선택했을까?

노태우 대통령이 통합군 중심의 군제 개편을 추구했던 것은 위협환경 및 동맹환경과 같은 안보환경의 변화 때문이 아니고 자신의 지지 세력인 육군 장교들의 염원 때문이었다. 대통령 선거유세가 진행되고 있던 1987년 노태우 후보는 작전통제권 전환을 선거 공약으로 내세웠다. 작전통제권 전환을 추구하면서 노태우 대통령은 향후 있을지 모를 미국의 한반도 정책 변화를 언급했다. 그러나 북한 위협과 주변국 위협 측면에서 특이사항은 없었다. 이미 살펴본 바처럼 818계획은 당시로부터 3년 전인 1985년에 예정되어 있었다. 88올림픽이란 국가적 대사를 완료한 이후 통합군을 추진하라는 전두환 대통령의 지시로 88올림픽의 종료 시점을 기해 본격적으로 추진된 것이었다. 정권 유지에 관심이 있는 대통령이라면 자신의 강력한 지지 세력의 선호를 간과할 수 없었을 것이다.

한편 오늘날과 달리 합참의장과 국방부장관보다 막강한 권력을 행사하고 있던 육군참모총장이 통합군을 강력히 주장하고 있었으며[138], 대부분의 육군들이 통합군을 최상의 군제로 생각하고 있던 당시[139] 육군 중심 국

138) "육군참모총장이 군무회의 때 효과적인 군 구조는 단일참모총장제(통합군제)임을 역설한 바 있습니다."고 공군참모총장인 서동열 대장은 말했다. "역대 공군참모총장 초청 818계획 설명회." p. 22.

139) "대부분의 육군 장교들이 통합군을 지지하던 당시…" 이석복 장군과의 2012년 5월 24일 인터뷰; "육군 중에 통합군 반대했다는 이야기를 들어본 적이 없는데, 성우회에 갔더니

방부가 대통령에게 통합군제를 적극 권고한 것은 지극히 당연한 현상이었다.

그러면 왜 노태우 대통령은 통합군제에서 합동군제로 물러섰을까? 이는 해군과 공군뿐만 아니라 여소야대 상황에서 김영삼, 김대중, 김종필 총재가 극구 반대하고 있었으며, 수십 년 동안 3군 병립제를 운용해온 상태에서 곧바로 통합군으로 가는 경우 적지 않은 문제가 있을 것이란 일부 육군들의 관점, 대립보다는 조정과 타협을 선호했던 노태우 대통령의 성향 때문이었다.

그러면 왜 육군들은 통합군을 선호했을까? 단일군 선호의 변론으로 육군들은 북한군이 단일군이며, 단일군에 대항하기 위한 최상의 방안은 단일군이란 논리를 전개했다. 818계획의 실무 책임자였던 예비역 육군 중장 용영일 장군을 포함한 한국육군 장교들은 "북한군이 육군 중심의 단일군이기 때문에 통합군을 추구해야 한다"는 논리를 전개했다. 단일군으로의 개편을 주장하면서 이미 1960년 육군중장 백인엽은 북한군이 육군 중심 단일군이라고 주장했다.

그러나 2장 1절에서 살펴보았듯이 북한군은 육군 중심 단일군이 아니고 중국, 구소련, 이스라엘군처럼 '전쟁의 천재'들이 군을 이끌어가는 총참모장제(Chiefs of General Staffs System)를 운용하고 있다. 마찬가지로 2장 4절에서 살펴보았듯이 지상군에 대항하기 위한 최상의 수단은 지상군이 아니다. 또한 군정권과 군령권을 단일의 군인이 행사하는 통합군이란 개념은 군사적으로 검증된 개념이 아니다. 이는 한국전쟁 당시 공군참모총장이던 김정렬 장군의 실수로 2주 동안 육군참모총장이 육군참모총장 겸 3군총사령관이란 직책을 명목상이나마 맡았던 사실에 기인하고 있는 반

'818 당시 자신이 통합군을 반대했다'고 조영길 장군이 말하더라." 예비역 육군중장 용영일 장군과의 2012년 5월 29일 인터뷰.

면 역사적으로 거의 전례가 없는 개념이다.

그러면 육군 중심 단일군인 통합군제로 북한 위협에 대비할 수 있을까? 2장 1절에서 살펴본 바처럼 단일군으로는 북한군이 제기하는 다양한 위협에 제대로 대응할 수 없을 것이다. 노태우 대통령은 3군 합동작전의 필요성을 언급했지만 통합군은 합동작전이 아니고 지상 작전을 수행하기 위한 것이다. 그런데 지상군 중심으로 전쟁을 수행하는 경우 엄청난 인명이 손실된다는 문제가 있다. 이 같은 이유로 한반도와 같은 곳에서 미군은 지상군 중심의 전쟁이 아니고 3군 합동 차원에서의 전쟁을 강조하고 있다. 따라서 한미연합으로 전쟁을 수행하는 경우 통합군은 문제가 많은 개념이다. 한국군이 독자적으로 북한과 전쟁을 수행하는 경우에도 많은 인명이 손실될 수 있다는 점에서 통합군은 곤란할 것이다.

그러면 왜 육군은 북한군을 육군 중심 단일군이며, 육군 중심 단일군에 대항하기 위한 최상의 방안은 육군 중심 단일군이란 논리를 전개했을까? 2장과 3장에서 살펴보았듯이 이는 "전쟁은 육군이 주도하고 해군과 공군이 육군을 지원해야 한다"는 육군문화와 일치했기 때문일 것이다. 이 같은 문화를 견지하는 경우 1954년의 『한미합의의사록』으로 인해 초래된 육군 중심 비대칭 구조를 지속 유지할 수 있기 때문일 것이다. 3군의 군정 조직을 통폐합한 후 육군들을 수장으로 앉히고 이들이 지휘하도록 만들 수 있을 것이기 때문이다. 국방부 및 합참과 같은 조직을 육군 중심으로 편성하고 방대한 규모의 육군을 향후에도 지속적으로 유지할 수 있을 것이기 때문이다. 이는 818계획 이후 국방부 및 합참과 같은 합동조직뿐만 아니라 조직 통합한 부서에 근무하게 될 요원들을 육군 중심으로 편성 및 보임시키고자 육군들이 지속적으로 노력했다는 점에서 잘 알 수 있다.

합동조직을 육군 중심으로 편성하겠다는 육군의 의도는 818계획 당시에도 목격되었다. 당시 육군들은 군에 구분 없이 합동 조직에 능력 있는 사람이 보임되어야 한다고 주장했는데 육군들이 말하는 능력 있는 사람은 지상 작전에 밝은 사람을 의미했다. "육군이 전쟁을 주도하고 해군과 공군이 육군을 지원해야 한다"는 것이 육군의 문화이자 전쟁 수행 개념이었기 때문이다. 이 같은 정서를 이석복 장군은 다음과 같이 표현했다. "해·공군도 지상 작전에 보다 많은 관심을 갖고 전체 작전에서 어떻게 하면 보다 기여할 수 있을 것인지를 보다 깊이 생각하는 사람들이 결국은 보다 많은 영향을 행사할 수 있을 것으로 나는 생각했다."[140] 2장에서 살펴본 바처럼 군 조직은 이처럼 자신에게 유리한 방향으로 변화를 추구하는 반면 불리한 변화는 거부하는 속성이 있다. 또한 자신의 입장에서 현상을 바라보고 분석하는 성향이 있다.

결과적으로 보면 작전통제권 전환에 대비하여 통합군 중심의 국방개혁을 추진했다는 노태우 대통령의 주장은 설득력이 떨어진다. 통합군은 북한 위협에 대응하기 위한 방안이 아닐 뿐만 아니라 주변국 위협을 고려한 방안은 더더욱 아니기 때문이다. 또한 주한미군의 철수 가능성이 희박했던 1959년 이후 해군과 공군의 격렬한 반대에도 불구하고 육군이 8차례에 걸쳐 통합군을 강력히 추진했기 때문이다.

통합군을 추진하면서 노태우 대통령은 우수 인력으로 위원회를 편성하고, 자유로운 토론 분위기를 유지하라는 등 국방개혁의 방향뿐만 아니라 추진 방법 등을 소상히 지시했다. 이 같은 지시를 국방부는 충실히 이행했다. 이는 노태우 대통령이 국군기무사령관 출신이란 점에서 군에 관해 현역 군인들보다 많은 정보를 접할 수 있는 위치에 있었기 때문일 것이다.

140) 2012년 5월 24일의 이석복 장군과의 인터뷰.

제 5 장

합동 절충형 국방개혁 : 국방개혁 2020

제5장 합동 절충형 국방개혁 : 국방개혁 2020

국방개혁 2020은 참여정부 출범 이후 2년 3개월이 지난 2005년 6월 1일 국방개혁위원회가 구성되면서 공식적으로 시작되었다. 국방개혁위원회 예하에 국방부와 합참에 태스크포스(TF)를 각각 구성하는 국방개혁실무위원회가 발족되어 국방개혁에 관한 구상과 국방개혁안 작성이 시작되었다. 이 같은 노력으로 2005년 9월 1일 군 수뇌부는 대통령에게 『국방개혁 2020(안)』을 보고했다. 보고를 받은 대통령은 개혁안이 전체적으로 매우 잘 되었다고 평가하면서 군이 어려운 작업을 추진하고 있으며, 역사적 과업으로 자리매김할 것이라고 말했다. 보고된 내용은 큰 변경 없이 결정될 것이며 최종결정까지 개혁추진에 장애가 없도록 홍보 및 내용 측면에서 보완해야 할 것이라고 당부했다.[1)]

이 같은 대통령의 지침을 반영한 국방개혁안은 9월 13일 기자회견을 통해 『국방개혁 2020』으로 국민들에게 공개되었다. 국방부안이 확정된 이후 정부는 2005년 10월 12일부터 21일까지 정부 유관부처의 의견수렴과 10월 24일 당정협의를 거쳐 10월 25일부터 11월 14일까지 행정자치부 관보와 인

1) 국정홍보처, 『참여정부 국정운영백서(통일외교안보분야), 협력적 자주국방』(2008. 2. 20), p. 186.

터넷 국방부 홈페이지에 게재하여 입법 예고했다. 2005년 11월 30일 대통령 재가를 받아 12월 2일 『국방개혁기본법안』을 국회에 제출했다. 근 1년에 걸친 검토회의와 공청회 등을 거친 2006년 12월 1일 국회는 『국방개혁에 관한 법률』로 제명을 바꾸어 최종적으로 의결했다.[2)]

취임 직후 국방개혁을 추진한 노태우 정부와 달리 취임 2년 3개월이 지난 2005년 6월부터 본격적으로 추진했다는 점을 거론하며 참여정부의 국방개혁 의지를 과소평가하는 사람도 없지 않다. 참여정부의 국방개혁 2020이 잘못되었다면 이는 뒤늦게 추진했기 때문이라는 논리를 전개하는 사람도 없지 않다.

이 같은 인식과 달리 노무현 대통령을 중심으로 한 청와대의 국방개혁 의지는 대단히 높았다. 취임 직후인 2003년 3월의 육군, 해군, 공군사관학교 졸업 및 임관식을 필두로 노무현 대통령은 국방개혁의 필요성을 지속적으로 언급했다. 이 같은 사실을 NSC 사무차장으로서 국방개혁 2020을 추진했던 이종석 박사는 다음과 같이 말하고 있다. "국방개혁은 대통령 취임 초반부터 구상하고 있었다. 국방개혁을 추진하기 이전에 기본적으로 전작권 환수에 관한 로드맵, 이에 따른 자위적 방위역량 구비 가능성, 예산, 인구학적 측면에서의 병력 감축 가능성 등을 예비 조사했다. 국방부가 움직일 당시에는 이전에 국방개혁을 위한 많은 것이 이루어졌다는 의미다. 국방개혁 태스크포스(TF)는 2004년에 이미 있었다."[3)]

NSC에서 국방개혁 2020을 4년간 조율했던 임춘택 전 청와대 행정관은 다음과 같이 말하고 있다. "국방개혁은 중요한 국정운영 중 하나이기 때문에 감정적으로 또는 즉흥적으로 된 것은 아니다. 큰 틀에서는 2급 비밀로 분류된 국가안보전략지침서를 역대 정부 최초로 수립하고, 이 중 민감

---

2) 위의 책, p. 187.

3) 이종석 전 통일부장관과의 2012년 8월 22일 인터뷰.

한 사안을 제외한 평문본인 『평화번영과 국가안보』란 책자를 2004년 3월에 만들었다. 참여정부가 들어서기 이전부터 대통령은 자주국방을 구상했다"[4]고 말하고 있다.

그러나 이 같은 대통령의 관심에도 불구하고 국방부 업무 파악의 난해성으로 인해 국방개혁 2020이 지연되었다는 관점도 있다. 청와대에서 국방개혁을 주목했던 모 박사는 다음과 같이 말했다. "업무 파악에도 1년이 소요되었다. 국방부에 대한 윤곽을 청와대가 파악한 것은 2004년 후반에 접어들면서였다. 군인을 포함한 관료들의 특징 때문이었다."

이들 논리를 종합해보면 818계획의 경우 1960년부터 많은 육군 장교들이 만든 연구 결과뿐만 아니라 한국국방연구원과 같은 연구기관에서 만든 연구 결과가 있었기 때문에 노태우 대통령 취임 직후인 1988년 5월 16일에 시동을 걸 수 있었던 반면 3군 균형 발전을 추구했던 국방개혁 2020은 한미지휘구조 변환 등을 고려한 국가안보전략서 성격의 포괄적인 틀을 먼저 만들어야 했으며, 국방부 업무를 파악할 필요가 있었기 때문에 구체적인 추진이 늦어질 수밖에 없었다는 것이다.

4) 임춘택 전 청와대 행정관(현재 카이스트 교수)과의 2012년 8월 23일 인터뷰.

제1절 노무현 정부와 국방개혁 2020의 방향

미국의 세계전략 변화에 따른 주한미군 재배치와 전시작전통제권 전환, 고조되고 있던 반미감정, 중국의 부상과 일본의 보통국가로의 전환, 김대중 정부 이후 추구했던 남북대화, 출산율 저하와 같은 안보환경의 급격한 변화를 고려하여 참여정부는 병력 중심에서 과학기술 중심, 북한 위협 중심에서 주변국 위협 포함, 3군 균형 발전과 같은 국방개혁 목표를 정했다.

그러나 국방개혁 2020은 육군 작전지역을 대거 넓히고 넓혀진 작전지역을 감당할 목적으로 육군전력을 대거 보강해주면서 3군 균형발전이 아니고 육군 중심 개혁이 되었다. 즉 자주국방 측면에서 많은 문제가 있었다.

국방개혁 2020은 육군 병력감축을 염두에 두어 진행되었다.[5] 그러나 육군이 병력감축에 대항하여 전력증강을 요구하고 271조 원에 달하는 전력 투자비의 절반 정도가 육군 전력증강 목적으로 투입됨에 따라 육군 전력증강 중심의 것으로 변했다. "국방개혁 2020은 육군 병력과 육군 장군의 삭감을 전제로 어떻게 육군 무기체계를 보완할 것인지에 초점을 맞춘 것이다. 육군 병력감축을 전제로 육군 무기체계를 강화시키기 위한 방안

5) "2020의 핵심은 병력규모 조정이다. 합동성 강화는 이것과 연계되어 나온 것이다." 전 국방발전자문위원회 위원장 황병무 교수와의 2012년 7월 25일 인터뷰; "군구조 정책과 관련하여 대대적인 개편을 목표로 했던 사례는…병력구조 개편을 중핵으로 삼았던 노무현 정부의 국방개혁2020이라고 할 수 있다." 김동한, "군구조 개편정책의 결정 과정 및 요인 연구 – 818계획과 국방개혁2020을 중심으로 –."(박사학위논문, 서울대학교, 2009), p. I.

을 성급히 내어 621조 예산이 나온 것이다.…"[6]란 참여정부 당시 방위사업청장을 역임한 이선희 장군의 발언, "국방개혁 2020의 핵심은 전력증강, 621조에 달하는 예산 사용이었다. 핵심은 육군 중심의 전력 증강이었다."[7]는 국방개혁 2020을 전담했던 임춘택 전 청와대 행정관의 발언, "국방개혁 2020의 핵심은 병력 위주의 양적 구조를 정보지식 중심의 기술집약형 군 구조로 전환하는 것이다.…육군부대 개편이 대부분을 차지하고 있다.…국방개혁의 핵심이 지상전력을 기술집약형 구조로 전환시킨다는 데 있기 때문이다."[8]는 육군본부 전력기획참모부 육군대령 황종수의 발언 모두는 국방개혁 2020의 본질이 육군 병력감축에 따른 육군 전력보강임을 보여주고 있다.

한편 육군 전력보강 개념은 1980년대 이후 한국육군이 국방 문서체계에 적극 반영해놓은 입체고속기동전 개념[9]과 관련이 있었다. 육군 화력보강에 따른 합참의 전쟁수행 개념과 관련하여 임춘택 전 청와대 행정관은 다음과 같이 말하고 있다. "입체고속기동전으로 회랑을 만들어 순식간에 평양까지 쓸어버리겠다고 하더라. 몇 시간 만에 끝내겠다고 하더라. 북한은 대공무기가 대단한 수준이다. 헬리콥터는 그대로 추락하게 되어 있다. 국방개혁 2020 당시 합참이 작전계획을 바꾸면서 그 내용을 청와대에 보고했다.…입체고속기동전 개념에 따라 전차와 헬리콥터가 중요해졌다. 입체고속기동전 개념으로 인해 지금도 막강한 헬리콥터를 훨씬 강력한 공격헬기 중심으로 바꾸게 된 것이다. 공군은 육군 중심의 작전을 지원 사

6) 이선희 전 방위사업청장과의 2012년 4월 27일 인터뷰.

7) 청와대 행정관 임춘택 전 청와대 행정관(현재 카이스트 교수)과의 2012년 8월 23일 인터뷰.

8) 육군대령 황종수, "국가방위의 중심군을 지향하는 지상전력 건설 방향," 『군사평론』 389호 (2007, 10), p. 148.

9) 입체고속기동전 교리와 관련해서는 이 책의 3장 3절 3항인 "지상군의 아젠다 설정" 부분 참조.

격한다고 말하더라. 해군은 해양에서 지원 사격한다고 하더라.…공군과 해군의 지원을 받는다고 말하지만 사실상 해군과 공군은 필요 없다는 개념이다.…이것이 합참의 전쟁계획이다."[10)]

국방개혁 2020에 많은 영향을 준 입체고속기동전 중심의 합동 전역계획(戰役計劃 : Campaign plan)과 관련해 예비역 해군제독 심동보는 다음과 같이 증언하고 있다. "…당시의 전역계획은 입체고속기동전 개념에 입각하고 있었다. 핵심은 이전의 수세적 형태에서 공세적 형태로 전쟁계획을 바꾼 것이다. 전쟁 초반부터 역습하여 평양을 공략한다는 것이었다.…골자는 육군이 전쟁을 주도하고 해군과 공군이 지원한다는 개념이었다.…이 전역계획을 2003년에 만들었다.…육군 출신 합참 작전기획과 장교들이 작성했다. 그 개념은 국방개혁과도 관련이 있었다. 전쟁 수행개념이 공세적으로 바뀌면서 그 수단인 부대구조, 전력구조 등이 대거 바뀌었다.…전차보다는 헬리콥터가 중요한 의미가 있었다. 적을 극복하고 신속히 기동해 들어가야 했기 때문이다."[11)]

"입영 자원의 감소, 과학기술 발달 등 안보환경의 변화로 인해 현재 상태를 지속 유지하는 것은 곤란하다고 인식했다. 이 같은 인식에서 육군은 입체고속기동전으로서 기계화와 차량 중심으로 가야겠다고 한 것이다.…작전지역은 넓혀진 것으로 가정하고 있었다. 넓혀진 작전지역을 가정하여 어떻게 작전하는 것이 효과적인지의 문제를 놓고 연구했다."[12)]는 국방개혁 2020 당시 합참 과장이었던 예비역 L 육군준장의 증언, "육군 작전지역은 합참에서 100㎞*150㎞로 일방적으로 정한 것이다. 육군은 합참이 정해준 틀에 맞추어 일했다.…육군 작전지역 확대는 육군의 싸우는 개념

10) 임춘택 전 청와대 행정관(현재 카이스트 교수)과의 2012년 8월 23일 인터뷰.

11) 당시의 전역계획 작성에 참여했던 예비역 해군준장 심동보 제독과의 2012년 9월 24일 인터뷰.

12) 예비역 육군준장 L 장군과의 2012년 8월 2일 인터뷰.

인 입체고속기동전과 관련이 있었다."[13]는 육군대학 교관 출신의 예비역 모 육군대령의 증언은 육군 작전지역 확대와 입체고속기동전, 전차, 헬리콥터와 같은 기동 전력의 건설이 서로 연계되어 있었음을 보여주고 있다.

국방개혁 2020을 추진하면서 청와대는 국방예산을 대거 늘려주었다. 덕분에 한국군이 과학기술 중심으로 변모할 수 있는 기회를 갖게 되었다. 해군과 공군의 경우 평소 염원해왔던 체계의 획득을 기대할 수 있게 되면서 주변국 위협에 어느 정도 대비할 수 있을 것으로 예상되었다. 그러나 국방개혁 2020의 본질은 육군 전력증강이었다.[14]

---

13) 육군대학 교수를 역임한 예비역 육군대령과의 2012년 8월 13일 전화 인터뷰.

14) "큰 틀에서는 해·공군도 늘렸다. 육군의 것을 많이 늘릴 필요가 없었는데 육군의 파워가 세다 보니 육군의 것이 많이 갔던 것이다. 병력 줄이면서 육군에 화력을 늘리라고 청와대에서 말한 바는 없다. 대안으로 국방부가 기동화력 중심의 전력 보강을 갖고 왔다." 임춘택 전 청와대 행정관(현재 카이스트 교수)과의 2012년 8월 23일 인터뷰.

제2절 국방개혁 2020의 명분

국방개혁 2020 당시 노무현 대통령은 병력 중심에서 과학기술 중심으로, 북한 위협 중심에서 주변국 위협을 포함하는 방향으로, 3군 균형 발전을 추구했다. 노무현 대통령이 이 같은 목표를 추구하게 된 것은 무슨 이유 때문인가?

이미 살펴본 바처럼 818계획 당시 노태우 대통령의 선호는 안보환경의 변화가 아니고 수십 년 동안 육군들이 견지해온 선호에 기인했다. 그러나 16대 대통령 선거 당시 노무현 대통령을 지지한 군 출신은 거의 없었다. 육군 출신 가운데 지지한 사람은 거의 전무했다.[15] 따라서 군 출신 가운데 국방개혁 방향과 관련하여 노무현 대통령에게 입력할 수 있던 사람은 거의 없었다. 위협환경과 동맹성격의 변화가 국방개혁에 관한 노무현 대통령의 선호에 많은 영향을 줄 수밖에 없었다.

1. 위협환경의 변화

노무현 대통령이 취임한 2003년 3월 당시에는 북한이 전쟁 수행 능력과 수행 의지가 없다고 판단되었던 반면 중국의 부상과 일본의 보통국가화에 대비해야 한다고 생각되었다.

15) 참여정부 당시 청와대 상황실장을 역임한 예비역 공군소장 유희인과의 2013년 3월 11일 인터뷰.

가. 북한 위협

북한 위협에 대한 인식을 능력과 의도 측면에서 살펴보면 다음과 같았다.

2003년 당시 한국의 많은 사람들은 북한이 전쟁수행 능력이 없는 것으로 판단했다. 예를 들면 국방개혁 2020을 국방부에서 주도했던 윤광웅 전 국방부장관은 북한의 전쟁 수행 능력과 관련해 "북한 실상을 목격한 김대중 대통령과 노무현 대통령 당시 정권에 참여했던 일부 전문가들은 북한은 전쟁도발 능력은 있지만 전쟁지속 능력은 제한적이라고 판단했다."[16]고 증언했다. 국방발전자문위원장을 역임한 황병무 교수는 "…북한은 전면전 능력이 없으며 국지도발만을 자극할 수 있다.…중국과 소련의 지원이 없는 한 북한은 도발하지 못한다.…"[17]고 말했다.

미국의 보수 연구소 연구원인 카펜터(Ted Galen Carpenter)는 "북한과 비교해 보면, 한국은 경제적으로 거의 40배, 인구가 2배에 달하는 국력을 보유하고 있다. 과학기술 부분에서 엄청날 정도로 북한을 앞서가고 있다. 또한 대부분 국가들과 선린관계를 맺고 있을뿐더러 북한의 동맹국들을 하나둘 잠식해 들어가고 있다. 북한은 가난한 독재국가인 쿠바의 지원에 의존할 수 있다.…오랜 기간 적대관계를 유지해왔던 버마와 북한은 오늘날 관계를 재건하고자 노력하고 있다. 이들 국가를 제외하면 북한이 사용할 수 있는 카드는 거의 없다."[18]고 말했다.

북한 재래식 능력을 대단한 수준으로 인식하지 않은 사람이 이들만은

16) 윤광웅 전 국방부장관과의 2012년 4월 19일 인터뷰.

17) 전 국방발전자문위원회 위원장 황병무 교수와의 2012년 7월 25일 인터뷰.

18) Ted Galen Carpenter and Doug Bandow, *The Korean Conundrum* (New York, N. Y : Palgrave Macmillan, 2004), p. 146.

아니었다. 2001년 3월 미 하원에서 주한미군사령관 토머스 슈워츠(Thomas Schwarz) 대장은 북한군의 규모와 무기가 방대한 수준이란 점, 2000년에 대규모 훈련을 수행했다는 점, 장사정포와 다연장포가 수도 서울을 사정거리 안에 두고 있다는 점을 거론하며 북한 위협이 점차 증대되고 있다고 말했다. 슈워츠의 증언에 한국 내부에서, 그리고 많은 한반도 문제 전문가들이 비판적인 시각을 보였다.[19] 2003년에는 북한을 지원하고 있던 소련경제뿐만 아니라 북한경제가 몰락하면서 북한의 재래식 전력이 대거 약화되었다고 미국 또한 생각했다.[20]

한편 엄청난 능력이 있는 경우에도 친구를 두려워하는 이웃은 없다. 캐나다가 미국을 두려워하지 않는 것은 이 같은 이유 때문이다. 2003년 당시 한국인들은 북한을 점차 친구로 생각했다. 2003년 당시 한국인들은 북한 재래식 능력은 말할 것 없고 핵능력도 두려워하지 않았다. 왜냐하면 북한을 점차 한 핏줄을 나눈 동포로 인식했기 때문이다. 예를 들면, 1992년부터 2002년의 기간에는 북한이 한국을 침략할 가능성이 있다고 믿는 한국인의 비율이 69%에서 33%로 급감했다.[21] 대부분의 한국인들은 한국이 아닌 여타 국가들을 겨냥해 북한이 핵무기를 사용할 가능성이 가장 높은 것

19) Larry A. Niksch, "Roh Moo-hyun's Election and South Korean Criticism of the U.S. Military Presence." *Korea: U.S.-Korean Relations_Issues for Congress*(March 17, 2003), p. 14; Larry A. Niksch "Roh Moo-hyun's Election, Anti-Americanism, Plans to Change the U.S. Military Presence." *Korea: U.S.-Korean Relations_Issues for Congress*(July 18, 2003), p. 14.

20) "…네 번째 요인은 1990년대에 소련(북한에 무기를 공급해준 주요 국가)과 북한 경제가 몰락하면서 북한의 재래식 전력이 대거 약화되었다는 인식이다." Larry A. Niksch, "U.S.-South Korea Military Alliance." *Korea: U.S.-Korean Relations_Issues for Congress*(April 28, 2008), pp. 17-20; Larry A. Niksch, "U.S.-South Korea Military Alliance"(July 26, 2008), pp. 14-17.

21) Ted Galen Carpenter and Doug Bandow, *The Korean Conundrum*, p. 15에서 재인용; Hakjoon Kim, "U.S-Korea Alliance: Past, Present and Future," *International Journal of Korean Studies*, 7, no. 1(Spring/Summer 2003), p. 28.

으로 생각하고 있었다.[22] 일부 한국인들은 북한이 자신을 겨냥해 결코 핵무기를 사용하지 않을 것으로 호언하고 있었다.[23] 워싱턴포스트지에 다음과 같이 기고한 사람도 있었다. "나의 경우 북한의 핵무기 개발을 원하고 있습니다. 결국 우리는 한 민족입니다."[24] 한국의 많은 어린이들이 미국이 아니고 북한을 "가장 친근한 국가"[25]로 인지하고 있었다. 노무현 대통령은 "북한 사람들을 범죄 집단이 아니고 대화 상대"[26]로 간주해야 한다고 말했다.

북한에 대한 한국인들의 인식을 변화시킨 요인에 김대중 대통령의 '햇볕정책'이 있다. 1997년 12월 대통령에 당선된 김대중은 북한과의 대화와 지원을 강조하는 '햇볕정책'을 전개했다. 결과적으로 2000년에는 남북정상회담이 개최되었다. 정상회담 이후 남북한은 비무장지대를 사이에 두고 치열하게 전개되던 상호 비방을 중단했으며, 남북 이산가족 상봉에 합의했다. 대북 지원과 투자가 급증했다. 여론조사에 따르면 한국인의 90% 이상이 북한을 긍정적으로 바라보고 있었다. 대부분의 한국인들이 한반

---

22) Ted Galen Carpenter and Doug Bandow, *The Korean Conundrum*, p. 15에서 재인용; Bong Youngshik, "Anti-Americanism and the U.S.-Korea Military Alliance: Past, Present and Future," in *Confrontation and Innovation on the Korean Peninsula*, ed. James M. Lister et al., p. 23. (Washington, DC: Korea Economic Institute, 2003).

23) Ted Galen Carpenter and Doug Bandow, *The Korean Conundrum*, p. 15에서 재인용; Sangmee Bak, "Suddenly, Three's a Crowd in South Korea," *Washington Post*(January 26, 2003), pp. B1, B4; and James Brooke, "South Koreans Divided on North Korean Atom Threat," *New York Times*(December 29, 2002), p. 14.

24) Ted Galen Carpenter and Doug Bandow, *The Korean Conundrum*, p. 15에서 재인용; Doug Struck, "N. Korea's Neighbors Unmoved by Threats," *Washington Post*(February 11, 2003), p. A13.

25) Ted Galen Carpenter and Doug Bandow, *The Korean Conundrum*, p. 16에서 재인용; Nicholas Eberstadt, "Our Other Korea Problem," *National Interest* no. 68(Fall 2002): 112-13.

26) Ted Galen Carpenter and Doug Bandow, *The Korean Conundrum*, p. 16에서 재인용; Hakjoon Kim, "U.S.-Korea Alliance: Past, Present and Future," p. 30.

도에서 전쟁이 발발할 가능성이 거의 없다고 생각했다.[27] 한국인의 10명 중 9명은 북한이 변할 것이며, 서구와의 관계를 개선하고, 한국과의 관계를 확대할 것으로 생각했다. 한국인의 대다수가 북한을 동반자로 간주했다. 이들은 김정일의 한국 방문을 환영한다고 말했다.[28] 김대중 대통령은 "한반도에서 전쟁 위험은 사라졌다."[29]고 말했다.

2002년도에는 남북한 무역 규모가 6억 불을 돌파했다. 북한 입장에서 보면 한국은 중국에 이어 두 번째 교역국이었다. 북한이 핵시설을 재가동하던 날, 남북한은 비무장지대를 관통하는 도로를 개통했다. 한국의 관광객들을 태운 10대의 버스가 금강산으로 향하고 있었다. 2001년도를 기준으로 북한에는 152개의 한국 기업이 활동하고 있었다.[30] 노무현이 대통령에 당선될 당시의 한국의 분위기는 이와 같았다.

나. 주변국 위협

중국은 1984년 이후 연평균 10% 이상 경제를 성장시키고 있었다. 미국의 많은 연구소들은 2025년경 중국이 세계 제일의 경제대국이 될 것으로 예측하고 있었다. 이 같은 경제성장에 힘입어 중국은 인공위성, 대륙간

---

27) Ted Galen Carpenter and Doug Bandow, *The Korean Conundrum*, p. 21에서 재인용; Robert Manning, "Toward What New Ends?" *Washington Times*(July 2, 2000), p. 133.

28) Ted Galen Carpenter and Doug Bandow, *The Korean Conundrum,* p. 21에서 재인용; "An Opinion Poll on the Inter–Korean Summit," *Korea Update* 11, no. 4(June 25, 2000): p. 4.

29) Ted Galen Carpenter and Doug Bandow, *The Korean Conundrum*, p. 21에서 재인용; Calvin Sims, "A Cease–Fire Takes Hold in Korean Propaganda War," *New York Times*(June 17, 2000), p. A3.

30) Ted Galen Carpenter and Doug Bandow, *The Korean Conundrum*, p. 24에서 재인용; "North Korea Makes Rapid Progress on Cyber Front," *Asia Intelligence Ltd.*, September 2001, www.asiaint.com.

탄도탄, 핵잠수함, 첨단 항공기 등 군사력 건설에 박차를 가하고 있었다. 2002년 제16차 전국대표회의에서 장쩌민 중국공산당 총서기는 1991년의 걸프전 이후 중국군이 발전시켜온 “첨단기술조건하 제한국부전쟁” 전략을 공식적으로 채택했다. 결과적으로 중국군은 지상군 병력을 대거 감축시키는 한편 해군과 공군 전력을 증편하는 등 점차 공세적인 전력으로 군을 변모시키고 있었다. 2020년경 중국은 동아시아 지역에 대한 접근 거부 능력을 구비할 것으로 예상되었다. 한편 주변 해양 국가들과 영토 분쟁을 조장하는 등 자국의 입지를 지속적으로 넓히고자 노력하고 있었다. 이 같은 점에서 보면 동아시아 지역에서 기득권을 유지하고자 하는 미국과 부상하는 중국 간에 일대 마찰과 충돌 가능성도 배제할 수 없는 상황이었다.[31][32] 한반도와 관련해 중국은 동북공정을 추구했다. 뿐만 아니라 중국 어민들이 서해를 무단 침입하여 어업행위를 하는 등 국가 주권을 침해하고 있었다.

일본은 세계 제2의 경제 및 기술 대국이란 점을 기반으로 아시아 제1의 해군 및 공군력과 정보력을 보유하고 있는 등 초강대국을 지향하고 있었다. 마음만 먹으면 곧바로 엄청난 규모의 핵무기를 개발할 능력이 있었으며, 인공지능, 컴퓨터, 로봇 등 최첨단 정보통신기술을 이용해 오늘날의 군사혁신을 달성할 수 있는 입장에 있었다. 2010년까지 제한된 수준이나마 해외 투사능력을 확보할 것으로 예견되었으며, 2,000해리 방호 능력을 구비할 것으로 예견되었다. 이 같은 상황에서 헌법 개정을 추구하는 등 점차 자위권 수준을 넘어 군사적 행위를 추구했다.[33] 한편 일본은 독도를 자

31) *Ibid*., 24.

32) 국방과학연구소, 『2003 국방과학기술조사서 제1권』(2004. 3), pp. 36-37.

33) 권태영 외 14명, 『군사혁신의 비전과 방책』(국방부 : 군인공제회 제1문화사업소, 2003. 1), p. 27.

국 영토라고 지속적으로 주장하고 있었으며, 한반도에 관한 왜곡된 역사를 학생들에게 교육시키고 있었다. 또한 2차 세계대전 당시의 1급 전범들이 합사되어 있는 야스쿠니신사를 고위급 각료들이 주기적으로 참배했을 뿐만 아니라 종군위안부 문제를 부인하고 있는 등 한일 간에 갈등을 조장하고 있었다.

다. 소결론

노무현이 대통령에 취임할 당시 많은 한국인들은 북한 위협을 거의 인식하지 않았다. 보수 성향의 정책 입안자들조차 북한정권이 침략 의지뿐만 아니라 능력이 없다고 생각하고 있었다. 일본의 침략 내지는 중국의 압박을 저지할 목적에서 주한미군의 지속적인 주둔을 희망하는 사람도 없지 않았다. 독도 문제 등 한일 간에 많은 문제가 내재해 있는 상태에서 보통국가를 추구하고 있던 일본의 위협뿐만 아니라 동북공정, 중국 어민들의 서해 무단조업 등이 진행되는 가운데 군사력을 대거 확충하고 있던 중국이 제기하는 위협을 많은 사람들이 우려하고 있었다.

이 같은 위협환경 변화에 더불어 노무현이 대통령에 취임할 당시에는 9.11 테러 이후 추진된 자국의 세계전략 변화로 인해 미국이 전시작전통제권 전환을 대한민국에 요구하고 있었다. 미국은 한미동맹의 성격을 한반도 방위 차원에서 동북아 지역질서 유지 차원으로 전환시키고자 노력하고 있었다. 이 같은 한미동맹의 성격 변화에 더불어 1980년대 초반 이후 등장한 반미감정이 고조되고 있었다.

2. 한미동맹의 성격변화 : 반미감정, 전시작전통제권 전환

전시작전통제권 전환과 관련해 말하면 노무현 정부가 주도적으로 추진했다는 주장과 미국이 전환을 요구하고, 이 같은 요구에 한국정부가 응했다는 주장이 있다. 전자는 노무현 대통령을 포함한 일부 참여정부 요원들의 시각인 반면 후자는 역사적 자료에 근거한 시각이다. 전자를 대변해 주는 사건이 2006년 9월 28일 손석희와 노무현 대통령 간에 진행된 『100분 토론』에서 목격되었다. 당시 노무현 대통령은 전시작전통제권 전환이 전적으로 자신의 의지에 의한 것이라고 주장했다.[34] 그러나 참여정부에서 발간한 국정운영백서에는 이것이 미국의 세계전략 변화 때문임을 언급하고 있다.[35] 분명한 것은 노무현 정부가 출범할 당시 미국이 한미관계의 변화를 구체적으로 요구했다는 사실이다.[36] 전시작전통제권 전환과 더불어 인계철선으로 기능했던 주한미군을 평택을 포함한 몇몇 도시로 이전시키고자 미국이 노력했을 뿐만 아니라 한국 내부에서 고조되고 있던 반미감정으로 인해 한미동맹이 점차 약화되고 있다는 인식이 미국과 한국 내부에서 확산되고 있었다.

34) 손석희와의 100분 인터뷰에서 노무현 대통령은 전시작전통제권 전환이 자신의 의지에 의한 것임을 강조했다. "손석희 : 전시작전통제권 환수하고, 전략적 유연성 문제, 주한미군의. 이거하고 긴밀히 연관돼 있다는 얘기로 들릴 수도 있습니다. 만일에 그렇다면, 그렇다면 이것이 과연 자주적 어떤 입장에 의해서 가져오는 것이냐, 아니면 미국의 전략에 의해서 가져온다면 어쩔 수 없이 자주 국방이 되는 것이냐, 이런 문제가 남는데요, 명확하게 좀 말씀해 주시겠습니까? 노무현 : 어떻든 저는 명백하게 우리의 의지입니다." 『100분 토론』(2006. 9. 28).

35) 참여정부에서 발간한 국정운영백서에서는 "미국의 세계전략 변화를 감지하여 노무현이 한미 지휘관계의 변화를 추구했다."고 밝히고 있다." 국정홍보처, 『참여정부 국정운영백서(통일외교안보분야), 협력적 자주국방』, pp. 180-183.

36) "참여 정부 출범 직후인 2월 27일 롤리스 국방차관보를 한국 정부에 보내 동맹 조정에 대한 미국의 요구를 전달했다." 위의 책, p. 181.

가. 국내요인 : 반미감정

한미동맹 약화를 대변하는 용어에 반미감정이 있다. 1990년대 당시 반미감정의 대중화에 기여한 주요 요인은 미국의 경제적 압박이란 부분이었다. 1990년의 우루과이 라운드 협상 과정에서 한국의 시장개방을 위해 미국이 압력을 행사하면서 반미감정이 악화되었다. 1997년 말경의 외환위기 당시 미국은 자국의 경제적 이익을 위해 국제통화기금(IMF)을 앞세워 한국에 부당한 압력을 행사한 것으로 인식되었다. 이 같은 미국의 태도가 반미감정을 조장하는 과정에서 결정적인 역할을 한 것으로 인식되었다.[37) 노무현 정부가 출범하기 이전 몇 년 동안의 사건들이 반미감정을 보다 더 격화시켰다.

1999년 9월 『연합통신』은 1950년 7월에 미군이 자행한 노근리 양민학살 사건에 관해 보도했다. 당시의 비극적인 사건을 많은 한국인들은 인도적인 문제일 뿐만 아니라 감성적인 문제로 바라보았다. 한편 1988년 이후 매향리 주민들은 매향리 미군 기지를 폐쇄해달라고 요구했다. 2000년 5월 훈련 도중 미군 조종사가 실수로 떨어뜨린 폭탄으로 인해 이 같은 요구가 보다 가열되었다. 지역 주민들이 들고 일어났으며 시민운동가들의 도움으로 매향리 사건이 외부에 노출되면서 사격장이 폐쇄되었다. 또한 용산 미군기지에서 한강으로 방류한 오염 물질과 관련하여 한국의 시민단체들이 비난했다.[38)]

부시 행정부 취임 이후 한미 간의 갈등은 보다 심각해졌다. 김대중 대통령은 부시 대통령이 제안한 미사일방어계획(MD)에 반대한 반면 서울에

37) 이강호, “한국내 반미주의의 성장과정 분석.” 『국제정치논총』 제44집 4호(2004), pp. 254-255.

38) Sook-Jong Lee, “Allying with the United States : Changing South Korean Attitudes.” *The Korean Journal of Defense Analysis*, vol. XVII, no. 1(Spring 2005), pp. 82-83.

서 진행된 한러정상회담에서 대탄도미사일조약(Anti-Ballistic Missile Treaty)을 지지하는 방식으로 러시아 입장을 편들었다.[39] 2000년 6월의 남북정상회담과 김대중 대통령의 햇볕정책으로 인해 이 같은 반미감정이 보다 악화되었다. 한국인들은 주한미군과 부시 행정부의 정책이 남북관계 개선을 위한 한국의 노력을 위협하는 것으로 생각했다. 북한을 '악의 축'으로 표현한 부시 대통령의 발언과 관련해 많은 한국인들이 분노했다.[40] 햇볕정책을 지지하지 않던 한국인들조차 젊은 미국 대통령으로부터 수모를 당한 연로한 김대중 대통령에게 연민의 정을 느꼈다. 대부분의 한국인들이 9.11 테러를 애석하게 생각하고 있었다. 그러나 미국이 주도한 세계화로 인해 경제상황이 악화된 국가들이 양산되었다는 사실을 거론하며 많은 한국인들이 9.11 테러를 미국의 책임으로 돌렸다. 미국의 아프간 침공 이후 등장한 부시 대통령의 '악의 축' 발언에 많은 한국인들이 경악했다. 왜냐하면 한반도가 분쟁에 휘말릴 가능성이 있었기 때문이었다. 북한과의 장밋빛 화해를 구상하고 있던 대한민국 사람들의 의지와 무관하게 이 같은 새로운 긴장을 미국이 한국에 강요하고 있었다.[41]

솔트레이크시티(Salt Lake City)에서 진행된 빙상경기에서 한국 선수가 불리한 판정을 받았다는 인식으로 인해 반미감정이 고조되었다. 2002년의 한일 월드컵 당시에는 미국과 한국의 축구경기로 인해 반미시위가 조장될 가능성이 있었다. 사복경찰이 미국대사관을 지키고 있었으며, 미군기지 주변에 많은 경찰이 배치되었다. 가능한 모든 소요(騷擾)에 대비할 목적

39) *Ibid.*, p. 83에서 재인용; Seung-Hwan Kim, "Yankee Go Home? A Historical View of South Korean Sentiment Toward the United States, 2001-2004," in Derek J. Mitchell, ed, *Strategy and Sentiment : South Korean Views and the U.S.-ROK Alliance*(Washington, DC: CSIS, June 2004).

40) Donald G. Gross, "World Cup and Anti-Americanism," *Comparative Connections*, Vol. 4, No. 2(U.S.-Korea Relations, 2002. 7), p. 4.

41) Sook-Jong Lee, "Allying with the United States : Changing South Korean Attitudes," p. 84.

에서 한국정부는 1만여 명의 예비 병력을 유지했다. 안전 문제로 인해 김대중 대통령이 대구에서 진행되고 있던 한미 축구경기에 참관하지 않았다.[42]

2명의 여중생이 미군 장갑차에 치어 죽은 2002년 6월의 사건이 또한 반미감정을 조장했다. 당시의 사고와 관련이 있는 미군을 한국 검찰로 이관하라는 한국 정부의 요구를 주한미군사령부가 거부했다. 당시 주한미군사령부는 임무수행 도중 잘못한 미군에 대한 관할권이 미국에 있다는 한미주둔군지위협정(SOFA)을 거론했다. 미 군사재판에서 이들 미군에게 무죄를 선고하자 한국인들이 대규모 반미시위를 벌였으며, 미군을 폭행했다. 미국은 노무현이 대통령에 당선되는 과정에서 당시의 사건이 일조한 것으로 인식했다.

대통령에 당선된 노무현은 한미동맹을 지원할 것이라고 말했다. 그러나 한국군 지도자들과 만난 자리에서 노무현은 미군이 한반도에서 철수할 경우에 대비한 계획을 수립하라고 말했다. 럼스펠드 국방부장관을 포함한 미국 관리들은 부시 정부와 미 국방부가 주한미군 구조를 획기적으로 바꾸기 위한 방안을 연구하고 있다고 말했다. 당시의 연구에는 서울과 비무장지대 주변에 있던 15,000여 명 규모의 미군 전력을 재배치하는 문제와 주한미군 전력을 감축하는 문제가 포함되어 있었다.[43]

한편 한국인들의 반미감정을 극명히 보여주는 부분을 미국의 TV 매체가 보도했다. 미국에서 시청률이 가장 높은 일요일 밤의 한 프로그램에서는 한국에서 반미, 반(反)한미동맹 감정이 끓어오르는 상황을 오랜 시간 동

42) Donald G. Gross, "World Cup and Anti-Americanism," p. 4.

43) Larry A. Niksch, "Roh Moo-hyun's Election and South Korean Criticism of the U.S. Military Presence"(March 17, 2003), p. 14; Larry A. Niksch, "U.S.-South Korea Military Alliance." *CRS Report for Congress, Korea-U.S. Relations_Issues for Congress*(July 25, 2008), pp. 14-17.

안 보여주었다. 마지막으로 2명의 주한미군 장성(將星)의 인터뷰 장면이 방영되었다. 성조기가 불타는 가운데 주한미군사령관이 울기 시작했다. 이것을 보며 미국인들이 일대 충격을 받았다. 다음날인 월요일 아침 수많은 미국인들이 미 의회와 정부에 전화를 걸었다. '우리가 왜 한국에 있는가'라는 의문이 제기된 것이다. 정말 심각한 문제가 야기되었다.[44]

한편 북한군의 남침에 대한 한국국민의 우려가 줄어들고 있었으며, 남북대화가 진행되면서 주한미군에 대한 비판적인 시각이 고조되었다. 주한미군의 전면 철수를 주장하는 몇몇 집단에 많은 한국인이 가세했다. 여론조사에 따르면 많은 한국인들이 주한미군의 감축을 원하고 있었다. 2003년 2월의 여론조사에 따르면 57%에 달하는 한국인들이 주한미군의 감축 내지는 전면 철수를 원하고 있었다. 40세 이하에서 특히 반미감정이 심했다.[45] 2004년 1월에 실시한 여론조사에 따르면 응답자의 33%가 북한을 주적으로 간주한 반면 39%가 미국을 가장 큰 위협이라고 답변했다. 20대 응답자의 58%가 미국을 가장 위험한 국가로 생각한 반면 20%만이 북한을 보다 큰 위협이라고 답변했다. 시민단체들이 반미구호를 외쳤는데, 여기에는 북한의 선전물에 등장하는 형태의 비난과 유사한 부분들이 포함되어 있었다. 한편 한국의 언론이 미국의 이라크 침공을 맹렬히 비난했다.[46]

또한 유럽의 경쟁사들을 제치고 한국공군이 보잉사의 F-15K를 차세대 전투기로 선정한 문제와 관련해 한국의 언론과 시민단체가 미국을 비난

---

44) 허만섭 기자, "미국 국방부 '아시아, 태평양 총괄' 리처드 롤리스가 밝힌 한미동맹의 진실." 『신동아』 통권 575호(2007. 8. 1), pp. 82-104.

45) Larry A. Niksch, "Roh Moo-hyun's Election and South Korean Criticism of the U.S. Military Presence"(March 17, 2003), p. 14.

46) Larry A. Niksch, "Anti-Americanism and Plans to Change the U.S. Military Presence." *Korea: U.S.-Korean Relations_Issues for Congress*(Jan 5, 2005), p. 15.

했다. 부시 정부의 압력으로 F-15K가 선정되었다는 비난이 제기되었다.[47)]

나. 국외 요인 : 전시작전통제권 전환

냉전 당시 한미동맹의 주요 목적은 북한의 남침 방지였다. 한미동맹을 통해 한국이 추구한 목표는 한반도 평화유지 또는 한반도의 평화적인 통일이었다. 반면에 미국의 목표는 공산주의 확산을 방지하고 동북아 지역의 안정을 유지하는 것이었다. 북한의 도발에 대비한 강력한 억제력 유지가 한미 양국이 견지하고 있던 상이한 목표들을 달성하기 위한 최선의 방안이란 점에 이의는 없었다. 냉전 종식과 중국의 부상에 따른 동북아시아 안보환경의 변화와 9.11 테러로 인해 미국의 세계전략이 바뀌면서 북한의 남침을 억제한다는 한미동맹의 목적이 난항에 처했다. 중국 및 북한과 같은 지역 행위자들에 대한 한미 양국의 시각의 차이뿐만 아니라 안보정책 측면에서의 우선순위가 상이했다는 점으로 인해 한미동맹 존립 목적에 대한 한미 간의 시각차가 보다 문제가 되었다.

미국이 주한미군의 성격 측면에서 일대 변혁을 도모하기 시작한 2000년대 초반에서조차 한미동맹을 통해 한미 양국이 상이한 목적을 추구하고 있음이 분명해졌다. 북한의 남침 억제가 더 이상 한미동맹의 공동 목표가 아니었다. 한미동맹에 관한 미국의 논리가 한반도에서 동북아지역으로, 범세계적 차원으로 확대되었던 반면 한국은 한미동맹이 한반도로 국한되기를 원했다. 초국가적 성격의 테러와 같은 새로운 위협에 대처할 목적에서 미국은 한국의 영토수호 목적 이상으로 포괄적인 안보동맹을 결성하고자 노력했다. 미국의 시각에서 보면 이상적인 한미동맹은 미국이

---

47) Larry A. Niksch, "Anti-Americanism and Plans to Change the U.S. Military Presence." *Korea: U.S.-Korean Relations_Issues for Congress*(July 21, 2006), p. 18.

아시아태평양 지역에 결성해 놓은 여타 양자동맹들과 함께 지역 세력의 일부가 되도록 만드는 것이었다.[48)]

한미동맹을 통해 한미 양국이 추구하는 목표가 달라졌다는 점에서 보면, 동맹을 해체하거나 동맹의 성격을 재조정하지 않을 수 없는 상황이었다. 북한 위협으로 인해 한미동맹을 절실히 필요로 하였던 노무현 정부는 미국이 의도하는 바대로 한미동맹의 성격을 변화시키지 않을 수 없었다. 그런데 이 같은 변화의 중심에 미국의 세계전략 변화에 따른 전략적유연성이란 개념과 전시작전통제권 전환이 위치해 있었다.

9.11 테러에 따른 세계전략 변화로 인해 2001년 이후 미국은 전략적유연성이란 개념을 연구해왔으며, 그 일환으로 주한미군 재배치를 추구했다. 노무현이 대통령에 취임하기 1주 전, 미국은 전시작전통제권 전환과 미2사단 및 용산기지 이전 문제를 라포테(Leon LaPorte) 한미연합사령관을 통해 발표했다. 라포테는 한미상호방위조약에 근거하고 있는 한미동맹 관련 근본 사안들을 재검토할 것이라고 말했다.[49)]

전략적유연성은 시간과 장소에 무관하게 위기 지역으로 신속히 전개 가능한 보다 많은 기동전력을 만들어낸다는 개념이다. 전략적유연성과 관련해 주한 미국 대사였던 알렉산더 버시바우(Alexander Vershbow)는 다음과 같이 말했다. "한미동맹은 한반도 평화를 수호한다는 최초 임무에 더불어 21세기의 새로운 안보위협에 대항해 상호협조하고 동북아 지역 전반

48) Charles M. Perry and others, *Alliance Diversification and the Future of the U.S.-Korean Security Relationship*(Massachusetts: Merrill Press, 2004), p. 67.

49) (1) 한미연합사령관이 행사하고 있는 전시작전통제권을 전환하는 문제. (2) 서울의 중심가에 있는 용산 미군 기지를 서울 남쪽 지역으로 이전하는 문제. (3) 한반도에서 분쟁 발발시 미군의 자동 개입을 유도할 목적으로 오랜 기간 동안 근무해온 비무장지대 부근의 미군을 다른 곳으로 이전하는 문제를 조만간 한국과 논의해야 한다. Donald G. Gross, "Reviewing the Status of U.S. Forces in Korea," *Comparative Connections*, Vol. 5, No. 1(U.S.-Korea Relations, 2003. 4), p. 7.

의 안정을 조장할 정도로 그 범주를 확대하고 있습니다."[50] 즉 "전략적유연성이란 주한미군이 한반도 군사 상황으로 국한되지 않으며, 한반도 밖에서의 다양한 군사적 목표를 융통성 있게 추구한다는 개념이다."[51][52]

전략적유연성이란 주한미군을 북한의 남침으로부터 대한민국을 방어한다는 단일 목적이 아니고 전략적 차원에서 또 다른 목적으로 운용할 수 있다는 개념이다. 주한미군에 대해 구체적으로 적용하고 있지만 전 세계 도처에서의 미군에 대한 전략적유연성이란 개념은 훨씬 포괄적인 맥락에서 발전되었다. 전략적유연성은 2002년의 미 국가안보전략서(National Security Strategy)와 2001년의 4개년국방보고서(QDR : Quadrennial Defense Review)에 근거하고 있으며[53], 2003년의 해외주둔미군재배치계획(GPR : Global Defense Posture Review)에 구체적으로 명시되어 있었다.[54]

---

50) Larry A. Niksch, Korea: U.S.-Korean Relations_Issues for Congress(Jan 22, 2007), p. 25.

51) Chul-kee Lee, "Strategic Flexibility of U.S. Forces in Korea." *Policy Forum Online 06-19A*, March 9th(2006), p. 3.

52) "전략적유연성에 관한 협정에 명시되어 있는 바처럼 한국과 긴밀히 협조하면서 주한미군은 전 세계 도처로 전개될 수 있는 입장입니다. 그런데 이는 유럽과 일본에 있는 미군이 다른 곳에서 임무를 수행하고 재차 원래 있던 지역으로 복귀하는 개념과 동일합니다. 북한의 지속적인 위협에 대응하고, 범세계적 차원에서의 미군 전력의 소요(所要)를 충족시킬 목적에서 주한미군은 여타 지역으로 배치되어 임무를 수행한 후 한반도로 복귀할 것입니다." Statement of General B. B. Bell Commander, Republic of Korea-United States Combined Forces Command; Before The Senate Armed Services Committee(2008. 3. 11), p. 7.

53) 현재의 안보상황을 "분쟁 발발 위치의 불확실성과 분쟁 출처의 다양성"으로 정의하면서 문서에서는 해외에 전개되어 있는 미군을 유연하게 운용할 필요가 있음을 강조하고 있다. 전략적유연성이란 용어를 사용하고 있지는 않지만 안보환경의 불확실성이란 부분을 고려해보면 새로운 미국의 국제 안보정책에서 유연성이란 부분이 중요한 의미가 있었다. 문서에서는 미군은 특정 지역에서의 특정 적에 초점을 맞추지 않을 것임을 언급하고 있는데, 이것이 한반도에서의 북한을 지칭한 것일 수 있다. U.S. Department of Defense, *Quadrennial Defense Review*(Washington, DC, 2001), p. 4; Soonkun Oh, "The U.S. Strategic Flexibility Policy : Prospects For the U.S.-ROK Alliance,"(MS Dissertation, Naval Postgraduate School, December 2006), pp. 16-17.

54) GPR에 관한 최초 공식문서는 2003년 12월에 더글러스 파이스(Douglas J. Feith)가 발표한 "Transforming the United States Global Posture"란 제목의 연설이다. 여기서 그는 변화하

2003년 3월 말 윤영관 외무부장관과 럼스펠드 미 국방부장관은 주한미군 재배치가 한반도에서의 전쟁 억제력을 강화할 목적의 것이란 점에 동의했다. 위기시 한국에 대한 전력 투사를 약화시키는 것으로 비쳐질 수 있다는 점을 고려해 윤영관은 "이 문제를 조용히 다룰 필요가 있으며, 북한 핵문제가 진전을 보이기 이전에는 주한미군 재배치를 추진하지 말아야 한다는 점을 강조했다."[55] 그러나 2001년부터 부시(George W. Bush) 행정부는 주한미군에 일대 변화를 초래할 일련의 조치를 강구했다. 여기에는 주한미군 병력을 삭감하고, 한수 이북에 있던 미군 기지를 한수 이남으로 이전시키며, 미2사단 구조를 사단 중심에서 신속히 이동 가능한 여단 중심으로 바꾸고, 대화력전처럼 미군이 수행하고 있던 10가지 주요 임무를 한국군에 이관하며, 한국군에 대한 전시작전통제권을 한국군에 넘겨주는 문제가 포함되어 있었다.

이 같은 맥락에서 2003년 6월 미 국방부는 비무장지대 부근에 있던 15,000명 규모의 미2사단 병력을 75마일 남쪽의 허브기지로 재배치할 것임을 밝혔다. 또한 용산에 있던 8천여 명의 미군을 서울 밖으로 이전시킬 것이라고 말했다. 2004년 5월 미 국방성은 2005년 말까지 한반도에서 12,500명의 미군을 철수한다는 계획을 발표했다. 여기에는 2004년 8월까지 미2사단 소속 1개 여단을 이라크로 파병하는 내용이 포함되어 있었다. 이처럼 철수하게 되면 37,000여 명에 달하던 미군이 24,000명 수준으로

고 있는 범세계적 차원의 방위태세의 5개 주요 주제에 관해 다음과 같이 언급했다. "1. 동맹국의 역할을 강화한다. 2. 지구상 도처에서 목격되는 불확실성에 대처한다. 3. 특정 지역 내부만이 아니고 지역과 지역의 관계에 초점을 맞춘다. 4. 신속 배치 가능한 군사력을 발전시킨다. 5. 숫자가 아니고 능력에 초점을 맞춘다." Soonkun Oh, "The U.S. Strategic Flexibility Policy : Prospects For the U.S.-ROK Alliance," pp. 17-18; 그런데 GPR에 언급되어 있는 5개의 주요 주제는 대한민국을 겨냥한 전략적유연성과 직접 연계되어 있다. 박원근, "미국의 군사정책 : 변환, GPR 및 주한미군." 『주간국방논단』 제1007호(04-32) (한국국방연구원, 2004. 8. 9).

55) Donald G. Gross, "Reviewing the Status of U.S. Forces in Korea," p. 7.

줄어들 상황이었다. 2004년 8월에는 3,600여 명의 주한미군이 이라크로 떠났다. 그러나 한국정부의 압력으로 인해 2004년 10월 미 국방부는 추가 병력을 2008년 9월까지 단계별로 철수하기로 했다. 또한 용산기지 부근에 1천 명의 미군을 유지하기로 했다. 또한 미군은 미 7사단이 한반도를 떠난 1971년 이후 100여만 명에 달하는 북한 지상군을 억제하는 유일한 미 지상군 전력인 미 2사단 구조를 유연성이 있으며, 쉽게 전개 가능한 구조로 바꾸고자 노력했다. 그런데 이는 주한미군과 관련해 미국이 추구한 군사변혁에서 가장 핵심적인 부분이었다.[56] 미 육군의 새로운 전투체제 아래서는 사단 중심의 구조가 여단 중심(UA)으로 바뀌게 될 것이다. 이 같은 구조 변경을 통해 미 2사단은 저강도분쟁, '전쟁 이외의 군사활동', 대테러 임무를 보다 효율적으로 수행할 수 있게 될 것이다.[57]

한편 2003-2004년의 미래한미동맹정책구상회의(FOTA : Future of the Alliance Policy Initiative)에서 한미 양국은 주한미군이 담당하고 있던 10가지 임무를 2006년까지 한국군에 이관하기로 했다. 그런데 이들은 주로 북한군의 침략을 격퇴하기 위한 성격의 것이었다. 이 같은 일련의 조치를 통해 한반도 방위와 관련된 한국군의 역할이 늘어난 반면 미군은 보다 많은 유연성을 누릴 수 있는 입장이 되었다.[58]

이라크로 지상군 전투부대를 철수시키는 문제를 제외하면 럼스펠드 국방부장관의 계획은 지연되었으며, 철군 규모가 일부 줄어들었다. 2005년 말로 예정되어 있던 25,000명 규모로의 주한미군 감축을 연기해 달라고 한국 국방부가 미 국방성에 요청했다. 미 국방성은 2008년 9월로 일정을 조정했다. 이처럼 2001년 이후 한미 군사동맹 측면에서 일련의 주요 변

56) U.S.-ROK Future of the Alliance Policy Initiative(FOTA) 2nd Joint Statement(June 5, 2003).

57) Soonkun Oh, "The U.S. Strategic Flexibility Policy : Prospects For the U.S.-ROK Alliance," p. 29.

58) *Ibid*.

화가 있게 된 것과 관련해 미국은 전략적유연성, 반미감정, 노무현 정부의 정책, 북한 재래식 전력의 약화란 4가지 요인을 거론했다.[59] 그러나 주요 요인은 전략적유연성이란 교리 때문이었다.

결과적으로 보면 전략적유연성은 위협의 성격이 불확실해지는 등 탈냉전 이후의 변화하는 안보환경에 미군이 융통성 있게 대응할 필요가 있다는 인식에 근거하고 있었다. 이 같은 위기에 대응하기 위한 미 세계전략의 변화에 따라 미국은 해외주둔 미군을 재배치했으며, 미군의 임무와 역할을 변경하고, 전략·작전·군수·인력 등 군의 모든 분야에서 일대 변혁을 추구하고 있었다. 미국은 '테러와의 전쟁' 수행과 대량살상무기 확산방지를 기조로 미 육군의 태세를 신속기동군 형태로 바꾸고 있었는데, 이는 미군을 보다 빠르고, 가벼울 뿐만 아니라 보다 정밀한 형태의 보다 공세적인 조직으로 바꾸겠다는 것이다.

이처럼 미군이 나름의 변혁을 추구하고 있는 것은 제한된 자산을 이용해 지구상 도처에서 출현하는 불특정 위협에 효과적으로 대응하기 위함이었다. 소위 말해, 전략적유연성을 지원하기 위함이다.[60] 즉 미국이 한반도 도처에 산재해 있는 주한미군 기지를 평택을 포함한 2개 허브기지로

59) "2003년에 이 같은 변화 과정을 시작하게 된 것은 4가지 요인 때문이다. 이들 중 하나는 2002년에 한국에서 제기된 반미감정 성격의 시위, 특히 주한미군의 주둔에 반대하는 성격의 시위다.…두 번째 요인은 2002년에 당선된 노무현 대통령의 정책이다.…세 번째 요인은 1990년대 후반에 미 태평양사령부가 개발하기 시작한 것이지만, 서태평양 지역에서의 미군 전력 구조를 갱신한다는 계획이다.…네 번째 요인은 1990년대에 소련(북한에 무기를 공급해준 주요 국가)이 붕괴되고 북한 경제가 몰락하면서 북한의 재래식 전력이 크게 약화되었다는 인식이다." Larry A. Niksch, "U.S.-South Korea Military Alliance," pp. 17-20; Larry A. Niksch, "U.S.-South Korea Military Alliance"(July 25, 2008), pp. 14-17.

60) "미국은 충분히 부유하거나 강력하지 않아서 독일, 한국, 일본 등 각각의 지역 방위만을 담당하는 분리된 주둔 군대를 둘 수 없게 됐다는 것이다. 미국 공군과 육군이 언제 어디서든 전투를 하러 떠날 준비가 돼 있도록 한다는 것이 전략적 유연성이다." 허만섭 기자, "미국 국방부 '아시아, 태평양 총괄' 리처드 롤리스가 밝힌 한미동맹의 진실," pp. 82-104.

재배치하고 있는 것은 전략적유연성 때문이다.[61][62]

전시작전통제권 전환에 미국이 적극 호응한 것은 미군의 구조개편, 특히 범세계적 차원에서 진행되고 있는 미 육군의 구조개편과 관련이 있었다. 이것이 의도하는 바는 위기 지역으로 보다 신속히 쉽게 이동할 수 있는 보다 규모가 작으며 기동성이 있는 형태로 미군을 전환시키는 것인데, 전략적유연성이란 개념은 바로 이것이다.[63] 전략적유연성 개념을 발전시킬 목적에서 미국은 주한미군 기지를 재배치하고 있었다.

6.25전쟁 이후 미군이 한반도에 장기 주둔하고 있는 주요 이유는 "공산주의와 소련의 남하를 봉쇄해야 한다."는 조지 케넌(George Kennan)의 논리 때문이었다.[64] 즉 부동항을 찾아 남하하고자 하던 소련의 노력을 봉쇄할 수 있는 주요 길목 중 하나가 한반도였기 때문이었다. 공산주의와 소련

61) 미2사단과 용산기지 이전을 고려해 협상할 당시 청와대는 이 같은 이전이 전략적 유연성과 무관하며, 이들 기지에 대한 한국 내부의 불만으로 인해 있게 된 것으로 설명했다. 그 후 이것이 전략적 유연성과 직접 연계되어 있다는 점을 청와대는 밝힌 바 있다. 배성인, 『전략적 유연성 : 한미동맹의 대전환』(서울 : 도서출판 메이데이, 2007), p. 123.

62) "2001년 초순 이후 부시(George W. Bush) 정부는 주한 미군의 주둔을 크게 변경시킬 일련의 조치를 취했다.…미 국방부가 이 같은 결정을 내리게 된 것은 몇몇 이유 때문이다. 이들 중 하나는 전략적 유연성이란 교리다. 이 같은 교리에 따르면 미국은 주한 미군을 유사시 한반도 이외의 지역에서 이용할 수 있었다." Larry A. Niksch, *Korea: U.S.-Korean Relations_Issues for Congress*(Feb 23, 2007), pp. 23-27; "주한미군의 재배치는 주로 미국의 전략적 유연성 능력을 조장할 목적의 것이다." Bruce Klingenr, "Evolving Military Responsibilities in the U.S.-ROK Alliances." *International Journal of Korean Studies*, vol. XII, No. 1(Fall/Winter 2008), pp. 27-28.

63) Larry A. Niksch, "Anti-Americanism and Plans to Change the U.S. Military Presence." *Korea: U.S.-Korean Relations_Issues for Congress*(April 14, 2006), pp. 16-17; Larry A. Niksch, *Korea: U.S.-Korean Relations_Issues for Congress*(Feb 23, 2007), p. 25.

64) 미국이 6.25전쟁에 개입한 것은 북한이 소련의 대리전쟁을 하고 있다는 인식 때문이었다. 또한 유럽에서 전쟁을 도발하기 이전에 미국의 의지를 사전 시험해볼 목적에서 소련이 도발한 것이란 인식 때문이었다. 또한 공산주의의 위협으로부터 일본을 방어할 목적에서였다. 즉 미국은 6.25전쟁을 냉전의 일환으로 바라보았다. Walter Lafeber, *The Clash* (New York : W.W. Norton & Co., 1997), pp. 285-286; Donald M. Snow/Dennis M. Drew, 권영근 번역, 『미국은 왜? 전쟁을 하는가』 (서울 : 연경문화사, 2003), pp. 220-221.

이 몰락한 반면 테러와 같은 새로운 위협이 부상하고 있음을 고려해, 2001년의 9.11 테러 이후 미국은 "미군이 한반도와 같은 곳에 붙박이 형태로 상주해 있는 것이 아니고, 지구상 도처에서의 위기에 신속히 대응할 수 있는 형태가 되어야 한다."는 의미의 전략적 유연성이란 교리를 구상했다.

오늘날 미국이 주한미군을 재배치하고 한국군에 대한 전시작전통제권 전환을 적극 옹호하고 있는 것은 9.11 테러 이후 미국의 세계전략이 근본적으로 변했기 때문이며, 이 같은 변화의 중심에 전략적유연성 교리가 있었던 것이다. 전략적유연성이란 교리로 인해 미군이 주한미군 기지를 재배치한 반면 반미감정이 고조되면서 전시작전통제권 전환을 강구하지 않을 수 없게 되자 노무현 정부는 안보환경의 급격한 변화에 대응하여 국방개혁을 추구해야만 하는 상황에 처했던 것이다.

3. 지원 세력의 선호

16대 대통령 선거 당시 예비역 육군 장교들은 대부분 이회창 후보를 지원했다. 노무현 후보 지지 세력에는 육군 장교들이 거의 없었다.[65] 이 같은 점에서 보면 육군 중심 단일군인 통합군제 추진의 정당성을 노무현 대통령에게 입력할 수 있는 예비역 장교는 거의 없었다. 그 후 일부 육군들이 통합군제를 추진하고자 했지만 제대로 반영시킬 수 있는 입장이 아니었다. 이 문제와 관련하여 황병무 교수는 다음과 같이 말했다. "내가 위원장으로 있을 당시에도 육군 출신들이 통합군을 지속적으로 거론했다. 이들 문제는 통일 이후로 넘기라고 말했다. 통합군에 반대했다. 현재 상태에

65) 참여정부 당시 청와대 상황실장을 역임한 예비역 공군소장 유희인과의 2013년 3월 11일 인터뷰.

서의 통합군은 육군 중심 합병에 다름이 없다."[66] 한편 2005년 당시 이상희 합참의장과 김경덕 합참 태스크포스 장은 통합군을 염두에 두고 있었다.[67] 그러나 당시 윤광웅 국방부장관이 통합군의 문제점을 충분히 인식하고 있었다는 점에서 국방부에서 또한 통합군 중심의 상부지휘구조 개편은 부각될 수 있는 상황이 아니었다.

이 같은 분위기에 더불어 노무현 대통령을 중심으로 한 진보성향 인사들은 기득권 세력의 유지가 아니고 사회적 변화를 추구하고 있었다. 또한 국방개혁 818 및 307이 추진될 당시와 달리 국방개혁 2020이 추진될 당시에는 자국의 세계전략 변화로 미국이 전시작전통제권 전환을 요구하고 있었으며, 중국의 부상과 일본의 보통국가화 추구 문제가 진지하게 제기되었다. 반면에 국민들은 북한 위협은 감당할 수 있는 수준으로 인식하고 있었다. 이 같은 시대적 상황에서 참여정부는 안보환경 변화를 평가하여 『평화번영과 국가안보』란 국가안보전략서 수준의 책자를 2004년 3월에 발간했다.

4. 대통령의 선호 : 협력적 자주국방

한반도를 둘러싼 위협환경과 동맹성격을 포함한 안보환경의 변화에 부응하여 노무현 대통령은 협력적 자주국방을 표방했다. 이는 한편으로는 한반도 전쟁을 억제하는 과정에서 대한민국이 주도적인 역할을 담당하는 것이고, 다른 한편으로는 변화된 안보환경을 고려하여 한미동맹을 미래지향적으로 발전시킨다는 것이었다. 여기서의 핵심은 자주국방 능력 강

66) 전 국방발전자문위원회 위원장 황병무 교수와의 2012년 7월 25일 인터뷰.

67) 2005년 당시 합참에서 군 구조 관련 일을 했던 민간인과의 2012년 9월 인터뷰.

화인데, 참여정부는 출범 초반부터 명실상부한 자주국방을 실현하기 위해 노력했다.[68]

협력적 자주국방은 크게 세 가지 방면에서 이루어졌다.

첫째, 한미동맹의 미래지향적인 발전이다. 9.11 테러 이후 미국의 세계전략이 초국가 및 비군사적 위협에 대비하는 방향으로 바뀐 반면 한국의 방위역량이 향상되면서 호혜적이고 협력적인 한미동맹 관계를 모색해야 한다는 국민적 요구가 강하게 제기되었다. 참여정부는 미국과 전시작전통제권 전환에 합의하여 자주국방 태세를 강화하는 한편, 한미동맹 관계를 역동적, 호혜적, 수평적 관계로 발전시키고자 했다.[69] 2003년 12월 8일 전군 주요 지휘관 격려 만찬에서 노무현 대통령은 협력적 자주국방의 성격과 관련하여 다음과 같이 말했다. "저는 미국과 반감을 가지고 갈등을 빚고 싸워야 한다고 결코 생각하지 않습니다. 미국과는 긴밀히 협력해 나가야 합니다. 그러나 한국의 국방은 한국군이 주도적으로 해야 합니다. 그래야 도움을 받더라도 떳떳한 것입니다. 도움을 안 받자는 것이 아니라, 떳떳하고 당당하게 도움을 받을 수 있는 우리의 역량을 갖추자, 그것이 자주국방입니다."[70]

둘째, 자주적 정예군사력의 건설이다. 참여정부는 한미동맹 발전과 병행하여 임기 내 자주국방을 실현하기 위한 기반 구축에 중점을 두었다. 여기서 자주국방은 국가 주권을 수호할 수 있는 방위역량을 구비하는 것이었다. 즉 한국이 처한 지전략적 환경 속에서 안보의 주체가 되고자 하는 국가의지와 자위적 방위역량을 기반으로 한미동맹과 대주변국 안보협력을 보완적으로 병용하여 안보목표를 완성하는 것이었다. 군사력 건설의

68) 국정홍보처, 『참여정부 국정운영백서(통일외교안보분야), 협력적 자주국방』, p. 35.

69) 위의 책, p. 36.

70) 국가안전보장회의 상임위원회, "육성으로 듣는 노무현 대통령의 외교안보 구상"(2006, 2), p. 28.

기본 방향은 한반도에서의 전쟁억제능력을 우선적으로 확충하고 미래 불특정 위협에 대해서는 잠재적 대응능력을 배양하면서 필수 소요를 장기적으로 확보해 나가는 것이었다. 또한 군사력의 내실을 기하기 위해 현존 전력을 지속적으로 보완하고 독자적인 감시 및 정찰 수단을 조기에 확보하는 방향을 설정했다.[71)]

셋째, 군 구조 개편과 국방개혁이다. 참여정부는 명실상부한 자주국방 토대를 마련하기 위해 군 구조를 개편하고 국방운용의 효율성을 제고하는 등 국방개혁을 지속적으로 추진했다. 군 구조 개편의 기본방향은 단기적으로는 현 조직의 효율성 제고에 중점을 두되 장기적으로는 한국군 주도의 방위기획 및 작전수행이 가능한 구조와 체계를 만드는 것이었다. 국방조직의 전문화와 문민화를 추진하고 합참의 위기관리 및 작전기획 능력을 향상시켜 방위기획 및 작전수행 기구로서의 편성과 기능을 단계적으로 보강해나갈 생각이었다. 병력구조와 부대구조는 미래전에 적합한 정예 과학기술군 구조를 지향하며 통합적 군사력 발휘를 보장할 수 있도록 하고자 했다. 군의 정예화와 연계해 병력규모를 단계적으로 조정하고자 했다.[72)]

가. 자주국방[73)]

자주국방에 대한 노무현 대통령의 인식은 당선자 시절부터 강하게 나타났다. 제16대 대통령직인수위원회 출범 직후인 2002년 12월 30일 노무현 당선자는 계룡대를 방문한 자리에서 군 장성들에게 자주국방을 강조

71) 국정홍보처, 『참여정부 국정운영백서(통일외교안보분야), 협력적 자주국방』, p. 36.

72) 위의 책, p. 37.

73) 위의 책, pp. 180-183.

했다. 자주국방은 한미동맹 재조정과 궤를 같이 하여 진행되었다. 2002년 11월 방한한 페이스(Douglas Feith) 미 국방차관은 9.11 이후 진행된 미국의 군사전략 조정에 대해 설명하면서 한미동맹 미래에 대한 공동연구를 하자고 제안했으며 이와 함께 주한미군 재배치 등 동맹 조정 문제에 대한 시동을 걸었다. 당시 '국민의 정부'는 이 같은 미국의 제안을 받아들이고 이를 2002년 12월에 열린 제35차 한미연례안보협의회의(SCM)에서 공동성명으로 발표했다.

참여정부는 인수위 시절부터 미국의 군사전략 변화에 주목해왔다. 미국 정부는 참여정부 출범 직후인 2003년 2월 27일 롤리스(Richard P. Lawless) 국방차관보를 한국 정부에 보내 동맹 조정에 대한 미국의 요구를 전달했다. 2003년 10월부터 주한미군기지 재배치와 용산기지 이전을 시작하자는 미국의 급진적 요구를 둘러싸고 한미 간에 협상이 시작되었다. 2003년 3월 NSC 사무처는 미국의 요구에 긍정적이고 적극적으로 대응하자는 입장을 정리했다. NSC 사무처는 비용 극소화 등 국익을 고려해야 한다는 유보적 입장을 취한 반면, 국방부는 수용적 입장을 표명하는 등 이 문제를 둘러싸고 이견이 표출되었다. 이에 노무현 대통령은 2003년 4월에 열린 대통령 주재 안보 관계 장관 및 보좌관 간담회에서 미국의 전략변화에서 비롯된 한미동맹 조정 요구를 수용하면서 이를 자주국방 기반 확립의 기회로 삼자는 취지의 지시를 했다.

한편 2003년 3월 15일 국방부에서 열린 연두 업무보고에서 조영길 국방부장관은 자주국방 추진을 주요 정책 과제로 보고했다. 당시 노무현 대통령은 다음과 같이 지시했다. 첫째, 남북한 전력 비교와 관련하여, 국민들에게 믿음을 주기 위해서 정확한 전력 평가의 보고와 군과 국민의 자신감이 함께 결합될 수 있도록 보고체계를 그렇게 만들라. 둘째, 전시작전통제권 전환 및 자주국방 역량 문제 등과 관련하여, 자주국방 전략과 일정표를 검토하여 보고하라. 셋째, 국방개혁과 관련하여, 한국의 국방개혁을 위한 시도가 그동안에 어떻게 있어 왔으며 얼마만한 성과를 거두었는가, 어떤 계획이 어떤 계기로 언제쯤 중단됐는가 하는 점에 관해 보고하고 이를 바탕으로 임기 5년 동안 실현 가능한 국방개혁의 추진 전략을 짜도록 하라.

대통령의 지시에 따라 국방부는 5월 6일 '자주국방의 비전'을 보고하면서 미래지향적 군사력 건설의 큰 방향을 제시했다. 6월 21일 계룡대를 방문하여 노무현 대통령은 군 지휘부와 대화하는 과정에서 자주국방의 필요성과 방향에 대해 강조했다. 대통령은 "그 나라 국방은 우선 자주적 역량으로 먼저하고 그 다음에 집단안보라든지 안보동맹이라든지 이런 것은 보조적인 것이어야 한다"고 강조하고, "한국이 세계에서 대우받는 그리고 당당하게 자기 목소리를 낼 수 있는 국가가 되기 위해서 자주국방해야 된다"고 과제를 제시했다.

2003년 6월에 개최된 제 2차 미래한미동맹정책구상회의(FOTA : Future of the Alliance Policy Initiative)에서, 미국은 이라크 전쟁 수행에 따른 병력부족 현상을 타개하기 위해 2004년부터 2006년까지 총 1만 2,500명을 단계적으로 감축할 계획임을 통보하고 이를 위해 한미 간에 구체적인 협의를 갖자고 제안했다. 이 같은 제의가 한미동맹 조정 등 참여정부의 대미인식과 자주국방 계획에 상당한 영향을 끼쳤다. 2003년 7월 31일 국방부는 NSC 사무처와 함께 동맹조정과 자주국방 추진에 대한 종합계획을 대통령에게 보고했다. 이 보고에서 국방부는 한미동맹 조정에 따라 2008년까지 주한미군 재배치 등 조정과정이 진행되고 우리의 대북 억제전력과 감시정찰전력 등 핵심전력이 2010년경이면 갖추어진다는 판단하에 2010년이면 한국군 주도의 작전수행체계가 가능하다고 보고했다. 이 같은 배경을 토대로 노무현 대통령은 2003년 10월 1일 '국군의 날' 치사에서 자주국방 추진 방향에 대한 분명한 입장을 밝혔다.

나. 군 구조 개편

노무현 대통령은 북한 위협뿐만 아니라 주변국 위협에 대비한 군 구조 개편을 요구했다. 노무현 대통령은 동북아 국가들이 제기하는 위협을 지속적으로 거론했다. 예를 들면 2006년 광복절 경축사에서 노무현 대통령은 "지역평화와 협력질서를 위협하는 패권주의를 경계해야 합니다. 과거 동북아의 평화를 깨뜨린 것은 열강들의 패권주의였고, 그때마다 한반도는 전쟁의 소용돌이에 휘말려야 했습니다.…불행하게도 동북아에는 지금도 과거의 불안한 기운이 꿈틀거리고 있습니다. 일본의 헌법 개정 논의를 우려하는 것도 바로 이 때문입니다.…과거에 대하여 진심으로 반성하고, 여러 차례의 사과를 뒷받침하는 실천으로 다시는 과거와 같은 일을 반복할 의사가 없음을 분명하게 증명해야 할 것입니다.…"고 말했다.

한편 자주국방이 단순히 북한만을 겨냥한 것이 아니고 동북아와 관련이 있음을 노무현 대통령은 지속적으로 거론했다. 노무현 대통령은 2007년 삼일절 기념사에서 "…우리가 힘이 있을 때 동북아시아의 평화는 지켜졌고, 힘이 없을 때 동북아시아는 전쟁의 소용돌이에 휘말렸습니다. 우리가 어떻게 하느냐에 따라 동북아시아의 질서가 달라질 수 있는 것입니다."고 말했다.

2005년 국군의 날 기념식 연설문에서 노무현 대통령은 "한반도에는 아직 냉전의 구도가 해소되지 않고 있고, 주변에는 강대국들의 세력이 각축하고 있습니다. 한편에서는 패권적 국수주의가 되살아나고 있다는 우려도 제기되고 있습니다.…구호만으로 평화를 이룰 수는 없습니다. 모든 평화의 프로그램은 힘으로 뒷받침되어야 합니다. 힘이 뒷받침되지 않는 의지만으로는 아무런 역할도 할 수 없다는 사실을 우리는 이미 경험했습니다."고 말했다.

2006년 광복절 기념사에서 노무현 대통령은 "동북아시아의 대결적 질서도 미래를 안심할 수 없게 하는 요인입니다. 식민지배의 시대는 끝이 났으나 뿌리 깊은 갈등요소들이 아직 남아 있고, 냉전시대는 끝이 났으나 갈등과 대결구도는 완전히 해소되지 않고 있습니다. 마치 지진판 구조와 같은 지역적 불안정이 우리가 도전하고 해결해야 할 과제로 남아 있습니다."고 말했다.

중국과 일본이 제기하는 위협과 국방개혁의 관계에 관한 노무현 대통령의 생각을 이종석 박사는 다음과 같이 정리했다. "동북아시아에서 지난 수천 년간 침탈의 역사를 경험하면서 우리는 중국과 일본에 대해 모든 부분에서 맞설 수는 없지만 전략적 거부능력은 가질 필요가 있다고 판단했다. 즉, 초식동물을 잡아먹고 사는 육식동물은 초식동물을 공격하다가 발톱 하나만 빠져도 먹이사냥을 못해 죽게 된다. 이렇듯 우리도 우리를 공격하려는 강대국의 발톱하나 정도는 빼놓을 국방능력이 필요하다고 판단했다. 전략적 거부능력을 구비하는 것이다. 이 같은 능력은 미사일과 항공력이었다. 이는 해군 및 공군과 관계가 있었다. 결과적으로 3군 균형전력으로 가지 않으면 자주국방은 안 된다고 생각했다. 과학기술 군대로 가야 한다고 생각했다. 이 같은 능력이 없는 가운데에는 자주국방은 곤란하다고 생각했다."[74]

노무현 대통령은 군 구조 개편 방향으로 과학기술 중심, 3군 균형발전, 작전기획능력 향상을 염두에 두었다.

군 구조에 관한 노무현 대통령의 생각은 당선자 시절로 거슬러 올라간다. 노 당선자는 군을 인력집약형에서 디지털 정보과학기술군으로 신속히 전환하는 방식으로 사병들의 복무기간을 4개월 단축하겠다고 공약했

74) 이종석 전 통일부장관과의 2012년 8월 22일 인터뷰.

다.[75] 그러나 3군 균형발전과 병력중심에서 과학기술 중심, 주변국 위협 대비 포함이란 참여정부의 군 구조에 관한 인식이 구체적으로 표출된 것은 3군 사관학교 임관식에서였다. 2003년 3월 11일의 육사 임관식에서 노 대통령은 "…육군은 국가안보에 대한 최후 보루입니다. 육군의 역할과 책무는 앞으로 더욱 막중해질 것입니다.…미래의 안보환경은 '디지털 육군'의 건설을 요구하고 있습니다. 그 핵심과제는 '인력의 정예화'와 전력의 첨단화입니다.…"고 말했다. 3월 13일의 해사 임관식에서는 "…육·해·공 3군이 균형 있게 발전해 나가고, 과학군·정보군으로 한 차원 높게 도약해야 합니다.…수상과 수중, 항공의 입체전력을 갖춘 기동함대를 구비해 나갈 것입니다.…대양해군 시대를 힘차게 열어 가겠습니다.…"고 말했다.

3월 18일에 있었던 공사 임관식에서는 "…공군력은 가장 강력한 전쟁 억지력입니다.…과학군·기술군을 육성하는 데 더욱 주력해야 합니다. 전력을 지속적으로 첨단화하여 자주적 방위역량을 강화해야 합니다.…100년을 내다보는 거시적 안목으로 전략형 공군력을 건설하고, 나아가 '항공우주군'으로 발전할 수 있는 기반을 확실히 구축해야 합니다."고 말했다. 어느 정도 각 군의 염원이 반영되어 있는 3군 사관학교 임관식에서의 대통령의 발언이 국방개혁 2020의 결과에 적지 않은 영향을 주었다.

그러나 세계를 상대로 전쟁을 수행하는 미국과 달리 비좁은 한반도에서 전쟁을 수행해야만 하는 한국군에서 육군의 디지털화와 과학화, 해군의 항공력 건설, 공군의 전력 건설이 여타 군과 무관하게 진행될 수 있는 사안인지는 고도의 군사적 전문성이 요구되는 부분이었다.

군 구조에 관한 대통령의 인식은 2004년 각군 사관학교 임관식에서 보다 구체화되었다. 2004년 3월 9일의 육사 임관식에서 대통령은 "협력적

75) 박성진 기자, "사회분야 정책현안점검 : 군 구조개편과 군사혁신." 『경향신문』(2003. 1. 11).

자주국방을 실현할 기반으로 자주적 정예군사력을 건설하고, 군구조 개편과 국방개혁을 적극 추진해 나갈 것"임을 천명했다. 이어 3월 12일의 해사 임관식 치사에서 "협력적 자주국방을 적극 실현해 나갈 것이며, 이를 위해 육·해·공 3군의 균형발전, 군구조 개편, 국방개혁을 통해 정예 정보·기술군으로 육성할 계획임"을 밝히고 있다.[76] 2004년 7월 29일 대통령은 윤광웅 국방보좌관을 국방부 장관으로 임명하여 국방개혁을 추진토록 했다. 윤 장관은, 3군 균형발전에 대한 대통령의 의지가 확고하기에, 자신은 이를 달성할 수 있는 방향으로 국방개혁을 추진할 것임을 밝혔다.[77]

2004년 10월 1일 국군의 날 기념사에서 노무현 대통령은 "정보화, 과학화된 기술집약적 전력구조로 발전시켜 미래전 수행에 대비해야 합니다. 또한 한국군 주도의 작전수행이 가능하고, 통합전력을 잘 발휘할 수 있는 체제를 구축해야 할 것입니다. 국방개혁에 대한 각계각층의 의견을 적극 수렴해서, 국방부장관을 중심으로 근본적이고 지속적인 개혁을 추진해주기 바랍니다."[78]고 말했다.

한편 국방개혁 2020은 한국군의 작전기획 능력 함양과 관련이 있었다. 이 같은 목적에서 작전통제권 전환을 참여정부가 원했던 것이다. 2003년 광복절 기념식에서 노무현 대통령은 국방개혁과 작전기획 능력의 관계를 다음과 같이 표현했다. "…저는 저의 임기 동안, 앞으로 10년 이내에 우리 군이 자주국방의 역량을 갖추기 위한 토대를 마련하고자 합니다. 이를 위해 정보와 작전기획 능력을 보강하고, 군비와 국방체계도 그에 맞게 재편해 나갈 것입니다." 2003년 10월 1일의 국군의 날 행사에서 또한 노무현 대통령은 "우리 군의 정보와 작전기획능력을 보강하고,…급변하는 현대

76) 대통령 비서실, 『노무현 대통령 연설문집 2권』(국정홍보처, 2005), pp. 121, 131.

77) 박성진 기자, "윤국방 구상배경.내용 / '노심' 실린 군개혁 시동걸렸다." 『경향신문』(2004. 7. 31).

78) 대통령 비서실, 『노무현 대통령 연설문집 2권』, p. 353.

전 양상에 대비한 인력의 정예화와 전력의 첨단화도 함께 추진해 나가야 합니다."고 작전기획 능력의 중요성을 언급했다.

한편 2003년 5월 국방부는 중장기 차원의 자주국방력 확보 목표와 요구능력을 설정한 '자주국방 비전'을 수립했다. 2003년 7월에는 자주국방 비전을 한미동맹과 연계하여 구체화한 '자주국방 추진계획'을 수립하여 대통령에게 보고했다. 2004년 11월 19일 국방부는 '평화번영과 국가안보'라는 참여정부 안보정책 구상에 따라 협력적 자주국방 구현을 위한 '협력적 자주국방 추진 계획'을 수립하여 대통령에게 보고했다. 협력적 자주국방에 관한 대통령의 전략지침은 "안보의 기본축인 한미동맹을 전략 환경의 변화에 부합되게 미래지향적으로 발전시키고, 한반도 방위를 주도할 수 있는 자주적 대북억제능력을 조기 확충하며 군 구조 개편 및 국방개혁으로 군을 정예화하고 군 운용을 효율화함으로써 참여정부 임기 내 협력적 자주국방의 토대를 구축"해야 한다는 것이었다.[79]

79) 국정홍보처, 『참여정부 국정운영백서(통일외교안보분야), 협력적 자주국방』, pp. 184-185.

제3절 정치과정의 역동성과 합동 절충형 국방개혁

국방개혁 2020의 핵심 행위자는 이상희 합참의장과 합참 태스크포스장인 김경덕 장군을 필두로 하는 육군 중심 합참과 청와대였다. 국방개혁 2020은 육군 중심으로 진행되었다. 이는 당시의 정치적 상황으로 인해 노무현 대통령이 집권 초반에 구상했던 국방개혁을 강력히 추진할 수 있는 입장이 아니었던 반면 육군을 포함한 기득권 세력의 저항이 강력했기 때문이었다.

이 문제와 관련하여 임춘택 전 청와대 행정관은 다음과 같이 밝히고 있다. "…진보진영이 말하는 화끈한 국방개혁과는 거리가 멀었다. 여건상 그러했다. 정치적 여건, 즉 한나라당, 보수언론, 예비역들의 반발이 지나치게 강했기 때문이다. 여기서 말하는 예비역은 육군 예비역을 의미한다.…합참과 육군의 주장을 상당 부분 들어주었다.…육군들이 주도한 것이다. 해·공군이 있다고 하지만 이들은 전혀 힘을 쓸 수 있는 입장이 아니었다. 육군대령 과장이 해·공군 국장을 건너뛰고 보고했다.…대통령은 화끈한 국방개혁을 하지 못했다. 지지기반이 취약했으며, 기득권 세력과의 연계가 없었기 때문이다."[80]

NSC 실무자의 말을 인용하며 『디펜스21』의 김종대 편집장은 국방개혁 2020이 육군의 전력 현대화 요구를 대부분 수용한 경우라고 말하고 있다. "국방개혁 2020은 청와대가 육군에 코가 꿰어 버린 것이나 다름없다. 부대구조를 개편하고 병력을 감축하는 고통을 감내해야 하는 육군의 전력 현대화 요구를 전부 수용해 준 것이다. 이로 인해 국방개혁 2020에 지상

80) 임춘택 전 청와대 행정관(현재 카이스트 교수)과의 2012년 8월 23일 인터뷰.

전력이 과도하게 반영되는 것을 NSC가 견제하지 못하고 합참에 끌려 다녔다. 노 대통령까지도 이를 내심 불만스러워했으나 결국 군의 요구를 수용했다."[81)]

이명박 대통령의 양아들로 알려질 정도로 이명박 대통령의 절대적인 신임을 받고 있던 미래기획위원회 위원장 곽승준 박사는 2010년 3월 "이명박 정부의 국방개혁 결실방안 : '이명박 대통령의 국방개혁 핵심 전략지침' 구상·하달의 필요성을 중심으로"란 제목의 연구보고서를 작성하여 대통령에게 보고했는데 여기서 곽승준 박사는 "국방개혁 2020 육군예산의 경우 당시 기존 전력증강 계획에 2~3배수를 곱해서 급하게 제출함으로써 한국형 군사철학과 비전 및 합동성을 결여한 전력증강계획이라는 군의 고질적인 관행이 악화되는 결정적인 계기를 초래했다."[82)]고 주장했다.

3군 균형 발전 추구란 최초 의도와 달리 국방개혁 2020이 육군 중심으로 대거 변질되었던 것은 2020을 본격적으로 추진한 2005년 6월 당시 노무현 대통령의 입지가 크게 약화된 상태에서 육군 중심 기득권 세력들이 다양한 방식으로 청와대의 국방개혁에 강력히 저항했기 때문이었다.

1. 노무현 대통령의 성향(입장)

노태우 정부 출범과 거의 동시에 시작된 818계획과 달리 국방개혁 2020은 참여정부가 출범한지 2년 3개월이 지난 시점에 본격적으로 시작

81) 김종대, "[발굴] 국방개혁 실패의 역사④ 노무현과 국방개혁 2020." 『디펜스21』(2011. 6. 13).

82) 미래기획위원회, "이명박 정부의 국방개혁 결실방안 : '이명박 대통령의 국방개혁 핵심 전략지침' 구상/하달의 필요성을 중심으로"(2010, 3), p. 33.

되었다. 또한 철저히 보안을 유지하며 추진되었던 818계획과 달리 공개적인 논의를 통해 추진되었다. 따라서 국방개혁 2020에는 노무현 대통령이 처해 있던 정치적 상황이 많은 영향을 끼칠 수 있었다. 이외에도 노무현 대통령이 한국의 전통적인 기득권 계층으로부터 지지를 얻을 수 있는 입장이 아니었다는 사실이 영향을 미쳤다. 그러나 여기서는 당시의 정치적 상황으로 인해 노무현 대통령이 국방개혁 2020을 강력히 추진할 수 있는 입장이 아니었다는 점, 기득권층인 육군의 요구를 대거 수용하지 않을 수 없는 입장에 있었다는 사실에 초점을 맞추고자 한다.

참여정부 출범 이후 절반이 지난 시점 노무현 정부는 탄핵소추로 야기된 한국 정치사상 초유의 헌정위기를 비롯하여 4.15 총선에 따른 정치세력의 재편, 과거사 규명을 둘러싼 논쟁과 보혁갈등의 첨예화, 국민의 정치참여 폭발과 민생고 문제, 대통령의 대연정 발언을 둘러싼 여야간 논쟁 등 한국사회를 뒤흔드는 중대한 언행과 관련하여 정계와 학계, 언론 등의 수많은 비판과 대통령의 리더십 부재에 대한 논란이 지속되었다.[83] 노무현 대통령의 초기 국정운영 과정에서 정치적 갈등과 사회적 혼란이 초래된 것은 참여정부가 여소야대 정국에서 소수 정부로서 주요한 개혁 프로그램들을 공세적으로 추진한 결과이기도 했다. 노무현 대통령과 참여정부는 출범 초기부터 국정운영의 효율성을 강조하는 실용주의 노선보다는 원칙과 선명성을 강조하는 개혁주의 노선을 표방하는 등 공세적 전략을 강력하게 전개했다. 결과적으로 여소야대 상황에서 야당은 물론 일반 국민들과도 이견을 표출하게 됨으로써 지속적인 갈등 양상이 초래되었다.[84]

83) 이동윤, "참여정부의 리더십과 의회정치 : 노무현 대통령의 참여정부 전반기 평가," 『동서연구』, 제17권 제2호(2005), p. 3에서 재인용; 양승함, "노무현 정부의 국정철학과 국가관리원칙," 2005년도 연세대학교 국가관리연구원 『춘계학술회의 발표논문』(2005. 2. 21-22), p. 5.

84) 이동윤, 위의 글, p. 9.

더불어 자신의 솔직한 마음과 감정을 여과 없이 드러내는 직설화법으로 인해 갈등이 조장되었다. 노 대통령의 발언은 대부분 자신의 감정이나 울분을 직접 화법을 통해 토로하는 것이었다. 한편 자신의 반대세력이나 비판자들을 일방적으로 몰아세우는 공세적인 모습을 보이면서 크고 작은 반향을 불러일으켰다. 이들 중 2003년에 있었던 '재신임 발언'은 대표적인 경우였다. 노무현 대통령은 대통령선거 당시의 금품 수수와 관련하여 최도술 총무비서관을 통해 "그 동안 축적된 국민적 불신에 대하여 재신임을 묻겠다."고 발표했다. 동년 12월 정당 대표들과의 청와대 회동에서는 "내가 쓴 불법자금 규모가 한나라당의 10분의 1이 넘으면 정계를 은퇴할 용의가 있다."고 발언하여 여야 간 긴장과 갈등을 부추겼다. 2003년 말 "민주당을 찍는 것은 한나라당을 도와주는 것"이라고 발언한 것을 비롯하여 제17대 국회의원 선거를 앞둔 2004년 2월에는 "국민들이 총선에서 열린우리당을 압도적으로 지지해 줄 것으로 기대한다"고 발언하여 야당의 강력한 반발을 샀다. 그러자 야당은 탄핵 카드를 내어들고 대통령의 사과와 선거개입 재발방지를 요구하였지만 노 대통령이 이를 거부했다. 결과적으로 동년 3월 9일에는 한국 정치사상 초유의 대통령 탄핵이 발의되었다. 이를 통하여 탄핵이 발의되고 헌법재판소가 탄핵을 기각할 때까지 국내적으로 극심한 분열 양상이 초래되었다.[85]

이 같은 상황에서 노무현 대통령이 집권 초기부터 강력히 표방하고 추진했던 개혁 노선을 점진적으로 바꾸자 참여정부에 대한 일반 국민들의 실망이 고조된 반면 노무현 대통령에 대한 지지도가 급락했다. 집권 3개월이 지나면서 떨어지기 시작한 지지도는 국방개혁 2020이 본격적으로 추진된 2005년 8월까지 30% 대를 유지했다. 당시 노무현 대통령은 방미외교에서 신자유주의 노선에의 순응, 이라크파병 찬성, 노동 진영에 대한 신

85) 위의 글, pp. 9-10.

자유주의적 공세, 비민주적 독소조항이 포함된 테러방지법 통과 등에서 보듯이 취임 초기 강력하게 추진했던 개혁 드라이브와 달리 점진적으로 보수주의자들의 압력에 순응하는 정치적 행보를 나타냄으로써 개혁의 주요 지지기반을 스스로 붕괴시키는 결과를 초래했다.[86)]

한편 국방개혁 2020이 추진되고 있던 2005년 6월 28일 한나라당은 노무현 대통령의 고등학교 선배이자 해군제독 출신인 윤광웅 국방부장관의 해임건의안을 6월 30일 본회의에서 가결시키겠다는 자세를 보였다. 열린우리당은 4.30 재선거 참패로 과반의석에 미달한 데다 당내에서조차 찬반 양론이 엇갈리고 있어 표결 처리 당시 그 결과를 장담하지 못하고 있었다.

한편 국방개혁 2020이 전시작전통제권 전환을 염두에 두고 있었던 반면 육군 중심 기득권 세력의 저항으로 2년 3개월의 기간이 지나갔다는 점에서 노무현 대통령은 국방개혁 2020을 서둘러 추진해야만 하는 입장에 있었다. 여기서 보듯이 국방개혁 2020이 본격적으로 시작된 2005년 6월 당시 노무현 대통령은 개혁을 적극 추진할 수 있는 입장에 있지 않았다.

2. 주요 행위자들의 입장

청와대는 3군 균형발전 중심의 노무현 대통령의 선호를 구현하고자 노력했다. 임춘택 행정관, 박선원 비서관, 서주석 실장이 청와대에서 국방개혁을 전담했다. 그러나 국방에 관한 정보가 부족했다는 사실과 군에 관한 전문성이 부족했다는 사실로 인해 국방부를 제대로 통제할 수 있는 입장이 아니었다. 이 부분과 관련하여 이종석 장관은 다음과 같이 말했다. "인수위 이후 제대로 모두 준비해 들어갈 수 있을 정도로 역량을 갖고 있지

86) 위의 글, pp. 10-12.

못했다. 국방개혁은 하나하나가 전문 분야였다. 엄청난 상세 사항과 관련하여 국방부 요원들과 대화하여 이들을 논리적으로 압도할 정도가 되려면 시간과 준비가 필요했다.…"[87] 임춘택 전 청와대 행정관은 다음과 같이 증언하고 있다. "현실적인 벽에 부딪혔다. 나는 청와대의 가장 하급직인 행정관에 불과했다. 내 의지대로 할 수 있는 입장이 아니었다. 대통령의 의도, 이종석 차장의 생각 등을 고려해 밀어붙일 수 있는 부분을 정했다. 군에 근무할 당시 얻은 군 경험과 과학기술 지식에 근거하여 한 것이다.… 하지만 역부족이었다."[88]

국방부는 국방개혁 2020에 반대하는 입장이었다. 국방개혁 2020 당시 국방부의 주요 행위자는 국방부장관이 아니고 합참의장이었다. 조영길 국방부장관의 경우 육군 병력감축을 전제로 하고 있던 국방개혁 2020에 반대하고 있었던 반면, 해군제독 출신인 윤광웅 국방부장관 당시에는 국방개혁 2020을 이상희 합참의장 중심의 합참이 주도했다. 군 구조 관련 주요 결정은 합참 태스크포스 장인 김경덕 장군과 청와대[89] 중심으로 이루어졌다. 합참 태스크포스에서 안을 만들면 작성된 안과 관련하여 각군 본부, 국방발전자문위원회의 의견을 들었지만 이들 의견은 참조 수준이었다. 국방부는 국방부 안을 놓고 청와대의 임춘택 행정관, 박선원 비서관, 서주석 실장, 이종석 사무차장과 논의했다. 정치적으로 어려운 처지에서

87) 이종석 전 통일부장관과의 2012년 8월 22일 인터뷰.

88) 임춘택 전 청와대 행정관(현재 카이스트 교수)과의 2012년 8월 23일 인터뷰.

89) 청와대에서 국방개혁을 거의 전적으로 책임지고 있던 사람은 KAIST 교수인 임춘택 행정관이었다. 임춘택 박사 위에 박선원 비서관, NSC 전략기획실장 서주석 박사, 이종석 NSC 사무차장이 있었다. 임춘택 박사가 국방부를 상대로 주로 대화를 했다.; 국방개혁 2020은 국방부와 청와대 NSC 간의 긴밀한 대화 가운데 진행되었다. "국방개혁을 철로 위에 달리도록 하기 위한 사람이 윤광웅 장관이었다면 NSC는 조율기관이었다.…청와대에서 국방개혁과 관련하여 국방부를 모니터하고 필요한 사항은 다시 조율했다. 모니터한 사람이 서주석 박사였다. 실무자로는 임춘택 국장이 국방의 과학화와 국방개혁 업무에 관여했다." 이종석 전 통일부장관과의 2012년 8월 22일 인터뷰.

육군이란 기득권 세력과 대립하고 있던 청와대는 국방부가 제기한 다양한 형태의 저항에 제대로 대처하지 못했다. 결과적으로 합참 태스크포스장인 김경덕 장군의 의도대로 추진되었다.[90] 방위사업청장을 역임한 이선희 장군은 국방개혁 2020이 김경덕 장군의 작품이라고 말하고 있다.[91]

국방개혁 2020 당시 공군본부 군 구조 분야 태스크포스 책임자로 일했던 진호영 장군은 다음과 같이 증언하고 있다. "김경덕 장군 중심의 위원회에서 안을 만들었으며, 각군 의견을 대부분 간과했다. 합동참모회의와 군무회의에 총장님이 참여했다. 여기서는 많은 사안 중 일부를 논의했다. 육군 작전지역 확대처럼 민감한 사안은 논의하지 않았다.…합참 태스크포스는 대부분이 육군이었다. 군 구조 분야에 공군은 중령 1명이 포함되어 있었다. 김경덕 장군의 구상을 중심으로 안을 만들고 여기에 대해 각군이 의견을 제기하는 형태였다. 반영 여부는 합참의 판단에 의해 결정되었다. 군무회의 참석자들 또한 대부분이 육군이란 점에서 공군과 해군의 의견이 반영될 수 있는 길이 거의 없었다. 형식은 실무회의, 합동참모회의, 군무회의를 했다. 그러나 실무자 회의에서 의견을 제시해도 합참이 거부

---

90) "참여정부 당시 청와대에서 유일하게 국방 분야 전문가로 인정받고 있던 한국국방연구원의 서주석 박사는 합동교리 및 군사전략과 같은 국방개혁에 필요한 군사이론을 연구해온 사람이 아니고 한미관계 분야의 전문가였다." 한국국방연구원 출신 모 박사와의 2012년 9월 인터뷰.; 문제는 미군의 경우도 비행단, 함대, 군단과 같은 전술 부대에서 대부분의 군 생활을 하고 있다는 점이다. 합참, 합동참모대학과 같은 곳에서 근무해본 경험이 있는 장교들 또한 합동교리와 계획수립의 문제를 놓고 장기간 고민하거나 일한 사람이 많지 않다는 점이다. 한국군의 경우는 말할 것도 없을 것이다. 하물며 대한민국의 민간 연구원 가운데 이들 문제를 놓고 심각하게 고민해본 사람이 누가 있을까?; 기득권 세력에 대항해 개혁하고자 하는 경우 정치가들은 군에 대한 고도의 전문성을 구비한 군인들 가운데 기득권 세력과 뜻을 달리하는 세력(매브릭)을 이용해야 한다. 1차 세계대전 직후 영국 공군의 개혁은 이와 같았다. Barry R. Posen, *The Source of Military Doctrine*(Ithaca, New York: Cornell University Press, 1984), pp. 57, 174-175.

91) 이선희 전 방위사업청장과의 2012년 8월 24일 전화 인터뷰.

하면 그만이었다."[92] 이 문제와 관련하여 국방개혁 2020 당시 합참 태스크포스를 이끌었던 김경덕 장군은 다음과 같이 증언하고 있다. "국방개혁 2020의 군 구조 분야는 합참이 기획했다. 2005년까지 과거 선배들이 고민해온 각종 문서를 기초로 하였고, 전문성이 있는 사람들, 즉 한국국방연구원의 전문가와 합참의 전략 및 전력 요원들을 중심으로 태스크포스를 편성했다. 각군 본부의 의견을 들었다.…청와대 외교안보수석실과 의견 교환은 있었다. 그러나 의견교환을 통해 합참의 정책 또는 노선을 바꾼 경우는 없었다."[93]

육군은 노무현 대통령의 선호와 대립되는 선호를 견지했다. 육군은 육군 병력 감축 중심으로 진행되고 있던 국방개혁 2020에 강력히 저항했다.[94] 그러나 출산율 저하 등으로 육군 병력을 감축하지 않을 수 없는 상황이었다. 육군의 반대는 병력 감축을 빌미로 최대한 육군의 입지를 강화시키기 위한 것이었다. 병력감축에 대한 육군의 인식을 국민대학 교수인 예비역 육군대령 박휘락은 다음과 같이 말하고 있다. "어느 나라 군대나 병력을 줄여야 첨단 군대를 유지할 수 있다. 우리는 숫자가 많아야 된다는 의식이 있다.…병력감축은 육군 수뇌부가 결정하는데 전략적인 개념에 근거한 것이 아니고 자신이 있을 당시 육군 숫자를 줄이면 육군의 위상이 낮아진다는 인식에 근거한 것이다. 북한 위협이 아니고 육군의 위상 축소 측면에서 말하고 있는 것이다.…본능적인 자군 중심적인 사고의 결과다. 위협 측면에서라면 병력 감축에 대해 무기체계 획득을 통해 대체할 수 있을 것이다. 내가 소속되어 있는 육군의 병력이 줄면 안 된다는 사고 때문

92) 예비역 공군준장 진호영 장군과의 2012년 8월 16일 인터뷰.

93) 김경덕 장군과의 2012년 7월 26일 인터뷰.

94) 이 부분과 관련해서는 다음을 참조. 김종대 지음, 『노무현 시대의 문턱을 넘다』 (서울 : 나무와 숲, 2010. 3), pp. 393-400.

이다."[95]

해군과 공군은 노무현 대통령의 선호에 만족해하는 입장이었다. 해군과 공군은 국방개혁 2020이 육군 병력 감축에 관한 것이며, 적어도 자군 병력은 감축되지 않을 것이라고 생각하여 안이하게 생각했다. 특히 노무현 대통령이 국방예산을 늘려준 결과로 인해 평소 자신들이 염원했던 무기체계의 획득 가능성이 생긴 반면 각군 본부와 각 군 참모총장의 권한이 직접 영향을 받는 통합군을 추진하지 않았다는 점에서 특별히 반대할 이유가 없었다. 특히 많은 함정을 건설할 수 있게 된 해군은 국방개혁 2020과 관련하여 문제의 소지가 별로 없었다.

그러나 공군 작전지역을 침해하면서 육군 작전지역을 넓히고, 넓혀진 작전지역을 감당하기 위해 육군 화력을 대거 보강함을 목적으로 하고 있던 국방개혁 2020은 공군 입장에서 대단히 문제가 많았는데 이 같은 문제점을 공군은 인지하지 못했다. 3장에서 살펴본 바처럼 지난 60여 년 간 미국의 한반도 국방정책으로 인해 한국공군은 공군의 임무와 역할 가운데 계획수립과 같은 개념적인 부분은 미군에 맡긴 채 현행작전 중심으로, 이들 현행작전 중에서도 근접항공지원 및 방공과 같은 일부 임무 중심으로 운용해왔다. 결과적으로 한국공군은 국방개혁 2020의 본질을 제대로 파악할 수 있는 입장에 있지 못했다. 한국공군이 입체고속기동전 수행을 염두에 둔 육군 작전지역 확대의 문제점을 공식적으로 제기하지 않았음은 박선원 전 청와대 비서관, 임춘택 전 청와대 행정관, 예비역 육군소장 김경덕 장군뿐만 아니라 몇몇 예비역 공군 장군 등 국방개혁 2020과 관련이 있는 많은 사람들의 증언을 통해 확인되었다.

여기에는 일자 단위로 진행되는 지상작전, 시간 단위로 움직이는 해상작전과 달리 분초를 다투며 신속히 진행되는 항공작전의 성격으로 인해

95) 박휘락 교수와의 2012년 7월 24일 인터뷰.

현행작전을 중요시할 수밖에 없는 공군의 특성상, 한미동맹으로 인해 지난 60여 년 동안 현행작전 중심 조직과 인력밖에 구비하고 있지 못한 한국공군의 여건상 한국공군 장교들이 군사이론의 문제를 평소 연구할 시간적인 여유가 없었다는 사실 외에 또 다른 이유가 있었다. 예를 들면 예비역 공군소장 고덕천은 "공군과 관련이 있는 경우에도 육군은 작성된 안을 공군에 검토를 잘 의뢰하지 않는다. 육군 중심으로 만들어 육군들이 결정하는 의사결정과정에서 타군이 이의를 제기할 수 있는 기회가 제대로 있겠는가? 문제를 파악해 이의를 제기하는 경우 자군 이기주의로 몰아붙이는 경우가 많다.…육군들이 작전지역 확대 방안을 만들어 일방적으로 상부에 보고했다면 누가 이의를 제기할 수 있었겠는가?"[96]고 말하고 있다.

민간인 교수, 예비역 장군, 박사들로 구성되어 있던 국방발전자문위원회는 국방개혁 2020 당시 주도적인 역할을 할 수 있는 입장이 아니었다. 이 문제와 관련하여 국방발전자문위원장이던 황병무 교수는 다음과 같이 증언했다. "국방발전자문위원회는 대통령에게 정책을 자문하고 군과 군 간의 다양한 의견들을 조정하여 합의점을 모색하는 과정에서 윤활유 역할을 하고 대국민 홍보 역할을 수행했다. 그러나 주요 안은 합참 중심으로 만들었다. 전력구조, 병력구조 등을 갖고 왔다. 합참이 만든 안을 중심으로 넣었다 빼었다 하는 일을 했다. 그러나 큰 변화는 없었다."[97]

국방발전자문위원회에 공군대표로 참석했던 예비역 공군준장 최명상 박사 또한 동일하게 증언하고 있다. "회의에서 말할 때는 합참의장과 국방부장관이 고개를 끄덕였지만 반영된 것은 전혀 없었다. 무엇하러 회의하는가? 합참의장과 국방부장관에게 이의를 제기했다. 황병무 교수에게도 불만을 토로했다. 2년 간 주장한 내용 가운데 반영된 것이 전혀 없었

96) 예비역 공군소장 고덕천과의 2012년 8월 7일 인터뷰.

97) 전 국방발전자문위원회 위원장 황병무 교수와의 2012년 7월 25일 인터뷰.

다.…왜 위원회를 구성했는지 이해되지 않았다. 되는 것도 없었으며, 반영하지 않은 이유를 설명해주지도 않았다. 김경덕 장군의 주장대로 구현되었다."[98]

처음에 국방개혁 2020은 육군 병력감축 중심으로 진행되었다. 그러나 국방부가 육군 병력 감축을 육군 화력보강으로 보완하고자 노력하면서 육군 전력증강 사업으로 변질되었다. 당시 주요 행위자는 청와대 NSC와 합참이었다. 조영길 국방장관과 윤광웅 국방장관은 국방개혁 2020을 적극 지원할 수 있는 입장이 아니었다. 육군 병력 감축을 염두에 두고 있던 국방개혁 2020은 수십 년 간 육군에서 생활해온 조영길 국방장관이 정서적으로 동조할 수 없는 사안이었던 반면 해군 제독 출신인 윤광웅 국방부장관은 육군 작전지역 확대와 입체고속기동전 수행이란 공군과 관련된 문제에 대해 이의를 제기할 수 있는 입장이 아니었다.

해군과 공군은 자군의 병력이 줄어들지 않았으며, 조직 통폐합에 입각한 통합군을 추진하지 않았던 반면 전력증강 가능성이 보이자 국방개혁 2020에 찬성하는 입장이었다. 국방발전자문위원회는 합참이 작성해준 군구조 관련 방안에 의견을 개진하는 일을 주로 했지만 반영된 부분은 거의 없었다. NSC는 국방에 관한 정보가 절대 부족했다는 사실, 전문성이 부족했다는 사실, 국방개혁 2020이 본격적으로 추진된 2005년 중반 당시 노무현 대통령의 정치적 입지가 매우 취약했다는 사실로 인해 합참을 통제할 수 있는 입장이 아니었다. 결과적으로 육군 중심 합참이 국방개혁 2020을 주도했다.

98) 예비역 공군준장 최명상 박사와의 2012년 9월 4일 인터뷰.

3. 국방부(육군)의 저항

3장에서는 한국육군의 전쟁 수행개념을 "육군이 전쟁을 주도하고 해군과 공군이 육군을 지원하는 개념"임을 밝힌 바 있다. 이 같은 육군문화가 상부지휘구조 측면에서 발현된 사례가 818계획과 국방개혁 307 당시 추진된 통합군이라고 한다면 전력증강 측면에서 발현된 경우는 국방개혁 2020에서 목격된 입체고속기동전 중심의 전력 건설이다. 이 같은 한국육군의 문화가 국방개혁 2020의 주요 문제였음을 주목한 외국인이 있다. 네오콘의 핵심이자 장기간 미 국방부에서 기획과 정책을 주도했던 작하임(Dov S. Zakheim)은 다음과 같이 말하고 있다. "한국육군의 문화를 바꾸는 문제는 성공적인 국방개혁의 필요조건이다."[99]

1980년대 초반부터 한국육군은 육군 중심 입체고속기동전을 한국군의 전쟁 수행 개념으로 정착시키고자 노력했다. 참여정부가 국방예산을 대거 증액해준 결과 국방개혁 2020을 통해 육군은 입체고속기동전 교리를 구현할 수 있었다. 입체고속기동전 개념에 근거하여 전력을 건설하기 위해 육군은 먼저 육군병력 감축에 대항하여 청와대에 다양한 방식으로 저항했다. 그 과정에서 한국국방연구원과 같은 국방 연구기관을 이용했다. 정치적으로 어려운 상황에 있었던 노무현 대통령 당시의 청와대가 육군의 저항에 타협하면서 국방발전자문위원회와 각 군 태스크포스가 힘을 잃었다. 결과적으로 별다른 저항 없이 문제의 입체고속기동전 개념에 입각하여 대규모 기동전력을 건설할 수 있었다. 국방부(육군)의 저항은 관료적 차원에서의 저항과 자신의 막강한 파워를 이용한 저항으로 구분해 생

99) Dov S. Zakheim, "U.S. Military Transformation and the Lessons for South Korea on its Path Toward Defense Reform 2020." *The Korean Journal of Defense Analysis*, vol. XIX, no. 4(Winter 2007), p. 27.

각할 수 있다.

일찍이 막스 베버(Max Weber)는 관료들이 대통령의 요구에 순순히 응하는 것이 아니고 자료를 자신에게 유리한 방향으로 왜곡시키거나 자료 제공을 거부하는 방식으로 민간 지도자에게 저항하는 성향이 있다는 사실을 언급했다.[100]

국방부는 육군에 유리한 보고서를 지속적으로 만들어내는 방식으로 국방개혁에 저항했다. 임춘택 전 청와대 행정관은 다음과 같이 말하고 있다. "공문이 오고갈 때마다 잘 구성된 형태로 육군에 유리한 내용이 청와대에 올라왔다. 조직적이고도 체계적으로 이처럼 했다. 윤광웅 장관을 종종 소외시켜가면서 이처럼 했다. 장관에게 보고하고 온 것과 실무적으로 설명하는 부분에 차이가 있었다. 국장급, 과장급이 얘기하는 부분과 장관을 거쳐 온 부분에 차이가 있었다.…국방예산으로 육군은 구입할 것이 별로 없는 입장이었다. 그래서 전력증강 명분을 만들고자 노력했다. 다연장로켓(MLRS) 획득 예산으로 처음에 7조 원을 요청했다. 소요 근거를 요구했더니 복잡한 시뮬레이션을 했다고 하더라. 간단하고 명확한 근거를 달라고 했더니 3개월 동안 답변하지 못하다가 나중에 2조 원으로 줄여왔다. 나는 육군 예산 가운데 불필요한 부분을 없애고자 노력했다. 육군은 보병과 포병의 이해관계가 물려있는 화력과 기동 전력을 강조했다. 화력과 기동은 쉬운 반면 정보와 같은 부분은 잘 몰라 반영하지 못했다. 윤광웅 장관도 이를 조정하는 데 한계가 있었다. 육군들이 똘똘 뭉쳐 저항했기 때문이다. 청와대가 아무리 상급기관이라고 해도 국방부가 시키는 대로 하는 조직

100) "모든 관료조직은 자신의 의도와 갖고 있는 지식을 숨기는 방식으로 지적인 전문성 측면에서 우위를 유지하고자 노력한다.…순수 파워의 본능에서 관료들은 민간 리더들이 자신에 관한 지식을 얻지 못하도록 온갖 노력을 경주한다.…" Michael F. Altfeld and Gary J. Miller, "Sources of Bureaucratic Influences : Expertise and Agenda Control," *The Journal of Conflict Resolution*, Vol. 28, No. 4 (Dec. 1984), p. 702에서 재인용.

이 아니었다. 국방에 관해서는 국방부가 안을 갖고 오게 되어 있다. 갖고 온 것을 노(No)할 수는 있어도 시시콜콜 지적하며 고칠 수 있는 입장이 아니었다. 육군 중심 국방부가 국방개혁의 큰 틀은 수용하면서 전력증강이란 원하는 바를 쟁취해갔다. 육군의 힘이 세다 보니 육군의 것이 많이 갈 수밖에 없었다."[101)]

한편 국방부는 청와대의 자료 요청에 제대로 응하지 않았다. 국방 관련 자료 확보의 어려움과 관련하여 청와대에서 국방개혁을 주목했던 모 인사는 다음과 같이 증언했다. "업무 파악에도 1년이 소요되었다. 국방에 관한 윤곽을 청와대가 파악한 것은 2004년 후반에 접어들면서였다. 군인을 포함한 관료들의 특성 때문이었다. 국방부는 청와대가 요구한 자료를 적시에 제출하지 않거나 없다고 답변한 경우도 있었다. 자료를 제대로 주지 않았다. 2004년 말까지 노무현 정부의 국방개혁과 전시작전통제권 전환에 국방부와 육군이 끊임없이 저항했다. 내용을 왜곡시킨 경우도 있었다. 윤광웅 장관이 취임할 당시까지 끊임없이 저항했다. 이들 저항에 대통령이 일일이 대응할 수 없었다. 청와대 실무자들이 국방부와 엄청나게 대립각을 세우는 상황이 벌어졌다. 자료가 없다고도 했다. 청와대에서 국방부에 들어가 자료를 찾은 경우도 있었다. 국방부의 반응을 대통령에게 보고하면 국방부가 엄청난 곤혹을 치르게 된다. 따라서 대통령에게 보고할 수 없었다. 국방부와 접촉하면 시간이 걸린다거나 찾아보겠다는 등의 발언을 했다. 대통령은 보고서 지연을 질책했다. 결과적으로 업무 협조 문제로 국방부와 대립각을 많이 세웠다. 그럼에도 이 같은 점을 대통령에게 보고할 수 없었다."[102)]

한편 육군은 자신의 파워를 이용하여 저항했다. 한국군 내부에서 육군

---

101) 임춘택 전 청와대 행정관(현재 카이스트 교수)과의 2012년 8월 23일 인터뷰.

102) 2012년 8월 20일 모 박사와의 인터뷰.

의 파워는 절대적이다. 군 밖에서 또한 육군의 파워는 상당한 수준이다. 이 문제와 관련하여 국방선진화위원장을 역임한 이상우 총장은 다음과 같이 말하고 있다. "군인들은 군을 간단하게 생각하지만 외부인들에게 군은 무서운 조직이다. 방대한 조직이다. 대통령도 함부로 할 수 없는 조직이다. 이론상으로는 명령을 내리면 된다.…."[103] 참여정부 당시 청와대에 근무했던 모 장교는 "노무현 대통령이 육군들의 저항을 두려워하고 있는 듯 보였다."고 말한 바 있다. 국방부는 자신이 원하는 아젠다를 설정했을 뿐만 아니라 추구하는 바를 관철시킬 목적으로 국방 연구기관을 이용했다는 평가를 받고 있다. 또한 각 군과 국방발전자문위원회의 의견을 묵살했으며 청와대의 권위에 정면 도전했다는 평가를 받고 있다.

아젠다 설정과 관련하여 말하면 청와대는 국방개혁 2020과 관련하여 대전략 차원에서 큰 그림만을 설정해줄 수 있는 입장이었다. 구체적인 내용을 채우는 문제는 국방부의 권한이었다. 이 같은 권한을 이용하여 국방부는 육군에 유리한 내용으로 국방개혁안을 채웠다. 국방개혁 2020은 노무현 대통령 당시의 청와대의 안보환경 평가에 근거하여 국방부가 새롭게 작성한 것이 아니고 그 이전의 안보환경 평가에 입각하여 장기간 동안 한국군이 준비해온 내용들을 종합한 것이었다. 그런데 이미 살펴본 바처럼 이들 안보환경 평가에서는 북한 위협에 초점을 맞추고 있었으며, 북한군을 육군 중심 단일군이며, 이 같은 북한군에 대항하기 위한 최상의 방안은 육군 중심 단일군이란 관점을 견지하고 있었다.

국방개혁 2020이 참여정부가 출범하기 이전에 육군 장교들이 국방부, 합참 및 육군 문서체계에 반영해놓은 내용에 근거했음을 여러 관련자들이 증언하고 있다. 이 문제와 관련하여 국방개혁 2020의 합참 태스크포스장이었던 김경덕 장군은 다음과 같이 증언하고 있다. "2005년 5월에 작업

103) 국방선진화추진위원회 위원장 이상우 총장과의 2012년 9월 20일 인터뷰.

을 시작해 9월 1일에 대통령에게 보고했다. 단기간에 진행된 것이다. 그러나 당시의 안은 장기간 동안 합참이 꾸준히 연구해온 것이다. 50만 구조도 통일 이후 이미 가정하고 있었던 것이다."[104] 국방개혁 2020 당시 합참 주무 과장이던 예비역 L 육군준장은 다음과 같이 증언하고 있다. "818계획 이후 국방부에서 연구한 다수의 국방개혁안, 한국국방연구원 방안 등 다양한 방안을 참조했다.…818계획과 성격이 다르다.…다양한 관점을 반영하여 그림을 그렸고 그 결과와 관련해 일부 의견을 반영했다. Top Down 방식으로 진행되었다."[105] 국방발전자문위원장을 역임한 황병무 교수는 다음과 같이 증언하고 있다. "자문위원장으로 청와대 회의에 각군 참모총장, 장관과 참석했는데, 누가 사전에 개혁안을 보고했는지 무슨 놈의 국방개혁을 병력 4만 명 줄이는 것으로 끝내는가? 대통령이 화를 내더라. 그 후 50만 병력을 중심으로 하는 국방개혁 2020 기본 안이 나왔다. 1달도 걸리지 않았다. 기본 안이 오래전부터 있었던 것이다. 통일대비 안 등 기존에 있었던 안을 종합한 것이다."[106]

조영길 전 국방부장관은 다음과 같이 증언했다. "국방개혁 2020은 1998년도의 국방개혁안을 대거 참조해 만들었다.…합참의장으로 올라와 2달만에 작심하고 이 안을 무효화시켰다. 국방개혁 2020은 이 안을 중심으로 만든 것이다."[107] 『디펜스21』의 김종대 편집장은 국방개혁 2020이 김대중 정부 시절 만들었던 국방개혁 2015를 기본으로 하고 있다고 주장했다.[108] 1990년대 중반 이후 육군이 연구해온 내용이 국방개혁에 대거 반영되었음을 한국국방연구원의 노훈 박사는 다음과 같이 말하고 있다. "육군의 경

104) 예비역 육군소장 김경덕 장군과의 2012년 7월 26일 인터뷰.

105) 예비역 육군준장 L 장군과의 2012년 8월 2일 인터뷰.

106) 전 국방발전자문위원회 위원장 황병무 교수와의 2012년 7월 25일 인터뷰.

107) 조영길 전 국방부장관과의 2012년 6월 21일 인터뷰.

108) 김종대 지음, 『노무현 시대의 문턱을 넘다』, p. 388.

우 '90년대 중반 이후 여러 차례에 걸쳐 비전서 발간은 물론이고 비전의 구체화 수준에서 전장운용개념서, 작전수행개념서 등 새로운 육군을 위한 제반 개념 및 각종 전투발전요소에 관한 연구들을 추진해온 것이다.… 2005년 이후 '국방개혁 2020'의 성안과 법제화 그리고 그 추진이 본격적으로 이루어지게 되는 과정에서 육군에서 그간 논의되어 왔던 연구물들이 일차적으로는 수렴 및 정리되었다고 볼 수 있다."[109] 구체적으로 말하면 1980년대 이후 기득권 유지 차원에서 육군들이 정립한 입체고속기동전 교리를 근거로 하여 국방부가 국방개혁 2020을 작성했던 것이었다.

또한 국방부는 육군 병력 감축에 대비한 지상전력 소요를 과도하게 도출하는 과정에서 한국국방연구원을 이용했다는 의혹을 받고 있다. 국방연구원 예산의 일정 부분을 반영해주고, 연구원들의 연구 결과를 평가하며 연구 방향을 사전 설정해준다는 점에서 한국국방연구원에 대한 국방부의 영향력은 대단한 수준이다. 결과적으로 한국국방연구원의 경우 국익에 입각하여 연구 결과를 산출해내기가 쉽지 않은데, 특히 각 군의 이해관계가 걸려 있는 부분에서 그러하다. 국방개혁 2020 당시 추진된 과도한 육군 기동전력 및 화력 보강이 한국국방연구원의 "남북한 전력비교"에 의해 영향을 받았음을 여러 사람이 증언했다. 임춘택 전 청와대 행정관은 다음과 같이 말하고 있다. "군이 체계적으로 저항한 부분에 한국국방연구원에서 남북한 전력지수를 비교한 경우가 있다.…합참이 한국국방연구원에 압력을 행사했다고 알고 있다. 이는 조직적인 저항이다."[110]

『디펜스21』 편집장인 김종대는 이 문제와 관련해 다음과 같이 말하고 있다. "한국국방연구원은 2004년 8월 남북한 전력 비교 결과와 관련하여

109) 노훈, "병력감축에 따른 육군의 전투력 발휘 완전성 보장대책." 『국방개혁 성공! 육군은 어떻게 할 것인가?』, 2011년 육군토론회/정책포럼, p. 145.

110) 임춘택 전 청와대 행정관(현재 카이스트 교수)과의 2012년 8월 23일 인터뷰.

한국 육군은 북한의 80%, 해군은 90%, 공군은 103% 수준으로 보고했다.… 이 연구결과 보고에 앞서 청와대 민정수석실은 당시 국방연구원장이 국방부와 합참의 반발을 의식해 특히 육군이 대북 열세인 것처럼 숫자를 조작하도록 했다고 판단했다. 당시 국방연구원 연구자들이 줄줄이 민정수석실로 불려가 조사를 받았다.…정작 이상한 일은 육·해·공군을 각각 북한군과 비교한 수치는 내면서도 이를 다 합친 총체적 전력비교 수치는 없다는 것이다.…육군이 열세라도 해·공군이 이를 상쇄할 수 있는 가능성은 무시되었다."[111] 연구 결과에 따라 자군 예산이 삭감될 것을 우려한 각 군이 NSC와 한국국방연구원에 사람을 보내 '우리가 열세한 것으로 해 달라'고 로비를 해왔던 것이다. 당시 연구와 관련하여 조영길 국방부장관과 김종환 합참의장이 한국국방연구원을 질책했다. 청와대 민정수석실은 연구 결과와 관련하여 한국국방연구원의 관련 연구원 2명을 불러들여 조사를 벌였다. 결과적으로 이들 중 1명으로부터 데이터 조작 지시가 있었음을 시인하는 자술서를 받았다. 6월 민정수석실과 국정상황실은 NSC가 조작된 수치에 바탕을 둔 보고서를 대통령에게 제출했다는 요지의 보고서를 노무현 대통령에게 올렸다.[112]

이한호 전 공군참모총장은 "병력 측면에서 보면 해군과 공군을 줄이지 않고 육군 병력을 줄이기로 한 것이다. 이에 따른 군사력 건설을 위해 한국국방연구원에서 북한과 대한민국의 육군, 해군 및 공군 전력을 비교했다. 공군은 북한공군의 전력 지수를 초과한 것으로 평가했다. 지상군의 전투력 평가에서 병력에 따른 전투효과 지수를 너무 높이 잡았던 것으로 보인다. 육군병력 감축을 보완하기 위한 군사력 건설을 염두에 둔 한국국방연구원의 보고서가 육군 전력을 대거 증강시키는 빌미를 제공해주었

111) 김종대, "갑자기 부풀려진 북한위협의 실체." 『디펜스21』(2009. 7. 30).

112) 김종대 지음, 『노무현 시대의 문턱을 넘다』, pp. 307-308.

다."[113]고 말하고 있다. 국방발전자문위원회에 공군대표로 참석했던 예비역 공군준장 최명상 장군은 다음과 같이 말했다. "한국국방연구원에서 남북한 전력 비율을 계산하면서 해군과 공군의 경우 미군 전력을 포함시킨 반면 육군은 포함시키지 않았다. 결과적으로 육군 전력을 보다 많이 건설해야 한다는 논리를 만들었다."[114]

한편 각군과 국방발전자문위원회의 의견 묵살과 관련하여 말하면 818 계획이 추진되던 1988년 당시와 달리 2005년에는 장군 진급 대상자에 대한 제청권[115]을 포함해 육군 중심 합참과 국방부가 각군의 진급에 적지 않은 영향력을 행사하고 있었다. 결과적으로 각 군의 자율성이 크게 위축되어 있었다. 이 같은 상황에서 합참이 만든 안에 각 군 실무자가 이견을 제기하기가 쉽지 않았다고 한다. 합참의 상급자가 반영 또는 미반영을 일방적으로 결정하는 분위기에서 해군과 공군의 관점이 제대로 반영될 수 없었다고 예비역 공군준장 진호영은 증언한 바 있다. 이미 언급한 바처럼 국방발전자문위원회의 견해는 거의 반영되지 않았다.

미반영 이유와 관련하여 공군사관학교 교수 김동한 박사와의 2008년 11월 28일 인터뷰에서 서주석 박사는 다음과 같이 말했다. "2005년 3월 14일 대통령 직속 '국방발전자문위원회'를 신설하여 협력적 자주국방 계획의 추진방향, 국방개혁 과제의 법제화, 군사외교 전략 등을 심도 있게 연구하여 국방개혁의 추진 동력으로 삼고자 했다. 하지만,…육군 출신 위원들은 국방개혁의 큰 방향에 이견을 표명하였고 해·공군 출신 위원들은 자

113) 이한호 전 공군참모총장과의 2012년 7월 16일 인터뷰.

114) 예비역 공군준장 최명상 박사와의 2012년 9월 4일 인터뷰.

115) 제청권은 각 군이 진급시키고자 하는 장군급 장교들을 복수 추천하게 하여 부적결자를 합참 및 국방부에서 추려내는 권한을 의미한다. 이는 육군이 대거 포진하고 있는 국방부와 합참이 해군과 공군의 장군 진급에 영향력을 행사하고 있음을 의미한다. 결과적으로 해군과 공군 장교들은 육군의 눈치를 보지 않을 수 없는 상황이 되었다. 제청권과 관련해서는 다음을 참조할 것, 국방부, "국방인사관리훈령"(2012.05.10.), pp. 48-50.

군 이기주의적 입장을 견지하게 됨으로써 국방개혁안의 입안 과정에서 실제적인 영향력을 행사하는 데는 한계가 있었다."[116] 전통적으로 국방개혁 과정에서 해군과 공군은 합동 조직에서 자군의 입지 강화를 추구했다. 국방개혁 2020 당시 청와대가 3군 균형발전을 표방했다는 점에서 보면 이 같은 해군과 공군의 요구를 자군 이기주의로 간주할 수 있는지 의문이다.

또한 국방부가 국방개혁에 정면 도전했다는 관점도 없지 않다. 이 부분과 관련하여 임춘택 박사는 다음과 같이 말하고 있다. "예를 들면 윤광웅 장관이 청와대 국방보좌관일 당시 육군중령들이 청와대 회의에 참석하고자 했다.…내가 출입에 반대했더니 이종석 차장 등에 연락하여 결국 허락이 되었다. 회의장에 들어와 발언권도 없는 사람이 발언을 요구했다. '제'가도 아니고 '내'가 옛날 같으면 사단장을 할 나이라면서 오만불손한 발언을 했다. 국방개혁이 엉터리 방식으로 진행되고 있다고 비판했다. 주위의 제재에도 아랑곳없이 끝까지 연설을 했다.…이러한 일들이 여러 번 있었다. 이것보다 심한 경우도 있었다. 하지만 참여정부는 이들에 불이익을 주거나 보복을 하지 않았다. 노무현 대통령은 역사상 유일한 법조인 출신 대통령이다. 법에 정한 만큼만 대통령이 권한을 행사하고 권력행사를 자제했다. 그 결과, 이처럼 행동한 사람들이 모두 1차로 대령을 달았다.…"[117]

4. 국방부를 통제하기 위한 청와대의 노력

육군의 저항을 예상하여, 저항에 대항하여 청와대는 국방개혁을 추진

116) 김동한, "군구조 개편정책의 결정 과정 및 요인 연구 – 818계획과 국방개혁2020을 중심으로 –", p. 131.

117) 임춘택 전 청와대 행정관(현재 카이스트 교수)과의 2012년 8월 23일 인터뷰.

하게 될 국방부장관의 인선에 고심했다. 또한 국방부의 행위를 상세 통제하고자 노력했다. 그러나 2장에서 살펴본 바처럼 이들 모두는 국방부와 합참이 육군의 정체성을 견지하고 있는 에이전트란 점에서 결코 쉽지 않은 일이었다.

참여정부는 인수위원회 시절에 이미 국방개혁 2020의 기본 방향을 정했으며 청와대의 의도를 구현할 국방장관을 물색하고 있었다. 이 부분과 관련하여 황병무 박사는 다음과 같이 말하고 있다. "인수위원회 시절 청와대에서 보안유지를 강조하며 들어오라고 말하더라. 국방장관 인선 문제에 관한 것이었다. 당시 국방개혁 2020의 기본 지침이 나와 있더라. 국방장관 선정과 관련하여 첫째, 개혁 마인드, 둘째, 한미관계를 관리할 능력, 세 번째는 군심 확보 능력이 있어야 한다고 하더라. 네 번째는 군의 효율적인 운용 능력을 강조하더라.…조영길 장관이 거론되었다. 비육사 출신이란 점이 고려되었다."[118] 이처럼 고심 끝에 임명했지만 청와대는 조영길 장관이 국방개혁에 소극적이었다고 생각했다.[119] 육군병력 감축을 주요 안건으로 생각했던 청와대의 의도에 자신이 동의하는 입장이 아니었다는 점을 조영길 전 국방부장관은 다음과 같이 표현했다. "내가 있을 당시에는 2020과 같은 작품은 꿈도 못 꾸었다. 내가 그만 둔 다음에 노무현 정부의 이종석과 같은 사람들이 남북한 군비 통제해야 한다고 의견을 제시했는데, 일부 국방부와 합참에 있는 친구들이 청와대의 비위를 맞추어 군대를 줄이는 개혁을 한 것이다. 보고를 받은 대통령도 깜짝 놀랐다고 하더라.…2020 작업한 친구들을 불러서 나무랬다.…북한이 120만에 장사정포를 갖고 있는데 군대를 줄이는 것이 말이 되는가?"[120]

118) 전 국방발전자문위원회 위원장 황병무 교수와의 2012년 7월 25일 인터뷰.

119) 청와대는 조영길 국방부장관이 청와대에 저항하고 있다고 생각했다. 청와대에서 국방개혁 2020을 담당했던 몇몇 사람과의 인터뷰.

120) 조영길 전 국방부장관과의 2012년 6월 21일 인터뷰.

노무현 대통령은 윤광웅 국방부장관도 국방개혁을 고려하여 선정했다. 그러나 조영길 장관 후임으로 취임한 윤광웅 국방부장관 또한 적극적으로 청와대의 국방개혁을 지원할 수 있는 입장이 아니었다. 대통령의 고등학교 선배이던 윤광웅 장관에 대한 육군을 포함한 기득권 세력의 저항 때문이었다. 몇몇 문제를 거론하며 한나라당이 윤광웅 장관 해임결의안을 상정하려 하자 윤광웅 장관이 없으면 국방개혁이, 결과적으로 전시작전통제권 전환이 불가능할 것으로 생각했던 노무현 대통령은 2005년 6월 28일 "국방부장관 해임건의와 관련하여 국민 여러분께 드리는 글"이란 담화문을 발표했다. 여기서 대통령은 "군 구조 개편, 획득 개선, 장병 복무환경 개선, 군 사법제도 개선 등 국방개혁 과제는 80년대 말부터 필요성이 논의되고 오래전에 그 방향이 공론화되어 있음에도 지금까지 지지부진했다며, 사람이 많은 것 같지만 실제로 인사를 해보면 그리 사람이 많지 않다."고 말하면서 "다시 누구에게 이 일을 맡겨야 할지 참으로 막막하다"고 말했다.

여권의 한 관계자는 이와 관련해 "노 대통령은 윤 장관을 대체할 인물로 '비육군'에 '비육사' 출신을 찾고 있는데, 그게 쉽지 않다"며 "노 대통령은 육군 출신, 더구나 육사 출신을 장관시켜서는 아무것도 바뀔 게 없다는 생각을 하고 있다"고 말했다.[121] 결과적으로 보면 윤광웅 국방장관은 국방개혁 2020을 철저히 통제할 수 있는 입장이 아니었다. 국방개혁 2020과 관련하여 윤광웅 전 국방부장관은 다음과 같이 표현했다. "국방개혁 2020은 육군들이 들고 온 것이다. 이상희 합참의장 등이 들고 온 것이다.…"[122]

참여정부는 임춘택 행정관, 박선원 비서관을 통해 국방개혁 2020을 상

---

121) 김의겸 기자, "노대통령 '윤 국방 유임' 정면 돌파/'더 밀리면 끝장' 정국반전 승부수." 『한겨레신문』(2005. 6. 29).

122) 윤광웅 전 국방부장관과의 2012년 4월 19일 인터뷰.

세 통제하고자 노력했다. 그러나 이미 살펴본 바처럼 이들이 국방 문제에 전문가가 아니었다는 사실과 국방부가 사소한 정보조차 제공하지 않고자 노력했다는 점에서 결코 쉬운 일이 아니었다. 국방 조직을 상세 통제하고자 하는 경우 국방에 관해 국방 관료보다 많이 알고 있어야 했으며, 시간적으로 충분한 여유가 있어야만 했다. 이처럼 국방에 관한 정보가 없었다. 뿐만 아니라 국방개혁을 적극적으로 추진하기 얼마 전에 탄핵을 당했다는 사실 등으로 인해 노무현 대통령은 국방개혁에 충분히 시간을 할애할 수 있는 입장이 아니었다.

5. 정치권의 반대

국방개혁 2020의 경우 해군과 공군은 병력이 줄지 않는 가운데 가용 예산으로 추가 전력의 획득을 기대할 수 있는 입장에 있었다. 결과적으로 불만이 거의 없었다. 육군 또한 17만 병력이 감축되는 상황이었지만 고급 장교는 전혀 줄지 않았으며 3만 명에 달하는 부사관이 증원될 예정이었다. 군 복무기간 단축을 대통령이 공약했다는 점과 출산율 저하로 인해 2020년경에는 50만 유지도 곤란한 실정이었다. 이 같은 상황에서 국방개혁 2020의 투자비 가운데 절반에 해당하는 예산을 확보하게 된 육군은 지난 수십 년 동안 추구해온 입체고속기동전 개념을 구현할 수 있게 되었다는 점에서 크게 불만을 토로할 수 있는 입장이 아니었다. 각 군이 크게 불만을 토로하지 않는 상태에서 군에 관해 잘 모르는 정치권이 왈가불가 할 수 있는 입장은 아니었다.

결과적으로 군사적 전문성이 없는 정치권이 국방개혁 2020과 관련하여 반대할 수 있는 사안은 육군병력 감축과 과도한 국방비란 부분으로 국한되었다. 그러나 이들은 그 성격상 국회의원들이 필사적으로 반대할 수 있는 성격이 아니었다. 외국의 사례를 거론하며 시민단체를 포함한 일부 사람들이 보다 급격한 병력감축을 요구하고 있었으며 예산은 고정적인 것이 아니란 점에서 대통령의 약속에도 바뀔 수 있는 성격이었기 때문이다. 따라서 국방부가 국방개혁 2020을 본격적으로 추진한 2005년 6월 1일부터 개혁안이 국무회의를 통과한 2005년 11월 30일까지 818계획 당시처럼 그 결과에 영향을 줄 정도의 격렬한 저항은 있지 않았다.

참여정부가 육군 병력을 대거 감축한 반면 육군 화력을 보강한 것이 아니고 군사이론 측면에서 최적의 방식으로 자금을 투자했더라면 육군이 보다 필사적으로 개혁에 반대했을 수도 있었을 것이다. 이 경우 정치권은 기득권 세력인 육군을 비호하며 강력한 반대를 제기할 수도 있었을 것이다. 그러나 참여정부는 이처럼 하지 못했으며 그 결과 임춘택 교수가 말했듯이 개혁다운 개혁을 하지 못했던 것이다. 정치권에 의해 국방개혁이 영향을 받았다면 이는 국방개혁안 자체 때문이 아니고 이미 언급한 바처럼 노무현 대통령이 정치적으로 어려운 상황에 있었기 때문이었다.

6. 기득권 세력의 균열

국방개혁 측면에서의 기득권 세력은 육군이다. 육군 중심의 기득권 타파를 외치며 참여정부 국방개혁을 실무자 선에서 주도했던 임춘택 박사는 육군 장교 출신이다. 일반 대학을 졸업하고 카이스트에서 대위 시절 박사학위를 취득했다. 육군 장교로 예편한 임춘택 박사는 청와대에서 육군의 독주를 견제하고자 노력했다. 임춘택 박사를 육군이란 기득권 세력의 일부로 볼 수 있을까? 임춘택 박사는 박사 취득 후 많은 기간을 국방연구소에서 근무했다. 육군 장교임에도 불구하고 육군 작전과 조직에 관해 많은 지식을 구비할 수 있는 입장이 아니었다. 육사 출신이 아니란 점에서 육군에서 진급이 보장되어 있지도 않았다. 따라서 임춘택 박사는 기득권 세력의 일원으로 볼 수 없을 것이다.

30만 명 수준의 감군 등 육군이 좋아할 수 없던 주장을 전개했던 육사 출신 황동준 박사는 기득권 세력의 분열을 보여주는 사례로 생각할 수도 있다. 그러나 한국국방연구원장 출신의 황동준 박사는 중위 시절 위탁교육을 나간 이후 군복을 거의 입어보지 않았다. 또한 황동준 원장의 발언은 그것 자체로 끝났으며 국방개혁의 결과에 거의 영향을 주지 않았다. 또 다른 육군 장교 출신 가운데 참여정부와 정서를 함께한 사람에 표명열 장군이 있다. 그러나 표명열 장군은 국방개혁과 관련하여 특별한 역할을 하지 않았다. 따라서 국방개혁 2020 당시 기득권 세력에 균열이 있었다고 볼 수 없을 것이다.

7. 여론의 부정적 기류

정치권의 반대와 비교해 여론이 국방개혁 2020에 보다 영향을 주었다. 예를 들면 주적 문제가 있었다. 1차 북한 핵 위기가 벌어진 1990년대 중반 국방부는 국방백서에 북한을 주적으로 표기했다. 참여정부는 주적이란 개념을 삭제하고자 했다. 주적 표기는 '3군 균형발전'과 '북한 위협에 더불어 주변국 위협 포함' 등 국방개혁 2020의 목표와 배치되었다. 중장기적으로 주한미군 감축, 일본의 재무장, 중국의 지역 패권 야망 등을 고려한 다면적이고도 객관적인 방식으로 미래 위협을 평가해야만 했는데 이것이 힘들어질 수 있었다. 북한을 주적으로 규정하면 기존의 대북억제 전

략과 지상군 중심의 전력구조와 무기체계를 지속적으로 강화 및 유지해 나갈 수밖에 없었다.[123]

북한을 주적으로 표기하는 경우 부적(附敵)도 있어야 한다는 의견도 나왔다. 더 큰 문제는 최초 주적 표기가 NSC, 외교부, 통일부 등 관련 부처와 협의를 거친 것이 아니고 국방부의 일방적인 결정에 의한 것이었다는 사실이다. 그 후 이명박 정부에서도 주적 표현 문제를 신중히 검토했으나 넣지 않았다.[124] 결과적으로 2004년 11월 19일 윤광웅 국방부장관과 정동영 통일부장관은 "대북 주적 개념 삭제 방침"을 밝혔다. 윤 장관의 이 같은 방침은 "자유지성 300인회"로부터 "언어도단"이라는 비난을 받았다. 진보진영에서는 남북관계의 진전과 변화하는 안보환경을 고려해 주적 표현의 삭제를 주장한 반면 보수진영에서는 현재 안보상황이 10년 전과 달라진 것이 없다며 주적 표현을 그대로 사용하자고 맞섰다.

한편 육군 병력감축에 대한 일부 우려가 있었다. 예를 들면 2004년 9월에는 육군 2개 군단 해체를 검토한 가운데 기술집약적 군 개혁을 본격적으로 추진하는 국방부로 인해 기득권 상실을 우려하는 육군의 목소리가 보도되었다.[125] 병력 감축에 반대하는 현역 및 예비역 육군들의 노력으로 지지기반이 취약한 참여정부가 영향을 받았을 수 있었을 것이다.

8. 대통령의 타협

전시작전통제권 전환 준비 차원에서 시한성을 갖고 추진되었던 국방개

123) 문정인, "또 주적 논쟁인가." 『한국일보』(2004. 3. 17).

124) 윤광웅 전 국방부장관과의 2012년 4월 19일 인터뷰.

125) 박성진 기자, "후방 2개군단 해체검토, 기술 집약 군개혁 본격화, '별 자리 축소' 반발 예상." 『경향신문』(2004. 9. 3).

혁 2020에 육군 중심 국방부가 다양한 방식으로 저항했으며, 대통령이 헌정사항 최초로 탄핵을 당하는 등의 문제로 인해 노무현 대통령은 국방개혁을 자신의 의도대로 몰고 갈 수 있는 상황이 아니었다. 자신이 의도했던 바와 많이 다른 개혁안을 수용하지 않을 수 없었다.

첫째, 해군과 공군은 국방개혁 2020을 통해 자신들의 오랜 기간 숙원이었던 사업을 추진할 수 있었다. 해군은 수상·수중 및 공중 입체전력 운용에 적합한 구조로 발전해갈 수 있었다. 이를 위해 3개 함대사와 잠수함 및 항공전단 체제에서 중간 지휘제대인 5개 전투전단과 방어사가 축소되어 3개 함대사, 잠수함사, 항공사 및 기동전단 체제로 개편될 예정이었다. 수상함 전력은 함정의 척 수는 줄지만 중형 및 대형함(차기호위함, 이지스함 등)으로 보강되어 기동형 부대구조로 발전될 예정이었다. 잠수함과 항공전력은 미래 전장에서 임무 수행이 가능하도록 전력이 보강되어 잠수함 전단과 항공전단이 각각 사령부급으로 개편될 예정이었다. 해병대는 공지기동이 가능한 구조로 개편될 예정이었다.

공군은 High-Low Mix 체계가 최적화된 전력을 바탕으로 공중우세 및 정밀타격에 적합한 구조로 발전될 예정이었다. 방위권 내 공중우세권 확보를 위해 북부전투사령부가 추가 창설되어 2개 전투사령부, 방공포사령부, 방공관제단 체제로 개편되고 주요 전력은 F-15K 등과 같이 성능이 우수한 전투기와 함께 공중급유기, 조기경보통제기 등의 지원기도 확보할 예정이었다. 대공방어도 SAM-X, M-SAM 체제 등으로 보강되어 한반도 전 지역에 대한 정밀타격 능력을 보유함으로써 작전영역이 대거 확대될 예정이었다.

둘째, 노무현 대통령은 육군 사병 17만을 단계별로 감축하는 대신 부사관 3만을 늘리도록 했으며, 고급 장교 숫자는 그대로 유지하도록 했다.[126)]

126) "노 대통령은 군 병력을 감축하면서도 고급 장교들의 숫자는 줄이지 말라고 지시했다.

셋째, 국방부 및 합참과 같은 합동조직에 근무하는 각 군 장교들의 비율을 거의 개선하지 못했다. 합참의장과 합참차장은 각각 군을 달리하여 보직하되 그 중 1인은 육군으로 했다. 합참 직위는 각 군의 임무와 기능을 고려하여 육군, 해군, 공군으로 구분하여 보직해야 하는 필수직위와 구분없이 보직될 수 있는 공통직위로 지정하되, 공통직위는 2008년까지 연차적으로 육군, 해군 및 공군이 2 : 1 : 1로 보직되도록 했다. 문제는 필수직위였다. 합참 직위 가운데 많은 부분을 육군 필수 직위로 선정한 결과 이 같은 조치를 통해 육군, 해군 및 공군이 5 : 1 : 1 비율을 유지했다.[127] 필수직위와 공통직위로 나누고 공통직위만을 2 : 1 : 1로 유지한 방안의 문제점을 황병무 박사는 다음과 같이 말했다. "합참의 필수직위와 공통직위 가운데 필수직위를 대거 줄이라고 말했다. 이는 시행령에 들어가 있다. 육군이 필수직위라며 70%를 차지하고 30%를 2 : 1 : 1로 하다 보니 실재적으로는 6 : 1 : 1을 유지하고 있었다. 그러나 시행령이 이행되지 않았다. 법령을 만들었지만 운영하지 않았다."[128]

넷째, 육군 화력을 대거 보강해주기 위해 국방개혁 예산을 대거 늘렸다.[129]

621조의 국방개혁 예산 가운데 투자비는 271조 규모였으며 271조 가운데 절반 정도가 육군 전력증강에 관한 것이었다. 육군 화력보강과 관련하

이로 인해 장성들의 숫자는 그대로 유지되었는데, 이는 군 내부의 누적된 인사 적체에 대한 불만과 전역장교들의 저조한 취업률을 고려한 결과였다." 김종대 지음, 『노무현 시대의 문턱을 넘다』, p. 389.

127) "나중에 국방부에 가 보았더니 2 : 1 : 1로 운용할 줄 알았는데 5 : 1 : 1 비율로 운용하더라. 그래 약속이 틀리다며 항의했더니 '주요 보직을 제외하고 2 : 1 : 1이라는 것이다.' 해·공군은 허수아비냐고 이의를 제기했다." 김종호 전 해군참모총장과의 2012년 7월 25일 인터뷰.

128) 전 국방발전자문위원회 위원장 황병무 교수와의 2012년 7월 25일 인터뷰.

129) 이 부분과 관련해서는 다음을 참조, 김종대 지음, 『노무현 시대의 문턱을 넘다』, pp. 398-399.

여 이종석 NSC 차장은 다음과 같이 말했다. "국방개혁 2020에 육군들이 엄청나게 저항했다.…국방개혁과 관련해 가장 중요한 부분은 병력감축이었다. 육군병력 17만을 줄이겠다고 했다. 그래도 지상군이 과도한 입장이었다.…중국과 러시아가 지상군을 줄이고 있으며 미군도 40만 정도인데 병력 감축에 저항해오더라.…그래서 많은 돈이 소요됨에도 불구하고 지상군 화력을 보강하기로 결정했다. 이처럼 화력보강을 청와대가 조사시킨 것이다.…"[130] 육군 화력보강 구상은 이미 2004년 3월에 나와 있었다. 국방개혁 2020이 본격적으로 추진되기 이전인 2004년 3월 이미 육군은 병력 감축을 전력 증강으로 대체하는 방안을 구상하고 있었다. 2004년 3월 24일 『동아일보』 최호원 기자는 다음과 같이 보도했다. "2008년까지 기동력과 생존성을 대폭 늘린 '미래 보병 사단'에 대한 전력구조 연구를 진행한다.…미래형 전차, 전투 장갑차 등 첨단 무기와 장비로 무장하는 대신 전투 병력은 상당수 감축할 것으로 전망된다."[131]

다섯째, 육군화력 보강을 위해 군단 및 사단 작전지역을 대거 확대해주었다. 육군의 사단 및 군단 작전지역을 기존과 비교하여 4~7배 확대해주었다. 육군 작전지역 확대 문제와 관련하여 박선원 비서관은 다음과 같이 말하고 있다. "육군 화력보강을 위한 작전지역 확대 등의 문제는 합참에서 추진한 것이다. 육군들이 주로 한 것이다.…작전지역을 넓힐 당시의 논리는 육군자산이 기동화되고 현대화된다는 점을 고려하고 적을 정찰하고 공격할 당시 중고도 무인항공기를 사용하고자 하는 경우 작전지역을 넓혀야 한다는 것이었다. 더 이상의 언급은 없었다.…작전지역 문제는 중복투자 차원에서 거론되었다. 전차, 항작사의 헬리콥터, 지대지미사일, 공군 항공기 등 북한 전차에 대항하기 위한 전력들의 중복 투자 문제가 언급되

130) 이종석 전 통일부장관과의 2012년 8월 22일 인터뷰.

131) 최호원 기자, "국방부 감군1단계 전력정비안." 『동아일보』(2004. 3. 24).

었다.…한국군의 화력이 넘치는 수준은 아니라고 생각했다. 초전에 적 전차와 장사정포를 공격하는 문제를 제외하면 한국 해군과 공군이 북한과 비교해 우위에 있다고 보았다. 초전에 이들을 공격할 수 있다면 북한 지상군을 마비시키는 것이기 때문에 이처럼 중복 투자해도 좋다고 생각했다.…"[132]

육군 화력 보강에 관해 김경덕 장군은 다음과 같이 말하고 있다. "…남북한 전쟁은 북의 재래식 전력과 한국의 NCW 전장환경의 첨단 전력으로 싸우는 형태가 되도록 한다는 것이 국방개혁의 목표다.…북한의 미사일 및 특수전 등 비대칭위협과 수적 절대우세에 있는 기갑전력과 항공전력에 대응하기 위해서는 질적 첨단구조에 의한 정밀타격체제를 구축하여 적의 전쟁 중추부 등 핵심을 제거하는 전략개념(Strategic Concept)으로 바꾸는 것이다. 병력과 부대 수는 감소되지만 능력은 2~3배로 확대되는 것이다."[133]

여섯째, 이미 언급한 바처럼 입체고속기동전 교리란 육군의 전쟁수행 개념에 입각한 군사력 건설을 허용해주었다.

132) 박선원 전 청와대비서관과의 2012년 7월 18일 인터뷰.

133) 김경덕 장군과의 2012년 7월 26일 인터뷰.

제4절 국방개혁 2020의 재평가

국방개혁 2020을 추진하면서 참여정부는 병력중심에서 과학기술 중심으로, 북한 위협 대비 중심에서 주변국 위협을 포함하는 형태로, 그리고 3군 균형 발전을 보장하는 형태로 군 구조를 바꾸고자 노력했다. 이는 합당한 목표였는가?

이미 살펴본 바처럼 참여정부가 출범할 당시에는 미국의 세계전략이 바뀌면서 한국군에 대한 미군의 작전통제권 전환이 주요 이슈로 부상했다. 작전통제권 전환은 노무현 정부가 추진했다는 관점도 있다. 그러나 1990년대 이후 한미 간에 지속적으로 논의된 사안인 작전통제권 전환을 미국은 노무현 정부 출범 직전에 한국에 구체적으로 요구했다. 당시는 이처럼 한미관계가 급변하는 시점이었다. 한편 능력과 의도 측면에서 북한 위협이 심각한 수준이 아니라고 국민들이 인식하고 있었던 반면 중국의 부상과 일본의 '보통국가'로의 전환을 고려해야만 하는 시점이었다. 또한 출산율이 지속적으로 떨어지고 있었다. 이 같은 점들을 고려해보면 참여정부의 국방개혁 목표는 타당성이 있었다. 왜냐하면 주변국 위협에 대비하지 않을 수 없는 상황이었으며, 북한위협에 대비해야 하는 경우에도 해군과 공군, 특히 공군 전력이 중요한 의미가 있었기 때문이었다. 한국군이 전쟁을 주도하는 상황에서는 보다 그러했기 때문이었다.

그러면 국방개혁 2020에서 추구한 목표는 달성되었는가?

국방개혁 2020을 통해 해군과 공군이 평소 염원하던 일부 체계를 획득할 가능성이 열렸다. 예를 들면 공군의 조기경보통제기, 공중급유기, F-X 사업 등이 추진될 예정이었으며, 해군의 경우 수상·수중 및 공중 입체전력 운용에 적합한 무기체계를 확보할 예정이었다. 이를 위해 차기구축함, 차기호위함, 차기고속정과 차기잠수함을 확보하고 항공 전력을 건설할 예정이었다.

그러나 국방개혁 2020은 많은 문제가 있었다.

첫째, 합참과 같은 합동조직에 근무하는 각군 장교의 비율을 거의 개선하지 않은 결과 3군 균형발전이란 목표가 무색해졌다. 3군 균형발전이 단순한 무기체계 구입의 문제가 아니고 합동조직에 근무하는 각 군 장교의 계급 및 숫자와 관계가 있는 문제란 점에서 보면 국방개혁 2020을 통해 3군 균형 발전이란 목표는 달성되지 않았다. 미군의 지원을 받는 가운데 육군 중심 합참이 공중, 지상 및 해상에서 동시에 진행되는 미래전을 제대로 수행할 수 있을 것인지 의문이 가는 상황이 초래되었다.

둘째, 공군 작전지역을 침해하며 육군 작전지역을 7배로 넓히고 넓혀진 육군 작전지역을 감당하기 위한 전력을 보강하기 위해 271조 원에 달하는 투자비의 50% 정도가 투입되면서 3군 합동이 아니고 육군 중심 국방개혁이 되었다.

셋째, 입체고속기동전 개념에 근거하여 육군전력을 대거 건설하면서 다음에서 보듯이 군사적으로 적지 않은 문제가 초래되었다.

평시 건설한 전력을 전시에 제대로 사용할 수 없다는 문제가 있었다. 2장에서 살펴본 바처럼 오늘날의 전쟁은 미사일 및 항공기와 같은 전구(戰區)의 모든 항공력을 공군구성군사령관이란 단일지휘관이 지휘하는 형태로 진행된다. 반면에 미 육군의 공지전투 교리를 달리 표현한 입체고속기동전 교리는 한반도 항공력을 육군의 군단장들을 중심으로 분할 운용하는 개념이다. 이 같은 항공력 분할 운용 문제로 인해 미군 또한 공지전투(입체고속기동전) 교리를 포기했다.[134] 미군과 한미연합작전을 하게 되고 전

134) 이 부분과 관련하여 예비역 육군준장 주은식 장군은 다음과 같이 증언하고 있다. "육군

작권 전환 이후에도 한반도 항공력 운용을 미군이 주도할 것이란 점에서 보면 전시 한반도에서의 전쟁은 입체고속기동전 형태로 진행되지 않을 것이다. 왜냐하면 미국의 각 군이 이 개념을 이미 배격했기 때문이다.

혹시라도 입체고속기동전 개념에 입각하여 전쟁을 수행하면 인명 피해가 엄청날 것이다. 전차와 헬리콥터를 이용해 몇 시간 이내에 평양으로 입성하는 과정에서는 얼마나 많은 인명이 살상될 것인가? 헬리콥터에 탑승한 병사들이 지구상에서 가장 조밀하게 설치되어 있는 북한 대공포를 뚫고 북한 상공으로 진입할 수 있을 것인가? 이 같은 이유로 오늘날의 전쟁은 스텔스기와 같은 공군의 고정익 항공기를 이용해 적의 방공망을 무력화시킨 이후 적의 항공기와 같은 항공 전력을 파괴하여 공중우세를 확보한 이후 상대방 국가가 가장 중요시 여기는 표적들을 타격하여 전략적 마비를 유도하게 된다. 이 순간까지 지상군은 현 전선을 고수하며 적의 진격을 저지하게 된다. 적의 전력이 충분히 약화된 상태에서 지상군이 항공력의 지원을 받는 가운데 반격을 시작하면 많은 인명을 손실하지 않으면서 의도한 목표를 달성할 수 있다.

이처럼 항공력을 운용하고자 하는 경우 소속 군에 무관하게 전구의 모든 항공력을 공군구성군사령관이란 단일지휘관이 지휘해야 한다. 육군 장교들 또한 육군 기동전력 건설이 전시 운용 목적이 아니고 평시 획득 목적임을 밝히고 있다.[135] 전시 이 같은 무기가 사용되지 않을 수도 있음을

이 다연장로켓(MLRS), ATACMS 등을 구비하여 군단 단위 작전을 하고자 하는데, 이것이 문제다. 공지전투의 경우는 군단장이 항공력을 근접항공지원 목적으로 사용하고자 함에 따라 작전 및 전략적 수준에서 통합해야 할 항공력이 분할되는 결과가 초래되었다. 미군은 군단 단위 전투는 곤란하다는 인식에서 공지작전(Airland Operation)으로 나아가고 있다. 군단이 아니고 ARMY 차원의 작전을 수행하고 있다. 이 같은 맥락에서 교범을 발간했다. 항공 전력을 전체적이고도 통합적으로 운용해야 한다는 것이 이들 교리의 핵심이다. 군단장과 사단장이 자신의 전투 전면(前面)에만 관심을 집중시켰기 때문이다."

135) 육군교육사 모 대령과의 2012년 8월 16일 인터뷰; 입체고속기동전 전력 구축과 관련하여 의문을 제기하자 전시 이처럼 건설한 화력을 공군에 넘겨주면 된다고 말한 예비역 육군

암시하고 있다.

입체고속기동전 전력의 효용성이 매우 저조하다는 문제가 있다. 입체고속기동전에서는 헬리콥터 및 미사일과 같은 지상군 화력을 주력으로 하고 공군의 항공력은 보조 수단으로 사용할 것으로 가정하고 있다. 오늘날 국방부가 전투기, 공중급유기와 같은 공군 사업을 지연시키면서 헬리콥터, 전차, 미사일과 같은 지상군 사업을 대거 추진하고 있는 것은 이 같은 이유 때문일 것이다.

문제는 1발당 수억에 달하는 지대지미사일과 1대당 수백억 원에 달하는 헬리콥터의 효용성이 지극히 저조하다는 사실이다. 대부분의 군사시설이 지하에 있는 북한과의 전쟁에서는 지대지미사일로 타격할 수 있는 표적이 거의 없다. 지대지미사일로는 이동 중에 있는 표적을 타격할 수도 없다.[136] 또한 공격용 헬리콥터는 북한이 대량 보유하고 있는 휴대용 미사일과 같은 방공 무기에 대단히 취약하다. 예를 들면 2003년의 이라크 전쟁에서는 지대지미사일과 헬리콥터란 지상군 화력을 최대한 이용할 목적으로 미 육군이 육군 작전지역을 넓혀달라고 요청하여 넓혔지만 효과가 없었으며 공군작전만 방해하는 결과가 초래되었다.[137] 한반도와 유사한 지

장군도 있었다.; 모 예비역 육군 장군은 평시 군사력 건설과 전시 군사력 운용은 다르다고 말했다. 다시 말해 이들 전력을 육군이 운용하지 않을 수도 있다는 것이다.; 전시 공군으로 넘겨줄 것이라면 또는 사용되지 않을 수 있다면 평시 육군이 이 같은 전력을 건설하는 이유는 무엇인가? 란 의문이 남는다.

136) 이한호 전 공군참모총장과의 2012년 7월 16일 인터뷰.

137) "육군이 공세적인 기동계획을 이행하고 육군의 편제 장비를 최대한 이용할 수 있도록 작전지역을 넓혀달라고 요구했다. 이처럼 넓혀진 작전지역에서 사용되는 합동 자산들을 육군 지휘관들은 통제할 수 있기를 원했다.…결과적으로 공군 화력의 효과성이 지장을 받았다.…넓혀진 작전지역에서 공격용 헬리콥터를 운용했지만 전쟁의 전략 및 작전적 결과에 긍정적인 효과를 거의 얻지 못했다." David E. Johnson, *Learning Large Lessons : The Evolving Roles of Ground Power and Air Power in the Postcold War Era*, RAND(2007), pp. 131, 172–175; "육군 작전지역 확대 문제는 한국육군이 처음 거론한 것이 아니다. 미 육군과 공군에서 시작된 것이다.…한반도의 경우 FEBA에서 FB까지 60㎞인데 FB를 북

형인 아프간에서 뿐만 아니라 이라크에서 그 취약성을 확인한 미 육군은 그 후 헬리콥터 중심의 종심작전을 중단했다.[138] 오늘날 미군에서는 공군이 종심작전을 거의 전담하고 있다.[139] 한편 전차는 유럽의 대평원 내지는

한 지역을 향해 이북으로 이동해 달라고 미 육군이 요구해왔다. 육군 작전지역을 확대하면 공군 작전지역이 줄어든다. 결과적으로 한반도 전쟁에서 육군과 공군 간 주도권 측면에서 문제가 생겼다.…아파치헬기 능력뿐만 아니라 정찰 및 감시 능력이 신장되었다며 90㎞까지 늘려달라고 요구한 경우도 있다.…아프간 전쟁과 이라크 전쟁에서 아파치를 포함한 지상화력의 효력에 의문이 제기되면서 미 육군의 경우 늘려달라는 요구를 중지했다.…한국육군들이 미 육군의 주장을 받아들여 한반도에서 작전지역을 늘린 것이다. 문제는 한국군 내부에서 이 문제와 관련하여 논의한 적이 없다는 점이다." 예비역 공군 소장 고덕천 장군과의 2012년 8월 7일 인터뷰.

138) "2001년의 아프간전쟁과 2003년의 이라크전쟁에서는 헬리콥터가 종심전투에 적합하지 않음이 입증되었다." Colonel L. Ross Roberts, USMC, "Ground Truth: The Implications of Joint Interdependence for Air and Ground Operations,"(Center for Strategy and Technology, Air War College, 2006), pp. 29–30.; "전장에서 목격되는 마찰과 안개로 인해 육군항공은 향후 종심작전을 수행할 수 없을 것이다.…육군항공은 지상군에 대한 근접항공지원 임무를 수행해야 할 것이다." Major Todd G. Thornburg, "Army Attack Aviation Shift of Training and Doctrine to Win the War of Tomorrow Effectively,"(United States Marine Corps Command and Staff College Marine Corps University, 2009), p. iv.; "2003년 3월 23일의 종심공격 이후 미 육군항공은 더 이상 종심작전을 수행하지 않고 있다. 베트남전쟁 이후 포기했던 근접항공지원 임무를 수행하고 있다." Etienne de Durand 외 2명, *Helicopter Warfare : The Future of Airmobility and Rotary Wing Combat*(Laboratoire de Recherche sur la Defense, January 2012), p. 30.

139) "육군의 종심타격 능력과 비교한 공군의 역할과 효용성이 점차 증대되고 있음은 지난 10여 년 동안의 전쟁을 통해, 특히 2003년의 이라크 전쟁을 통해 분명해졌다." Jody Jacobs · David E. Johnson · Katherine Comanor Lewis Jamison · Leland Joe · David Vaughan, *Enhancing Fires and Maneuver Capability Through Greater Air-Ground Joint Interdependence*, RAND(2009), p. 6.; "육군의 임무는 적의 집중과 이동을 강요하는 방식으로 작전 및 전략적 수준에서 반응을 강요하여 아군의 항공타격에 취약해지도록 만드는 것이어야 한다.…공군의 임무는 작전 및 전략적 수준에서 전장을 조성하는 일이다." David E. Johnson, *Learning Large Lessons : The Evolving Roles of Ground Power and Air Power in the Post-cold War Era*, RAND(2007), p. Summary xviii, xix.; "육군 입장에서 가장 괴로운 부분은 작전적 수준에서 육군교리의 핵심인 종심작전에 대한 통제권을 공군에 넘겨야 할 필요가 있을 것이란 부분이다." David E. Johnson, *Learning Large Lessons*, p. 193.; "아프간 및 이라크 전쟁 이후 미 육군의 임무가 국가와 국가 간의 재래식 정규전에서 대반란전으로 바뀌었다." Title 10 of the United States Code Subtitle B – Army http://en.wikipedia.org/wiki/ Title_10_of_the_United_States_Code.; "오늘날 육군변혁에서 가장 중요한 부분은 자군의 편제 화력을 30–40% 정도 줄이는 일이다." Colonel L.

중동의 사막 지역처럼 넓은 기동 공간이 있는 곳에서 사용 가능한 무기다. 한반도는 대부분이 산악지역이란 점에서 전차의 사용이 지극히 제한된다.[140] 오늘날의 재래식 전쟁에서 서구사회는 지상군보다는 원거리 정밀 유도무기를 이용하여 적과 대적할 것이며[141] 대규모 전투에서 중무장한 전차가 적 전차와 대적하는 경우는 거의 없을 것이다. 왜냐하면 항공력을 이용해 이들 적의 전차를 선제공격할 수 있을 것이기 때문이다.[142] 이처럼 이들 무기의 운용을 한반도에서 정당화해줄 수 있는 개념이 빈약한 실정이다. 한편 정보화시대의 도래로 지상군과 비교하여 공군의 능력이 비약적으로 발전하면서 미군 또한 육군이 아니고 공군 중심으로 전력을 건설하고 있는 실정이다.[143] 3장에서 살펴본 바처럼 이 같은 문제점을 한국 육군들이 이미 지적한 바 있다. 이처럼 사용 가능성과 효용성이 떨어지는 무기를 중심으로 전쟁을 수행하고자 하는 경우 엄청난 국방예산을 투입해도 그 효과에 지속적으로 의문이 제기될 것이다.

Ross Roberts, USMC, "Ground Truth: The Implications of Joint Interdependence for Air and Ground Operations", p. 2.

140) "미국은 한국이 산악지대이기 때문에 전차가 전혀 필요 없다고 말했다." 김정렬 회고록, 『항공의 경종』(서울 : 대희출판사, 2010), p. 117; 전차가 전혀 필요 없지는 않을 것이다. 그러나 한반도는 특성상 전차가 기동할 충분한 공간이 없다. 일렬로 도로를 따라 이동해야 하는데, 공중에서 선두에 있는 전차를 미사일로 격파하는 경우 후속 전차들의 진전이 지장을 받을 것이다.

141) R. D. Hooker, JR, "Beyond Vom Kriege: The Character and Conduct of Modern War." *Parameters*(Summer 2005), p. 12; Colin S. Gray, "War—Continuity in Change, and Change in Continuity." *Parameters*(Summer 2010), p. 12.

142) Colin S. Gray, "War—Continuity in Change, and Change in Continuity." p. 12.

143) "첫째 항공력의 지상군 타격 능력이 항공력의 공격에 대항하여 방어하기 위한 지상군의 능력과 비교하여 훨씬 빠른 속도로 발전했다. 둘째 상대방 지상군을 공격하기 위한 지상군의 능력과 비교해 상대방 지상군을 격파하기 위한 공군의 능력이 훨씬 빠르게 발전했다.…미래의 육군은 생존 측면에서 그리고 화력제공 측면에서 공군에 보다 많이 의존하게 될 것이다." Bruce R. Pirnie, Alan Vick, Adam Grissom, Karl P. Mueller, David T. Orletsky, *Beyond Close Air Support,* RAND(2005), pp. 24. 112.

공군전력 구축을 뒤로 한 채 지상전력을 우선적으로 건설하고 있음에도 불구하고 육군의 군단과 사단이 충분한 화력을 갖지 못하고 있다는 주장이 육군 내부에서 제기되었는데[144], 이는 입체고속기동전 전력 효용성의 문제점을 정확히 보여준 것이다. 그 이유를 묻자 예비역 육군준장 주은식은 제대로 작성된 합동교리 부재의 문제를 지적했다. "작전지역을 넓혔지만 충분한 수단을 주지 않았다. 군단장이 종심에서 공지전투 또는 통합전투를 수행하려면 적의 전력을 종심에서 약화시키기 위한 수단을 갖고 있어야 한다. 이런 수단이 충분치 않다. 작전적 종심을 공격하기 위한 이들 수단은 포병이다. 2020으로 인해 군단 작전지역이 7배로 늘어났다. 여기에 합당한 타격수단 즉 전술로켓이 구비되어야 하는데 그렇지 못하다.…통합전투의 기본개념은 상급부대에서 적의 전력을 약화시켜 하급부대의 전투 부담을 줄여주는 것이다. 책임지역만 할당하고 수단을 주지 않았다. 다연장로켓(MLRS) 등이 부족한 수준이다. 군단에 이 같은 수단이 미흡하다. 2020으로 인해 제공되는 화력 수단이 대단히 미흡한 수준이다.

144) "육군 화력을 이용한 타격은 부정확하기 때문에 적에게 많은 피해를 줄 수 없다며 결국에는 공군력을 이용한 직접 사격에 보다 많이 의존해야 할 것이다."고 육군대령(포병) 김정익 박사는 주장하고 있다. 김정익, 『한국의 미래 전쟁양상과 한국군의 합동작전개념』(서울 : 한국국방연구원 출판사, 2010), p. 191; 2011년 토론자리에서 김정익 대령이 "육군 화력 부족의 심각성"을 언급했다. 그러자 모 민간인 연구원은 "국방개혁 2020을 통해 엄청난 예산이 육군 화력 보강 목적으로 투입되고 있는데 무슨 소리인가?"고 반문했다.; "수도권을 위협하는 장사정포는…포대가 남쪽으로 정면을 향하고 있을 뿐만 아니라 측면 및 후면으로도 향해 있어서 우리의 지상군 화력으로는 신속하게 제압하기 힘들게 되어 있다.…그러므로 F-15K나 KF-16과 같이 정밀공격이 가능한 항공기로 적을 직접 공격하거나 터널의 입구를 폭파시켜 포격이 불가능하게 만들어야 한다." 윤영관, "북이 서울을 포격해오면." 『조선일보』, 2010년 12월 9일; 국방 관련 시민단체인 자주국방네트워크는 "육군 포병을 활용한 대화력전을 수행하려면 K-9 자주포 등 추가생산 10조 원, 차기 다연장 및 탄약확보 29조 원, 통신망 개선 7조 원 등 최대 46조 원이 든다…지상군 포병화력에 의한 갱도 제압은 현실적으로 불가능하다'"면서 "공군력 중심의 대화력전 수행체계를 확립해야 한다."고 말했다. 홍장기 기자, "'육방부' 불식시켜야 국방개혁 성공." 『내일신문』, 2010년 12월 30일.

작전종심이 확대되지 않은 상태에서 또한 공군이 타격한 이후 화력지원협조선(FSCL)[145]을 비집고 들어온 적을 군단이 공격해 약화시켜 주어야 하는데 수단이 미흡하다. ATACMs 몇 발로 해결되는 문제가 아니다. 이는 합동교리와 어떻게 싸울 것인가(How to Fight)에 대한 개념이 제대로 정립되어 있지 않기 때문에 생긴 결과다. 교리적 검토가 최우선이다."[146]

1장 1절에서 살펴보았듯이 한국군의 국방개혁이 합동 교리 및 전략과 같은 소프트웨어에 대한 이해가 없는 상태에서 진행되고 있음을 국내외의 많은 전문가들이 지적했는데, 입체고속기동전 전력 건설은 이것을 보여준 대표적인 경우였다. 결과적으로 엄청난 국방예산이 매우 비효율적으로 사용되었다. 개념이 없는 가운데 국방개혁이 추진된 문제와 관련하여 이종석 장관은 다음과 같이 말했다. "우리 군의 문제는 조종병과, 함정병과, 보병병과가 아니면 정책결정의 최고위층에 오를 수 없다는 점이다. 전략개념, 차원 높은 부분을 야전 출신들이 하다 보니 이 같은 문제가 발생하고 있다. 우리 군에는 이들 문제에 관해 알고 있는 사람이 거의 없다. 소프트웨어와 개념이 없는 가운데 하드웨어 증대가 무슨 의미가 있는가? 야전출신들은 전략 또는 정책에 대해 자신들이 잘 알고 있다고 생각하는 것 같았다. 그래서인지 많은 야전출신들이 자신들과 생각이 다른 전작권 환수 같은 전략적 지침을 제시하는 NSC와 청와대 사람들이 나라를 말아먹는다고 생각했다. 정책요원들이 고위직으로 올라갈 수 있는 방안이 상설화되어 있어야 한다."[147]

145) 2008년 한미연합사령부는 화력지원협조선(FSCL)과 전방전투지경선(FB) 사이에 합동화력지역(JFA)을 설정했다. 이는 FSCL과 FB 사이에 있는 표적을 공격하는 과정에서 우군 살상과 중복 공격을 방지하는 한편 원활한 공격이 가능해지도록 하기 위한 것이다. 즉 JFA는 FSCL에 의존해 설정된다. 교리적으로 보면 FSCL은 JFA 개념과 무관하며, JFA의 설정이 FSCL과 FB에 의해 영향을 받는다.

146) 예비역 육군준장 주은식 장군과의 2012년 7월 27일 인터뷰.

147) 이종석 전 통일부장관과의 2012년 8월 22일 인터뷰.

효율적인 전구 지휘통제 원칙에 위배되었다. 전시 한미연합사령관과 같은 합동군사령관의 지휘 통제 개념과 구성군사령관의 지휘 통제 개념, 육군 군단장의 지휘 통제 개념은 전혀 다르다. 합동군사령관, 구성군사령관, 군단장은 나름의 임무와 역할이 있다. 자신의 임무와 역할에 부응하는 방식으로 지휘 통제해야 한다. 지상군 중심의 입체고속기동전 수행을 위해 한국군은 공군, 해군, 육군, 해병대의 항공력을 육군 중심의 합참이 직접 지휘 통제한다는 개념을 펼치고 있다.[148] 그런데 합참은 이처럼 무기를 직접 운용하는 부서가 아니다. 합참은 합동교리, 합동개념서, 합동군사전략서처럼 군령의 효율적인 운용에 관한 문서를 준비하는 기관이다. 한국군 합참이 합동군사령부 역할을 한다고 할지라도 합동군사령부는 각 군 구성군사령부가 하는 행위들이 단일 목표를 겨냥하도록 하는 일을 수행하는 곳이지 구성군사령부의 역할을 하는 곳이 아니다.

이 같은 개념의 문제점을 예비역 공군소장 고덕천 장군은 다음과 같이 말하고 있다. "…지난 60여 년 간 전구작전을 한미 연합사령부에서 수행한 결과 한국군 합참의장은 전구작전 차원에서 합참의장 또는 합동군사령관이 해야 할 일이 무엇인지 고민해본 적이 없는 것 같았다. 한미 연합사령관은 전시 대단히 바쁜 사람이다. 예를 들면, 정치적 차원에서 미국

---

148) "전방전투지경선 너머 지역은 공군 작전지역이 아니고 합참 또는 한미연합사령부 작전지역이다." 합참 주요 과장(육군 대령)과의 2012년 9월 6일 전화통화. 이는 육군 중심의 합참 또는 한미연합사가 한반도 종심 화력을 통제하겠다는 의미다. 최근 한국육군들은 이 같은 주장을 전개하고 있다.; 이 같은 취지에서 1983년 이후 한국군은 한반도 항공력의 지휘 통제를 위한 통합임무명령서(ITO)를 생산하는 합동표적위원회(JTCB)를 합참으로 갖고 오고자 온갖 노력을 경주했다. 최근 연합사에 있는 한국육군들의 노력으로 합동표적위원회에 육군들이 보다 많이 관여하는 결과가 초래되었다.; 대한민국의 모든 권한은 대통령에게 있는 것이다. 국방 분야의 것은 국방장관에게, 국방 분야 가운데에서도 군정은 각 군 참모총장에게 군령은 합동군사령관에게, 군령 가운데 지상작전은 지작사령부, 해상 작전은 해작사령부, 공중작전은 공군작전사령부에 위임되어 있는 것이다. 육군 중심의 합참이 공중작전을 직접 지휘 통제하고자 하고 있었다. 합참 또는 연합사와 같은 전구 차원의 조직이 작전지역을 운용하는 경우가 지구상 어디에 있는가?

을 포함해 주변국과의 관계를 고려하는 한편 전구사령관으로서 전역계획을 수립하고 이행해야 하는 자리다. 따라서 세부 작전에 연합사령관이 관여할 여유가 없기 때문에 항공작전의 많은 권한은 공군구성군사령관에게 위임할 수밖에 없다.…한국군 합참 또한 국가통수기구뿐만 아니라 정부 부처들과의 관계 등 다양한 문제가 있는데…국가전략 차원에서의 문제에 시간을 할애하기 보다는 군 내부의 작전에 합참의장이 중점을 두는 경향이 있다. 그 중에서도 해군과 육군보다는 공군의 전략공격(Strategic Attack)뿐만 아니라 해군 및 육군과 작전영역의 중첩에 따른 3군 합동을 강조하다보니 항공작전에 많은 관심을 갖게 되었다. 즉 종심작전처럼 공군작전사령관에게 대부분 위임해야 할 일을 합참의장이 관여하게 된 것이다. 결과적으로 공군작전사령부는 합참의 간섭에 일일이 대응해야 하는 반면 합참은 예하 구성군의 작전에 일일이 간섭하다 보니 늘 바쁜 상황이 초래되었다. 이는 예하 작전사령부에서 연합사 지휘 아래 실시하는 연습과 합참 지휘 아래 실시하는 연습에 참여한 경험이 있는 사람들이라면 공통적으로 느끼는 사항일 것이다."[149]

우군살상 가능성과 중복전력 건설 가능성이 있었다. 중복 전력 건설, 즉 합동성 결여란 부분과 관련하여 임춘택 전 청와대 행정관은 다음과 같이 증언하고 있다. "육군은 해군과 공군 없이도 전쟁을 수행하기 위한 능력을 구비하고자 한다. 이처럼 하고자 하는 것은 매우 위험한 사고다. 육군이 추진하는 모든 무기체계 획득사업에 이 같은 사고가 숨어 있다. 미군을 제외하고는 한국 육군처럼 많은 헬기 전력을 보유하고 있는 국가는 드물다. 육군은 헬기를 갖고 전쟁을 하고자 한다. 육군 중심의 합참 작전계획에는 해·공군의 지원 사격이 제대로 고려되지 않는다. 대통령 보고 당시에도 그랬다.…해·공군은 수십 년 동안 예산이 없어서 못했던 숙원 사

149) 예비역 공군소장 고덕천과의 2012년 8월 7일 인터뷰.

업을 참여정부 당시 하고자 했던 반면 육군은 구입해야 할 것이 별로 없는 실정이었다. 그래서 전력증강 명분을 만들고자 노력했다.…육군은 해군 및 공군과의 합동작전에 거의 관심이 없다.…육군에 필요한 모든 능력을 육군이 갖고 있어야 한다는 생각이 지배적이다."[150]

국방발전자문위원장을 역임한 황병무 교수 또한 비슷하게 증언했다. "육군 작전지역을 전면으로 늘리면서 전략종심, 전력 중복 문제가 제기되었다. 이 문제는 합참 차원에서 조정했어야만 했다.…육군은 군단에 필요한 자산은 모두가 자신이 구비해야 한다고 하더라. 타군의 지원을 믿지 않더라. 자신에게 필요한 자산을 모두 자신이 구비해야 하는 것으로 생각했다. 작전지역 확대에 필요한 자산을 모두 확보하여 독자적으로 작전을 수행하고자 하더라. 합동의 문제는 거론되지 않았다. 육군 작전지역 확대 안을 합참에서 공군의 의견이 잘 반영된 가운데 만들었는지 의문이다. 몇몇 군단을 없애는 와중에서 임의로 만든 것이다."[151]

이선희 전 방위사업청장은 다음과 같이 말하고 있다. "최종 목적은 병력 감축이었다. 병력을 줄이는 것만큼 전력을 보강한 것이다. 해·공군은 줄일 병력이 없고, 육군 병력을 줄일 수밖에 없었는데, 육군병력 줄인 것을 보완하기 위해 육군의 요구를 모두 들어준 경우다. 육군 병력을 줄였다고 육군 전력을 보강할 이유는 무엇인가? 효율적인 군 운용 측면에서 군사전략을 정립하고 이 같은 전략에 근거하여 전력을 건설해야 하는 것 아닌가?"[152]

이한호 전 공군참모총장은 다음과 같이 말했다. "…지난 10여 년 간 육군, 해군 및 공군에 거의 동일한 비율의 방위력개선 예산이 배정되었다.

150) 임춘택 전 청와대 행정관(현재 카이스트 교수)과의 2012년 8월 23일 인터뷰.

151) 전 국방발전자문위원회 위원장 황병무 교수와의 2012년 7월 25일 인터뷰.

152) 이선희 전 방위사업청장과의 2012년 8월 24일 인터뷰.

해마다 제로베이스에서 편성한다고 하지만 그것은 말 뿐이고 예산 편성은 전통적인 군 간의 배정 비율에서 거의 벗어나지 못한다. 결과적으로 공군에서 전투기 도입 사업 등 규모가 큰 사업이 진행될 당시에는 예산상 여유가 없어 다른 공군 사업은 휴업 상태에 들어가게 된다. 반면에 육군과 해군은 공군의 전투기 사업처럼 단일 사업이 예산의 대부분을 차지하는 경우가 많지 않다. 때문에 장기적인 방위력 개선사업을 비교적 안정적으로 추진할 수 있으며 군 간의 균형을 벗어나는 무기체계까지 확보하는 경향을 보이고 있다.…해군이 SM-2 또는 SM-3를 갖는 것은 우리나라의 미사일 방어체계 구축에 적합하지 않다. 미국이나 일본의 경우 당연히 동해상이나 태평양상에서 자국으로 향하는 미사일을 요격해야 하지만 한반도 미사일 방어 작전에서는 수도권이나 내륙으로 향하는 미사일을 동해나 서해상에서 요격한다는 것은 대단히 비능률적이다. 방어하고자 하는 표적 주변에 요격 미사일을 배치해야 효과적인 방어가 가능하다. 일본 해상 자위대와 미 해군이 탄도미사일 방어체계를 갖춘다고 우리도 따라하는 것은 엄청난 모순이다. 전반적으로 합동성이 결여된 군사력 건설을 하고 있다고 평가할 수 있다"[153]

이 같은 결과가 초래된 이유는 무엇인가? 여타 국방개혁에서와 마찬가지이지만 가장 근본적인 이유는 각 군 간의 문제를 미국처럼 대통령이 합참의장, 육군, 해군 및 공군참모총장과 머리를 맞대고 해결한 것이 아니고 육군 중심 국방부를 상대로 해결하고자 했다는 사실에 있을 것이다. 육군 중심 국방부가 육군의 정체성을 갖고 청와대에 대항했는데 본질적으로 국방부 및 합참은 육군, 해군 및 공군과 달리 특정 이익을 추구하는 고유의 정체성을 갖는 에이전트가 될 수 없었다. 결과적으로 국방 문제에 관한 아젠다를 설정할 능력이 있던 국방부를 국방부에 대한 정보가 부족했

153) 이한호 전 공군참모총장과의 2012년 7월 16일 인터뷰.

던 청와대가 제대로 통제할 수 없었다.

그러면 이처럼 국방부가 육군의 이익을 대변하는 정체성을 갖게 된 것은 무슨 이유 때문인가? 이는 한국군이 육군 중심 비대칭구조를 유지하고 있다는 사실과 "전쟁을 육군이 주도하고 해군과 공군이 육군을 지원한다"는 육군문화 때문이었다. 한편 한국군이 육군 중심 비대칭구조를 유지하게 된 것은 한반도 전쟁에서 지상전은 한국군이 공중전, 해전 및 합동전은 미군이 주도한다는 미국의 한반도 군사정책 때문이었다.

결과적으로 청와대가 구상하고 있던 3군 균형발전, 주변국 위협 대비 포함과 같은 개념이 육군 중심 국방부의 문화, 즉 육군문화와 정면 배치되면서 국방부가 청와대의 국방개혁에 다양한 방식으로 저항하는 형국이 초래되었다. 파워가 없던 노무현 대통령 당시의 청와대가 육군의 요구를 대부분 수용해주었던 것은 이 같은 이유 때문이었다.

그러면 왜 육군은 병력감축에 저항하면서 입체고속기동전 개념에 입각하여 기동 전력과 화력 보강을 강력히 요구했을까? 이미 언급한 바처럼 이 같은 방식으로 한반도 화력을 육군이 통제할 수 있을 것이기 때문이다. 화력 측면에서 보면 이것이 "전쟁을 육군이 하고 해군과 공군이 육군을 지원한다"는 육군문화와 일관성이 있었기 때문이었다. 공군 임무를 대신 수행하는 방식으로 이처럼 하는 경우 육군에 보다 많은 자원이 배정될 것이기 때문이다. 미래에도 국방부 및 합참과 같은 합동조직을 육군 중심으로 편성하고 방대한 규모의 전력을 유지할 수 있기 때문이다. 미래 전쟁에서 중요한 의미가 있는 항공력을 육군이 통제할 수 있기 때문이다. 오랜 기간 동안 외세의존적인 문화를 견지해왔던 한국군의 국방정책은 국가안보보다는 각 군 이익에 의해 보다 많이 좌우될 수 있었는데 육군의 힘이 상대적으로 크다 보니 육군 이익에 의해 보다 많은 부분이 좌우될 수 있었던 것이다.

육군 중심 국방부는 국방개혁 2020이 본격적으로 시작된 2005년 5월 이전 수십 년 동안 준비해온 문서들, 육군 중심 입체고속기동전 개념에 입각한 문서들에 근거하여 국방개혁안을 작성했으며, 청와대가 요구하는 자료 제공을 거부하고, 지속적으로 육군에 유리한 보고서를 청와대에 올리는 등 다양한 방식으로 청와대를 압박했다. 이 같은 저항을 사전 고려하여, 저항에 대항하여 국방부장관을 선정했지만 육군 중심 국방부에서 국방부장관이 할 수 있는 일에는 한계가 있었다. 특히 근 40년 동안 육군문화에서 성장해온 조영길 국방부장관의 경우 육군병력 감축에 정서적으로 동의할 수 있는 입장이 아니었다. 후임자인 해군제독 출신 윤광웅 국방부장관은 육군 작전지역 확대, 입체고속기동전 개념에 입각한 전력 건설 등 공군작전과 관련이 있던 사안들을 충분히 이해할 수 있는 입장이 아니었다. 결과적으로 국방부장관이 국방개혁 2020을 제대로 통제할 수 있는 상황이 아니었다. 국방부에 대한 청와대의 상세 통제 또한 국방개혁을 전담하고 있던 청와대 참모들이 국방 문제에 관해 전문가가 아니었다는 사실과 충분한 자료가 없었다는 사실로 인해 효과가 없었다.[154)]

국방개혁 2020 당시의 국방부에 대한 청와대의 통제 노력과 유사한 사례를 베트남 전쟁 당시의 미 육군에서 찾아볼 수 있다. 유럽에서의 대규모 재래식 정규전에 대비한 조직과 무기체계, 진급체계 등을 유지하고 있던 미 육군을 케네디 대통령과 존슨 대통령은 월남전에서 목격된 대반란전에 대비할 수 있는 형태로 개혁하고자 노력했다. 노무현 대통령의 경우와 마찬가지로 케네디와 존슨 대통령은 국방개혁을 추진할 인물을 진급시켰으며, 육군을 상세 통제하고자 노력했다. 그러나 실패했다. 이유는 미 육군이 한국군 국방부처럼 정체성을 갖고 있는 에이전트였기 때문이었다.

154) "이렇듯 검증되지 않은 소요가 국방개혁 2020에 다수 반영되어 있었으나 당시 청와대와 NSC는 이를 검증할 능력이 없었다." 김종대 지음, 『노무현 시대의 문턱을 넘다』, p. 400.

한번 정착된 제도는 쉽게 바뀌지 않기 때문이었다. 미 육군이 일대 변혁을 추구한 것은 2001년의 9.11 테러 이후였다. 무수히 많은 이론가들과 정치가들이 미 육군의 변혁을 위해 노력했는데, 이 같은 노력이 결실을 맺기까지에는 40여 년의 기간이 소요되었던 것이다. 9.11 테러처럼 엄청난 충격이 가해진 이후였다. 한번 정립된 제도는 지구에 거대 행성이 충돌한 것에 버금가는 일대 충격이 있는 이후에나 변하기 때문이다.[155)]

한편 강력히 저항해오는 군을 위정자들이 두려워하는 측면이 있었기 때문이었다.

또한 육군 작전지역 확대로 직접 영향을 받은 공군이 이의를 제기하지 않았기 때문이었다. 한미합의의사록이 체결된 1954년 이후 현행작전 중심으로 운용해왔다는 점에서 공군은 육군 작전지역 확대 문제의 본질을 파악할 수 있는 입장에 있지 않았다. 전문성이 있는 경우에도 육군 중심 국방부에서 육군에 대항해 이의를 제기하기가 쉽지 않다고 주장하는 사람도 있다. 지난 수십 년 동안 한국육군이 군사적 타당성과 무관하게 지상군 중심의 입체고속기동전 개념을 국방에 강요하고 이 같은 방식으로 공군의 항공력을 통제하고자 노력해왔음을 고려해 보면 이 같은 육군의 노력에 이의를 제기하는 경우 육군 중심 국방에서 진급을 포함한 다양한 측면에서 불이익을 받을 것으로 생각할 수도 있다는 것이다.

---

155) 이는 경로의존성(Path dependency) 이론에 입각하고 있다. 경로의존성 이론에 따르면 사소한 계기로 제도가 시작되어 정립되는 반면 이 같은 제도가 변하려면 '중대 시점(Critical Juncture)'이 요구된다. '중대 시점'이란 엄청난 기후변화 또는 거대 운석의 충돌과 같은 일대 변화로 인해 엄청난 변화가 있는 순간을 의미한다. 경로의존성에서는 전쟁과 같은 외부 충격으로 인해 제도적 차원에서 거대 변화가 초래된다고 가정하고 있다. '중대 시점'은 특정 경로의 시작과 종료를 식별해주는 부분이다. B. Guy Peters*, Jon Pierre, Desmond S. King, "The Politics of Path Dependency: Political Conflict in Historical Institutionalism," *Journal of Politics*, Volume 67, Issue 4, November 2005, p. 1283에서 재인용; Collier. R. B., and D. Collier, *Shaping the Political Arena: Critical Junctures, the Labor Movement and Regime Dynamics in Latin America*(Princeton, NJ: Princeton University Press, 1991).

더욱이 노무현 대통령이 탄핵을 당했으며, 4.15 선거를 통해 여소야대 상황이 출현했다는 사실, 국방개혁 2020을 추진하던 도중 한나라당이 윤광웅 국방부장관에 대한 해임건의안을 추진하는 등으로 인해 국방개혁 2020이 본격적으로 추진된 2005년 중반 당시 노무현 대통령의 정치적 입지는 대거 약화되어 있었다.

한미동맹의 산물인 항공력 이론과 합동 이론에 관한 이해 부족, 육군 중심 비대칭구조, "육군이 전쟁을 주도하고 해군과 공군이 육군을 지원한다"는 육군문화란 부분이 818계획에서와 마찬가지로 국방개혁 2020에서 또한 지속적으로 영향을 미쳤던 것이다.

제 6 장

통합형 국방개혁 : 국방개혁 307

제6장
통합형 국방개혁 : 국방개혁 307

이명박 정부는 국방개혁을 3차례에 걸쳐 추진했다. 이명박 정부 출범 직후인 2008년 3월 청와대는 국방개혁 2020을 수정 및 보완할 목적으로 국방부에 국방개혁을 지시했다. 2009년 6월 26일 이상희 국방부장관은 그 결과를 국방개혁 2025란 이름으로 대통령에게 보고했지만 대통령을 만족시키지 못했다. 청와대가 북한 비대칭위협 대비를 지시한 반면 국방부가 육군 중심 입체고속기동전 전력 중심의 국방개혁안을 보고한 것이다.[1] 그러자 이명박 정부는 민간인 중심의 국방개혁을 구상했다. 2010년 1월부터 2010년 12월까지 국방선진화위원회가 연구한 안을 국방부가 조정하여 2011년 3월 7일 대통령에게 연구방향을 보고하고 동년 5월 24일에 상세 안을 국무회의에서 통과시킨 국방개혁 307, 국방개혁 307이 입법 처리되지

---

1) 북한 비대칭위협에 대비한 효율적인 전력을 건설하라는 지침에 대항하여 이상희 장관이 지상군 중심의 대규모 정규전에 대비한 전력 획득을 추구하자 청와대는 이상희 국방부장관의 결재 요구를 2008년 8월과 11월 2차례 미루다가 마지못해 2009년 6월에 결재하면서 "국방예산에 관한 사항은 좀 더 두고 보자"는 아리송한 말을 했다. 김종대, "육군 패권주의와 해·공군의 저항." 『주간동아』(2012. 6. 12); 대통령의 결재를 근거로 국방부가 2009년 7월 초 보도 자료를 내고 국방예산의 증액을 위해 언론플레이를 하자 2009년 9월 4일 이명박 대통령은 이상희 국방부장관을 경질하고 김태영 합참의장을 국방부장관으로 임명했다. 여기서 알 수 있듯이 청와대는 국방부가 작성한 국방개혁 2025를 인정하지 않았다.

못하자 그 후 추진되어 2012년 8월 29일에 발표된 국방개혁 2030이 바로 그것이다.

국방개혁 307은 군정과 군령권을 단일지휘관이 행사하는 통합군제 중심의 것으로 알려져 있다. 그러나 국방개혁 2020 및 2025와 마찬가지로 국방개혁 307은 육군 중심 입체고속기동전과 육군 포병화력 보강 목적의 것이기도 했다. 그러나 이들에 관해서는 국방개혁 2020을 다룬 5장에서 상세 언급했다는 점에서 여기서는 상부지휘구조 개편 중심으로 언급할 것이다. 해군과 공군의 현역 및 예비역 장교들뿐만 아니라 국방부장관과 합참의장을 역임한 예비역 육군 장군들의 격렬한 반대에도 불구하고 이명박 대통령은 자신의 선호인 통합군제를 적극 추진했다. 결과적으로 통합군제안이 국무회의에 상정되었다.

여기서는 국방개혁 307이 2025의 산물이란 점에서 2025와 연계하여 살펴볼 것이다.

제1절 이명박 정부와 국방개혁 307의 방향

818계획 및 국방개혁 2020과 달리 이명박 정부의 국방개혁들은 청와대 차원에서의 분명한 전략 지침과 목표가 없는 가운데 추진되었다. 적어도 국방개혁 307이 시작된 2010년 1월 이전에는 그러했다. 국방개혁 2025이 진행된 2008년 3월부터 2009년 6월 26일까지 이명박 대통령은 국방개혁에 관해 오직 3차례 언급했다. 이것 또한 국방예산을 줄이라는 의미였다.[2)]

"이명박 정부의 잘못 조준된 과녁, 'ABR'/ 이종석"이란 제목의 글에서 이종석 전 통일부장관은 "노무현 방식을 부정한다면, 이명박 방식은 무엇인가? 전문가들에게 이명박 정부의 통일외교안보 정책에 대해 물으면 '몰라요, 없는 것 같아요'라는 대답이 돌아온다.…국민에게 자신의 비전과 구체적인 전략적 경로를 제시해야 한다."[3)]고 말하고 있다. 한국국방연구원에서의 2008년 11월 24일 '국방개혁 기본계획 조정안 토론회'에서 대부분 참석자들은 예산계획도 없고 목표도 모호한 이명박 정부의 국방개혁 기본계획에 강력한 불만을 토로했다.[4)]

"국제금융위기와 국방개혁 2020의 미래"란 제목의 논문에서 숙명여대 홍규덕 교수는 "이명박 정부가 시급하게 다뤄야 할 일은 기존의 국방개혁 2020 계획을 미래지향적인 대전략의 맥락에서 새롭게 재구성하는 일이 될 것이다.…문제는 우리 군의 미래상을 찾기 위한 국방비전이 먼저 설

2) 최을렬, "국방정책에 대한 관료정치적 접근,"(석사학위논문, 연세대학교, 2011), pp. 77-86.

3) 이종석 전 통일부 장관, "이명박 정부의 잘못 조준된 과녁, 'ABR'/ 이종석." 『한겨레신문』(2008. 6. 1).

4) 김종대, "국방개혁 2020 논란-국방부장관의 자가당착에 갈 길 잃은 국방개혁." 『월간조선』(2009. 1). pp. 88-103.

정되지 못했다는 점에 있을 것이다."[5]고 주장했다. 이명박 정부 국방개혁의 방향 부재에 대한 이 같은 지적은 집권 2년 차에 접어들면서도 지속되었다. "대통령이 생각하고 있는 개혁이 도대체 뭔지 알 수가 있나"라고 말한 장교뿐만 아니라 "도대체 청와대가 군에 원하는 것이 무엇인지 모르겠다. 개혁의 청사진을 보여준 다음 잘 따라오는지, 안 따라오는지, 그 때 가서 질타를 해도 해야 하는 것 아니냐"고 볼 멘 소리를 하는 장교도 있었다.[6]

청와대 미래기획위원회에 참여하고 있던 민간 전문가의 말을 인용하여 2009년 11월 『디펜스21』 편집장 김종대는 "청와대에 국방개혁을 총괄하는 참모는 없다고 보아도 된다.…국방개혁의 방향과 목표가 무엇인지 갈수록 모호해지고 있는 상황이다."[7]고 말하고 있다. 계속해서 2010년 2월 호에서는 "국방개혁에는 마땅히 그 기반이 되는 철학과 일관된 안보지침이 있어야 하는데 '당장 국방예산 절감하라'는 것 외에 대통령 말도 방향성은 없다."[8]고 언급했다.

이명박 정부 출범 당시의 국방개혁 방향을 군이 거론하라면 국방개혁 2020에 내포되어 있던 주변국 위협이 아니고 북한위협, 특히 북한 비대칭 위협에 대비하고, 경제적 효율성을 추구하며 한미동맹을 반영하여 국방개혁 2020을 수정 및 보완하라는 것이었다. 지나친 자주국방을 지양하라

5) 홍규덕, "국제금융위기와 국방개혁 2020의 미래." 『신아세아』, 16권 1호(2009년, 봄), p. 35.
6) 박민석 기자, "기획/청와대 '개혁'의 얼차려에 바짝 군기 든 국방부." 『동아일보』(2009. 12. 23).
7) 김종대, "청와대 '개혁에 실패한 군, 예산으로 통제한다'." 『디펜스21』(2009. 11).
8) 김종대, "MB식 국방개혁 어디로 가나? 좌충우돌 개혁 추진에 민군 갈등만 : 군 개혁은 30년째 제자리." 『디펜스21』(2010. 2).

는 것이었다.[9][10] 그런데 이들은 국방개혁 2020에 대한 정확한 분석에 근거하고 있지 않은 듯 보인다. 5장에서 살펴본 바처럼 노무현 대통령이 국방개혁 2020을 추진한 근본 이유는 전시작전통제권 전환 때문이었다. 그러나 참여정부는 북한위협을 우선적으로 고려하고 주변국 위협을 추가적으로 고려한다는 전략지침을 정했다. 또한 노무현 정부의 자주국방은 우리가 할 수 있는 부분을 하고 할 수 없는 부분을 미군의 도움을 받아 해결한다는 것이었다.

지나치게 자주국방을 염두에 두었다는 이명박 정부의 주장과 달리 국방개혁 2020은 자주국방 측면에서 대단히 미흡한 계획이었다. 자주국방을 염두에 두었지만 결과적으로 북한위협뿐만 아니라 주변국 위협 대비 측면에서 대단히 문제가 많은 개혁이 되었다. 이는 육군병력 감축을 육군전력 증강으로 보완해야 할 것으로 판단했던 대한민국 안보공동체의 미흡한 군사적 전문성과 육군의 강력한 저항 때문이었다. 육군화력 보강이 자군과 직접 관계가 있었음에도 불구하고 침묵으로 일관한 공군장교들의 군사적 전문성 부족 때문이었다. 결과적으로 자주국방 측면에서 필수적인 정보 전력과 공군 전력을 제대로 구비하지 못했던 반면 한반도 전쟁에

9) "이 당선자측은 국방개혁 2020이 한미동맹을 충분히 고려하지 않은 채 지나치게 자주국방을 강조하고 있다며 손질의 필요성을 언급했다." 선정수 기자, "이 당선자 측 '전작권 이양시기-북핵폐기 연계." 『국민일보』(2007. 12. 25); "국방개혁 2020은 북한의 현재적 군사위협의 증가, 주한미군의 감축 및 역할 조정, 전시작전통제권의 한국군 단독 행사 등을 반영하고 있지 않다." 김태호 교수, "새 정부 국방 및 안보에도 실용을." 『한국일보』(2007. 12. 29); 국방부 업무보고 당시 인수위는 "안보환경 변화와 북한의 비대칭전력에 대한 대비"를 강조했다. 김범수 기자, "'전작권 전환·국방개혁 2020'의 재검토." 『한국일보』(2008. 1. 9); "2008년 3월 12일 이명박 대통령은 국방개혁도 경제발전에 도움이 되는 방향으로 추진하라고 국방부에 주문했다." 손원제 기자, "이 대통령 '국방개혁도 경제발전 도움되게." 『한겨레신문』(2008. 3. 13).

10) "국방개혁 2020은 해군과 공군의 구조 보강과 전력 증강, 지상군의 전투부대 통폐합 시기를 2020 내에서 조정한 방안임" 미래기획위원회, "이명박 정부의 국방개혁 결실방안 : '이명박 대통령의 국방개혁 핵심 전략지침' 구상/하달의 필요성을 중심으로"(2010, 3), p. 14.

서 사용 가능성이 의문시되는 육군 기동 전력을 대거 구입했다. 3군 합동 작전에 필요한 지휘구조를 구비하지도 못했다.

참여정부가 지나치게 자주국방을 강조한 반면 북한위협을 경시했다는 이명박 정부의 주장이 국방부가 보다 많은 지상전력을 구축할 수 있는 빌미로 작용한 측면도 없지 않았다. 또한 경제적 군 운용이란 개념과 한미 동맹 고려란 개념은 연계전력이란 이름 아래 공군의 항공기처럼 고가 무기체계 구입은 미군에 의존하는 반면 비교적 저렴한 육군 전력을 과잉 건설하기 위한 논리로 이용되었다.[11] 국방개혁 2020이 북한 비대칭위협 대비 측면에서 문제가 있었다는 지적에도 불구하고 이명박 정부의 국방개혁 또한 북한 비대칭위협 대비 측면에서 문제가 많았다. 이명박 정부의 국방부는 북한 비대칭위협이 아니고 지상군 중심의 전면전을 가정한 군사력을 건설하고자 노력했다.[12]

청와대가 북한 비대칭위협 대비를 요구하자 2008년 4월 이상희 국방부장관은 북한 특수부대전력이 대거 강화되었다는 정보보고서를 청와대에 보고했다. 이 보고서에 근거하여 육군 중심 재래식 전력 건설의 필요성을 주장했다. 그런데 당시의 보고서가 잘못되었다는 관점이 도처에서 제기되었다. 국방개혁 분야에서 장기간 동안 근무해온 모 현역장교는 2012

11) "국방개혁 2020의 수정안은 개전과 동시에 지상군 간 대규모 교전 가능성이 높아졌고… 지상군 강화에 치중한 한편 전쟁 수행체제 구축에서 미군 의존도를 높였다." 박성진 기자, "지상군 강화, 미군의존 높여 거꾸로 가는 '국방개혁안'." 『경향신문』(2009. 6. 27); 김종대, "국방부 비밀계획, '국방개혁 2025'의 실체 : '국방개혁에는 쓸 돈 없다'는 청와대! : '그러면 육군 위주로 간다'는 국방부!." 『디앤디포커스』. 통권 제11호(2008. 9), pp. 34-43.

12) "단지 북한의 재래식 현존 위협에 대한 대비, 그것도 지상전에 편중된 작전 차원의 땜질 처방이 국방개혁 기본계획이라는 이름으로 얼굴을 드러냈다.…공격헬기, 신형전차, 자주포, 사단급 무인정찰기, 장갑차와 같은 육군 기동군단 전력 소요에 우선순위를 부여했다. 반면에 글로벌호크 무인정찰기, 해군과 공군의 미사일 전력 등은 뒤로 밀렸다" 김종대, "이상희 국방부장관의 퇴행적 국방개혁 비판." 『월간조선』(2009. 1).

년 9월 다음과 같이 증언했다. "…2008년과 2009년 당시 국방부는 북한 특작부대 위협을 강조했다. 미측은 여기에 공감하지 않았다. 특수전 병력을 늘리려면 상당한 예산이 필요하다고 한다. 한미정보판단서(PIE)도 여기에 동의하지 않았다. 그러자 합참정보판단서의 내용을 바꾸었다. 여기에 담긴 특수전 병력을 근거로 국방개혁 2025를 만들었다. 여기서는 국방개혁 2020에서 한반도 위협이 단계적으로 줄어들 것으로 가정하고 있지만 이는 잘못이라고 주장하고 있었다. 한반도 특수전 위협이 증대되고 있다며 전쟁이 발발하면 대규모 살육전으로 간다고 주장했다.…"

이 같은 현역장교의 증언은 미국의 정보판단과 맥을 같이 하고 있다. "2009년 3월 10일 미 상원청문회에 출석한 마이클 네이플스(Michael J. Naples) 미 국방정보국(DIA) 국장은 '북한이 대규모 병력을 전진배치하고 있지만 장비부실과 훈련부족으로 남한을 상대로 대규모 군사작전을 제대로 수행할 수 없는 상태'라고 평가했다. 더불어 그는 '이런 한계 때문에 북한은 주권을 보장받고 기술적 우위에 있는 상대에 대한 억지력을 유지하는 수단으로 핵 능력과 탄도미사일을 강조하고 있다'고 밝히고 있다. 한마디로 '한반도에서 더 이상 재래식 전면전은 없다'고 말했다. 또한 미 상원에 제출된 월터 샤프(Walter L. Sharp) 한미연합사령관의 보고서에서는 '북한의 특수군이 기존의 12만 명에서 4만 명이 줄어든 8만 명에 불과'하다고 지적하면서, '북한군의 재래식 전면전 수행능력은 점차 감소하고 있고, 앞으로 충돌위협은 국지전 형태가 될 것'이라고 전망하고 있다.

한편 연합사 관계자에 따르면 '국지전 위협이라는 것도 지상전 형태로 일어날 가능성은 거의 없다'고 단언했다."[13] 2010년 3월 미래기획위원회는 국방부 정보보고서의 신빙성에 의문을 제기했다.[14] 최근에는 일본 또한 북

13) 김종대, "갑자기 부풀려진 북한 위협의 실체." 『디펜스21』(2009. 7. 28).

14) "『국방백서 2008』에서 북한의 특수전 병력 18만 명의 증가를 둘러싼 왜곡도 대표적인 사

한 특수부대가 대거 증가했다는 국방정보본부의 판단에 다음과 같이 이의를 제기하고 있다. "2012년 3월에 있었던 미 하원군사위원회 증언에서 서먼 한미연합사령관은 북한군이 6만 명 이상의 특수부대를 보유하고 있다고 증언했다. 한국군 국방부는 북한군이 20만 명 정도의 특수부대를 보유하고 있다고 주장했다. 북한군은 10만 명 정도의 특수부대를 보유하고 있는 것으로 보인다."[15)]

청와대에 보고한 이 같은 정보보고서에 근거해 국방부는 참여정부 당시 40㎞*70㎞에서 100㎞*150㎞로 늘린 군단 작전지역을 150㎞*250㎞로 늘리고는 해군과 공군 사업, 특히 공군 사업을 지연시키거나 취소시킨 가운데[16)] 이들 지역에서의 입체고속기동전 수행을 염두에 둔 전차, 헬리콥터, 지대지미사일과 같은 전력을 보다 많이 확보하고자 적극 노력했다.

이 문제와 관련하여 문희상 국회부의장은 "국방부는 국방개혁 2020을 '선 전력화 후 병력감축' 개념으로 개정하여 추진하겠다는 생각 같은 데 선 전력화는 어디까지나 미래전 양상에 부합하는 해군과 공군력의 첨단화 방향으로 가야한다. 북한군의 장갑차에 대응하기 위해 장갑차를 늘리는 것은 6.25 때 발상이다. 제3차 중동전 때 이집트 기갑부대를 대파한 것은 이스라엘 공군이었다."[17)]고 주장했다. 한나라당 김동성 의원은 "국방계

레임. 본 사안에 대해 원래 정보계통에서는 북한이 경제력의 약화로 인해 재래식 수행 능력이 저하됨에 따라 그 대안으로 핵 등 비대칭전력, 약화된 재래식 전력, 그리고 특수전부대를 융합해서 단기 속결전의 속도를 보장하는 전투 편성으로 분석…이러한 분석을 작전 파트에서는 재래 전력의 감소 없이 특수전 전력이 18만으로 증가한 것으로 처리함으로써 국방개혁 기본계획('09-'20)이 사문화되는 계기가 되었음" 미래기획위원회, "이명박 정부의 국방개혁 결실방안." p. 21.

15) 2012년 일본 방위백서(영어판), p. 20.

16) "해군은 이미 국방개혁 2020에서 예정되어 있던 사업을 모두 진행하고 있었던 반면 공군은 그렇지 않았다고 한다. 결과적으로 공군 사업에 손을 델 수밖에 없었다." 2012년 7월 모 예비역 육군 장군의 증언.

17) 진병기 기자, "18대 국회 대외정책을 듣는다 문희상 국회부의장." 『내일신문』(2008. 9. 25).

획 2020에는 전작권 환수계획이 충분히 반영되지 않았다. 전작권 단독행사를 전제로 하는 개혁이 포함되어야 한다. 한미연합사 체제에서는 해군과 공군 역할을 미군에 많이 의존했지만 이제 이를 제고해야 할 것이다. 정보자산을 늘이는데 최우선 역점을 두어야 한다. 그런데 국방부는 글로벌호크나 J-스타즈 도입 계획이 없는 것으로 안다"[18]고 주장했다. 2008년 9월 11일 『내일신문』은 "…육군 기동화력 예산은 급증한 반면 지휘통제, 통신, 감시, 정찰, 그리고 항공전력 증강은 줄어든 것으로 나타났다.…중국과 같은 인해전술 군대도 600만 병력을 220만으로 줄이되 현대화함으로써 강군으로 나아가고 있는데 지금같이 육군 위주로 짜여가는 것은 군의 장래를 위해서도 바람직하지 않을 것이다."[19]고 주장했다.

국방부 관계자는 "참여정부 당시 마련한 국방개혁 2020에 반영된 전력증강 사업 가운데 규모가 상대적으로 큰 차기 잠수함과 공중급유기, 고고도 무인정찰기 도입 사업을 연기했다."며 "어려운 경제 상황을 고려해 돈이 많이 들어가는 해군과 공군의 무기 도입 사업을 몇 년 늦추는 대신 북한의 핵과 미사일 위협에 대응하는 전력을 조기 도입하는 방향으로 고쳤다."고 말했다. 그러나 북한 핵과 미사일 위협 대응을 강조하면서 핵심 대북 감시수단으로 꼽힌 글로벌호크 고고도 무인정찰기 도입은 2015년으로 계획보다 4년 연기했다.[20] 수정안과 관련하여 핵, 미사일, 생화학 무기 등 북한 비대칭 전력에 대비한 전력 증강이 아니고 지상전에 편중한 군단과 사단의 작전 능력 증강에 초점을 맞추고 있는 게 아니냐는 지적이 제기되었다. "북한이 핵실험을 하고 미사일을 쏘는데 공격헬기를 구입하고 지상군 전력을 증강하는 게 무슨 의미가 있는가?"고 군의 한 원로는 반문

18) 진병기 기자, "18대 국회 대외정책을 듣는다 한나라당 김동성 의원." 『내일신문』(2008. 9. 29).

19) "육군위주 중기계획은 '시대 역행'." 『내일신문』(2008. 9.11).

20) 권혁철 기자, "국방부 '육군 위주 국방개혁 조정안' 해명." 『한겨레신문』(2009. 5.12).

했다. 그는 "우리가 핵을 보유할 수 없는 걸 전제할 때 북한의 핵과 미사일 능력을 무력화시키는 전력 확보가 우선인데 수정안이 거꾸로 가는 듯하다."고 비판했다. 여기에 대해 국방부는 북한 지상군 103만 명의 전력을 감안하고 후방 침투를 겨냥한 특수작전부대와 경보병 전력으로 재편되고 있어 더 이상 병력 감축은 수용할 수 없다며 미군의 정보자산과 공군력을 최대한 활용하면 핵심 전력에 대한 중복 투자도 줄일 수 있다는 논리를 폈다.[21]

자신이 합참의장일 당시 직접 기획했으며 완벽한 계획이라고 자화자찬했던 국방개혁 2020을 바꾸면서 이상희 국방부장관은 북한 핵과 미사일의 철저한 차단과 억제를 강조했지만 수정안의 핵심은 북한 재래식 군사위협에 대비해 지상군을 크게 강화하겠다는 내용이었다. 표면적으로는 북한 핵과 미사일 위협을 내세우면서 뒤로는 포병 및 기갑 등 지상 전력을 늘리는 시대역행적인 안이었다. 지상전력 강화 이유로 국방부는 군사분계선을 따라 세계 최고 수준의 군사력이 밀집해 있고 수도권이 근접해 있으며, 이라크 및 아프간 전쟁과 달리 공군력 사용이 제한되고 개전과 동시에 대규모 지상군 간 치열한 교전이 불가피하다는 점을 들었다.[22] 국방개혁 2025로 인해 해군과 공군의 무기 도입이 지연되거나 축소된 반면 육군 사업은 예정대로 진행되었다. 공군이 역점 사업으로 추진한 공중급유기와 고고도 무인정찰기 글로벌호크 도입이 지연되었다. 해군이 2020년에 도입을 추진하던 3,000톤 급 차기잠수함 사업도 불투명해졌다. 한편 29조 원이 투입될 차기 다연장로켓체계 개발, 9조 원이 드는 차기 자주포 사업 등 굵직한 육군 전력증강 사업은 계획대로 추진되었다. 국방개혁 기본계획 조정안에는 재래식 육군 전력에 치중하고 해군과 공군은 미국에 의존

21) 안동환 기자, "정책진단/국방개혁 2020 수정안의 허실." 『서울신문』(2009. 9. 1).

22) [사설] "거꾸로 간 '국방개혁 2020' 수정안." 『한겨레신문』(2009. 6. 28).

한다는 발상이 깔려 있었다.[23]

『디펜스21』의 김종대 편집장은 국방개혁 2025의 문제점을 다음과 같이 표현했다. "…합참의 인식에는 두 가지 중대한 결함이 있다. 첫 번째는 미국이 언제까지나 핵심전력을 한국에 제공할 것이라는 비현실적인 기대다.…두 번째 착각은 북한이 경보병전력으로 개편되고 있다고 진단하면서 정작 이에 대한 대비가 아니라 기동군단을 늘린다고 하는 것이다.…"[24]

이 같은 분위기를 감지한 청와대는 2008년 8월 14일에 예정되어 있던 이상희 국방부장관의 대통령 보고를 취소시켰다. 김성한 외교안보수석은 김경덕 국방개혁실장에게 "이제까지의 검토 내용을 전면 백지화하고 원점에서 재검토하라"[25]고 지시했다. 결과적으로 국방부는 국방개혁안의 완결시기를 11월로 연기했다. 2008년 11월에 예정되어 있던 국방개혁 기본계획 재가를 앞둔 10월 국방부는 "현 국방예산 구조 하에서는 2020년이 되어도 북한과 대등한 지상전력 확보가 어려우므로 재래식 전면전 위협에 대비한 전력 보강이 절실"하다는 의미의 보고서를 청와대에 제출했다. 국방부가 재래식 지상군 위주의 군대로 회귀하려는 움직임을 포착한 청와대는 대통령 재가를 거부하면서 북한 핵 및 미사일과 같은 비대칭 위협, 북한 불안정사태에 대비한 계획을 원했다.[26] 2개 기동군단 창설을 위해 전차, 자주포, 장갑차에 방대한 예산을 투자하고자 했던 국방부와 의견 충돌을 빚은 이명박 대통령은 결재를 미루다가 2009년 6월 국방부안을 결재하면서 "국방예산에 관한 사항은 좀 더 두고 보자"는 아리송한 말을 했다.[27]

23) 권혁철 기자, "국방개혁 2020 수정안, 육군에 치중됐다/해군과 공군 무기도입 연기 및 축소." 『한겨레신문』(2009. 5. 7).

24) 김종대, "이상희 국방부장관의 퇴행적 국방개혁 비판." 『월간조선』(2009. 1).

25) 위의 글.

26) 김종대, "육군 패권주의와 해·공군의 저항." 『주간동아』(2012. 6. 12).

27) 위의 글.

한편 파행적으로 진행된 국방개혁 2025을 보며 민간 중심 국방개혁 목적으로 2010년 1월에 설립된 국방선진화위원회는 북한 비대칭위협 대비 차원에서 해군과 공군 전력을 강조했다.[28] 그러나 국방선진화위원회의 안을 접수한 김관진 국방부장관은 북한 장사정포 대비 차원에서 최상으로 알려졌던 고정익 항공기[29]를 배제하고 육군 중심 전력 건설로 방향을 선회했다.[30]

국방개혁 307에서 이명박 정부는 천안함 사태와 전시작전통제권 전환을 이유로 단일의 군인이 군정과 군령을 행사하는 통합군제를 적극 추진했다. 그러나 천안함 사태가 있기 이전 미래기획위원회 위원장 곽승준 박사는 이명박 정부가 국방개혁에 관한 전략지침을 정립하지 못했다며 통

28) "종전에는 전면전 위협을 강조했지만 당시는 북한 국지도발, 비대칭 위협의 빈도가 중요했다. 당면 위협에 대처할 능력을 구비해야 한다.…이는 해군과 공군이었다.…북한 도발을 억제하기 위한 최상의 수단은, 도발 당시 즉시 응전할 수 있는 수단은 육군의 헬리콥터도, 박격포도, 수류탄도 아니었다. 즉시 응전할 수 있는 해군력과 공군력이 가장 효과가 있었다. 지금은 육상 도발보다는 해상 및 공중 도발이 빈번할 것으로 보였다. 그것을 위해서도 해군과 공군이었다. 미래를 내다보아도 해군과 공군이었다. 대양해군과 항공우주 공군이 옳은 방향이었다." 김태우 통일연구원장과의 2012년 9월 21일 인터뷰.

29) "수도권을 위협하는 장사정포는…포대가 남쪽으로 정면을 향하고 있을 뿐만 아니라 측면 및 후면으로도 향해 있어서 우리의 지상군 화력으로는 신속하게 제압하기 힘들게 되어 있다.…그러므로 F-15K나 KF-16과 같이 정밀공격이 가능한 항공기로 적을 직접 공격하거나 터널의 입구를 폭파시켜 포격이 불가능하게 만들어야 한다." 윤영관, "북이 서울을 포격해오면." 『조선일보』(2010. 12. 9); 국방 관련 시민단체인 자주국방네트워크는 "육군 포병을 활용한 대화력전을 수행하려면 K-9 자주포 등 추가생산 10조 원, 차기 다연장 및 탄약확보 29조 원, 통신망 개선 7조 원 등 최대 46조 원이 든다…지상군 포병화력에 의한 갱도 제압은 현실적으로 불가능하다'"면서 "공군력 중심의 대화력전 수행체계를 확립해야 한다."고 말했다. 홍장기 기자, "'육방부' 불식시켜야 국방개혁 성공." 『내일신문』(2010. 12. 30).

30) "해·공군은 전력 증강 우선순위 조정도 육군 중심으로 이뤄질 것을 경계하고 있다. 일례로 군 당국은 육군의 대화력전 수행을 위해 K-9 자주포, 다연장포 등의 전력 증강을 우선적으로 할 방침이다. 이 때문에 상대적으로 해·공군의 전력 증강은 그 비중이 작아질 수밖에 없다." 박민혁 기자, "해·공군 '국방개혁 육군에 유리" 발끈", 『동아일보』(2011. 1. 6).

합군제 추진을 포함한 몇몇 지침을 국방선진화추진위원회와 국방개혁실에 하달하고 그 이행 여부를 철저히 감독해야 할 것이라고 주장했다.[31] 곽승준의 보고서를 포함하여 이명박 대통령의 당선에 크게 기여한 일부 예비역 육군들을 포함한 이명박 대통령 지지 세력들의 주장이 계기가 되어 국방개혁 307을 추진하면서 이명박 정부는 군정과 군령의 단일화에 입각한 통합군제 중심의 상부지휘구조 개편에 집착했다.

결과적으로 보면 이명박 정부의 국방개혁은 청와대 차원에서 명확한 지침과 목표가 없는 가운데, 국방개혁 2020의 문제점을 제대로 파악하지 못한 가운데 시작되었다. 이 같은 사실을 이용하여 국방개혁 2025에서는 국방개혁 2020 당시 추구했던 육군중심 입체고속기동전 전력 구축을, 국방계획 307에서는 818계획 당시 완결하지 못했던 육군 중심 상부지휘구조인 통합군제를 완결시키고자 노력했다.

해군과 공군의 예비역 장군들은 물론이고 합참의장, 국방부장관, 한미연합사령관을 역임한 예비역 육군 장군들의 격렬한 반대에도 불구하고 이명박 대통령은 자신의 선호인 통합군을 적극 추진했다.

31) "…이명박 대통령의 국방철학에 기초한 Top-Down 방식의 국방개혁 핵심 전략지침은 미정립된 것으로 판단됨.…국방선진화위원회와 국방개혁실에 통수권 차원에서 마련된 MB의 철학과 비전이 담긴 국방개혁 전략 및 지침을 하달해야 함.…각군 및 국방 관련 기관이 기득권을 유지하기 위해 통합군 체제, 국방경영혁신, 방위산업의 고도화 등의 국방혁신을 저해하는 구조적 병폐 활동을 분쇄할 수 있는 방안을 포함시켜야 하며, 탑다운 방식으로 하달한 후 그 시행 추진 상황과 결과를 인사권과 연계시켜 강력하게 추진해야 함." 미래기획위원회, "이명박 정부의 국방개혁 결실방안." pp. 9, 10, 11.

제2절 국방개혁 307의 명분

이명박 정부의 국방개혁은 국방개혁 2020을 수정 및 보완하는 차원에서 시작되었다. 그러나 국방개혁 2020을 정립할 당시와 비교하여 이명박 정부가 출범한 2008년 초반의 안보환경에는 별다른 차이가 없었다. 2007년의 세계금융위기가 유일한 차이였다. 이명박 정부의 국방개혁은 2007년의 세계금융위기와 천안함 피격 사건을 반영하고, 한미동맹 강화를 통해 한국군 전력을 보완하겠다는 개념에 입각했다.[32)]

1. 위협환경 변화

통합군을 추진하면서 국방부는 2010년 3월 26일에 발생한 천안함 사태를 그 이유로 제시했다. 천안함 사태로 인해 합동성의 문제가 불거졌으며, 합동성의 문제를 해결하기 위해 통합군 중심의 상부지휘구조를 정립해야 한다는 논리였다. 이 같은 논리에 대항하여 천안함의 교훈은 통합군이 아니고 3군 균형발전을 추구해야 하는 것이라고 해군과 공군의 예비역 장교들뿐만 아니라 언론매체들이 반박했다.[33)] 그러자 국방부는 전시작전통제

32) 박민혁 기자, "노 정부 국방개혁 2020, 4년만에 사실상 폐기." 『동아일보』(2010. 10. 4).

33) "국방부장관은…통합군제로 전환해야 한다고 주장하고 있다. 지금의 합동군제가 군령과 군정이 이원화 되어있어 군의 일사불란한 통솔이 어렵다는 이유에서이다. 2010년 천안함 폭침(3. 26)과 연평도 포격도발(11. 23)에 단호히 대처하지 못한 이유가 군령과 군정의 이원화에 있다고 주장하면서 국민을 현혹하고 있다. 군령과 군정의 이원화는 그 문제와는 결코 연관이 없다. 군이 존재하는 한 군령과 군정의 구분은 필연적이다." 한성주, 『위헌적모험국방개혁 307계획』 (서울 : 세창미디어, 2011), p. 14; "국방부는 상부지휘구조 개편

권 전환에 대비해야 하기 때문에 통합군을 추구해야 한다고 말을 바꾸었다.[34] 이 같은 논리에 대항해 해군과 공군은 김관진 국방부장관이 합참의장일 당시 현재의 지휘구조로 작전통제권 전환에 전혀 문제가 없다고 발언했던 부분을 들어 국방부의 논리에 반박했다.[35] 한편 전시작전통제권 전환 추진 당시 국방부장관이었던 김장수 의원은 상부지휘구조 개편을 초래할 정도의 안보환경 변화는 없다고 말했다.[36] 결론적으로 말하면 818계획 당시와 마찬가지로 국방개혁 307에서 통합군을 추진하지 않으면 안 될 정도의 안보환경 변화는 있지 않았다.

천안함 사태 이후 이명박 대통령은 3개월 한시 조직인 국가안보총괄점검회의를 설치하고 국방선진화위원장이던 이상우 박사를 위원장으로 선임했다, 그런데 천안함 피격 사건은 한반도에서는 재래식 전면전보다는 국지도발이 보다 빈번한 문제가 될 것임을 단정적으로 보여준 사건이었다.[37] 그러나 사건 직후 당직 근무자인 해군중령이 청와대의 동기생에게

이 필요한 여러 가지 이유를 제시하고 있으나 크게 3가지로 볼 수 있다. 첫째, 천안함 사태와 연평도 포격 도발을 통해 우리 군이 적과 싸워 이길 수 있는 전투형 군대로 변해야 한다는 국민의 요구,…천안함이나 연평도 사건에서 얻은 교훈은 많지만 결코 상부지휘구조 개편의 명분이 될 수는 없다." 위의 책, p. 46; "야전성과 합동성 부족이 천안함 피격 사건과 연평도 포격 도발의 주원인으로 진단한 것 같다.…우리 군의 가장 큰 문제는 지상군 중심의 전력증강과 합동성을 가로막는 의사결정 체제다.…" 이문호, "진단이 정확해야 군개혁 성공한다." 『조선일보』(2010. 12. 29); "육·해·공군 균형 보임은 뺀 채 군정권을 추가한 합동군사령관 또는 합참의장을 군 지휘구조 개편안으로 내놓았다.…" 홍장기, "'육군편중 심화' 합동성 후퇴시켜." 『내일신문』(2010. 12. 3).

34) 노훈, "군 상부구조 개편 : 동기와 구현방향." 『전략연구』. 제18권 제1호 통권 제51호(2011년 3월), p. 53.

35) 한성주, 『위헌적모험국방개혁 307계획』, pp. 47-48.

36) "국방부장관을 역임한 한나라당 김장수 의원은 '국방개혁 2020은 한국군의 실상에 대한 진단과 미래변화 필요성에서 비롯된 것이라며 국방개혁 재평가의 핵심사항인 한미동맹과 남북군사관계 변화, 국방개혁 추진 실적 등에서 2006년과 비교하여 주목할 만한 상황변화는 없다'고 잘라 말했다." 진병기 기자, "국방개혁 2020 시기 및 개혁성 후퇴 안 돼." 『내일신문』(2008. 10. 16).

37) Victor Cha, "The Sinking of the Cheonan" CSIS, *Comparative Connections*, Vol. 12, No. 2(U.

핸드폰으로 상황을 알려준 것을 계기로 지휘체계, 특히 합동성 문제가 강조되었다. 결과적으로 안보총괄점검회의는 3군 합동성 강화를 가장 중요한 문제로 선정했다. 이 같은 측면에서 대장급 합동군사령관의 신설을 주장했다.[38] 또한 통일 이후까지 내다본 '잠재적 위협'에서 북한과의 대치 상황이라는 '현존 위협'으로 무게중심이 옮겨지면서 국방개혁 2020의 골격을 바꿔놓았다.'[39]

한편 북한 비대칭위협 대비 문제는 북한 핵무기와 장사정포를 거론하며 이명박 정부 출범 직후 줄기차게 강조해온 부분이었다. 따라서 천안함 피격 사건이 갖는 의미는 이것을 계기로 이명박 정부가 합동성 문제를 거론하며 군정과 군령을 단일지휘관이 지휘하는 한국형 합동군사령부 창설을 주장할 수 있게 되었다는 사실이다. 그러나 이미 살펴본 바처럼 군정과 군령을 단일지휘관이 관장하는 통합군제는 천안함 피격 사태 이전부터 이명박 정부의 청와대가 추진해온 부분이었다.

천안함 사건 당일인 2010년 3월 26일 육군교육사령부에서는 이상의 합참의장을 포함한 전후방 주요 지휘관들이 참석한 가운데 합동성 대토론회가 벌어지고 있었다. 당시 이상의 합참의장은 "오늘 토론을 기점으로 더 이상 합동성에 관해 말이 나오지 않게 하자"고 말했다.[40] 그런데 당시 한국군이 토의한 내용은 합동이 아니고 육군이 주도하는 전쟁을 해군과 공군이 어떻게 지원할 것인지에 관한 것이었다. 예를 들면 토론에 초대받

S.-Korea Relations, 2010. 7), p. 58.

38) 박성진 기자, "외교안보/안보총괄점검회의 전력증강안 뭘 담았나." 『경향신문』(2010. 9. 4).

39) 박민혁 기자, "노 정부 국방개혁 2020, 4년만에 사실상 폐기." 『동아일보』(2010. 10. 4).

40) 미군의 경우 수십 년 동안 많은 장교들이 합동성에 관해 국방대학교, 합동참모대학교 등의 군사 교육 기관을 통해 많은 논문을 양산해오고 있다. 이 같은 점에서 보면 1회의 토론회를 통해 합동성의 문제를 해결하겠다는 합참의장의 발언은 합동성의 본질을 제대로 알고 있는지 의문을 자아냈다.

은 공군 대령이 요구받은 주제는 공군이 육군 작전을 어떻게 지원할 것인지에 관한 것이었다.[41] 이 같은 분위기를 인지한 김성찬 해군참모총장은 "합동성은 공중에서 독수리, 지상에서 사자, 해상에서 상어처럼 싸우면서 이들이 동일 목표를 겨냥해 일관성 있게 행동하도록 하는 문제인데, 합동성 강조가 자칫 잘못하면 공중, 지상 및 해상에서 모두 활동할 수 있는 반면 제대로 활동이 불가능한 물오리를 만들 수 있다."[42]고 주장했다. 천안함 사건이 발발하던 당일에도 한국군은 합동성을 기치로 육군 중심 전쟁에 대한 지원을 해군과 공군에 강요하고 있었다.

2. 한미동맹의 성격 변화

이는 국방개혁 2020이 출현한 2006년 당시와 비교하여 이명박 정부 출범 당시 한미동맹의 성격에 변화가 있었다는 의미가 아니었다. 지나치게 자주국방을 강조하며 작성된 것으로 생각되었던 노무현 정부 국방개혁안을 수정하여 예산을 절감할 수 있도록 미군에 핵심 전력을 의존하겠다는 의미였다. 이명박 정부는 상대적으로 미흡한 전력은 한미동맹 강화를 통해 미군 전력으로 보완할 수 있다고 생각했다.[43] 이 같은 목적에서 출범 초반부터 이명박 정부는 전시작전통제권 전환의 연기를 추진했다.[44] 결과

41) 육군에 대한 공군의 근접항공지원에 관해 공군 토론자는 답변을 요구받았다. 당시 토론에 필자 또한 참석했다.

42) 이는 "환상의 동물과 합동교리"란 제목으로 2007년 5월 31일에 필자가 육군대학 교수들을 상대로 한 2시간 특강의 그리고 "미래 합동작전 수행방향"이란 제목으로 『제10회 해군전투발전세미나』(2008. 7. 11)에서 발표한 내용의 핵심 주제였다.

43) 박민혁 기자, "노 정부 국방개혁 2020, 4년만에 사실상 폐기." 『동아일보』(2010. 10. 4).

44) "이 당선자 측은 2020년까지도 한반도에 핵이 존재한다면 전시작전권 전환은 지연될 수밖에 없다.…집권 초기에는 한미동맹 등 전통적 우호관계 강화에 주력한 뒤 2010~2011년

적으로 천안함 피격 사건 이후 전시작전통제권 전환 시기를 2015년 12월로 연기했다. 그러나 연기가 확정되기도 전인 2008년과 2009년 이상희 국방부장관은 항공력, 정보 전력 등 전시작전통제권 전환 측면에서 핵심 전력으로 생각되던 부분을 미군에 의존하기로 결정하고는 육군 전력의 대거 획득을 추구했다. 여기서 보듯이 한미동맹 강화란 부분은 항공력 및 정보 전력처럼 많은 비용이 소요된다고 생각되던 핵심 전력, 미군이 지원해줄 수 있을 것으로 생각되던 공군 및 해군 전력들은 노무현 정부 출범 이전처럼 미군에 의존하고 육군 전력을 대거 획득한다는 논리를 합리화할 목적으로 이용되었다.

3. 지지 세력의 선호

국방개혁 307 당시 통합군에 대한 이명박 대통령의 확신은 어디서 기인하는 것일까? 언론매체뿐만 아니라 많은 사람들이 천안함 사태를 거론하고 있다. 천안함 사태로 인해 합동성의 문제가 불거졌으며, 이것이 통합군 중심 상부지휘구조 개편의 단초가 되었다는 것이다. 그러나 이명박 대통령은 천안함 사태 이전부터 합동성의 문제를 언급하고 있었다.[45)]

천안함 사태가 발발하기 이전인 2010년 3월 초반 미래기획위원회의 곽

쯤 한반도 주변 정세 판단을 통해 전작권 이양 문제를 검토할 가능성이 크다.…국방개혁 2020에 대해서도 현 정부가 한미동맹에 대한 고려를 충분히 하지 않은 채 지나치게 자주국방을 강조하고 있다."고 말했다. 선정수 기자, "이 당선자 측 '전작권 이양시기-북핵폐기 연계'." 『국민일보』(2007. 12. 25).

45) "천안함 사건이 나기 얼마 전 이상의 합참의장이 전화로 '대통령이 합동성을 그처럼 강조하시는데 군에서도 성의를 보여야 하지 않겠는가?' 하더라. 외국 전문가들을 부르겠다고 하더라. 하면 좋다고 말했다. 위원장님도 참석해달라고 하더라." 국방선진화추진위원회 위원장 이상우 총장과의 2012년 9월 20일 인터뷰.

승준 위원장은 한국군이 합동성 강화 차원에서 통합군을 추구해야 한다는 내용의 60여 쪽의 보고서를 대통령에게 보고했으며 여론 확산 차원에서 안기부, 국방부 등에 배포했다.[46] 국방선진회추진위원회와 안보총괄점검회의 보고서에서 또한 중장기 과제로 선정되어 있던 상부지휘구조 개편 문제가 단기 과제로 집중 검토되고 있는 이유로 공군은 신임 김관진 국방부장관의 소신과 미래기획위원회가 대통령에게 보고한 "이명박 정부의 국방개혁 결실방안"이란 보고서를 지목했다.[47] 군에 관한 지식이 있을 것으로 생각되지 않는 미래기획위원회가 통합군에 관한 보고서를 작성하여 대통령에게 보고했을 뿐만 아니라 여론 확산 차원에서 관련 부서에 배포했는데 이것이 많은 영향을 주었을 것으로 보인다. 동 보고서는 관련 분야에서 장기간 근무했던 전문가들의 도움을 받아 미래기획위원회가 작성한 것이었다.

또 다른 한편에서 육군 출신 예비역들이 대통령에게 통합군을 강력히 권고했을 가능성이 있다. 여기에 이명박 대통령에게 수시 조언해오던 이종구 전 국방부장관[48]이 있다. 이명박 대통령의 형인 이상득[49] 국회의원의 육군사관학교 동기생이자 2007년 대통령 선거 당시 안보포럼을 만들어

---

46) "'이명박 정부의 국방개혁 결실방안'이란 보고서는 통합군사령부가 군정·군령 모두 관할, 각군 본부는 지원사령부로 개편해 인원을 제한해야 할 것을 요구하고 있다.…문서는 미래기획위원회가 국회 국방위원회 등 관련 분야에 오랜 기간 동안 종사해온 전문가들에게 맡겨 제작한 보고서다. 위원회측은 폭넓은 의견 수렴을 위한 참고자료용으로 만든 것이다.…국방부와 국정원을 포함한 관련 부서에 의견 형태로 전달했다."고 밝혔다. 황일도 기자, "정밀취재 – '안보태세 재정비' 둘러싼 청와대 파워게임 전말 : 특보 역할설정부터 후임 국방부장관 인선까지 주도권 둘러싼 동상이몽." 『신동아』, 통권 609호(2010. 6. 1), pp. 426~435.

47) 예비역 공군준장 진호영 장군과의 2012년 9월 26일 인터뷰.

48) "대선 당시 이명박 후보 지지모임을 독자적으로 이끌었던 김인종 경호처장과 이명박 캠프의 국방정책자문특별위원장으로 활약한 이종구 전 국방부장관이 대통령 주변에서 국방 분야를 조언하는 주요 인사로 꼽힌다." 황일도 기자, pp. 426~435.

49) 이상득 의원은 육군사관학교에 들어갔다가 퇴교한 후 서울대학교 경제학과에 입학했다.

이명박 후보를 적극 지원한 바 있던 국방부장관 출신의 이종구 장군은 통합군을 신봉하고 있었다. 이미 살펴본 바처럼 이종구 전 국방부장관은 육군참모총장으로 재직하던 1988년 당시 통합군을 강력히 추진했을 뿐만 아니라 국방부장관으로 재직할 당시에는 통제형 합참의장제로 결정되어 있던 군제를 통합군으로 전환시키기 위해 육군, 해군 및 공군 참모총장을 대동하고 노태우 대통령에게 통합군을 재차 건의한 바 있다. 이외에도 이명박 대통령의 최측근인 류우익 통일부장관의 사촌인 예비역 육군중장 김종태 장군이 통합군을 강력히 건의했을 것으로 보인다. 이명박 대통령의 높은 신임을 받고 있던 김종태 장군은 이명박 대통령이 주제한 국가안보총괄점검회의에서 통합군을 주장한 바 있다.[50)]

또한 일부 한국국방연구원 연구원 또는 한국국방연구원 출신들이 통합군을 청와대에 건의했을 가능성이 있다. 상부지휘구조 개편과 관련하여 한국국방연구원의 몇몇 연구원들이 2010년과 2011년 당시 청와대에 파견되어 개편을 지원했다. 특히 조직 통폐합 중심의 통합군을 신봉하고 있던 한국국방연구원의 노훈 박사[51)]는 2011년에 책임 연구한 과제 발표에서 각 군의 인사체계를 포함한 각 군 조직의 완벽한 조직 통폐합을 주장했다.[52)] 한편 2011년 4월 한국국방연구원의 노훈 박사와 신범철 박사는 국방부가 추진하고 있던 통합군 중심의 상부지휘구조 개편이 법적으로 하자가 없

50) "이명박 대통령이 주제한 국가안보총괄점검회의에서 예비역 육군중장 김종태 등이 여러 이유를 대면서 통합군으로 가야 북한에 대적할 수 있다고 주장하더라…" 국가안보총괄점검회의에 참석했던 몇몇 요원과의 인터뷰.

51) 예를 들면, 노훈, "군 상부구조 개편 : 동기와 구현방향"란 2011년 3월 논문에서 노훈 박사는 군정과 군령을 단일지휘관이 지휘하는 통합군의 동기와 정당성을 주장했다.

52) 2011년 11월의 과제토론회에서 노훈 박사는 "'각 군 인사조직을 포함한 자신의 조직 통폐합 주장' 에 '이처럼 하면 지금 추구하고 있는 상부지휘구조 개편도 추진할 수 없게 된다' 며 국방부가 제동을 걸었다" 고 말할 정도로 완벽한 3군의 조직 통폐합을 주장하고 있었다.

다는 내용의 논문을 발표했다.[53]

이명박 대통령으로부터 절대 신임을 받고 있던 김태효 대외전략 비서관이 대통령에게 통합군을 적극 권유했을 것으로 보인다.[54] 이명박 대통령 또는 이 같은 김태효 비서관에게 통합군을 건의 내지는 조언했을 수도 있는 사람에 국방선진화추진위원장과 국가안보총괄점검회의 의장이었던 이상우 총장[55]과 통일연구원장을 역임한 김태우 박사가 있다. 김태효 비서관의 서강대학교 은사였던 이상우 총장은 1970년대 이후 국방부에 조언해왔으며 박정희, 전두환 대통령 당시의 국방개혁뿐만 아니라 818계획 등 다수의 국방개혁에 깊이 관여한 바 있다.[56] 그런데 이미 살펴본 바처럼 2000년대 이전까지만 해도 거의 모든 육군 장교들은 통합군을 최상의 상부지휘구조로 생각하고 있었다. 이상우 총장 또한 그처럼 생각해왔을 가능성이 높다. 실제로 국가안보총괄점검회의와 국방선진화추진위원회에서 이상우 총장은 통합군 중심의 상부지휘구조 개편을 적극 추진했다.[57]

---

53) 신범철, 노훈, "군사에 관한 헌법 원칙과 군 상부지휘구조 개편." 국방정책연구. 제27권 제1호 통권 제91호 (2011년 봄), pp.55-79.

54) 2012년 10월의 필자와의 인터뷰에서 김태효 비서관은 "필자가 통합군을 반대하는 입장인 듯 보인다"며 도중 인터뷰를 중단했다.; 김태효 박사는 국방개혁 307에서 추진한 것이 군정과 군령을 단일지휘관이 행사하는 통합군임을 밝히면서 이것의 강력한 추진을 박근혜 정부에 요구했다, "병사를 키우는 양병(養兵) 조직과 전투를 지휘하는 용병(用兵) 조직이 따로 작동하는 군의 지휘체계를 단일화하고…이 개혁안은 1968년 김신조 일당이 청와대를 습격하려 했던 1·21 사태를 계기로…'군 특명검열단'의 군 지휘체계 개편안과 사실상 같은 것이다." 김태효, "[동아광장/김태효]국방-외교개혁 방치하지 말라." 『동아일보』 (2013. 6. 7).

55) "합동군 제도가 잘 되어 있는데…이상우, 김태효 박사와 같은 사람들이 대통령에게 합동군제가 잘못되어 합동성에 문제가 있는 것으로 보고한 것 같다. 연합사가 2015년에 해체되니 작통권을 갖고 와야 하고 이 경우 통합군으로 가야한다는 것이다." 이상훈 전 국방부장관과의 2012년 6월 4일 인터뷰.

56) 국방선진화추진위원회 위원장 이상우 총장과의 2012년 9월 20일 인터뷰.

57) "국가안보총괄점검회의에서 이상우 총장이 상부지휘구조, 통합군을 언급하기에 이는 군 장래와 전승을 좌우하는 매우 중요한 문제란 점을 언급했다." 국가안보총괄점검회의에 참석했던 몇몇 요원과의 인터뷰.

또한 이것을 공개적으로 지지한 바 있다.[58] 필자와의 인터뷰에서 또한 통합군 내지는 단일군으로 알려져 있던 북한군과 같은 군사 지휘구조로의 개편 필요성을 언급했다.[59] 이명박 대통령의 외교안보 자문교수로서 국방선진화위원회와 같은 민간 기구를 통한 민간 주도 국방개혁의 중요성을 대통령에게 건의[60]했던 통일연구원장 출신의 김태우 박사는 이명박 대통령의 절대적인 신임을 받고 있던 김태효 비서관과 절친한 관계를 유지[61]하고 있었으며 국방선진화추진위원회에서 뿐만 아니라 평소 통합군을 적극

58) "…현재 육군, 해군 및 공군 참모총장은 군정권밖에 없는데 앞으로 사령관이 되면 군령 및 군정권을 다 갖는 것이다. 전쟁이 터져도 일사분란하게 할 수 있게 만들었다.…" 이상우, "한국군 북한에 못 이긴다…무기 앞서나 전략에 뒤져." 『중앙Sunday』(2011. 2. 13); "…이것이 한국군 전체를 통합지휘하는 합참의장(합동군사령관)과 군령 및 군정권을 모두 갖는 각 군 참모총장(각 군 사령관)을 두는 상부구조 개선의 핵심이다.…" 이상우, "국방개혁 늦출 이유 없다." 『문화일보』(2011. 5. 17).

59) "…완전한 단일군을 만들고 싶은 심정이다. 여러 이유로 인해 그처럼 하지는 못하지만 군령과 군정 구분은 시대에 맞지 않는다. 옛날처럼 몇 달 동안 전쟁을 수행한다면 양병과 용병을 구분할 필요가 있다. 그러나 미래 한반도 전쟁은 짧으면 3일, 길면 7일 이내에 종료된다. 무슨 양병과 용병을 구분하는가?…원래는 해군사령관과 공군사령관을 염두에 두었는데 이것이 법적으로 곤란하다고 하여 이름만 각군 참모총장을 남겨 놓은 것이다.…1970년대에 내가 만든 자주국방 계획에 그처럼 그림을 그려준 바 있다. 당시 제일 참고 많이 한 것은 이스라엘이다." 국방선진화추진위원회 위원장 이상우 총장과의 2012년 9월 20일 인터뷰.

60) "2009년 후반 어느 시점에 자문교수들이 얼마 참석하지 않았다. 당시 국방개혁의 필요성에 관해 장시간 언급했다. 국방개혁 2020이 상당한 수정 보완이 필요하다는 점을 언급했다. 임기 초반에 국방개혁을 시작하지 않으면 임기 중에 실적을 내기 곤란하다고 말했다.…소신과 전문성이 있는 민간인만이 할 수 있다고 말했다. 대통령이 경청했다. 1주일 뒤 연락이 왔다. 국방선진화추진위원회를 만들겠다고 말했다." 김태우 통일연구원장과의 2012년 9월 21일 인터뷰.

61) "…2년 가까이 가슴앓이 하다고 2009년 후반기에 가서야 대통령에게 직언할 수 있었다. 그 과정에서 결정적인 산파역을 해준 사람은 김태효 박사였다. 김 박사가 없었더라면 대통령에게 말을 하지도 못했을 것이고 1주일만에 답변이 나올 수도 없었을 것이다. 2010년 한 해 동안…엄청난 견제에도 불구하고 일할 수 있었던 것도 김태효 박사 덕분이었다.…청와대 안에서 대통령에게 필요한 부분 가운데 내가 못한 말을 김태효 박사가 말해주었다." 김태우 통일연구원장과의 2012년 9월 21일 인터뷰.

주장했던 예비역 육군대령 출신의 김열수 박사[62]와도 긴밀한 관계[63]를 유지하고 있었다. 이 같은 김태우 박사가 국방선진화위원회에서 통합군을 적극 지지했다.[64]

이처럼 이명박 대통령으로부터 거의 절대적인 신임을 받고 있던 몇몇 사람들을 포함하여 국방정책을 연구하는 한국국방연구원의 일부 연구원들이 통합군제 추진을 적극 권고했던 것으로 보인다.

당연한 말이지만 818계획 및 국방개혁 2020 당시와 마찬가지로 국방개혁 307의 경우 이전에 한국군이 작성해 놓은 문서체계가 지대한 영향을 끼쳤다. 이 문제와 관련하여 국방선진화위원장이던 이상우 총장은 다음과 같이 말했다. "급조한 위원회를 갖고 실무자도 없고 지원도 없고 예산도 없는 상태에서 거창한 작업을 1년 동안에 어떻게 할 수 있었겠는가? 그래도 개혁안을 만들어낼 수 있었던 것은 이전에 모두 논의해본 경험이 있기 때문이었다. 818계획 등으로 인해 새로 논의할 것이 없었다. 정리와 확인만 하면 되었다."[65] 구체적으로 말하면 김영삼 대통령 출범 초기의 국방개혁 위원회인 '21세기 위원회'가 307에 직접 영향을 주었다. 예를 들면 '21세기 위원회'의 중간 평가에서 제기된 주요 문제점은 첫째, 작전지휘

---

62) 김열수, "상부지휘구조 개편 비판 논리에 대한 고찰," 국방정책연구 제27권 제2호·2011년 여름(통권 제92호), pp. 9-37에서 김열수 박사는 국방개혁 307에 대한 해군과 공군을 포함한 비판적인 시각을 비판하면서 통합군으로의 전환을 주장하고 있다.

63) "김열수 교수는 육군 입장을 대변하지 않을 수 없는 입장이었다. 그러나 비교적 객관적으로 손발을 맞추어 함께 일하고자 노력했다. 공군, 해군 및 해병대 이야기를 할 수 있었던 것은 이 같은 이유 때문이다.…우리가 올린 안은 내가 해군과 공군 해병대 입장을 김열수 교수가 육군 입장을 반영하여 김열수 교수가 초안을 작성했고 이 정도는 합리적이라고 하여 작성한 것이다. 김열수 교수가 핵심 역할을 했다. 그 내용은 합동군사령부를 만드는 것이 골자다." 김태우 통일연구원장과의 2012년 9월 21일 인터뷰.

64) "김태우 박사가 국방선진화추진위원회에서 통합군을 열렬히 지원하고 있더라. 개인적으로 만나 군에 대해 잘 모르는 사람이 왜 통합군을 주장하는가? 4시간 동안 통합군의 문제점에 관해 설명했다." 예비역 모 장군과의 2012년 9월 인터뷰.

65) 국방선진화추진위원회 위원장 이상우 총장과의 2012년 9월 20일 인터뷰.

(합참)와 작전지원(각군)을 양분하는 것은 곤란하다. 둘째, 한국군의 전통상 각 군 최고선임자인 각 군 총장을 작전 지휘계선에서 제외하는 것은 문제가 있다. 셋째, 합참의 임무수행 상 작전지휘에 필요한 제한된 군정 기능이 필요하다는 것이었다.[66] 그런데 이들은 국방개혁 307 당시 상부지휘구조와 관련해 논의된 주요 사안이었다. 한편 각군 참모총장이 군정과 군령을 통합 지휘하는 문제는 818계획 당시 논의되었던 사안이었다.[67]

이처럼 국방개혁 307에서 중점적으로 거론되었던 통합군의 문제에는 1960년대 이후 한국군의 문서체계 내지는 기억에 남아 있던 부분들이 그리고 이들을 알고 있던 이명박 대통령의 지지 세력인 육군 중심 안보공동체들이 주요 영향을 주었던 것이다.

4. 대통령의 선호

국방개혁에 대한 이명박 대통령의 선호는 천안함 사태를 전후하여 변화가 있었다.

2007년의 국제금융위기 여파에 따른 경제적으로 어려운 여건에서 취임한 이명박 대통령은 국방개혁을 경제적 효율성 측면에서 바라보았다, 국방개혁에 관한 이 대통령의 이 같은 관점은 천안함 피격 사건이 발발한 2010년 3월 26일까지 지속되었다. 민간인 중심 국방개혁을 추진하기 위

66) 우경하, "군 상부지휘체계 변천에 관한 연구." 『군사논단』, 제71호(가을 2012), pp. 214-215.

67) 818계획 당시 국방부 818계획단장이던 육군소장 이석복은 각군 총장에게 군정 및 군령권을 부여하는 체제는 3군 전력의 통합발휘와 작전지휘 반응의 즉응성 문제, 각군 본부의 과중한 부담, 실질적인 통합군제란 점으로 인해 군이 추구하는 목적을 가장 달성하기 어려운 제도라고 주장했다. 이석복 장군(국방부 818계획 단장), "국군 조직법의 당위성과 정부의 입장." 『3군 통합의 의도는 무엇인가?』 (서울 : 평화민주당, 1990. 6), pp. 43-44.

해 2010년 1월 1일을 기점으로 설치한 국방선진화위원회와 관련하여 이명박 대통령이 중점을 둔 부분 또한 경제적 군 운용이었다. 이명박 대통령은 "무기도입과 조달은 분단국가라는 특수성과 업무의 틀이 고정돼 있다는 성격 때문에 문제가 생길 소지가 많다."며 "예산을 절감하면서도 효과를 높일 수 있는 방안이 있다고 본다."는 기본방향을 제시했다. 부연하여 대통령은 "구매도 자기들이 하고, 사용도 자기들이 하고, 감사도 자기들이 하는 것은 좀 곤란하지 않느냐"란 말로 획득제도 개선에 박차를 가할 것을 시사했다.[68] 2009년 12월 21일 이명박 대통령은 홍규덕 숙대교수를 국방개혁실장에 내정했는데 이것 또한 경제적 군 운용 차원이었다. 정부 관계자는 "홍규덕 교수의 내정은 국방운영의 비효율적인 요소 제거를 통한 이 대통령의 '국방예산 절감' 의지를 관철하기 위한 것"이라고 설명했다.[69] 천안함 사태 이전에도 북한 비대칭위협 대비 등을 언급했지만 이는 많은 예산이 소요된다고 생각되던 주변국위협 대비 전력 건설을 지양하고 북한 위협 대비, 특히 북한 비대칭위협에 초점을 맞추어 국방예산을 절감하라는 의미였다.

2010년 3월 26일의 천안함 폭침 사태는 경제적 측면에서 국방개혁을 바라보던 이명박 대통령에게 일종의 경종이었다. 그 후 이명박 대통령은 북한 비대칭위협 대비에 더불어 합동성 강화를 강조했다. 특히 합동성 강화 차원에서 상부지휘구조 개편, 단일의 군인이 군정과 군령을 통제하는 통합군에 집착했다. 2010년 5월 4일의 전군지휘관회의에 참석한 이명박 대통령은 "비대칭전력 대비태세 확립, 합동성 강화, 긴급대응태세와 보고지휘체계 확립, 정보능력 강화와 군 기강확립, 현실보다 이상에 치우친 국

68) 진병기 기자, "국방부 '예산효율화' 급해졌다." 『내일신문』(2009. 12. 18).

69) 정충신, 방승배 기자, "민간 사령탑, 국방개혁 '정조준'." 『문화일보』(2009. 12. 21).

방개혁 방식 변화"를 요구했다.[70] 아울러 이명박 대통령은 강한 안보구상 구현을 위한 첫걸음으로 국가안보총괄점검기구 구성을 제시했다. 국가안보총괄점검기구가 비대칭전력 문제, 합동성 강화 방안을 논의할 것이라고 청와대 고위 관계자는 말했다. 2011년 3월 4일의 제1회 국군장교 합동임관식 축사에서 대통령은 "국방개혁과 합동성 강화가 시급하다는 점을 강조하고자 합니다.…북한은 핵과 미사일 개발은 물론 특수전 부대 등 비대칭전력을 키우며 무모한 군사적 모험으로 평화에 대한 위협을 증가시키고 있습니다. 이 모든 위협과 변화에 대비하자면, 국방개혁이 시급하며, 특히 전군이 유기적으로 결합되어 하늘과 바다, 육지에서 통합 작전을 수행하는 합동성이 강화되어야 합니다.…제2의 창군의 정신으로, 빠른 시간 내에, 새 시대에 맞게 국방개혁을 이뤄내야 합니다.…"[71]고 말했다. 여기서의 핵심은 합동성 강화였다. 군정권과 군령권을 단일의 군인이 행사하는 합동군사령부[72]란 이름 하의 통합군제로의 전환이었다.

합동성 강화 차원에서 이명박 대통령이 단일의 군인이 군정과 군령을 통합적으로 지휘하는 통합군제를 구상하고 있었음은 여러 경로를 통해 확인된다. 국가원로자문회의 위원으로서 이명박 대통령을 빈번히 접촉했던 이상훈 전 국방부장관은 통합군제에 대한 대통령의 신념을 다음과 같이 말하고 있다. "…한미연합사가 2015년에 해체되니 전시작전통제권을 갖고 와야 하고 이 경우 통합군으로 가야한다는 것이다.…대통령이 통합군을 주장하고 있어 사람들이 말을 못하지 현재 제도는 잘 되어 있다." 계

70) 정충신 기자, "대통령 주재 첫 전군지휘관회의/접적지 비대칭전력 '획기적 증강' 주문." 『문화일보』(2010. 5. 4).

71) 제1회 국군장교 합동임관식 축사(2011. 3. 4).

72) 미국이 말하는 합동군사령부와 한국군이 말하던 합동군사령부는 달랐다. 미국이 말하는 합동군사령부는 한미연합사령부와 같은 조직을 의미한다. 1장에서 언급한 단일지휘구조(Unified Command Structure)를 의미한다. 반면에 한국군이 말한 합동군사령부는 군정과 군령을 단일의 군인이 지휘하는 통합군을 의미했다.

속해서 이상훈 전 국방부장관은 다음과 같이 말했다. "'지금 추진하는 것이 통합군제와 유사하다. 통합군제를 추진할 수 없을 것이다. 야당이 반대할 것이다. 연합사령관도 주권국가의 일에 반대하지는 않지만 속으로는 좋아하지 않을 것이다. 또한 해군과 공군이 반대하기 때문에 대통령 임기 동안 될 수 없을 것이다'고 국가원로자문회의에서 말했더니 대통령이 '장관님이 앞장서서 추진해 달라'고 하더라.…김관진 국방부장관이 예전에는 국방개혁과 관련해 자신과 생각이 같았는데, 국방부장관이 되더니 통합군을 주장하는 등 이명박 대통령의 비위를 맞추더라.'고 조영길 장관이 말하더라."[73]

이명박 대통령이 통합군을 옹호하고 있음은 청와대 핵심 참모의 발언을 통해서 또한 확인된다. 2010년 12월 6일 청와대 핵심 관계자는 "합동군사령관 밑에 육군, 해군 및 공군 참모총장을 실질적으로 각군 사령관 체제로 바꾸는 방안이 국방개혁의 핵심으로 추진된다."고 밝혔다.[74] 2010년 12월 4일 국방부장관으로 취임한 김관진 장군은 자신의 40년 숙원임을 거론하며 통한군제를 강력히 추진했다. 그런데 이는 청와대의 의도를 100% 반영한 것이었다.[75] 한편 국방선진화위원장과 국가안보총괄점검회의 위원장을 역임한 이상우 총장은 합동군사령부 중심의 국방개혁에 대한 이명박 대통령의 의지를 다음과 같이 표현하고 있다. "한국군 전체를 통합 지휘하는 합참의장(합동군사령관)과 군령 및 군정권을 모두 갖는 각 군 참모총장(각 군 사령관)을 두는 상부구조 개선이 핵심이다.…이 안에는 군 최고 통

---

73) 이상훈 전 국방부장관과의 2012년 6월 4일 인터뷰.

74) 김상협 기자, "'군복무 24개월로 환원 합동군사령부 신설' 국방선진화추진위 보고." 『문화일보』(2010. 12. 6).

75) "청와대 관계자는 '이명박 대통령은…국방부장관도 국방개혁을 제대로 추진할 수 있는 인물을 발탁할 것'이라고 밝혔다.…향후 청와대와 군이 조율하는 형식을 밟게 되겠지만 사실상 청와대 개혁안을 관철하는 과정으로 보면 된다고 밝혔다." 홍장기 기자, "선진화위 합참작전 및 전력 주요 보직자 육, 해, 공 1 : 1 : 1 제안." 『내일신문』(2010. 11. 17).

수권자인 이명박 대통령의 확고한 의지와 김관진 국방부장관의 강한 실천 의지가 담겨져 있기 때문에 반드시 실현되리라 믿는다."[76] 국방부장관으로 부임한 김관진 장군이 최초 언급한 부분은 통합군제를 겨냥한 상부지휘구조 개편에 관한 것이었다.[77] 이는 상부지휘구조 개편에 대한 대통령의 의도와 관계가 없지 않을 것이다.

통합군에 반대하던 김태영 국방부장관의 경질을 고려할 정도로 통합군에 대한 이명박 대통령의 의지는 단호했다. 『디펜스21』의 김종대 편집장은 이 문제를 다음과 같이 표현했다. "국방부가 '헌법 개정 없이 참모총장 직위 폐지는 곤란하다'는 반론을 곧바로 제기한 것으로 알려졌다.…2010년 10월 말에 이상우 국방선진화위원장, 천영우 외교안보수석, 김태영 국방부장관 3인이 회동하여 군제개편 문제를 토의하였는데 여전히 이견이 표출되어 별다른 합의를 보지 못한 것으로 알려졌다.…우리 군의 미래 청사진에 대해 정치권력과 군사지도자가 통합된 의견을 내지 못하고 표류하는 양상이 벌어진 것이다.…이 일이 있고나서 청와대 일각에서는 김 장관의 경질 문제를 더욱 심각하게 고려한 것으로 알려졌다."[78]

합동군사령부 창설이 헌법 차원의 문제임을 인식한 김관진 국방부장관은 각군 참모총장이 자군 작전부대에 대해 군정권과 군령권을 행사하고 이 같은 각군 참모총장을 합참의장이 지휘하는 개념으로 바꾸었다. 2011년 6월 23일 국회 국방위의원을 초청한 오찬 발언에서 이명박 대통령은 "영국, 프랑스, 독일 등 유럽의 선진국들도 합참 체제가 아닌 국방참모총

76) 이상우, "국방개혁 늦출 이유 없다." 『문화일보』(2011. 5. 17).

77) "취임 직후 전쟁기념관에서 국방개혁에 관해 보고받으면서 김관진 국방부장관은 '전시작전통제권이 전환되는데 지휘구조는 어떻게 되느냐?를 가장 먼저 질문했다.'…지휘구조 연구에 관해 2010년 12월 중순에 지침을 받았다." "국방개혁 기자단 설명회 및 워크숍"(2012. 5. 13).

78) 김종대, "대통령의 군 개혁 칼 가는 소리에 잠 못 이루는 삼각지." 『디펜스21』(2010. 12).

장 예하에 각군 본부를 두고 작전부대에 대한 군정 및 군령권을 행사하도록 하고 있다."[79]며 국방부가 추진하고 있는 국방개혁에 대한 전폭적인 지지를 당부했다. 그런데 이명박 대통령이 유럽 선진국들이 운용하고 있다며 국회 국방위원들에게 적극 지원을 요청했던 '각군 본부가 작전부대에 대해 군정권과 군령권을 행사하는 체제'를 1990년 당시 한국군 국방부는 실질적으로 통합군에 다름이 없으며 가장 문제가 많은 제도로 생각하고 있었다.[80] 더욱이 이명박 대통령의 주장과 달리 818계획 당시 국방부는 한국과 실정이 유사한 유럽의 모든 국가들이 군정은 각군 참모총장을 통해 군령은 합참의장을 통해 행사하는 합동군제를 운용하고 있다고 주장하고 있었다.[81]

79) 이명박 대통령, "국회 국방위의원 초청 오찬 말씀 자료"(2011. 6. 23).

80) 818계획 당시 국방부 818계획단장이던 육군소장 이석복은 각군 총장에게 군정 및 군령권을 부여하는 체제는 3군 전력의 통합발휘와 작전지휘 반응의 즉응성 문제, 각군 본부의 과중한 부담, 실질적인 통합군제란 점으로 인해 군이 추구하는 목적을 가장 달성하기 어려운 제도라고 주장했다. 이석복 장군(국방부 818계획단장), "국군 조직법의 당위성과 정부의 입장." pp. 43-44.

81) 위의 글, p. 43.

제3절 정치과정의 역동성과 통합형 국방개혁

이미 언급한 바처럼 이명박 정부의 국방개혁은 입체고속기동전 개념에 입각한 전력구조 중심의 국방개혁인 2020과 상부지휘구조 개편 중심의 국방개혁인 818계획의 색채를 가미한 것이었다. 육군 중심 입체고속기동전 개념에 입각한 육군 기동전력 건설은 이상희 국방부장관 당시의 국방개혁인 2025에서 절정을 이루었다. 한편 통합군 형태의 상부지휘구조 추구는 국방개혁 307이 국무회의를 통과한 2011년 5월 24일에 절정을 이루었다. 여기서는 국방개혁 307을 중심으로 논의하고자 한다.

1. 이명박 대통령의 성향(입장)

이명박 대통령은 목표를 정하면 수단과 방법을 가리지 않고 추진하는 성향이다. "이명박 시장의 '신개발주의' 리더십"이란 제목의 논문에서 단국대학교 조명래 교수는 청계천 복원, 뉴타운 건설, 시청 앞 광장 조성, 대중교통 개편 등 서울시장 당시 추진된 사업들과 관련하여 "이명박 시장이 '개발주의' 판단에 의해 의제를 선정하고, 시장의 의중을 잘 반영하는 특정 부서(관료)나 전문가의 주도로 추진하고 있다. 시민사회의 다양한 비판과 요구에도 불구하고 서울시의 입장을 일방적으로 관철시키는 방식으로 추진하고 있다."며 이 같은 '독선적 리더십'이 박정희 방식의 개발독재에 기인하고 있다고 주장했다. 소위 말해 일단 결정되면 불도저처럼 밀어 붙인다는 것이다. 엘리트 지도자가 앞서 이끌고 구성원들은 그의 지휘 하에 일사분란하게 일을 하면서 최대의 성과를 내는 방식을 적용하고 있다고 주장했다.

요약해 말하면 절차와 형식주의 보다는 목표 달성의 효율성 혹은 성과주의를 더 우선시하며, 대중적 합의보다 엘리트적 선도성을 더 선호함으로써 민주적인 성향보다 독선적 성향이 더 두드러진 특성을 갖고 있다고 주장했다.[82] 한편 자신의 자서전인 "청계천은 미래로 흐른다"란 제목의 책에서 이명박 대통령은 "반대를 두려워하지 않는다…10번 해서 안 되면 100번 두드려라"[83]라고 주장했는데 이는 이 같은 이명박 대통령의 성향을 분명히 보여주는 부분이다.

2. 주요 행위자들의 입장

통합군 중심의 국방개혁 추진을 조건으로 국방부장관에 취임한 김관진 국방부장관이 이끌고 있었다는 점과 육군 중심 국방부가 통합군을 선호하고 있었다는 점에서 국방부는 전후좌우 보지 않으면서 통합군을 강력히 주진해야만 하는 입장이었다. 이는 "통합군제로의 전환이 자신의 40년 숙원"이란 김관진 국방부장관의 발언을 통해 확인할 수 있다.

한편 육군은 통합군을 옹호하는 입장이었다. 육군, 해군 및 공군은 나름의 이익과 정체성을 갖고 행동하는 Corporate Agent다. Corporate Agent의 구성원은 자신의 관점과 다름에도 불구하고 조직의 관점을 수용하게 된다. 또한 조직이 추구하는 바를 조직원들에게 끊임없이 교육시키게 된

82) 조명래, "이명박 시장의 '신개발주의' 리더십." 『노동사회(Labour Society Bulletin)』, No. 90(2004, 8), pp. 58-59.

83) 이명박, 『청계천은 미래로 흐른다』 (서울 : 랜덤하우스, 2007), p. 뒤표지.

다. 이 같은 Agent의 수장인 김상기 육군참모총장이 통합군제로의 전환을 적극 옹호하고 있었다.[84] 또한 3장에서 살펴본 바처럼 김상기 육군참모총장은 이상희 합참의장이 국방부장관 당시 넓혀놓은 육군 작전지역을 보다 더 넓히는 문제를 검토하라고 합동군사대학에 지시한 바 있었다. 이처럼 육군의 입지 강화를 위해 적극 노력하고 있었다.

또한 국방개혁 307이 추진될 당시 육군의 주요 교육기관인 육군대학이 통합군제 추진의 정당성을 학생 장교들에게 교육시키고 있었다. 이 같은 사실과 관련하여 2012년 5월 예비역 모 육군 장군은 필자에게 다음과 같이 말했다. "육군대학 학생장교들에게 강의하던 도중 상부지휘구조 개편과 관련해 이야기가 나왔다. 당연히 내 입에서 통합군제를 지지하는 발언이 나올 것으로 학생장교들이 생각하고 있었나 보더라. 통합군제 추진이 잘못되었다는 나의 발언에 학생들이 놀라더라. 소령이나 되는 장교들이 단일군에 해당하는 통합군의 문제점을 제대로 판단할 능력이 없으니 큰 일이라고 학생들에게 말했다.…육군대학에서 통합군의 정당성을 교육받았다고 하더라…"

통합군제 추진에 반대하면서 처음에 해군과 공군 장교들은 자군 출신 예비역들과 공조했다. "국방개혁에 반대하는 현역 장교들의 경우 책임을 묻겠다"는 청와대와 국방부의 강력한 억압으로 불만이 수면 아래로 잠복했다. 그러나 그 후에도 지속적으로 저항했다. 예를 들면 2011년 4월 20일 국방부 간담회에서 박종헌 공군참모총장은 "공군총장이 합참의장의 지휘를 받아 군령권을 행사하는 지휘구조 개편은 제반 여건이 마련돼야 가능하다"고 말했으며 김성찬 해군참모총장은 "지휘구조 개편은 검증을 거쳐 추진돼야 한다며 시한을 정해 밀어붙이지 말고 면밀한 검증을 통해 부작

84) 오이석 기자, "예하부대 작전 지휘 총장이 해야 효율적." 『서울신문』(2011. 4. 8).

용과 문제점을 파악하고 개선하면서 추진할 것"을 제안했다.[85]

이명박 대통령과 김관진 국방부장관뿐만 아니라 이상우 위원장이 통합군제로의 전환의 정당성을 확신하고 있었다는 점에서 국방선진화위원회와 국가안보총괄점검회의는 정도의 차이는 있었지만 통합군제 추진을 지원하는 입장이었다. 더욱이 이들 위원회의 구성원, 특히 국방개혁 307에서 주요 역할을 한 국방선진화위원회의 구성원은 대부분 통합군제를 지지하는 입장이었다.[86]

3. 정치과정의 역동성과 통합형 국방개혁

이미 언급한 바처럼 육군 중심 안보공동체로 둘러싸여 있던 이명박 정부 당시의 청와대는 천안함 피격 사건 등 국방 문제의 본질을 합동성 결여 때문으로 생각했으며, 합동성을 강화하기 위한 주요 방안이 군정권과 권령권을 단일의 군인이 행사하는 통합군제 정립으로 확신하고 있었다. 해군과 공군을 포함한 정치권의 반발로 818계획 당시 당연히 달성했어야만 하였던 통합군제를 정립하지 못한 것으로 인식하고 있었다.[87] 북한 비대칭위협 대비와 경제적 군 운용이란 청와대의 지침에 이상희 국방부장관이 육군 중심 정규전에 대비한 국방개혁으로 반응하면서 2년의 기간을 소

85) 윤상호 기자, "공군=해군총장 '군 지휘구조 개편 연기' 주장." 『동아일보』(2011. 4. 26).

86) 10여 명으로 구성되어 있던 국방선진화위원회에서 통합군에 반대했던 사람은 예비역 공군중장 조원건 장군 정도였다. 그러나 10여 명으로 구성되어 있던 국가안보총괄점검회의 경우는 2명의 예비역 해군제독, 2명의 예비역 공군장군, 일부 민간인들을 포함하여 구성원의 절반 정도가 중도적인 입장이거나 통합군에 반대하는 입장이었다. 국가안보총괄점검회의는 한시적인 조직이었다는 점에서 국방개혁 307과 관련하여 많은 영향을 주지 못했다.

87) 미래기획위원회, "이명박 정부의 국방개혁 결실방안." p. 13.

비했다고 생각[88]한 이명박 정부는 곽승준 미래기획위원장 등 자신의 측근들이 통합군제 추진을 권유하자 통합군제 관철을 위해 적극 노력했다.

통합군제 추진을 염두에 둔 대통령의 노력은 천안함 피격 사건 이후 설치된 국가안보총괄점검회의를 통해 처음 나타났다. 국가안보총괄점검회의의 경우 2~3개월 동안 국방개혁 기조 및 전력증강 방향의 큰 틀 설정에 초점을 맞추고, 여기서 도출한 결론을 이어받아 국방선진화위원회가 대통령의 직접 지휘 아래 국방개혁을 총괄 지휘할 예정이었다.[89] 대통령이 주관한 국가안보총괄점검회의에서 일부 예비역 육군 장군들이 몇몇 이유를 거론하며 통합군으로의 전환을 주장했다. 이 같은 주장에 해군과 공군이 반발함에 따라 국가안보총괄점검회의에서는 이 문제를 더 이상 거론하지 않고 국방선진화위원회에서 다루기로 결정했다.[90]

그러나 2010년 7월 28일의 국가안보총괄점검회의 회의 결과를 거론하며 언론매체들은 안보총괄점검회의가 군정과 군령을 단일의 군인이 지휘하는 한국형 합동군사령부를 건의했다고 다투어 보도했다.[91] 안보총괄점

88) 위의 글, pp. 9–10.

89) 정충신 기자, "MB, 고강도 개혁 발언 이후/군 국가안보총괄점검회의…국방개혁, 전력증강 등 논의." 『문화일보』(2010. 5. 10).

90) "국가안보총괄점검회의 결과를 내가 종합했다.…합동군사령관 방안은 국가안보총괄점검회의에서 구체적으로 나온 바 없다. 군을 제일 잘 아는 사람이 참모총장인데 참모총장이 작전지휘 계선에서 전적으로 배제되는 것은 문제가 있지 않은가 정도가 언급되었다. 구체적인 언급은 없었다.…" 예비역 공군소장 박상묵 장군과의 2012년 9월 19일 전화 인터뷰; "…대통령이 참석한 국가안보총괄점검회의에서 K 장군 등이 통합군을 언급하기에 이는 군 장래와 전승을 좌우하는 매우 중요한 문제란 점을 사례를 들어 15분 동안 언급했다.…" 국가안보총괄점검회의에 참석했던 모 장군과의 인터뷰.

91) "육, 해, 공군참모총장을 육, 해, 공군 총사령관으로 바꿔 각 군의 작전사령부를 지휘토록 하는 방안도 제안했다.…합동군사령부 휘하에는 육, 해, 공군 사령부가 각각 작전권인 군령관과 진급, 징계, 보직 등 인사권과 군수물자 관리를 책임지는 군수권을 모두 행사하게 된다. 또 합동군사령부는 현장 지휘권 상당 부분을 각 군에 위임하도록 해 정부가 이 같은 방안을 채택할 경우 각 군 사령관의 권한이 대폭 강화된다." 박성진 기자, "안보총괄회의 구상 논란" 『경향신문』(2010. 8. 17); "통합군사령관을 신설해 군 전체 작전을 지휘하

검회의는 육군, 해군 및 공군 참모총장을 육군, 해군 및 공군 총사령관으로 바꿔 각 군 작전사령부를 지휘토록 하고 이 같은 각군 총사령관을 합동군사령관이 지휘하는 통합군 구조를 포함한 안을 구상[92]했으며, 이 안을 2010년 9월 3일 대통령에게 보고했다.[93][94]는 것이었다.

한편 이상우 총장 중심의 국방선진화위원회에서는 전력구조, 부대구조, 병력구조 등 국방의 다양한 문제를 검토했지만 여기서의 주요 사항은 상부지휘구조였다. 특히 단일의 군인이 군정과 군령을 통합적으로 지휘하는 통합군제 추진 문제였다. 2010년 12월 6일 청와대 핵심 관계자는 "합동군사령관 밑에 육군, 해군 및 공군 참모총장을 실질적으로 각군 사령관 체제로 바꾸는 방안이 국방개혁의 핵심으로 추진된다."고 밝혔다.[95] 통합군제 추진에 강력히 반대했던 김태영 장관의 후임으로 부임한 김관진 국방부장관은 '40년 숙원'과 같은 표현을 동원하며 통합군제를 적극 추진했다.

도록 하고 합참의장은 대통령을 보좌하도록 하는 방안 등을 놓고 국방선진화위원회에서 추가로 논의할 예정이다." 박민혁 기자, "국가안보 20개 과제 하반기 본격이행." 『동아일보』(2010. 7. 29); "…육, 해, 공군 간의 벽을 허물고 지휘체계를 단순화해 통합성을 강화하는 유기적인 3군 통합체제로의 개편이 모색된다.…육, 해, 공군 참모총장이 군령 라인에서 제외돼 있어 문제로 지적돼 왔다." 김상협 기자, "안보태세 총체적 개혁/천안함서 뼈아픈 자성." 『문화일보』(2010. 9. 3).

92) 박성진 기자, "안보총괄회의 구상 논란." 『경향신문』(2010. 8. 17).

93) 김상협 기자, "안보태세 총체적 개혁." 『문화일보』(2010. 9. 3).

94) 이 같은 신문 보도와 달리 안보총괄점검회의에서는 해군과 공군의 반대로 합동군사령부 방안은 포함되지 않았다고 필자에게 말했다. 예비역 공군소장 박상묵 장군과의 2012년 9월 19일 인터뷰.

95) 김상협 기자, "'군복무 24개월로 환원 합동군사령부 신설' 국방선진화추진위 보고." 『문화일보』(2010. 12. 6).

가. 해군과 공군의 저항

처음에 해군과 공군은 국가안보총괄점검회의와 국방선진화위원회 내부에서 그리고 국방 차원의 논의에서 자군의 관점을 관철시키고자 노력했다.[96] 이명박 대통령이 주관한 국가안보총괄점검회의에서 몇몇 예비역 육군 장군들이 통합군을 주장하자 예비역 모 장군은 임진왜란 당시 원균이 해전에서 대패한 것이 육군 출신 권율 장군의 지시를 준수했기 때문이란 역사적 사실을 인용하며 육군 중심 통합군의 부당성을 장시간 설파[97]했으며, 국방선진화위원회에 참여했던 예비역 공군중장 조원건은 통합군 주장의 부당성을 지속적으로 언급했다.[98] 각 군이 참석한 국방부 차원의 논의에서 공군은 "군의 최고 전문가인 각 군 참모총장이 군령권 행사에서 제외된 것은 문제가 있다"는 통합군논자들의 주장에 대해 "작전 분야의 최고 전문가가 참모총장이 되는 것은 아니다. 작전에 전문성이 없는 참모총장이 작전을 지휘하면 곤란하다."는 내용의 반론과 "공군의 경우 2분 이내에 상황이 종료될 정도로 신속히 작전이 수행되기 때문에 군정과 군령을 단일지휘관이 통제할 수 없다."[99]는 반론을 제기했다.

국방선진화위원회에서 작성한 국방개혁안이 국방부로 이관된 2010년 12월 이후 국방부가 적극 통합군제를 추진하자 해군과 공군이 본격적으로

96) 각 군은 국가안보총괄점검회의와 국방선진화위원회에 참여하고 있는 자군 예비역 장군들에게 자료를 제공하는 등 이들 장군을 통해 자군의 입장을 반영하고자 노력하고 있었다.

97) 모 장군과의 2012년 9월 20일 인터뷰.

98) "…군정과 군령권을 단일지휘관이 행사하는 형태의 합동군사령부 방안을 육군 출신 K 박사가 제안했고 대부분의 사람이 여기에 동조했다. 가장 많이 반대한 사람은 나다. 나머지는 쫓아오는 입장이었다.…그렇기 때문에 갈 수 있었던 것이다.…나는 공군작전사령관을 해보았기 때문에 이것의 문제점을 절감하고 있었다.…" 예비역 공군중장 조원건 장군과의 2012년 9월 17일 인터뷰.

99) 현역 공군대령과의 2012년 10월 인터뷰.

저항했다. 처음에는 예비역과 현역이 상호 공조하는 형태로 저항했다. 공군의 경우를 보면 2011년 1월 13일 공군전우회장 예비역 공군대장 김홍래 장군을 중심으로 군제에 경험과 관심이 있는 예비역과 현역 장교들이 향후 대책을 논의했다. 현역은 대안을 수립하여 일관성 있게 추진하고, 예비역은 국회의원 및 언론인들과 접촉하여 문제점을 설명하고 참고자료를 제공하는 방향으로 가닥을 잡았다. 그러나 국방부와 청와대가 현역들의 활동을 억압함에 따라 예비역 중심으로 저항이 이루어졌다. 2011년 3월 1일에는 공군과 해군의 예비역들이 공동 대책위원회를 구성했다. 2011년 5월 9일 공군전우회는 국방부의 입법예고에 대한 반대 의견을 국방부에 제출했으며 2011년 6월 초반부터는 조영길 전 국방부장관, 김충배 전 육사교장이 해군과 공군의 회합에 참여했다.[100)101)]

해군과 공군 예비역들은 통합군 중심의 상부지휘구조 개편에 반대하는 글을 언론매체를 통해 30여 회 발표했다. 2010년 12월 29일 『조선일보』에 게재한 "진단이 정확해야 군 개혁 성공한다"란 제목의 글에서 예비역 공군준장 이문호는 천안함 피격 사건은 합동성의 문제가 아니며 한반도에서 가능한 전투 형태가 전면전보다는 공중, 해상 그리고 서해도서에서의 국지전 형태가 될 것이고, 이에 대응 가능한 무기체계는 함정 및 항공기뿐인 반면 한국군이 지상군 중심으로 전력을 건설하고, 이 같은 무기를 통합적으로 운용하기 위한 합참과 같은 안보라인을 육군 중심으로 운용하기 때문에 발생했다고 주장했다.[102)]

2011년 1월 이한호 전 공군참모총장은 "합동군사령부 뚝딱 신설 발상부터 위험하다."란 제목의 『주간동아』에 게재한 글에서 군정과 군령을 단일

100) 이광학, 『위헌적 상부지휘구조 백서』(서울 : 공군전우회, 2012. 3. 9), pp. 13-14.

101) 예비역들에 대한 현역들의 자료 전달을 감시했을 뿐만 아니라 장교들의 통화 내용을 감청한 것으로 알려졌다. 현역 공군장교와의 2012년 8월 인터뷰.

102) 이문호, "진단이 정확해야 군개혁 성공한다." 『조선일보』(2010. 12. 29).

지휘관이 통제하는 합동군사령부를 창설할 것이 아니고 합참 조직부터 3군 균형 편성하고 각 군의 전문성을 융합해야 할 것이라고 주장했다. 2011년 2월 이문호 장군은 "합동군사령부 신설보다 합참 체제 보완이 바람직"이란 제목의 글을 『월간조선』에 기고했으며, 2011년 2월 예비역 공군소장 한성주는 군 상부구조 개편과 관련하여 "지상군 위주의 군 편중은 지는 전쟁 추종"이란 제목의 인터뷰를 『디펜스21』 편집장인 김종대와 했다. 마찬가지로 『디펜스21』 2월호에 해군참모총장 출신의 유삼남 제독은 "합동군사령부 창설은 북한 따라가는 것"이란 제목의 인터뷰를 했다. 2011년 3월 예비역 공군소장 장호근은 "군 개혁은 '조직 바꾸기'보다 '지휘관의 자질향상'에 초점을 맞춰야"란 제목의 글을 『월간조선』에 게재했다.

김관진 국방부장관이 307 계획을 대통령에게 보고한 2011년 3월 7일 이후에는 국방부, 합참, 한미연합사령부와 같은 합동 조직에서 고위직을 경험한 예비역 육군 장군들이 해군 및 공군 예비역들의 활동에 동참했다. 국방개혁 설명회에서 2011년 3월 26일 예비역 장군들은 상부지휘구조 개편의 부당성을 설파했다.[103] 이문호 장군은 3월 26일 논의되었던 사항을 정리하여 안성규 『중앙일보』 기자를 통해 『중앙선데이』에 "합참의장 힘 너무 세지면 정치권이 군의 눈치를 볼 수도"란 제목으로 2011년 3월 28일에 게재했다. 이 글은 해군과 공군 원로들뿐만 아니라 육군 원로들 또한 군 상부지휘구조 개편에 반대한다는 사실을 국민들에게 알리는 계기가 되었다.

2011년 3월 31일 이한호 전 공군참모총장은 『중앙일보』에 게재한 "국방개혁 논쟁"이란 제목의 글에서 국방부가 추진하고 있는 군제는 사실상 통합군제라며, 통합군제로의 지휘구조 개편은 탁상공론이란 주장을 전개했

103) 윤상호 기자, "예비역 장성들 '예비역 압력에 영향받지 말라'는 MB 발언에 반발." 『동아일보』(2011. 3. 26).

다. 마찬가지로 2011년 3월 31일 예비역 해군 준장 김혁수는 『조선일보』에 게재한 "예비역이 국방개혁을 반대하는 게 아니다"란 제목의 글에서 군이 국방개혁 가운데 통합군제만을 반대하는 것이며 문민통제를 위협하는 통합군제를 정부와 정치권이 반대해야 하는데 오히려 군이 반대하고 있는 것을 정부에서 추진하는 게 문제라고 주장했다. 이 같은 상황에서 박종헌 공군참모총장이 국방개혁 307의 보완을 주장했다.[104)]

2011년 4월 12일 "올바른 군 개혁을 바란다"란 제목의 『한국일보』에 기고한 글에서 전 공군참모총장 김홍래 장군은 단일의 군인이 군정과 군령을 지휘하는 통합군제안은 '지휘 폭(Span of Control)'이 너무나 커 문제가 많다며, 충분한 논의 없이 밀실에서 만들어졌다고 주장했다. 2011년 4월 18일 예비역 공군중장 서진태 박사는 국방개혁 307에 포함되어 있는 국군조직법 개정이 충분한 논의 없이 추진되고 있다는 내용의 글을 이명박 대통령에게 보냈다. 2011년 4월 20일 국방부 간담회에서 박종헌 공군참모총장은 "공군총장이 합참의장의 지휘를 받아 군령권을 행사하는 지휘구조 개편은 제반 여건이 마련돼야 가능하다"고 말했으며 김성찬 해군참모총장은 "지휘구조 개편은 검증을 거쳐 추진돼야 한다며 시한을 정해 밀어붙이지 말고 면밀한 검증을 통해 부작용과 문제점을 파악하고 개선하면서 추진할 것"을 제안했다.[105)]

2011년 5월 4일 30여 명의 전직 해군 및 공군 참모총장들이 육군 중심의 국방개혁안에 반발하는 시국선언을 할 것이라고 말했다.[106)] 한편 "안보 취약시기 군 지휘구조 개편, 국가안보를 포기할 셈인가?"란 제목의 『디펜스21』과의 2011년 5월 인터뷰에서 이한호 전 공군참모총장은 군정권과 군

104) 김수정 기자, "박종헌 공참총장 군 개혁 문제 제기." 『중앙일보』(2011. 4. 9).

105) 윤상호 기자, "공군=해군총장 '군 지휘구조 개편 연기' 주장." 『동아일보』(2011. 4. 26).

106) 김광수 기자, "전직 해군 및 공군 참모총장 30여 명 '시국선언 하겠다'." 『한국일보』(2011. 5. 2).

령권을 단일 군인에게 주는 형태는 통합군 범주에 속한다며 국내외적으로 안보 취약시기에 군의 골격을 바꾸는 것은 이치에 맞지 않을 뿐만 아니라 한미연합작전 측면에서도 부정적인 결과를 초래할 것이라고 주장했다.

합동군사령부가 헌법 차원에서 문제가 있자 합참의장이 각군 참모총장을 지휘하고, 각 군 참모총장이 자군 작전부대에 대해 군정권과 군령권을 행사하는 방안이 강구되었다. 2011년 5월 6일 해군 및 공군 참모총장 10여 명이 서울 대방동 공군전우회 사무실에서 만나 "국방개혁 법률 개정안의 국회통과를 반드시 저지할 것"이라고 언성을 높였다.[107] 2011년 5월 17일 국방부가 주관한 국방개혁 설명회에 해군과 공군이 1명도 참석하지 않는 등 국방개혁에 적극 반대하는 가운데 2011년 5월 24일 상부지휘구조개편 '국방개혁안'이 국무회의를 통과했다.

나. 정치권의 반대

상부지휘구조 개편 중심의 국방개혁 307에 대한 정치권의 반대가 최초 목격된 것은 국방부 국방개혁실이 국방위원회 소속 의원 보좌관들에게 서북도서사령부 창설, 각군의 유사 기능 부대 통폐합 등 국방개혁 사안에 대한 의견과 전망을 물었을 당시였다. 보좌관들은 찬성을 전제로 잘될 수 있겠느냐는 식의 설문이 무슨 의미가 있겠는가?하고 반문했다. 민주당 소속 의원 보좌관들은 설문을 집단 거부하기로 했다. 방향의 옳고 그름보다는 업무 추진 방식 때문이란 지적이 많았다. 기본계획을 발표하고(3월 8일), 군무회의에서 입법안을 통과시키고(4월 25일), 대통령에게 중간보고 하는(5월 4일) 동안 제대로 된 의견수렴 과정이 없었다.

107) 고성호, 김광수 기자, "이대통령 '군 개혁 빠를수록 좋다'." 『한국일보』(2011. 5. 7).

홍규덕 국방개혁실장은 "6월 중에 공청회를 열 계획"이라고 밝혔는데 6월은 국방부가 밝힌 국방개혁법안 법제화 시한이었다. 공청회가 입법안 국회 제출 직전에 치르는 요식 행위가 된 셈이었다. 박종헌 공군참모총장이 "계룡대에 작전지휘를 뒷받침할 C4I체계가 구축돼 있지 않은 점을 들어 제반여건이 갖춰져야 군 상부지휘구조 개편이 가능하다"는 얘기를 했는데 이는 매우 당연한 것이었다며, "얼마나 폐쇄적으로 일을 추진했으면 이런 당연한 의견개진조차 반발로 언론에 대서특필되었겠느냐"고 『한겨레신문』의 이순혁 기자는 말했다.[108)]

청와대와 국방부는 합참의장에게 합동군사령관으로서의 권한과 작전지휘에 필수적인 제한된 군정권을 부여하고, 각군 참모총장에게 군령권을 줘 합참의장의 작전지휘 계선에 들어오게 하는 등을 핵심으로 한 상부지휘구조 개편안과 관련된 국군조직법, 군인사법 등 5개 법률안 개정안을 2011년 5월 안에 국회에 제출하여 6월 임시국회에서 통과시킨다는 목표를 정했다. 그러나 야당은 물론이고 집권 여당인 한나라당 내에서도 상당수 국방위원들이 상부지휘구조 개편안에 반대하고 있었다.

한나라당 정책위부의장인 김장수 의원은 "군과 관련된 부분은 웬만큼 경험을 다 해봤는데 이 개편안에 대해서는 확신이 서지 않는다"면서 "먼저 시험평가를 해보고 나서 법제화 여부를 판단해야 한다"고 말했다. 육군참모총장과 국방부장관을 역임한 김장수 의원은 "합참의장·참모총장 한 사람에게 두 가지 일(군정과 군령 통합)을 맡기는 게 옳은지, 그게 가능한 것인지 판단이 안 선다"며 "벌컥 입법부터 해놓고 틀린 것으로 나오면 어떻게 하느냐"고 말했다. 한나라당 국방위 간사인 김동성 의원은 "여당 국회의원 중에도 우려하는 사람들이 많다"며 "필요한 선행조치가 완수되지 않고서는 법의 통과는 쉽지 않다"고 말했다. 육군중장 출신의 한기호 의

108) 이순혁 기자, "국방개혁 의견수렴은 시늉만." 『한겨레신문』(2011. 5. 7).

원은 "수정된 안을 내놔야지, 현재의 안을 갖고는 법 통과가 안 된다"고 말했다. 민주당 간사인 안규백 의원은 "정부안대로 하면 각군 참모총장이 작전사령관 역할까지 해야 하는데, 하루는 각군 본부가 있는 충남 계룡대에서 고유의 참모총장 역을, 하루는 작전사령부가 있는 경기 오산(공군), 용인(육군3군사령부), 부산(해군)에서 작전사령관 역할을 하고, 또 하루는 용산의 합동참모회의에 참석해야 하는 일이 발생한다"며 "정부안대로 국회 통과는 어렵다"고 밝혔다.[109)]

다. 기득권 세력의 균열

상부지휘구조 개편 중심의 818계획 당시 육군들은 대부분 통합군을 지지했다. 일부 육군 장교들이 합동군제를 원했던 것으로 추정되지만 이는 건군 이후 장기간 동안 3군 병립제를 운용해온 한국군이 통합군제로 곧바로 전환하는 경우 적지 않은 부작용이 있을 수 있다는 1960년대 및 1970년대 당시 한국육군 장교들이 발표한 논문들의 관점에 입각하고 있었다.[110)] 이들 또한 통합군이 궁극적으로 추구해야 할 목표란 점에는 이견이 없었다.[111)]

---

109) 김제동 기자, "'국방개혁 307계획' 국회통과 불투명." 『문화일보』(2011. 5. 13).

110) 2012년 5월 이후 실시한 인터뷰에서 몇몇 육군들이 이 같은 의미의 발언을 했다. 예를 들면 2012년 7월 21일의 인터뷰에서 예비역 모 육군소장은 "이번에 통합군으로 가지 않으면 818 당시 합동군으로 간 이유가 없다"고 주장했다. 또한 예비역 모 육군 장군은 "통합군으로 가기 위해 818 당시 합동군으로 간 것이다."고 말했다.

111) "여러 나라의 군대를 견학시키고 공부를 시키고 연구해보니 "통합군제로 가긴 가야 하지만 가기 전에 합동군제가 당시를 기준으로 우리에게 적합하다고 결론을 내린 것이다." 이상훈 전 국방부장관과의 2012년 6월 4일 인터뷰; 육군교육사에서 발간한 학술지 『군사발전』에 기고한 글에서 육군중령 김기학은 합참 기능을 점차 보강하여 군령 지휘 계선으로 접근시킨 후 각군 본부를 축소시키면서 각군 참모총장을 통합 지휘하는 합참의장제로 발전시키고 종국에는 단일참모총장제로 접근해갈 것을 권고하고 있었다. 육군중령 김기학, "군사 지휘체제 발전." 『군사발전』 47호(1988, 7), p. 103.

육군 중심 입체고속기동전을 구현한 국방개혁 2020 당시에도 기득권 세력인 육군 장교 내부에서의 분열은 있지 않았다.

그러나 국방개혁 307 당시에는 김장수 전 국방부장관, 김종환 전 합참의장, 김충배 전 육사교장, 김태영 전 국방부장관, 남재준 전 육군참모총장, 서종표 전 3군사령관, 이상훈 전 국방부장관, 이상희 전 국방부장관, 장성 전 한미연합사령부 부사령관, 조영길 전 국방부장관, 한기호 전 육군교육사령관 등 한미연합사령부 및 합참과 같은 곳에서 주요 직위를 경험해본 육군출신 장군들이 통합군제 추진에 적극 반대했다.

가장 중요한 부분이지만 김관진 국방부장관의 전임자인 김태영 국방부장관이 이명박 대통령의 상부지휘구조 개편안에 적극 반대했다. 2011년 11월 김태영 전 국방부장관은 "…이명박 정부에서 국방부장관을 한 나는 상부지휘구조 개편에 공개적으로 반대할 수 있는 입장은 아니다. 그러나 상부지휘구조 개편은 근본적으로 잘못되었다. 현재의 합참 구조를 약간만 보완하면 전시작전통제권 전환 등 전혀 문제가 없다. 공군의 서진태 장군, 육군의 조영길 장군, 장성 장군과 같은 분들이 반대하고 있다. 이 분들이 보통 분들인가?"[112]고 말한 바 있다. 또한 예비역 공군준장 진호영 장군은 다음과 같이 말했다. "김태영 장관 당시 합참에서 연구안을 만들고 있었는데 여기에는 통합군안이 포함되어 있지 않았다. 김태영 장관은 국방선진화위원회에서 만든 안을 탐탁하지 않게 생각했다. 논리적으로 타당성이 없다고 생각했다.…"[113] 김태영 국방부장관이 청와대와 관점을 대거 달리하고 있었음을 언론매체 또한 언급하고 있었다.[114]

112) 2011년 10월의 김태영 장관과 필자의 대화.

113) 예비역 공군준장 진호영 장군과의 2012년 9월 26일 인터뷰.

114) "…청와대와 국방부 사이에 국방개혁에 대한 인식차가 상당한 것으로 드러나고 있어 충돌이 우려된다.…육, 해, 공군 3군 간의 합동성 실현 등 군이 받아들이기 쉽지 않은 과제들이 담겨있어 청와대와 국방부 사이의 의견조율이 주목되고 있다." 홍장기 기자, "G20

한편 2011년 3월 23일 국방부 대회의실에서 있었던 '국방부 주관 성우회 초청 국방정책 설명회'에서 장성 장군은 "통합군제는 전체주의 국가들이 선호하는 제도로 민주주의와 문민통제 원칙 하의 우리나라 정치제도에 부합하지 않는다"고 주장했으며 2011년 5월에는 "군 구조 개편안 이대로는 안 된다"란 제목의 소책자를 『성우회』를 통해 예비역 장군들에게 2,300부 배포했다. 조영길 전 국방부장관은 2011년 3월의 『성우소식』에 게재한 "군 지휘체계개편 : 바로 가고 있는가?"란 제목의 글에서 국방선진화위원회가 제안한 군제는 전례가 없을 정도로 단일의 군인에게 과중한 임무를 부여하는 총사령관제로서 문민통제를 위협할 수 있다고 주장했다. 2011년 3월 26일의 국방개혁안 설명회에서 김종환 전 합참의장은 "현재 추진하는 국방개혁은 해군 및 공군뿐만 아니라 육군도 반대하는 만큼 '자군 이기주의'를 개혁 명분으로 내걸지 말라"며 "합참의장에게 과도한 지휘 부담이 야기되는 새 지휘구조에선 누구도 의장직을 수행하지 못할 것"이라고 조언했다. 당시 일부 장군들은 "군을 모르는 몇몇 인사가 군 전체를 흔들고 군 통수권자도 이에 흔들리고 있다"는 비판을 제기했다.[115]

2011년 4월 11일 평화연구소에서 있었던 국방개혁 관련 세미나에서 이상훈 전 국방부장관은 "…현재의 국방개혁은 군에서 이래서는 안 된다는 이유로 시작한 것이 아니라 국방선진화위원회라는 곳에서 대통령에게 말해…재임 중 한 건 해보려는 업적 차원에서 만든 것이다. 군 개혁 전문가인 김동호 장군, 서진태 장군과 같은 분들의 의견을 구하지도 않고 정치권에서 결정하니 말도 안 되는 계획이 나온 것이다."라고 말했다.

이상희 전 국방부장관과 김장수 전 국방부장관이 군정과 군령을 단일

이후 군, '국방개혁' 모드로 간다." 『내일신문』(2010. 11. 16).

115) 윤상호 기자, "예비역 장성들 '예비역 압력에 영향받지 말라'는 MB 발언에 반발." 『동아일보』(2011. 3. 26).

지휘관이 행사하는 형태에 반대했음을 국방위원장인 유승민 의원은 다음과 같이 표현했다. "이상희·김태영 국방부장관에게도 물었다. 동료였던 김장수 의원에게도 '왜 군정과 군령을 구분하느냐'고 질문했다. 다들 구분하는 게 옳다고 하더라."[116] 한편 남재준 전 육군참모총장과 김충배 전 육사교장은 2011년 3월 이후 상부지휘구조 개편에 반대하는 해군과 공군의 공동대책위원회에 적극 참여[117]했으며, 김장수 전 국방부장관, 한기호 전 육군교육사령관과 서종표 전 3군사령관은 국회에서 상부지휘구조 개편을 적극 저지했다.[118]

"해·공군 동의해야 '합동군 성공한다'"란 제목의 2010년 12월 31일자의 『조선일보』 글에서 예비역 육군대령 박휘락 교수는 합동전력 발휘가 상부지휘구조 개편만의 문제가 아니고 우리군의 경우 군 간부들의 인식, 지식, 문화적 문제 때문일 수 있다며 해군과 공군의 동의가 없으면 합동군사령부 개편이 불가능할 것이라고 주장했다. 또한 2012년 10월에 있었던 공군발전협회 주관 세미나에서 박휘락 박사는 "내가 알고 있는 육군들은 대부분 통합군에 반대하고 있다"고 말했다.

"국방개혁 헛다리짚은 '307계획'"이란 제목의 2011년 4월 21일자의 『경향신문』 글에서 예비역 육군준장 표명렬 장군은 군부 독재시대에도 국방문제만은 여러 의견과 여론을 충분히 경청, 참작하여 군심을 거스른 일이 없었다며, 통합군제로의 전환에 대한 해군과 공군 예비역 장군들의 충정과 용기를 집단 이기심의 발로라고 폄훼, 묵살하는 우를 범하지 않기 바란다고 말했다. 국방개혁 307을 김상기 육군참모총장이 적극 옹호하고 나선

116) 유승민 국방위원장, "FX사업 원칙대로 추진… 정권말기라도 준비되면 동의할 것." 『세계일보』(2012. 7. 17).

117) 이광학, 『위헌적 상부지휘구조 백서』, pp. 13-16.

118) 이순혁 기자, "16명 중 10명 '국방개혁안 절차 문제있다'." 『한겨레신문』(2011. 6. 2); 『위헌적 상부지휘구조 백서』, pp. 13-16.

반면[119] "육군 작전을 지휘하려면 1, 3군으로 나뉜 육군 작전지휘부를 지상작전사령부로 합쳐야 하며, 이런 작업이 빨라야 2014년에 끝나기 때문에 내년 말부터 육군참모총장이 작전을 효율적으로 지휘하기가 어렵다"[120]고 육군은 주장했다.

통합군제를 적극 추진하고 있던 김관진 국방부장관 또한 장관으로 부임하기 이전에 합동군제를 옹호했다는 주장도 없지 않았다.[121]

라. 여론의 부정적 기류

국방개혁 307에 대한 부정적인 여론은 국방선진화위원회의안을 국방부가 조정한 안이 등장한 2010년 12월 말경부터 지속되었다.

"'육군편중 심화' 합동성 후퇴시켜"란 제목의 2010년 12월 30일 기사에서 『내일신문』의 홍장기 기자는 군정권을 쥔 합동군사령관에 해군과 공군이 불만을 표명하고 있다고 보도했다.[122] 동일 날짜 동일 신문의 "'육방부' 불식시켜야 국방개혁 성공"이란 제목의 글에서 홍진기 기자는 국방선진화위원회의 합동성 강화방안이 육군 입맛에 맞게 변형되었다며 합동군사령관 신설로 육군의 독주가 우려된다고 보도했다. "합동군의 전제조건은 3군의 균형이다"란 제목의 2010년 12월 31일자 『한국일보』에는 한국전

119) 오이석 기자, "예하부대 작전 지휘 총장이 해야 효율적." 『서울신문』(2011. 4. 8).

120) [사설/칼럼] "군 지휘부 개편, 북 도발 억제에 초점 맞춰야." 『동아일보』(2011. 4. 26).

121) 장관으로 취임하기 이전에 김관진 국방부장관이 현재의 합동군 체제를 옹호했다고 몇몇 사람이 증언했다. 예를 들면 이상훈 전 국방부장관은 "조영길 전 국방부장관의 말에 따르면 김관진 장군이 장관이 되기 이전에는 군제와 관련하여 자신과 생각이 동일했다." 고 증언한 바 있다.; "88년 당시 중령이던 김 장관은 '818 기획단'에 소속돼 조영길, 이석복, 조건한 예비역 장군 같은 선배들과 함께 '반통합군' 개혁안을 만들었다. 그런데 23년 뒤 외나무다리에서 마주친 것이다." 안성규, "합참의장 힘 너무 세지면 정치권이 군의 눈치를 볼 수도." 『중앙선데이』(2011. 3. 28).

122) 홍장기 기자, "'육군편중 심화' 합동성 후퇴시켜." 『내일신문』(2010. 12. 30).

쟁 당시의 고지 전쟁에나 적합한 보병 중심의 3군 구성이 북한도발에 유효하지 않다며 해군과 공군의 전력을 대폭 강화하지 않고는 북한위협에 효과적으로 대처하기 곤란하다고 주장했다. "취지와 효과 모두 의문스러운 '군 지휘구조 개편안'"이란 제목의 2010년 12월 31일자 『한겨레신문』에는 국방부와 합참의 핵심 보직을 육군이 거의 독식하고 있는 현재의 구조에서 합동군사령부를 만들면 해군과 공군이 보다 위축될 가능성이 크다고 주장했다.

"해·공군 '국방개혁 육군에 유리' 발끈"이란 제목의 2011년 1월 6일 기사에서 『동아일보』 박민혁 기자는 국방부와 합참의 수뇌부 구성 측면에서 해군과 공군이 배제된 가운데 군정권과 군령권을 행사하는 합동군사령부를 국방부가 추진하고 있다고 보도했다.[123] "국방개혁 잘못 가고 있다"란 제목의 2011년 1월 6일 『한국일보』 기사에서 이준희 기자는 "육군이 장악하다시피 한 국방 지휘부에 개혁을 맡기는 건 무리다. 개혁 대상이 개혁의 주체가 되는 셈이니 이런 난센스도 없다"고 주장했다. "육군, 법규 어겨가며 고위직 독식"이란 제목의 2011년 1월 6일 『내일신문』 기사에서 홍장기 기자는 국방부의 실장과 국장에 해군과 공군은 1명뿐이며, 17개 직할부대장을 육군이 싹쓸이하고 있을 뿐 아니라 합참 요직을 육군이 독점하고 있다며 3군 불균형 해소 없이는 개혁이 곤란하다고 주장했다.

국방부가 307 계획을 대통령에게 보고한 2011년 3월 7일 "국방개혁, 지휘구조 뒤흔들 때 아니다"란 제목의 『중앙일보』 글에서 연세대학교 문정인 교수는 국방부가 추진하고 있는 합동군사령관 신설이 육군 주도하의 통합군 형태에 가까워 보인다며 중국의 부상에 따른 동북아의 전략적 불안정에 대비하는 큰 그림을 먼저 마련하고 그에 따른 전력구조와 무기체계를 고민해야 한다고 주장했다. "상부지휘구조 개편 TF팀 '육군 일색'"

123) 박민혁 기자, "해·공군 '국방개혁 육군에 유리' 발끈", 『동아일보』(2011. 1. 6).

이란 제목의 2011년 3월 8일자 『내일신문』 글에서 홍장기 기자는 "상부지휘구조 개편추진단의 상층부가 육군 일색이어서 어려움을 낳고 있다."고 주장했다. "지휘부 합동성 강화"란 제목의 2011년 3월 9일자 『한국일보』 글에서 김광수 기자는 "현재 합참의 구성과 주요 보직이 육군 위주로 구성돼 있어 가뜩이나 영향력이 제한된 해군과 공군은 이 같은 개편안에 대해 크게 우려하고 있다."며 "대장 이상으로 구성된 합동참모회의의 경우 참석자가 육군 출신은 8명인데 비해 해군과 공군은 각 1명에 그쳐 발언권이 미약할 수밖에 없다."고 주장했다.

"3군 전력균형 발전이 빠진 '국방개혁 307'"이란 제목의 3월 9일자 『한국일보』 사설은 "3군 전력 균형이 없는 가운데에서의 상부지휘체계 개편이 그나마 유지되던 합동성마저 훼손할 수 있다며 전력균형 목표가 구체화되기 전까지는 지휘체계 개편은 미루는 게 좋다."고 주장했다. "호랑이 대신 고양이 그린 20년 만의 국방개혁"이란 제목의 3월 10일자 『세계일보』 오피니언은 "군정을 맡는 각 군 참모총장에게 군령권을 준 것이 합동성과 어느 정도 상관관계가 있는지 의문이다"며 "합참의장의 육·해·공군 작전사령부 직접 지휘체계 사이에 참모총장이 하나 더 낌으로써 신속성 측면에 차질이 빚어질 개연성도 감지된다."고 주장했다.

2012년 4월 2일 "공론화 없는 국방개혁, 아니 되옵니다"란 제목의 『경향신문』에 기고한 글에서 『디펜스21』의 김종대 편집장은 "조선시대에도 '전하 아니 되옵니다'는 간언이 다반사였다며" "공론화 과정도 거치지 않았는데 반대하면 항명으로 다스린다"는 청와대의 발언은 어불성설이라고 주장했다. "꼬여가는 국방개혁…이러다 개악될라"란 제목의 4월 28일 글에서 『동아일보』 윤상호 기자는 "국방개혁이 갈수록 꼬여가는 주된 원인은 현 정부 임기 내에 개혁의 열매를 따겠다는 의욕이 앞서 현실적 여건을 따져보지 않았기 때문이다"며 "군 통수권자에게 국방개혁의 현실과 방향을 가감 없이 전달해야 한다"는 군 안팎의 조언에 청와대와 국방부는 귀 기울여야 한다고 주장했다.

"되레 안보 불안감 키우는 졸속 국방개혁"이란 제목의 4월 29일자 『한국일보』 사설에서는 합참의장 순환 보직 규정 폐기 등으로 육군 독식구조는 더 심해질 개연성이 커졌다며, 청와대와 국방부는 반발을 해군과 공군의 이기주의로 돌렸지만 이걸 보면 국방개혁안 자체가 육군의 이기주의를 반영한 것이라는 주장이 훨씬 설득력이 있어 보인다고 주장했다. "군 분열 키우는 구조 개편 고집하지 말라"는 제목의 2011년 5월 14일자 『한국일보』 사설에서는 지상군 위주의 낡은 작전개념에서 탈피하지 못한 기존 합참 지휘부의 구성과 인식이 문제라며, 이 같은 문제를 지적한 해군참모총장과 공군참모총장이 자군 이기주의의 대상이 아니고 지상군 기득권에 집착하는 개혁안 입안 그룹과 청와대 및 국방부 참모진이 그 대상이라고 주장했다.

마. 대통령의 선택

상부지휘구조 개편에 대한 해군과 공군의 격렬한 저항, 정치권과 언론매체의 부정적인 인식뿐만 아니라 국방부, 합참, 한미연합사령부와 같은 합동 조직에서 고위 직책을 역임한 예비역 육군 장군들의 거센 반발에도 불구하고 이명박 대통령은 통합군제 중심의 상부지휘구조 개편을 강력히 추진했다.

2011년 3월 7일 국방부는 합참의장이 인사 및 군수와 같은 군정권뿐만 아니라 군령권을 행사하는 방안을 포함한 73개 과제를 대통령에게 보고했다. 보고 당시 이명박 대통령은 "군의 상부지휘구조 개혁을 포함한 국방개혁 과제들은 해도 되고 안 해도 되는 선택의 과제가 아니다"며 "어떤 경우에도 해야 한다. 지금 우리는 엄중한 상황에 처해 있다."고 말했다.[124] 한편 국방부가 국방개혁 307을 대통령에게 보고한 2011년 3월 7일 이명박 대통령은 국방개혁이 자칫 잘못된 방향으로 추진될 경우 해군과 공군이 육군의 기능부대가 될 수 있다는 해군 및 공군참모총장의 발언에 대해, "해·공군 총장의 얘기는 내가 지금까지 만난 많은 예비역의 의견과 똑같다." 고 말하면서 "각 군 총장은 예비역의 압력이나 영향을 받지 말고 이들을 적극 설득해 국방개혁을 강력하고 일사분란하게 추진해야 한다."고 말했다.[125] 한편 2011년 3월 7일의 라디오 및 인터넷 연설에서 이명박 대통령은 "합동성 강화가 중심인 국방개혁에서 하나 된 마음, 강인한 군인정신이 더욱 중요하다."고 강조했다.[126]

2011년 3월 26일에 있었던 예비역 장군들을 대상으로 한 국방부의 국방개혁안 설명회에서 조영길 전 국방부장관을 포함한 예비역 장군들이 "합참의장에게 권한이 집중되는 상부지휘구조 개편은 문민통제 원칙에 어긋나고 군에는 '독약'이다." "군을 모르는 몇몇 인사가 군 전체를 흔들고 군 통수권자도 이에 흔들리고 있다."[127]고 비판하는 등 거세게 반발하자 청와대 고위관계자는 『문화일보』와의 통화에서 "이달 초 국방부가 발표한 '국방개혁 307계획'에 대해 예비역 장성과 일부 군을 중심으로 반발이 일고 있지만 군복을 입고 있는 현역이 이에 반발한다면 옷을 벗길 수밖에 없다." "군의 합동성 강화를 위한 상부구조 개편안에 대해 반발하는 것은 과연 국가안보를 위해서인지 아니면 자군 이기주의에 따른 것인지 되물어

124) 유성운 기자, "합참의장, 인사-군수 군정권도 갖는다." 『동아일보』(2011. 3. 8).

125) 윤상호 기자, "예비역과 똑같은 얘기 말고 군개혁 강력하게 추진하라." 『동아일보』(2011. 3. 10).

126) 박영출 기자, "육·해·공군의 합동성 강화 시급하다." 『문화일보』(2011. 3. 7).

127) 윤상호 기자, "예비역 장성들 '예비역 압력에 영향받지 말라'는 MB 발언에 반발." 『동아일보』(2011. 3. 11).

봐야 한다."며 국방개혁 작업의 속전속결 의지를 밝혔다.[128] 청와대는 "일부 현역 중 예비역 장성 등을 통해 자신의 이야기를 대신하려는 게 아닌지 의심이 가는 정황들이 속속들이 파악되고 있어 예의주시하고 있다"[129]고 말했다.

이 같은 청와대 고위인사의 발언에 여론이 들끓자 청와대가 진화작업에 나서는 한편 3월 29일 이명박 대통령은 김관진 국방부장관에게 이희원 안보특보를 보내 "이 대통령은 김 장관의 개혁의지를 신뢰하고 있다. 장관이 중심이 돼 국방부가 국방개혁을 차질 없이 추진해 달라는 게 이 대통령의 뜻이다."는 내용을 전했다.[130] 이명박 대통령은 "이번 기회에 우리가 국방개혁을 해야 하고 여기에는 각자의 이기적 생각을 버려야 한다."면서 "김관진 국방부장관을 중심으로 연내에 국방개혁을 완성시킬 수 있을 것이다."고 밝혔다. 또한 "국방개혁 문제에서 가장 중요한 것은 합동성이라고 생각한다"[131]고 말했다.

헌정회 회원들과 오찬간담회를 가진 2011년 4월 13일 이명박 대통령은 "천안함 연평도 같은 일을 당하고도 국방개혁을 못한다면 우리는 앞으로도 기회를 갖지 못할 것이다."[132]고 말하면서 군정과 군령을 통합 지휘하는 형태의 상부지휘구조 방안을 지지했다. 해군과 공군의 반발로 군 개혁 시행 시기가 늦어지고 있다는 지적과 관련하여 청와대 고위 관계자는 "각군 참모총장의 계급을 대장에서 중장으로 낮추겠다고 압박했다.…"[133]

128) 김상협, 박영출 기자, "국방개혁안 상반기내 법제화." 『문화일보』(2011. 3. 28).

129) 유용원 기자, "청와대 '국방개혁 반대 군인은 항명 간주'." 『조선일보』(2011. 3. 29).

130) 정웅관 기자, 윤상호 기자, "이대통령 '국방개혁, 장관 중심으로 차질없이 추진하라'." 『동아일보』(2011. 3. 30).

131) 안현태 기자, "이기심 버리고 국방개혁…연내 필히 완성." 『헤럴드경제』(2011. 4. 1).

132) 유성운 기자, "천안함 겪고도 국방개혁 못하면 앞으로 다신 기회 갖지 못할 것." 『동아일보』(2011. 4. 14).

133) 김수정, 고정애 기자, "별 넷 각군 참모총장 별 하나 떼서라도…." 『중앙일보』(2011. 4.

2011년 5월 6일 이명박 대통령은 국방개혁과 관련 "빠르면 빠를수록 좋다"며 "오랫동안 개혁을 이야기했지만 늘 기회를 놓치고 용두사미가 됐다"면서 "이스라엘 군에서는 군의 제1의 적이 아랍이 아닌 군 행정화라고 한다"고 말했다. 또한 "북한의 천안함과 연평도 도발 위기를 통해 군의 합동성과 효율화를 하지 못하면 영원히 기회가 없다."며 "국방개혁은 더 이상 미룰 수 없는 과제다. 전군이 한마음 한뜻으로 적극 추진하되 대비태세에 만전을 기하는 가운데 전시작전통제권 전환과 연계해 국방개혁을 차질 없이 수행하라"[134]고 당부했다.

---

27).

134) 고성호 기자, 김광수 기자, "이대통령, '군개혁 빠를수록 좋다'." 『한국일보』(2011. 5. 7).

제4절 국방개혁 307의 재평가

2010년 3월 26일의 천안함 사태를 전후하여 이명박 대통령은 통합군을 추진했는데 이는 위협환경 및 동맹환경의 변화와 같은 안보환경 변화가 아니고 대통령 선거 당시 자신을 지지해준 세력들의 선호를 반영한 결과였다. 이명박 대통령은 합동성 강화가 대단히 중요한 의미가 있으며, 합동성을 강화하기 위한 최상의 방안이 통합군으로의 전환임을 확신했다.

이는 안보 분야의 이명박 대통령 지지 세력에 육군 출신 또는 육군을 지지하는 세력들이 많았는데 이들이 대통령에게 이 같은 확신을 심어주었기 때문이었다. 군에 관해 잘 모르는 이명박 대통령은 이 같은 제안의 정당성을 확신하지 않을 수 없었을 것이다. 특히 집권 초반부터 국방개혁을 거론한 반면 국방부 중심의 국방개혁 추진으로 근 2년의 기간을 허송세월했다고 생각했던 이명박 대통령 입장에서 보면 국방개혁은 시급한 문제였던 것이다. 국방개혁 818과 2020에 영향을 끼친 주요 행위자가 직업군인, 특히 육군들이었다면 국방개혁 307 당시의 주요 행위자는 이상우 국방선진화위원장, 곽승준 미래기획위원회 위원장, 김태우 통일연구원장, 한국국방연구원의 노훈 박사[135], 청와대 비서관 김태효 등 민간인 출신이었다.[136] 비교적 오랜 기간 동안 한국군 국방개혁에 관여했던 이들 민간

135) 임태희 대통령 비서실장과 고등학교, 대학교, 공군학사장교 동기란 공통점이 있던 노훈 박사는 2011년 3월의 한국국방연구원장 최종 후보로 거론될 정도로 이명박 정부의 청와대로부터 상당한 신임을 얻고 있었다. 이 같은 노훈 박사가 각 군의 완벽한 조직 통폐합을 주장하고 있었다.

136) 윤용남 전 합참의장, 김동신 전 국방부장관과 같은 일부 예비역들이 통합군의 정당성을 주장하고 있었다. 그러나 군 출신과 비교하여 중립적인 시각을 견지할 것으로 생각되는 이들 민간인 출신 전문가의 통합군 주장이 이명박 대통령 입장에서 보다 설득력이 있었

인 출신이 307 당시 통합군을 적극 옹호했는데, 이것이 이명박 대통령이 통합군의 정당성을 확신하는 과정에서 보다 많은 영향을 끼쳤을 것이다.

이 같은 청와대 중심의 통합군 추구에 언론매체와 정치권은 말할 것 없고 해군과 공군의 예비역 장군뿐만 아니라 합참 및 한미연합사령부와 같은 합동 조직에서 고위직을 역임했던 육군 출신 장군들이 적극 반대했다. 818계획 당시 조영길 장관을 제외하면 통합군제에 공개적으로 반대한 육군 장교가 없었다는 점에서 보면 이는 놀라운 사실이었다. 이처럼 통합군제 추진에 적극 반대했던 김장수 전 국방부장관, 이상희 전 국방부장관, 김태영 전 국방부장관, 김종환 전 합참의장, 남재준 전 육군참모총장과 같은 장군들이 교리적으로 문제가 있는 육군 작전지역 확대를 통해 한반도 화력을 육군이 주도하도록 하는 문제가 추진되고 있던 국방개혁 2020을 전후하여 우리 군에서 고위직에 있었다는 점에서 보면 이는 보다 놀라운 사실이었다.[137] 이 같은 현상을 어떻게 설명할 수 있을까?

이처럼 통합군에 대한 반발이 심상치 않은 상황에서 이명박 대통령은 국방개혁 307을 추진할 국방부장관으로 예비역 육군대장 김관진 장군을 선임했으며, 통합군에 반대하는 세력을 직간접적인 방식으로 억압하는 등 국방개혁 307을 적극 지원했다.

818계획이 추진될 당시와 달리 예비역 장성과 언론매체의 격렬한 반대에도 불구하고 이명박 대통령이 통합군제 추진 의사를 굽히지 않았던 것

을 것이다.

137) 국방개혁 2020이 추진될 당시 남재준 전 육군참모총장은 육군참모총장으로 재직하고 있었다. 합참의장 재직 당시 김종환 전 합참의장은 입체고속기동전 중심의 전역계획을 만들었으며, 한반도 항공력 운용의 핵심인 합동표적위원회를 합참으로 갖고 오고자 적극 노력했다. 합참의장 및 국방부장관으로 재직할 당시 이상희 전 장관은 입체고속기동전 교리를 국방개혁 2020과 2025에 반영했다. 국방개혁 2020 당시 김장수 전 국방부장관은 육군참모총장으로 그리고 그 후 국방부장관으로 재직하고 있었다. 국방개혁 2020 당시 김태영 전 국방부장관은 합참 작전본부장이었으며, 2025 당시에는 합참의장으로 재직하고 있었다.

은 무슨 이유 때문인가? 먼저 노태우 대통령과 달리 이명박 대통령이 군에 관한 지식이 거의 없었다는 이유를 들 수 있을 것이다. 이 같은 상황에서 곽승준 미래기획위원회 위원장, 이종구 전 국방부장관, 이상우 국방선진화위원장, 김태효 비서관, 한국국방연구원의 노훈 박사, 통일연구원장 김태우 박사, 특히 민간인 출신 안보문제 전문가들이 통합군제 추진의 정당성을 지속적으로 주장[138]하자 옳다고 생각하는 것은 좌고우면하지 않으면서 밀어붙이는 성향의 이명박 대통령이 통합군제를 강력히 추진했던 것이다. 한편 818계획 당시 달성한 통제형 합참의장제가 통합군제 추진을 전제로 하고 있었다는 사실 때문이었을 것이다. 통제형 합참의장제와 통합군제 사이에는 절충안이 없었다는 사실 때문이었을 것이다.

그러면 818계획이 추진될 당시와 달리 합참 및 한미연합사와 같은 합동조직에서 고위직을 경험한 예비역 육군 장군들이 통합군으로의 상부지휘구조 개편에 적극 반대한 것은 무슨 이유 때문인가? 이는 합참의장이 군령 외에 군정을 책임지는 경우 곧바로 심각한 문제가 발생한다는 사실을 818계획 이후 경험적으로 확인했기 때문이었을 것이다. 특히 818계획을 추진할 당시와 달리 전시작전통제권 전환을 앞둔 상황에서 군정과 군령을 통합해 운용하는 경우 군의 문제가 곧바로 외부에 노출될 것임을 인지했기 때문이었을 것이다. 이는 이들 장군이 군정과 군령의 통합을 반대하는 이유로 '지휘 폭(Span of Control)'이 지나치게 확대된다는 사실을 언급하고 있음을 통해 잘 알 수 있다.

예를 들면 김종환 전 합참의장은 "합참의장에게 과도한 지휘 부담이 야기되는 새 지휘구조에선 누구도 의장직을 수행하지 못할 것"이라고 말했다. 조영길 전 국방부장관은 "국방선진화위원회가 제안한 군제는 전례

138) 이미 살펴본 바처럼 이들 민간인 출신 안보문제 전문가는 수십 년 동안 국방개혁 업무에 종사하면서 육군들이 주장하고 있던 통합군의 정당성을 자연스럽게 수용한 경우였다.

가 없을 정도로 단일의 군인에게 과중한 임무를 부여하는 총사령관제로서…"라고 주장했다. 김장수 국회의원은 "합참의장·참모총장 한 사람에게 두 가지 일(군정과 군령 통합)을 맡기는 게 옳은지, 그게 가능한 것인지 판단이 안 선다"며 "벌컥 입법부터 해놓고 틀린 것으로 나오면 어떻게 하느냐"고 말했다. 한미연합사부사령관을 역임한 장성 장군은 북한과 중국을 포함하여 전 세계 어느 나라도 군정과 군령을 단일의 군인이 행사하는 경우가 없다며, 이는 전승을 위한 불가피한 선택이라고 주장했다.[139] 이상훈 전 국방부장관은 "육군참모총장으로써 6.25 전쟁을 수행하면서 인사 및 군수 등 군정 문제 뒷바라지하기에도 정신이 없었다고 백선엽 장군이 말씀하시더라"고 말했다.[140] 전 공군참모총장 김홍래 장군은 단일의 군인이 군정과 군령을 지휘하는 통합군제안은 '지휘 폭'이 너무나 커 문제가 많다고 주장했다. 그런데 이들 주장은 전시 일개인이 직접 지휘 통제할 수 있는 정도가 지극히 제한된다는 사실에 근거하고 있었다.[141]

대학생을 비유로 들면, 일반적으로 대학생들은 한 학기 동안 일정 수업을 받게 된다. 예를 들면 학부생의 경우 주당 12시간에서 21시간에 해당하는 과목을 대학원생의 경우 6시간에서 12시간에 해당하는 과목을 수강한다. 우수하고 열심히 공부하는 대학원생의 경우 주당 24시간에 해당하는 과목을 들을 수 있을까? 36시간에 해당하는 과목은? 대학생 또는 대학원생이 정규 대학에서 수강할 수 있는 과목이 제한될 수밖에 없는 것과 마

139) 예비역 육군대장 장성, "참모총장이 작전지휘권을 갖어야 한다고", 미발간 자료. 2012.

140) 이상훈 전 국방부장관과의 2012년 6월4일 인터뷰.

141) 심리학자들의 말에 따르면 '통제의 폭(Span of Control)'는 대략 7개의 물체 또는 행위에 국한된다고 한다. G. A. Miller, "The Magical Number Seven." *Psychological Review*, 63, 1956, pp. 81-96; 이스라엘의 유명한 군사전략가인 반 크레벨트에 따르면 전투 도중에는 혼잡과 피곤으로 인해 통제할 수 있는 범위가 셋 또는 넷으로 줄어든다. Martin Van Creveld, 김구섭, 김용석, 권영근 번역, 『전쟁에서의 지휘』(서울 : 연경문화사, 2001. 6), p. 84.

찬가지로 일개인이 군에서 수행할 수 있는 임무에는 한계가 있다. 이미 한국군 합참의장은 미 합참의장의 역할, 합동군사령관의 역할 등 6~7개의 감투를 쓰고 있지만 이들 임무를 제대로 수행하지 못하고 있는 실정이다. 전시작전통제권을 전환 받아 한국군이 주도적으로 작전을 수행하는 경우 현재 합참의장이 수행하는 임무들을 분할하여 여러 사람이 수행하도록 해야만 할 것이다. 각군 참모총장이 평시에도 힘겹게 수행하고 있는 군정 임무를 합참의장이 추가 수행할 수 있을까? 군정 가운데 장교진급만을 고려해보자. 진급 시점만 되면 많은 진급 대상자 가운데 누구를 진급시켜야 할 것인지의 문제를 놓고 참모총장들은 온갖 고심을 하게 된다. 이 같은 문제 외에 군수, 인력 관리 등 다양한 문제를 현재의 한국군 합참의장이 추가적으로 고민할 수 있을까? 마찬가지로 이처럼 바쁜 각군 참모총장이 분초를 다투며 진행되는 작전사령관의 임무를 동시에 수행할 수 있을까? 경험적으로 불가능하다는 것이다.

이처럼 합참의장 또는 각군 참모총장이 군정과 군령을 동시에 수행하는 경우 군이 제대로 움직이지 않을 것이며, 그 결과가 만천하에 노출될 것이란 것이다. 이 같은 문제의 방안을 수용하는 경우 한국군 장교의 전문성 자체가 즉각 심각한 수준으로 의심받을 수 있는 상황이었다. 이 같은 사실 외에 합동성 강화에 관한 골드워터 니콜스 법이 미 의회를 통과한 1986년 이후 세계적인 추세는 육군 중심 군대가 아님을 이들이 문헌을 통해 알았기 때문일 것이다. 1990년대 후반 이후 이 같은 실상을 담은 책들이 한국에서 또한 번역되었다. 국방부, 합참, 한미연합사령부와 같은 합동조직에서 고위직을 경험한 육군 출신 장군들이 통합군 중심의 상부지휘구조 개편에 반대한 것은 이 같은 이유 때문이었다.

그렇다면 왜 이들 육군 장군은 재임 기간 당시 공군 작전지역을 침해하는 방식으로 육군 작전지역을 넓히고, 전시 사용 가능성뿐만 아니라 효과가 의문시되는 전차, 헬리콥터, 지대지미사일과 같은 무기를 획득하기 위한 방안을 적극 추진했을까? 이것과 관련해서는 몇 가지 이유가 있을 수 있다. 첫째는 미군이 한반도에 주둔하는 한 전쟁 발발 가능성이 희박하며, 전쟁이 발발하는 경우에도 북한군을 간단히 제압할 수 있을 것이기 때문이다. 전쟁이 발발하기 이전에는 이들 무기의 효용성이 외부로 쉽게 노출되지 않을 것이며, 전쟁이 일어나도 패배할 가능성이 희박하기 때문이다. 패배한다고 할지라도 공군의 전투기가 아니고 이들 무기를 구입하여 패배했다고 단정 지을 수 없기 때문이다. 어느 무기를 구입해도 별다른 문제가 없다고 생각되는 경우 한국군의 기득권 세력인 육군이 자군의 기득권을 보장해주는 전차, 헬리콥터와 같은 무기를 필사적으로 구입하고자 하는 것은 당연한 일일 것이다.

또 다른 설명은 통합군제 중심의 상부지휘구조 개편의 문제점은 경험을 통해 체험해보았던 반면 육군 작전지역 확대와 이들 지역을 감당하기 위한 무기체계 획득에 따른 문제점은 이들이 직접 체험해보지 않았을 뿐만 아니라 인지하지 못했기 때문일 수 있다. 이들 장군이 이들 문제점을 경험을 통하지 않고도 알 수 있을 정도의 군사적 전문성을 구비하고 있지 않거나 자군 이익을 초월해 합동 차원에서 문제를 바라보지 못했기 때문일 수 있다. 합동 차원에서 문제를 바라보려면 고도의 전문성이 요구된다는 점에서 보면 여기서의 핵심은 군사적 전문성인 듯 보인다. 3장에서는 한국군 장교들의 군사적 전문성 부족의 문제를 심층적으로 다룬 바 있다.

제 7 장

국방개혁의 변화와 지속 : 분석과 이론적 함의

제7장
국방개혁의 변화와 지속 : 분석과 이론적 함의

제1절 분석

이 책에서는 위협환경, 동맹환경, 지지 세력의 선호에 영향을 받는 대통령이란 행위자의 선호란 부분, 그리고 육군 중심 비대칭구조와 육군문화란 변수로 정의되는 정체성을 갖고 있는 국방부란 행위자와 육군, 해군 및 공군과 같은 행위자들의 저항을 대통령이 수용할 것인지란 부분이 한국군 국방개혁의 변화와 지속에 끼친 영향을 검토하고 있다.

818계획, 국방개혁 2020, 국방개혁 307이란 이 책의 사례연구를 통해 발견할 수 있는 사실은 크게 세 가지로 요약될 수 있다.

첫째, 한국군 국방개혁의 변화와 지속은 국제체제 변수와 국가 및 개인 차원 변수 간의 상호작용에 의해 영향을 받는다는 사실이다. 이들 변수가 갖는 이론적 설명력의 정도는 상황 조건에 따라 달라짐을 확인할 수 있었다. 또한 이들 변수가 대통령, 국방부, 각 군이란 행위자들을 통해 영향력을 발휘함을 확인할 수 있었다.

둘째, 대통령의 선호와 무관하게 국방부는 항상 육군의 선호인 통합군을 대변하며, 이 같은 선호를 반영할 수 있는 입장이다. 한편 국방부의 정체성은 육군문화와 육군 중심 비대칭구조란 요인에 의해 결정된다. 국방개혁을 할 때마다 육군의 파워가 커진 것은 이 같은 이유 때문이었다.

셋째, 국방개혁에 관한 대통령의 최초 선호와 국방 행위자들의 저항에 대한 대통령의 수용 여부에 따라 개개 국방개혁 간에 차이가 생긴다. 여기서 대통령의 최초 선호는 동맹환경, 위협환경, 지지 세력의 선호에 의해 결정되며, 대통령의 최종 선택은 개인적인 성향과 의사결정 환경에 의해 좌우된다. 의사결정 환경은 언론매체, 예비역, 정치권 등을 의미한다.

대통령의 선호, 국방 행위자들의 저항에 대한 대통령의 수용 여부, 국무회의에 상정되는 국방개혁안의 유형의 상관관계를 요약하면 [도표 7-1]과 같다.

[표 7-1] 한국군 국방개혁 유형과 주요 행위자들의 입장들 간의 관계

구분	국방개혁 818	국방개혁 2020	국방개혁 307
대통령의 선호	통합형	합동형	통합형
대통령의 선호에 저항한 주요 행위자	해군과 공군	육군(국방부)	해군과 공군의 예비역 장군
국방 행위자들의 저항에 대한 대통령의 수용 여부	수용	수용	미수용
국방개혁안의 유형	통합절충형	합동절충형	통합형

국방개혁 818 당시 노태우 대통령은 군정권과 군령권을 단일지휘관이 행사하는 통합군을 추구했지만, 합참의장이 각 군 작전사령부를 지휘 통제하는 통제형 합참의장제로 국방개혁을 마무리 지었다. 노태우 대통령

이 통합군을 선호하게 된 것은 위협환경 및 동맹환경의 변화와 같은 안보환경의 변화 때문이 아니고 자신의 지지 세력인 육군들의 선호인 통합군을 반영한 결과였다. 노태우 대통령의 통합군 선호를 국방부는 적극 지원하는 입장이었던 반면 해군과 공군은 적극 반대하는 입장이었다. 통합군이 되는 경우 자군의 자율성 상실을 우려했던 해군과 공군이 통합군에 저항했지만 육군 중심 한국군에서 이들의 저항은 미미한 수준이었다.

한편 여소야대 상황이던 당시 국방부의 통합군 추진을 군정 연장 수단으로 생각했던 김영삼, 김대중, 김종필 3당 총재가 통합군에 적극 반대했다. 이외에도 일부 언론매체의 반대가 있었다. 노태우 대통령은 불화와 대립보다는 화합과 대화를 중시하는 성향의 인물이었다. 한편 수십 년 간 3군 병립제를 유지해온 한국군이 곧바로 통합군을 추구하는 경우 적지 않은 부작용이 따른다며 중간 과정으로써 통제형 합참의장제가 바람직하다는 관점을 적지 않은 육군 장교들이 견지하고 있었다. 이들 몇몇 사실로 인해 노태우 대통령은 해군과 공군의 저항을 수용하여 절충안인 통제형 합참의장제로 국방개혁을 종료했던 것이었다.

전시작전통제권 전환, 중국의 급격한 부상과 일본의 보통국가화, 북한을 우호적으로 생각하는 국민들의 증대, 입영 자원 감소 등 안보환경의 급격한 변화에 대비하기 위해 참여정부는 국방개혁 2020을 구상했다. 안보환경 분석을 통해 병력중심에서 과학기술 중심으로, 북한 위협 대비 중심에서 주변국 위협 대비를 포함하는 형태로, 3군 균형 발전을 보장하는 형태로 군 구조를 바꾸고자 노력했다. 이 같은 대통령의 국방개혁에 육군 중심 국방부와 육군이 강력히 저항했다. 이는 국방개혁 2020에서 추구한 목표들이 "전쟁은 육군이 주도하고 해군과 공군이 육군을 지원해야 한다"는 육군문화와 배치되었기 때문이었다. 이 같은 국방부의 저항에 대비하여, 저항에 대항하여 청와대는 인수위원회 시절부터 국방개혁과 관련하여 국방부를 통제하기 위한 방안을 모색했다.

그러나 육군의 이익을 대변하는 에이전트, 즉 육군의 정체성과 이익을 갖고 있던 국방부를 청와대는 통제할 수 없었다. 전시작전통제권 전환 일정이 다가오고 있었다는 사실, 헌정사상 유례없는 탄핵으로 자신의 입지가 약화되었다는 사실, 국방개혁 2020이 본격적으로 추진되던 2005년 6월에는 윤광웅 국방부장관의 해임결의안을 한나라당이 제기하고 있었다는 사실, 국방개혁을 전담하고 있던 청와대 참모들이 전문성이 부족했다는 사실, 수십 년 동안 현행작전 중심으로 운용해오던 한국공군이 자군 작전지역을 침해해가며 전력을 건설하고자 했던 육군의 행태에 이의를 제기하지 않았다는 사실 등으로 인해 노무현 대통령은 육군의 요구를 대부분 수용하지 않을 수 없었던 것이다.

이명박 정부 출범 당시는 국방개혁 2020이 출현한 2006년 당시와 비교하여 안보적 측면에서 별다른 변화는 없었다. 세계금융위기가 새로운 요인이었지만 이것이 북한 비대칭위협 대비를 강조하도록 만든 요인은 될 수 없었다. 육군 중심 입체고속기동전을 추구하도록 만든 요인은 더더욱 될 수 없었다. 천안함 사태로 인해 합동성 강화를 강조하게 되었으며, 합동성 강화 측면에서 통합군을 추구하게 되었다고 말하고 있지만 이미 살펴본 바처럼 이명박 정부의 통합군 추구는 천안함 사태 이전에 시작되었다. 전시작전통제권 전환에 대비하여 통합군을 추구하게 되었다고 말을 바꾸었지만 육군 중심 단일군인 통합군제로는 공중, 지상 및 해상에서 동시에 진행되는 미래전에, 그리고 전시작전통제권 전환에 대비할 수 없었다.

국방개혁 307 당시 이명박 대통령이 통합군제를 추진했던 것은 이명박 대통령과 긴밀한 관계를 유지하고 있던 이상우 국방선진화위원장과 이종구 전 국방부장관뿐만 아니라 대통령의 측근인 곽승준 미래기획위원장,

김태우 통일연구원장, 김태효 비서관, 예비역 육군중장 김종태 장군, 한국국방연구원의 몇몇 연구원들을 포함한 많은 안보 분야 전문가들이 "한국군의 제반 문제는 합동성의 문제이며, 이것을 해결하기 위한 최상의 방안이 통합군제로의 전환이다"고 적극 주장했기 때문이었다. 군에 관해 잘 모르는 이명박 대통령은 이 같은 제안의 정당성을 확신하지 않을 수 없었을 것이다. 특히 집권 초반부터 국방개혁을 거론한 반면 국방부 중심 국방개혁 추진으로 근 2년의 기간을 허송세월했다고 생각했던 이명박 대통령 입장에서 보면 국방개혁은 시급한 문제였던 것이다. 군 출신이 아니고 민간인 전문가들이 통합군을 적극 지지했다는 사실에 이명박 대통령은 통합군의 정당성을 보다 확신하게 되었을 것이다.

한편 818계획 당시에는 대통령과 육군들이 선호했던 육군 중심 단일군과 해군과 공군이 선호했던 비통제형 합참의장제 사이에 통제형 합참의장제란 절충안이 존재했지만 이명박 대통령 당시 한국군이 운용하고 있던 통제형 합참의장제와 통합군 간에는 절충안이 없었다. 대통령이 통합군 추진을 결정한 상태에서 절충안이 없다고 통제형 합참의장제에 머무를 수는 없었을 것이다. 또 다른 이유는 818계획 당시 정립한 통제형 합참의장제 또한 통합군을 전제로 하고 있었기 때문이었다. 통합군으로 가지 않을 것이라면 지난 수십 년 동안 통합군을 전제로 통폐합한 각 군 조직을 원 위치시켜야 할 것이다. 그 결과를 누가 책임질 것인가? 이 같은 이유 외에 옳다고 생각되면 좌고우면하지 않으며 추진하는 이명박 대통령의 성향이 온갖 반대에도 불구하고 통합군을 적극 추진하도록 만들었던 것이다.

상기 분석을 통해 한국군 국방개혁의 변화와 지속을 설명해주는 변수는 위협환경과 동맹환경의 변화, 지지 세력의 선호, 대통령의 선택, 육군 중심 비대칭구조, 육군문화란 사실을 확인했다. 이들 변수가 대통령과 국방부란 행위자의 행위에 영향을 주며, 이들 행위자 간의 상호작용의 결과로 국방개혁안이 결정됨을 확인할 수 있었다. 818계획, 국방개혁 2020, 국방개혁 307이란 사례연구를 통해 제2장에서 제시한 다음과 같은 3개 가설이 입증되었다고 말할 수 있을 것이다.

가설 1 : 대통령의 선호와 국방부(육군)의 선호가 같으며 대통령이 해군과 공군의 저항을 수용하면 통합절충형 국방개혁안이 국무회의에 상정된다.

가설 2 : 대통령의 선호와 국방부(육군)의 선호가 같으며 대통령이 해군과 공군의 저항을 수용하지 않으면 통합형 국방개혁안이 상정된다.

가설 3 : 대통령의 선호가 국방부(육군)의 선호와 배치되는 경우 합동절충형 국방개혁안이 상정된다.

제2절 함의

이 책이 갖는 이론 및 실제적 함의는 미국의 한반도 국방정책, 육군 중심 제도와 문화 그리고 한국군 국방개혁의 관계, 위협 및 동맹환경, 지지세력의 선호와 대통령 선호의 관계, 국방개혁의 주요 행위자들의 속성과 관계, 대통령의 선택으로 구분해 생각해볼 수 있을 것이다.

1. 미국의 한반도 국방정책, 육군 중심 제도와 문화, 국방개혁

한국군 국방개혁은 한국군에서 막강한 파워가 있는 육군이 "전쟁은 육군이 주도하고 해군과 공군이 육군을 지원해야 한다"는 자군 문화를 국방에 강요한 과정에 다름이 없다. 한편 한국군 내부에서 육군의 파워가 막강해질 수 있었던 것은 "지상전은 한국군이, 공중전, 해전 및 합동전은 미군이 수행한다"는 미국의 한반도 국방정책 때문이었다. 결과적으로 파워가 막강해진 육군이 이 같은 육군문화를 국방개혁이란 이름 아래 한국군에 강요했던 것이다. 이 같은 점에서 보면 미국의 한반도 국방정책이 한국군의 국방개혁에 지대한 영향을 끼쳤다.

가. 자국의 세계전략 변화에 따라 미국의 한반도 국방정책이 지속적으로 변했지만 "지상전은 한국군이 공중전과 해전은 미군이 주도한다"는 국방정책에는 변함이 없었다.

미국의 세계전략 변화에 따라 미국의 한반도 국방정책이 변했음을 보여주는 부분에 한국군에 대한 작전통제권 행사에 관한 미국의 인식이 있다. 냉전이 절정에 달했던 1950년부터 1960년대 말경까지 미국은 남한의 무모한 도발이 핵전쟁으로 비화될 것을 우려하여 한국군에 대한 작전통제권 행사를 대단히 중요한 문제로 간주했다.

미중국교 정상화와 미소 데탕트로 한반도에서 전쟁 발발 가능성이 줄어들자 1970년대 미국은 박정희 대통령의 강력한 반발에도 불구하고 작전통제권 전환과 주한미군의 완벽한 철수를 추구했다. 소련의 아프간 침공을 보며 동맹국의 결속 필요성이 대두되자 1980년 미국은 주한미군 철수를 중지하고 한국군에 대한 작전통제권의 지속 행사를 추구했다. 동구권을 포함한 소련이 붕괴한 1991년 이후 미국은 작전통제권 전환과 주한미군 감축을 추진했다. 그러나 동구권 붕괴 이후 위협이 거의 없는 상태에서 북한 핵 위기가 발발하자 1994년 미군은 작전통제권 전환을 유보했다. 미국 입장에서 대단히 충격적인 사건인 2001년의 9.11 테러 이후에는 미 육군의 변환 가능성이 대두되었을 뿐만 아니라 중국의 부상이 우려되었다. 결과적으로 미국은 작전통제권 전환을 중심으로 한 한미관계 조정을 재차 추구했다.

전시작전통제권은 한반도 합동전 수행에 관한 것이었다. 한미합의의사록이 체결된 1954년 이후 한반도 전쟁에서 "공중전과 해전은 미군이 주도하고 지상전은 한국군이 주도한다"는 정책에는 변함이 없었다.

나. 이 같은 미국의 한반도 국방정책으로 인해 한국군이 육군중심의 비대칭구조를 이루게 되었다.

이 같은 미국의 한반도 국방정책에 입각하여 1954년에 체결된 한미합의의사록으로 인해 한국군의 병력은 72만 명을 초과하지 않는 선에서, 육군 66만 1천 명, 해군 1만 5천 명, 해병대 2만 7천5백 명, 공군 1만 6천5백

명 수준을 유지하게 되었다. 그 후 일부 변화가 있었지만 병력구조, 지휘구조, 부대구조, 전력구조 측면에서 한국군이 점차 육군 중심의 비대칭구조를 유지하게 되었다.[1)]

다. 국방 행위자들의 경우 국방개혁 방향이 자신의 조직문화와 일치하면 국방개혁을 지지한 반면 조직문화와 배치되면 반대했다.

육군은 대통령이 3군 균형발전을 선호하면 국방개혁에 반대한 반면, 육군 중심 단일군을 선호하면 극구 찬성하는 양상을 보였다. 마찬가지로 해군과 공군은 대통령이 3군 균형 발전을 선호하면 찬성한 반면 육군 중심 단일군을 선호하면 극구 반대했다. 818계획 당시 노태우 대통령의 통합군 추구를 육군이 적극 지원한 반면 해군과 공군이 격렬히 반대했다. 반면에 3군 균형발전을 추구했던 노무현 대통령의 국방개혁 2020에 해군과 공군이 환호했던 반면 육군이 격렬히 저항했다. 이는 육군의 조직문화가 육군 중심 단일군과, 해군과 공군의 조직문화가 3군 균형발전과 맥을 같이 하고 있기 때문이었다.

3군 균형발전을 표방한 국방개혁 2020이 본격적으로 추진되고 있던 2005년 11월에서조차 한국국방연구원 부원장 출신의 예비역 육군대령 권태영 박사는 전시 미군이 정보, 해군 및 공군 위주로 지원해줄 것임을 고려하면 해군 및 공군과 비교하여 육군 상비군의 규모가 작다고 주장[2)]하는 방식으로 노무현 정부의 국방개혁에 저항했다. 한편 이한호 전 공군참모총장은 미군의 지원 방식과 무관하게 한국군이 어느 정도 독자적인 작전 능력을 구비해야 한다며 다음과 같이 말했다. "미군이 해군과 공군을 도

1) 이 책의 3장 2절 참조.

2) 권태영, "21세기 한국적 군사혁신과 국방개혁 추진." 『전략연구』. 제12권 제3호 통권 제35호(2005. 11), p. 50.

와준다고 하지만 미군이 빠진 상황에서도 최소한의 작전이 가능한 수준은 건설해야 한다. …… 미군에 대한 100% 의존은 곤란하다. 기본 능력을 구비해야 한다. 절름발이 군은 곤란하다."[3]

라. "전쟁은 육군이 주도하고 해군과 공군이 육군을 지원해야 한다"는 미 육군의 조직문화가 미군이 아니고 한국군에 보다 많은 영향을 끼쳤다.

이는 미군의 경우 3군이 균형 편성되어 있다는 점에서 이 같은 미 육군문화가 미 국방에 영향을 끼칠 수 없었던 반면 미국의 한반도 국방정책으로 한국군이 육군 중심으로 편성되면서 육군들이 이 같은 육군문화를 국방에 강요할 수 있는 입장에 있었기 때문이었다. 육군 중심으로 상부지휘구조를 개편하기 위한 818계획과 국방개혁 307, 육군 중심으로 한국군의 항공력을 개편하기 위한 국방개혁 2020 등 지금까지의 한국군의 국방개혁은 "전쟁은 육군이 주도하고 해군과 공군이 육군을 지원해야 한다"는 육군문화의 산물이었다.

미 육군 또한 이 같은 문화를 견지했지만 이러한 문화가 미군에 끼친 영향은 수용 가능한 수준이었다. 이 같은 문화에 근거하여 1940년대와 50년대 당시 미 육군은 미군의 상부지휘구조를 구독일군의 경우와 동일한 총참모장제(Chief of General Staff System)로 전환시키고자 노력했지만 해군의 반발로 합참의장제로 타협을 보았다. 한편 미 육군이 이 같은 문화에 입각하여, 미 공군이 항공전략에, 미 해군이 해양전략에 입각하여 자군 전력을 건설해도 미군 입장에서 별다른 문제가 없었다. 왜냐하면 전 세계를 상대로 전쟁을 수행하는 미군의 경우 각 군이 독자적으로 전쟁을 수행하는 경우가 있었기 때문이다. 육군이 독자적으로 전쟁을 수행하는 경우 이 같은 육군문화에 입각하여 건설한 전력을 이용하면 되었기 때문이다. 한반도

3) 이한호 전 공군참모총장과의 2012년 7월 16일 인터뷰.

와 같은 전구 차원의 전쟁에서는 각군이 보유하고 있는 전력에 무관하게 공중, 지상 및 해상을 중심으로 군의 모든 전력이 통합적으로 운용되기 때문이었다. 전구의 모든 전력을 전구사령관이란 단일지휘관이, 전구의 모든 항공전력, 해상전력 및 지상전력을 각각 공군구성군사령관, 해상구성군사령관, 지상구성군사령관이 통합적으로 운용했기 때문이었다.

이미 살펴본 바처럼 1960년 이후 육군들이 추진한 육군 중심 상부지휘구조 개편뿐만 아니라 1980년대 접어들어 본격적으로 추진한 육군 중심 항공력 운용 개념 변환 모두는 한반도 항공력 운용과 직접 관계가 있었다. 단일군의 정당성과 타당성을 가장 먼저 주장했다고 생각되는 논문에서 백인엽 장군이 제시한 상부지휘구조 개편 논리는 미 육군, 해군 및 공군이 미사일과 같은 항공무기를 보유하게 되면서 각 군의 구분이 의미가 없게 되었다는 것이었다. 이 같은 논리의 문제점을 제대로 알고자 하는 경우 합동 차원에서의 항공력 운용에 관한 개념이 요구되었다.

그런데 북침을 주장하던 한국정부가 무모한 도발을 하지 못하도록 항공력 계획수립과 운용의 문제를 움켜쥐기 위하여 미군은 한반도 항공력 지휘 통제 임무를 자신들이 거의 전담하고 한국공군은 미미한 수준의 항공력을 유지하도록 만들고자 노력했으며 일부 현행 작전만을 수행토록 했다. 결과적으로 한국군이 항공력에 관한 올바른 개념을 갖지 못하게 되면서 일부 안보공동체의 잘못된 논리에 대항하여 충분한 이의를 제기할 수 있는 집단이 대한민국 내부에 거의 존재하지 않는 형국이 되었다. 미 육군문화가 한국군에서 보다 많은 영향을 끼치게 된 것은 이 같은 이유 때문이었다.

마. 항공기, 전차 및 함정과 같은 하드웨어와 달리 합동 교리 및 전략과 같은 소프트웨어의 수용 여부는 군의 조직문화와 많은 관계가 있었다.

오늘날 한국군은 해군의 이지스함, 공군의 F-15, 육군의 MLRS 등 첨단 무기체계를 구입하고자 적극 노력하고 있다. 반면에 합동전 수행 개념을 포함하여 선진국에서 통용되고 있는 합동 교리 및 전략의 도입과 적용을 위한 노력을 거의 경주하지 않았다. 예를 들면 합참의장의 주요 임무 중 하나가 합동교리 작성임에도 불구하고 지금까지의 한국군 합참은 합동교리에 별로 관심이 없었다. 선진국의 경우 거의 100권을 유지하고 있는 합동교리를 1권 또는 5권으로 줄이라고 지시한 경우도 있었다. 2011년 3월의 한국국방연구원에서 있었던 국방개혁307 관련 의견수렴 자리에서 합동작전과장을 역임했다는 모 육군대령이 주장했듯이 합동교리가 필요 없다고 생각하는 육군 장교들이 없지 않았다.

합참이 합동성 강화 차원에서 토론회를 개최하고 있지만 이들 토론회는 서구 사회에서 말하는 의미의 합동성에 관한 것이 아니었다. 이들 합동성 토론회에서는 합동성 측면에서 핵심인 지원(Supporting) 및 피지원(Supported)이란 용어가 언급되지 않았는데 2013년 6월 27일 국방부에서 3시간 동안 진행된 토론회 또한 상황은 마찬가지였다. 이는 자운대에서 있었던 2010년 3월 26일의 합동성 토론회에서처럼 육군이 항상 지원을 받고 해군과 공군이 항상 육군을 지원해야 한다는 한국육군의 문화 때문일 것이다. 공군 작전지역을 침해해가며 자군 작전지역을 넓히면서 육군은 “지원 및 피지원” 개념에 입각한 오늘날 합동교리의 기본 원칙을 준수하지 않았다.

오늘날 지구상 국가들이 효율통합과 지원 및 피지원 개념에 입각한 국방개혁을 추진하고 있는 반면 한국군은 육군 중심의 조직통폐합 개념에 입각한 국방개혁을 추진했다. 이는 미국의 한반도 국방정책으로 인해 한국군에서 주류가 된 육군들의 “전쟁은 육군이 주도하고 해군과 공군이 육군을 지원해야 한다”는 문화가 효율통합 의미의 합동성과 상충되었던 반면 조직통합 의미의 합동성과 부합되었기 때문일 것이다. “상황에 따라 해군과 공군이 육군을 지원해야 하는 것과 마찬가지로 육군이 해군 또는 공군을 지원해야 할 것이란 오늘날의 지원 및 피지원 개념”이 “자군은 해군과 공군을 지원하지 않으면서 항상 해군과 공군으로부터 지원을 받아야만 하는 조직이다”는 육군문화와 배치되었기 때문일 것이다. 합동에 관한 선진국의 발전된 이론을 수용하는 경우 육군 중심의 상부지휘구조 개편 내지는 육군 중심 입체고속기동전 개념에 입각한 전력 건설이 불가능한 일이었기 때문일 것이다. 미국의 한반도 국방정책의 산물인 육군 중심 제도를 지속적으로 유지할 수 없기 때문일 것이다. 국방 평론가들이 말하고 있듯이 한국군 국방개혁이 소프트웨어가 아니고 하드웨어 중심이 된 것은 이 같은 이유 때문이었다.

결과적으로 장교들이 올바른 합동 교리와 전략을 제대로 접할 수 없게 되었으며 수천 명에 달하는 예비역 장군 가운데 군사이론에 정통한 사람이 많지 않은 현상이 벌어졌다.[4] 그런데 이 같은 소프트웨어에 관한 전문성은 “군인과 국가(The soldier and The state)”란 제목의 책에서 하버드대학 교수였던 사무엘 헌팅턴(Samuel Phillips Huntington)이 의사 및 변호사와 마찬가지로 군의 장교를 전문가(Professional)로 분류할 당시 가정했던 주요 요인 중 하나였다.

바. 한국군이 합동 교리 및 전략과 같은 소프트웨어를 등한시하면서 많은 문제가 초래되었다.

첫째, 국방개혁 추진 관련 기본 자료인 국방정보본부의 보고서뿐만 아니라 국방개혁에 관한 국방 연구기관의 보고서와 논문들이 합동교리 및 합동전략과 같은 군사적 논리, 안보환경 변화에 대한 올바른 평가가 아니

4) 『디펜스21』 김종대 편집장과의 2012년 8월 14일 인터뷰.

고 "전쟁은 육군이 주도하고 해군과 공군이 육군을 지원해야 한다"는 육군문화를 뒷받침해주기 위해 주관적인 판단에 의존하거나 사실을 왜곡시킨 가운데 작성되면서 국가안보 측면에서 많은 문제가 초래되었다. 예를 들면 중국, 러시아 및 북한과 같은 국가의 군제를 통합군으로 지칭하고 있는 등 이 책의 2장에서 그 문제점을 지적한 바 있는 『2011 외국 군구조 편람』이란 제목의 공군본부에서 발간한 책자는 국방정보본부 자료에 근거하고 있었다. 그런데 국방백서가 최초 발간된 1988년 이후 국방부는 북한군을 육군 중심 단일군이라고 주장했다. 한편 육군들은 단일군에 대항하기 위한 최상의 방안이 단일군이라며 지난 수십 년 동안 통합군 논쟁을 전개했다. 이는 오랜 기간 동안 국방정보본부가 육군 중심 문화를 뒷받침하고자 노력해왔음을 보여주는 사례다.

이 같은 사례는 이명박 정부의 국방개혁 2025에서도 목격되었다. 2008년과 2009년 이상희 국방부장관은 북한특수부대 병력이 20만으로 증가했다는 신빙성이 떨어지는 국방정보본부 보고서를 근거로 국방개혁 2020에서 예정되어 있던 해군과 공군 사업, 특히 공군 사업을 취소 내지는 지연시킨 가운데 북한 지상군과의 대규모 재래식 지상전에 대비한 육군 기동군단 전력을 대거 건설하고자 노력했다.

한편 한국국방연구원의 보고서가 한국군에 부정적인 영향을 끼쳤음을 많은 사람이 증언했는데 통합군을 옹호한 3차례에 걸친 보고서는 대표적인 경우일 것이다. 2004년의 "남북한 전력비교"는 육군 병력 감축을 과도한 육군 전력 보강으로 대체하도록 해준 보고서란 평가를 받고 있다. '04년과 비교하여 '09년 당시 북한군과 비교하여 해군과 공군 전력이 크게 증대된 반면 육군 전력이 저하되었다는 한국국방연구원의 2009년 보고서와 2010년 보고서는 사실을 왜곡시킨 경우로 보인다. 이미 살펴본 바처럼 2005년의 국방개혁 2020은 육군 중심 전력건설을 위한 것이었다. 그럼에도 불구하고 이 보고서와 북한 특수부대가 20만으로 늘어났다는 국방정보본부 보고서에 근거하여 2009년 이상희 국방부장관은 국방개혁 2020에서 예정되어 있던 공군사업들을 취소 또는 지연시킨 가운데 육군 사업들을 추진할 수 있었다.

한편 "앞으로 공군은 현재의 작전 공간을 지상군과 해군에 많이 할애해 주고, 그 대신 우주공간으로 더욱 확대해 나갈 가능성이 크다."는 권태영 박사와 노훈 박사의 주장은 개인적인 상상력 수준의 것으로 보인다. 그러나 이 주장이 국방개혁 2020과 2025 당시 공군 작전지역을 침해하며 육군 작전지역을 대거 넓히고 육군 전력을 건설하는 과정에서 영향을 주었을 것으로 보인다. 1991년의 걸프전이 공지전투·공지작전 방식으로 수행되었다는 주장은 교리적 전문성 부재를 보여주고 있다. 공지전투는 전구항공력을 육군 군단장이 통합 지휘하는 개념인 반면 공지작전은 전구 항공력을 공군구성군사령관이 통합적으로 지휘 통제하는 개념이기 때문이다. 이 주장 또한 육군 중심의 전력건설을 변호하기 위해 이용되었을 것이다.

이들 보고서와 논문은 한국군이 합동 교리 및 전략과 같은 소프트웨어를 등한시함으로써 생긴 대표적인 현상이다. 군의 장교들이 합동 교리와 전략에 정통해 있었더라면 이 같은 보고서 또는 논문은 가능치 않았을 것이다. 이처럼 객관적인 자료가 아니고 주관적인 판단에 근거한 보고서와 논문이 작성될 수 있었던 것은 이들 보고서와 논문의 문제점과 본질을 파악할 수 없을 정도로 한국군의 군사적 전문성이 낮기 때문이거나, 한국군이 전문성이 있음에도 불구하고 제대로 이의를 제기할 수 없는 구조이거나 올바른 자료에 근거하여 객관적으로 작성하는 경우 한국군의 파워 그룹인 육군 입장과 배치되었기 때문일 것이다. 이처럼 작성한 정책보고서가 논리적으로 타당성이 결여될 수밖에 없을 것이란 점에서 외부 노출이 곤란했을 것이다. 군 구조와 관련하여 육군 입장을 변호하고 있는 한국국방연구원의 많은 연구보고서가 비밀로 분류되어 있는 것은 이 같은 이유 때문일 수 있다.[5] 이들 중 일정 기간이 경과된 이후 평문으로 재분류된 경우도 있다. 그러나 수십 년이 경과했음에도 불구하고 외부에 공개하지 않는 보고서도 없지 않은데 1981년에 발간한 "군사지휘 및 통제구조 연구"[6]란 제목의 보고서는 나름의 사례일 것이다.

이미 살펴본 바처럼 국방예산의 사용에 지대한 영향을 미치는 국방정책 관련 연구보고서가 군사적으로 타당성이 없는 논리에 입각하여 작성되는 경우가 있다면 곤란할 것이다. 이 같은 현상을 방지하고자 하는 경우 이들 보고서는 평문으로 발간되어 국민들의 '알 권리'를 충족시켜 주어야

---

5) 필자가 한국국방연구원 산하 국방정보체계연구소에 근무하던 1996년 1월~2000년 1월 당시 모 연구원은 "지난 년도에 연구한 결과가 문제가 많아 2급 비밀로 발간했다. 다른 사람이 보지 못하도록 하기 위함이다."고 필자에게 말한 바 있다. 당시 필자는 농담으로 생각했다. 나중에 알게 된 것이지만 이는 충분히 가능한 현상이었다.; 20XX년 10월 주변국 안보환경 변화에 대비한 한국군의 전력증강 방향과 관련하여 한국국방연구원의 모 연구원이 자신의 연구 과제를 발표했다. 연구원은 중국, 러시아, 일본 등 주변국이 육군을 대거 감축하면서 해군과 공군력을 증강시키고 있음을 보여주는 자료를 제시했다. 그러나 육군을 대거 증강해야 한다고 결론을 내렸다. 필자는 분석 내용과 결론이 다르다며 이의를 제기했다. 이 같은 연구결과는 외부 노출이 곤란할 수 있을 것이다; 자신이 책임 연구한 2011년의 보고서에서 인사, 군수 등 한국군의 완벽한 통합을 주장한 모 박사는 "이명박 정부의 방향과 다르기 때문에 보고서를 발간하지 않고 존안 처리했으면 한다고 말했다." 필자는 "논리만 맞으면 되지 정부 정책 방향과의 일치 여부가 무슨 문제가 되는가? 후학들을 위해서도 평문으로 발간해야 한다"고 말했다. 이명박 정부가 통합군을 원하고 있었는데 이명박 정부 정책과 맞지 않기 때문이란 주장은 사리에 맞지 않은 듯 보였다. 보고서가 논리적이지 않아 노출되는 경우 엄청난 파장이 있기 때문일 가능성이 있다고 생각했다.; 한국국방연구원이 육군들의 의도를 대변해준다는 시각도 없지 않다. "군 구조 및 전력건설 분야 연구의 경우 합참의 육군 장교들이 문제와 답을 제공해주면 한국국방연구원의 권위로 결과를 포장했다." 국방부, 합참, 각 군 본부에서 전력 분야에 20여 년 간 근무했던 모 예비역과의 2013년 8월 대화.

6) 이 책의 작성과 관련하여 2012년 7월 필자는 한국국방연구원에 해당 자료의 공개를 요청했지만 곤란하다는 답변을 들었다. 1급 비밀 문서도 일정 기간이 지나면 해제하는데 국방정책 수립에 도움을 주기 위한 연구 결과를 30년이 지난 이후에도 공개할 수 없는 이유를 알 수 없었다.

할 것이다. 보고서 작성 당시 비밀자료가 사용된 경우 이들 자료를 삭제한 평문보고서를 발간할 수도 있을 것이다. 안보문제 전문가들 입장에서 이들 보고서와 관련하여 의미 있는 부분은 비밀자료가 아니고 가정과 분석 절차가 올바른지, 객관적이고도 공신력 있는 데이터를 이용하여 보고서를 작성했는지 일 것인데 이들은 결코 비밀이 될 수 없을 것이다.

둘째, 국방개혁과 관련하여 적지 않은 시행착오를 겪었는데 11차례에 걸쳐 추진된 통합군 중심의 상부지휘구조 개편은 대표적인 경우다. 2장 1절에서 살펴보았듯이 육군 중심 단일군인 통합군은 이론적으로 수용하기 곤란한 개념이다. 한국군이 합동 교리 및 전략에 관한 지식이 있었더라면 지난 수십 년 동안 이 같은 무모한 노력을 경주하지 않았을 것이다. 지난 수십 년 동안 한국군이 군수, 정보, 통신 등 각 군의 하부조직을 통폐합했던 것은 육군 중심 단일군으로 전환하기 위함이었다. 이처럼 육군 중심 단일군 추구 과정에서의 정점은 군정과 군령을 단일의 현역 장교가 지휘하는 통합군으로의 상부지휘구조 개편이었다.

그런데 여기서 심각한 문제가 발생했다. 818계획 이후 정착된 통제형 합참의장제에서 합장의장과 국방부장관으로 근무해보니 3군의 군정과 군령을 단일의 군인이 통합적으로 지휘하면 심각한 문제가 발생할 것임을 국방부장관, 합참의장, 한미연합사부사령관을 역임한 육군 출신 예비역들이 절감한 것이다. 818계획 당시 통합군 중심 상부지휘구조 개편에 반대한 육군 장교들이 거의 없었던 반면 국방개혁 307 당시 국방부장관, 합참의장 및 한미연합사부사령관을 역임한 육군의 고위급 예비역 장군들이 통합군 중심 상부지휘구조 개편에 적극 반대했던 것은 이 같은 이유 때문이었다. 818계획 당시는 통합군의 실체를 경험해보지 않아 반대가 없었던 반면 그 후 경험해보니 군정권과 군령권을 단일의 군인이 행사하게 되면 심각한 문제가 발생함을 인지한 결과였다.

셋째, 건설에 많은 예산이 소요되는 한반도 항공력이 각 군으로 분할되는 결과가 초래되었다. 지상과 해상은 겹치는 부분이 없다. 따라서 육군이 해군의 무기를 또는 해군이 육군의 무기를 구입하거나 운용하고자 하는 경우는 없다. 공군의 작전 영역인 공중은 육군 및 해군의 작전영역인 지상 및 해상과 중첩되어 있는 듯 보일 수 있다. 또한 항공무기는 지상작전과 해상작전에서 대단히 중요한 전력이다. 결과적으로 공군뿐만 아니라 육군, 해군 및 해병대가 이 같은 항공무기를 보유하고자 노력할 수 있다.

예를 들면 항공력을 보유하지 않는 경우 전시 자군 작전에 필수적인 항공력을 충분히 지원받을 수 없다고 생각했던 반면 전 세계 도처에서 독자적으로 전쟁을 수행할 수도 있다는 인식에서 미국의 육군, 해군, 공군 및 해병대는 항공기 및 미사일과 같은 항공력을 독자적으로 보유하고자 노력했다. 이 같은 미군의 모습을 보며 한국군은 공군뿐만 아니라 육군, 해군 및 해병대가 나름의 항공력을 보유하고자 적극 노력했다. 국방개혁 2020은 이 같은 현상이 목격된 대표적인 경우였다.

그러나 미군의 경우는 각 군이 방대한 규모의 항공력을 운용하고 있지만 한반도와 같은 전구 차원의 전쟁에서는 이들 항공력을 공군구성군사령관이 통합적으로 지휘 통제하고 있다. 다시 말해 전 세계 도처에서 독자적으로 전쟁을 수행할 가능성이 있다는 사실을 고려하여 각 군이 별도로 항공력을 보유하고 있지만 한반도와 같은 곳에서는 공군구성군사령관이 이들 항공력을 통합적으로 운용하고 있는 것이다. 이 같은 점에서 보면 한반도에서 전쟁을 수행하게 될 한국군의 육군, 해군, 공군 및 해병대가 별도의 항공력을 유지 및 운용할 이유가 있는지 의문이다.

한국군의 경우 합동 교리 및 전략에 관한 올바른 지식이 부족한 상태에서 각 군이 자군에 필요한 항공력을 획득하여 운용하고자 노력함에 따라, 매년 각 군이 국방비의 일정 비율을 할당받아 여타 군을 고려하지 않은 상태에서 자군 전력을 건설함에 따라 한반도 차원에서 가장 절실하고 유용한 형태의 항공력을 획득하지 못하게 되었을 뿐만 아니라 중복전력 건설의 문제, 전시 우군이 발사한 항공무기에 우군 항공기가 격추되는 우군살상 가능성이 초래되었다. 예를 들면 이명박 정부 초기에 추진된 국방개혁 2025에서는 북한이 엄청난 규모의 방공무기를 유지하고 있다는 점에서 전시 사용 가능성이 의문시되는 헬리콥터를 육군이 추가적으로 구축하도록 한 반면 재래식 정규전뿐만 아니라 비정규전에서, 그리고 미래전에서 가장 중요하다고 인식되고 있는 공군의 고정익 항공기, 공중급유기 획득 사업이 육군 사업의 조기 추진을 위해 지연되었다.

국방개혁 2020, 2025, 307을 통해 육군이 공군 작전지역을 침해하는 방식으로 자군 작전지역을 넓히고 이들 작전지역을 감당하기 위한 자군 항공력을 대거 건설함에 따라 중복전력 건설과 우군살상 가능성뿐만 아니라 지극히 비효율적인 방식으로 국방예산이 사용되는 결과가 초래되었다.

이 같은 문제와 관련하여 공군의 작전장교들이 국방부와 합참에서 이의를 제기하여 시정해야 할 것인데, 지난 60여 년 동안 미국의 한반도 국방정책으로 인해 교리 및 전략에 관한 지식이 요구되는 항공작전 계획수립 임무는 미군에 맡긴 채 전략공격, 후방차단, 공격작전, 대공제압작전, 전투기엄호, 전투기소탕, 방공(防空), 근접항공지원과 같은 다양한 현행 임무 가운데 방공과 근접항공지원 중심의 항공력 운용에 매진했던 한국 공군의 작전장교들은 여기에 필요한 전문지식을 구비할 기회를 갖지 못했다.

뿐만 아니라 1980년 이후 한반도 항공력 운용에 지대한 관심이 있었던 육군 장교들이 주류를 이루고 있는 국방부와 합참에서 이의를 제기하는 경우 적지 않은 불이익을 받을 수도 있었다. 왜냐하면 고급장교 진급에 관한 제청권을 육군 중심 국방부가 행사하고 있었기 때문이다. 이처럼 이의를 제기해도 "전쟁은 육군이 주도하고 해군과 공군이 육군을 지원해야 한다"는 문화를 견지하고 있는 육군들이 주류를 형성하고 있는 국방부와 합참에서 반영될 가능성은 높지 않다고 생각할 수도 있었을 것이다.

넷째, 지휘통제체계와 같은 첨단 전력의 구축 등 정보화시대의 한국군의 전력건설이 보다 어려워졌다. 정보화시대의 필수 전력인 지휘통제체계와 정보(Intelligence) 전력의 구축이 보다 어려워졌으며 작전기획능력 구비가 곤란해졌다. 효율적인 합동 전력의 건설이 곤란해졌다. 왜냐하면 항공기, 전차 및 함정과 같은 산업화시대의 군사력은 민간 조직이 능력이 있으면 획득 가능한 반면 지휘통제체계와 같은 정보화시대의 핵심 전력을 건설하는 과정에서는 합동 교리 및 전략과 같은 소프트웨어의 올바른 정립이 필수적이기 때문이다. 반면에 "전쟁은 육군이 주도하고 해군과 공군이 육군을 지원해야 한다"는 문화를 견지하고 있는 육군 장교가 주류를 형성하게 되면서 "상황에 따라 해군과 공군이 육군을 지원해야 하는 것과 마찬가지로 육군과 해군이 공군을, 육군과 공군이 해군을 지원해야 한다"는 합동에 관한 오늘날의 발전된 이론 등 군사이론을 한국군이 수용할 수 없게 되었기 때문이다.

1990년대 당시 한국군은 통합군수, 지휘소자동화와 같은 대규모 정보체계 사업을 추진했지만 성공적으로 완수하지 못했는데 이는 컴퓨터 및 통신과 같은 정보통신 기술에 문제가 있었기 때문이 아니고 한국군이 견지하고 있는 합동 교리 및 전략과 같은 소프트웨어에 문제가 있었기 때문이었다. 특히 성격이 전혀 상이한 육군, 해군 및 공군의 군수체계와 같은 정보체계를 육군 중심의 단일체계로 건설하고자 노력했기 때문이었다.[7)]

---

7) 권영근, "합동전력 발휘를 위한 지휘통제체계 구축 방안", 『98 추계학술대회 발표 논문집』(한국군사운영분석학회, 계룡대 : 군인공제회 인쇄사업서, 1998). pp. 191-210.

다섯째, 북한군과 비교하여 상당한 규모의 국방비를 장기간 동안 사용했음에도 불구하고 미군의 도움이 없으면 제대로 기능이 곤란한 군이 되었다. 전시 미군이 정보 전력과 해군 및 공군 전력 중심으로 지원해줄 것으로 가정한 상태에서 국방개혁을 추진한 결과 미군을 배제한 상태에서의 한국군은 생각조차 할 수 없게 되었다. 국방개혁을 통해 한국군이 보다 더 비정상적인 조직이 되었다. 통상 군을 사람에 비유하는데 한국군은 머리가 없고 팔다리가 불균형한 괴물에 비유되었다. 전시작전통제권 전환에 국방부장관과 합참의장을 역임한 예비역 육군 장군들이 적극 반대한 것은 이들이 이 같은 한국군의 현실을 너무나 잘 알고 있기 때문일 수 있다.

사. 육군 중심 비대칭구조는 지구에 거대 행성이 충돌한 것과 같은 엄청난 충격이 있은 이후에나 바뀐다.

미 해군 및 공군과 국방예산의 문제를 놓고 상호 대립했던 미 육군이 유럽에서의 대규모 정규전에 대비한 조직에서 대반란전 조직으로 바뀐 것은 2001년의 9.11 테러 이후였다. 베트남전쟁 이후 케네디 대통령과 존슨 대통령은 말할 것 없고 랜드연구소의 칼 빌더와 같은 이론가들의 끊임없는 문제 제기에도 불구하고 미 육군은 변화를 거부했다. 미 본토가 공격을 받고, 이것의 원인이 국제사회의 테러이며, 여기에 대비하기 위한 최상의 조직이 미 육군이란 점을 미국 국민들이 인식하게 되자 미 육군은 대반란전 조직으로 바뀌지 않을 수 없었다.

한국군에 대한 작전통제권을 환수하여 북진통일을 추구할 것이란 휴전협정 당시의 이승만 대통령의 '벼랑 끝 전술'은 미국 입장에서 보면 우연한 사건이었다. 그러나 이 사건으로 인해 1954년 육군 중심의 엄청난 비대칭구조를 초래한 한미합의의사록이 체결되었다. 한미합의의사록으로 인해 그 후 한국군에 대한 작전통제권과 항공작전 지휘 및 통제권을 미군이 행사한 반면 지상 작전을 한국군이 주도하면서 한국군이 보다 더 육군 중심의 조직이 되었다. 이 같은 비대칭구조를 지속적으로 유지하겠다는 일념에서 1960년 이후 한국육군 장교들은 그 전례가 거의 없는 육군 중심 단일군인 통합군 개념뿐만 아니라 육군 중심 입체고속기동전 개념을 정립하고는 이들 개념을 한국군에 지속적으로 강요해왔다. 한국군에서 파워가 있는 육군이 이들 개념에 입각하여 국방을 변화시키고자 노력하면서 국방개혁을 통해 매번 육군의 몸집이 커지는 비정상적인 현상이 초래되었다.

이명박 정부의 국방개혁인 국방개혁 2025와 307 당시 많은 언론매체, 학자 및 정치가들이 육군 중심 국방개혁에 극구 반대했으며 이명박 대통령은 북한 비대칭 위협에 대한 대비를 지시했다. 그러나 국방부는 북한 지상군과의 대규모 정규전에 대한 대비의 중요성을 강조하면서 육군 기동군단 중심의 전력건설을 추구했다. 한반도처럼 산악이 많은 지형에서는 전차와 헬리콥터 중심의 기동군단은 제약이 많다는 것이 문제였다. 그럼에도 불구하고 육군이 이처럼 했던 것은 국가안보가 아니고 육군 중심 국방제도의 지속 유지 필요성 때문이었을 것이다. 육군 중심으로 국방예산을 사용하고 전력을 건설해야 할 것인데 육군 입장에서 마땅한 획득 대상이 없기 때문에 발생한 현상이었을 것이다.

이 같은 현상은 최근에도 목격되었다. 2013년 5월 21일 자운대에서 있었던 합동성 토론회에서 합동작전 전문가란 육군 장교는 『한국군 주도하 합동·연합작전 발전방안』이란 제목으로 발표하면서 "육군에 2개 기동군단과 헬기전력으로 구성된 공중기동부대를 만들어 전략기동부대로 활용해야 한다"는 논리를 펼쳤다. 주변국 위협과 북한의 해상·공중 위협에 대응하기 위한 합동전 수행 차원에서의 해·공군의 역할과 구비해야 할 능력을 지정토론자와 청중이 질문하자 "해·공군에 대해서는 잘 모른다"고 답변했다.[8] 합동작전 전문가란 육군 장교가 해군과 공군에 관해 알고 있는 바가 없었던 것은 육군이 말하는 합동이 "전쟁은 육군이 주도하고 해군과 공군이 육군을 지원해야 한다"는 개념을 의미했기 때문이었다. 장교가 생각하는 전쟁이 지상전을 의미했기 때문이었다. "합동 및 연합작전 발전방안"이란 주제로 장교가 발표한 내용은 한미합의의사록으로 인해 조성된 육군 중심 국방제도를 지속 유지하기 위한 방안에 다름이 없었다.

여기서 보듯이 한미합의의사록으로 인해 조성되었으며 미국의 한반도 국방정책으로 인해 굳어진 육군 중심 제도와 문화의 변화가 쉽지 않은 실정이다. 이는 지구에 거대 행성이 충돌한 것에 버금가는 충격이 있기 이전에는 한번 정착된 제도는 변화가 쉽지 않기 때문이다. 한국군에서 이 같은 충격이 의미하는 바는 무엇인가? 천안함 피격 사건인가? 어느 정도까지 국민들이 이 같은 현상을 묵인해야 할 것인가? 묵인할 수 있을 것인가?

아. '전쟁은 육군이 주도하고 해군과 공군이 육군을 지원한다"는 육군 문화에는 변함이 없었던 반면 해군과 공군, 특히 공군의 정체성이 대거 약화되었다.[9]

818계획 당시 육군 장교 가운데 통합군 중심의 상부지휘구조 개편에 반대한 사람이 거의 없었던 반면 국방개혁 307 당시는 국방부장관, 합참의장 및 한미연합사부사령관을 역임한 육군 출신 고위급 예비역들이 극구

8) "합동성 강화? 이대로는 어림없다! : '합동'이 빠진 이상한 '합동성 강화' 세미나." 인터넷 자료 http://blog.daum.net/pss5030/17059210(검색일 : 2013. 6. 19).

9) 오늘날의 합동전이 각 군의 독특한 정체성을 기반으로 하고 있다는 점에서 보면 이는 심각한 문제였다. 정체성을 상실한 조직, 자군과 관련이 있는 잘못된 사항과 관련하여 이견을 제시할 능력이 없거나 눈치를 보면서 이견을 제시하지 못하는 조직에 국가안보를 맡길 수 있을 것인가?

반대했다. 반면에 818계획 당시 해군과 공군의 현역장교들이 통합군 중심의 상부지휘구조 개편에 적극 반대했던 반면 국방개혁 307 당시에는 거의 목소리를 내지 못했다. 전자는 818계획이 완료된 이후 합동 조직을 운용해보면서 육군 중심의 극단적인 상부지휘구조인 통합군의 견지가 곤란하다고 이들이 인식한 결과이다. 반면에 후자는 818계획 이후 조직을 적극 통폐합하고는 해당 부서장을 육군으로 앉혔을 뿐만 아니라 각 군 고급장교 진급에 대한 제청권을 육군 중심 국방부가 행사하게 되면서 상대적으로 열세인 해군과 공군의 정체성이 심각히 손상되었기 때문일 것이다. 한편 해군과 육군은 중첩되는 부분이 없는 반면 공군의 경우 해군 및 육군과 중첩되는 부분이 많다는 점에서 보면 육군 중심 국방부에서 공군이 자신의 정체성을 상실할 가능성은 보다 높았을 것이다.

국방개혁 2020 당시 육군 작전지역 확대에 공군 장교들이 이의를 제기하지 못했던 것은 현행작전 중심으로 수십 년 동안 공군을 유지해온 결과로 인해 군사적 전문성이 부족했기 때문일 수도 있지만 공군 작전지역을 침해해가면서 자신의 작전지역을 넓히고자 수십 년 동안 적극 노력해온 육군에 대항할 수 있을 정도의 정체성을 한국공군이 견지할 수 없었기 때문일 수도 있을 것이다.

한편 이처럼 통합군 중심 상부지휘구조 개편에 반대했던 육군 출신 고위급 예비역들이 국방개혁 2020이 추진되던 2005년을 전후로 공군 작전지역을 침해하면서 육군 작전지역을 대거 넓히고 넓혀진 작전지역을 감당하기 위한 육군 전력 건설을 위해 적극 노력했다는 점에서 보면 국방개혁 307에 대한 일부 예비역 육군들의 반발은 육군문화의 약화가 아니고 현실적으로 불가능한 통합군 중심의 상부지휘구조를 추진하는 경우 육군이 곧바로 엄청난 비난을 받게 될 것이란 판단에 근거한 측면도 없지 않았을 것이다. 즉 이들의 반대는 육군문화의 약화가 아니고 전술적 측면에서의 방향 전환으로 생각할 수도 있을 것이다.

2. 위협환경, 동맹환경 및 지지 세력의 선호와 대통령 선호의 관계

국방개혁에 관한 대통령의 선호에 영향을 주는 요인에 위협환경 및 동맹환경과 같은 안보환경의 변화와 대통령을 지지하는 세력의 선호란 부분이 있다. 이상적으로 생각하면 대통령은 안보환경 변화에 입각하여 국방개혁에 관한 자신의 선호를 결정해야 할 것이다. 그러나 선거를 통해 선출된 사람이란 점에서 대통령은 정권 유지 차원에서라도 자신을 지지한 세력들의 선호를 고려하지 않을 수 없을 것이다.

가. 한국군의 안보환경 평가는 육군 입장을 대변하고 있었다.

안보환경 평가는 행위자의 입장을 반영한다. 1991년의 걸프전에 대한 미 육군과 공군의 평가가 전적으로 상이[10]했던 것은 이 같은 이유 때문이었다. 전통적으로 한국군 국방백서에서는 북한군을 육군 중심 단일군으로 간주하고 있다. 또한 육군 장교들은 이 같은 북한군에 대항하기 위한 최상의 방안은 육군 중심 단일군이란 논리를 전개하고 있는데 이는 육군의 선호이자 입장을 반영한 것이었다.

한편 해군과 공군은 북한군을 육군 중심 단일군이 아니고 3군 합동차

10) "육군은 항공력으로 인해 일부 기력을 상실한 이라크군에 대항한 지상전이 결정적인 효과가 있었다고 주장했던 반면 공군은 항공력이 압도적인 승리를 위한 여건을 조성했다. 거의 전쟁을 승리로 이끌었던 것에 다름이 없었다."고 주장했다. David E. Johnson, *Learning Large Lessons : The Evolving Roles of Ground Power and Air Power in the Post-cold War Era*, RAND(2007), p. xiv.

원에서 전쟁을 수행하는 군대로 생각했다. 예를 들면 818계획 당시 공군준장 조건환은 북한군 총참모장 직책을 3군이 윤번제로 맡는다고 주장했다. 사실 여부에 무관하게 이것 또한 해군과 공군의 입장을 대변한 것이었다. 그러나 육군의 파워가 상대적으로 막강했다는 점에서 육군의 관점이 상황을 주도하였다.

나. 국방개혁에 관한 대통령의 선호는 안보환경에 관한 객관적인 평가보다는 대통령의 지지 세력의 선호에 의해 보다 많이 좌우되었다.

한국군이 추진한 12차례에 걸친 국방개혁 가운데 11차례는 육군 중심 단일군을 겨냥한 반면 1차례, 즉 국방개혁 2020은 3군 균형발전을 염두에 두고 있었다. 여기서 육군 중심 단일군인 통합군은 안보환경에 관한 객관적인 평가가 아니고 육군들의 선호를 반영한 것이었다. 통합군은 "전쟁을 육군이 주도하고 해군과 공군이 육군을 지원해야 한다"는 육군문화에 기인했다. 국방개혁 2020에서 추구한 목표는 안보환경에 관한 객관적인 평가에 근거하고 있었지만 이것 또한 노무현 대통령을 지지한 세력의 성향을 대변했다고 말할 수도 있었다.

다. 국방개혁에 관한 대통령 지지 세력(행위자들)의 선호는 국익이 아니고 자신들의 입장을 반영하고 있었다.

818계획과 국방개혁 307 당시 대통령을 지지했던 예비역 육군을 포함한 세력들의 선호인 통합군은 "전쟁은 육군이 수행하고 해군과 공군이 육군을 지원해야 한다"는 육군문화를 반영한 것이었다. 9.11 테러 이전까지만 해도 미 육군 또한 이 같은 관점을 견지하고 있었다. 그러나 이는 국익이 아니고 미 해군과 공군에 대항하여 보다 많은 예산을 확보하기 위한 논리였다. 마찬가지로 한국 해군과 공군이 선호했던 비통제형 합참의장제가 3군 합동차원에서 이상적인 경우인 것은 사실이지만 이것을 선호했을 당시 해군과 공군 장교들이 3군 합동작전에 관해 제대로 알고 있었던 것은 아니었다. 이 같은 점에서 보면 한국 해군과 공군의 선호인 비통제형 합참의장제 또한 국익이 아니고 육군과 대등하게 해군과 공군이 발전해야 할 것이란 자신들의 염원을 반영한 것이었다. 국방개혁 307 당시 통합군을 적극 주장했던 민간인들은 오랜 기간 동안 국방개혁 관련 일을 수행하면서 육군들의 입장에 동조해온 사람들이었다. 이들이 국방개혁 307에 참여할 수 있었던 것은 육군 입장에 동조하는 성향이었기 때문이었을 것이다.[11] 한국군의 파워 그룹인 육군의 입장에 동조해야 지속적으로 국방 관련 일에 참여할 수 있는 등 적지 않은 이점을 누릴 수 있을 것이란 점에서 보면 이들 또한 국익이 아니고 자신의 이익을 추구하고 있었다.

라. 국방개혁에 관한 대통령의 선호에 영향을 준 주요 세력(행위자들)들이 점차 군인 또는 군 출신에서 민간인으로 바뀌었다.

818계획 당시 국방개혁에 관한 대통령의 선호에 가장 많이 영향을 끼친 세력은 육군 장교들이었다. 국방개혁 2020 당시 국가안보와 관련하여 노무현 대통령을 지지한 세력에 군 출신은 거의 없었다. 그러나 818계획에 참여한 바 있으며 대통령의 고등학교 선배였던 윤광웅 해군제독이 통합군의 부당성과 3군 균형발전의 정당성을 언급했을 것이며, 이것이 노무현 대통령에게 지대한 영향을 끼쳤을 것이다. 국방개혁 307 당시에는 이명박 대통령의 통합군 추구를 현역 및 예비역 군인들이 대거 반대한 반면 민간인 출신들이 적극 지원했다. 공군과 해군의 현역 및 예비역 장교, 국방부

11) 국방개혁 307에 처음 참여한 반면 통합군을 적극 주장했던 김태효 및 곽승준 박사는 이상우 위원장, 김태우 통일연구원장과 같은 안보분야 전문가들의 말을 듣고 이처럼 했을 것으로 보인다.

장관 및 합참의장과 같은 군의 고위급을 역임한 예비역 육군 장교, 언론매체와 정치권의 강력한 반대에도 불구하고 이명박 대통령이 통합군을 적극 추진했던 것은 이상우 국방선진화위원장, 곽승준 미래기획위원회 위원장, 김태우 통일연구원장, 김태효 청와대 비서관, 한국국방연구원의 노훈 박사, 심경욱 박사와 같은 민간인들이 통합군을 신봉하고 있었기 때문이었을 것이다.

대통령 선거 당시 이명박 대통령을 지원했던 이종구 전 국방부장관을 포함한 일부 예비역 육군 장교들이 통합군 추진을 권유했을 것이지만 이들보다는 군사문제와 관련하여 비교적 중립적이라고 생각되었던 민간인 출신들이 통합군을 적극 권유하자 군에 관한 지식이 거의 전무했던 이명박 대통령이 통합군의 정당성을 확신했을 것이다. 한편 이들 민간인은 이전의 국방개혁에 참여하면서 통합군의 정당성을 확신했을 것이다. 통합군을 신봉하지 않았더라면 육군 중심 안보공동체의 반대로 이들이 국방개혁 307에 참여할 수 없었을 것이다. 이미 살펴보았듯이 이명박 정부 국방개혁에 참여했던 민간인 출신들은 대부분 통합군을 지지하거나 통합군에 동조하는 입장이었다.

3. 국방개혁의 주요 행위자 : 대통령과 국방부

가. 외국군의 경우와 달리 한국군 국방부는 육군의 정체성과 의도를 대변하는 에이전트다.

외국군의 경우 육군, 해군 및 공군은 정체성과 이익에 따라 행동하는 행위자이지만 국방부와 합참은 그렇지 않다. 그러나 지금까지의 국방개혁 사례를 보면 한국군 국방부는 변함없이 육군의 선호인 통합군을 지지했으며 그 과정에서 해군과 공군의 저항을 억압했다. 즉 육군의 정체성을 대변했다.

한국군 국방부의 정체성은 "전쟁은 육군이 주도하고 해군과 공군이 육군을 지원한다"는 육군문화와 한국군이 육군 중심 비대칭구조를 이루고 있다는 사실로 정의될 수 있다. 전통적으로 육군들은 적군(敵軍)을 온갖 노력을 경주하여 격멸해야 할 중심(重心)으로 간주하는 클라우제비츠의 이론을 견지했다. 이 같은 적군을 해군과 공군의 도움을 받아 육군이 주도적으로 격멸해야 할 것이라고 생각했다. 해군과 공군의 임무와 역할이 자군에 대한 지원으로 국한되어야 한다는 생각에서 육군은 자신이 해군과 공군을 통제할 수 있어야 할 것으로 생각했다.

이 같은 육군문화는 미 육군에서 또한 목격된다. 미군의 경우 국방부, 합참, 합동참모대학과 같은 합동조직에서 3군이 계급과 규모 측면에서 절대 균형을 이루고 있다 보니 이 같은 육군문화가 부각될 여지가 없었다. 한국군의 경우를 보면 한미합의의사록이 체결된 1954년 이후 50여 년간 지속된 미국의 한반도 국방정책으로 인해 국방 차원에서 육군의 비중이 매우 높았는데, 이 같은 현상이 국방부와 합참에 그대로 이식되었다. 육군문화를 견지하고 있는 육군들이 국방부와 합참을 주도하게 되면서 한국군의 국방부와 합참이 육군의 정체성을 대변하는 조직이 되었다.

나. 한국군 국방개혁의 의사결정 구조는 육군의 정체성을 대변하고 있는 국방부와 청와대 중심이었다.

한국군의 국방개혁은 육군, 해군 또는 공군 내부의 개혁이 아니고 각군 본부, 국방부, 합참 및 청와대의 관계인 상부지휘구조의 개편, 전구 항공력을 공군이 운용해야 할 것인지 아니면 육군의 군단장이 운용해야 할 것인지와 같은 각 군 간의 문제에 관한 것이다. 따라서 한국군 국방개혁은 대통령, 육군, 해군 및 공군참모총장 그리고 합참의장이 머리를 맞대고 해결해야 할 사항이다. 그러나 지금까지 한국군 국방개혁의 주요 행위자는 국방부와 청와대였다. 해군과 공군의 이견은 육군 중심 국방부에서 사장되었다.

합동 차원의 국방개혁임에도 불구하고 국방개혁의 문제를 대통령, 합참의장, 각 군 참모총장이 머리를 맞대고 해결하는, 즉 대통령이 결과를 중재하는 미국의 국방개혁 의사결정 구조와 달리 한국군의 국방개혁 의사결정 구조는 육군 출신 고위급 장교를 위원장으로 하고 육군이 다수를 점유하고 있는 국방부 또는 합참에 구성된 위원회에 상대적으로 계급이 낮고 구성원이 적은 해군과 공군 장교가 참여하여 육군 중심으로 안을 작성하는 한편 국방부 대표(육군)가 청와대와 협의하는 형태다. 육군 중심 한국군이 이 같은 의사결정 구조를 정착시켰던 것은 대통령과 각 군 참모총장이 머리를 맞대고 문제를 해결하는 구조에서는 육군 의도대로 국방개혁을 추진할 수 없었기 때문일 것이다.

다. 한국군 국방개혁은 육군의 구도에 의해 육군 입지강화를 위해 추진되었다.

한국군의 국방개혁은 안보환경 변화 또는 군사이론과 무관하게 육군 중심 단일군을 겨냥해 추진되었다. 1960년부터 한국육군 장교들은 육군 중심 단일군을, 1980년대부터 입체고속기동전 교리를 구상했으며 육군의 파워가 막강했다는 점에서 이 같은 개념에 입각하여 국방개혁을 추진할 수 있었다. 이들 논리의 정당성을 확보하기 위해 한국국방연구원 및 국방대학과 같은 국방 연구기관을 이용했으며 북한군을 육군 중심 단일군이라거나 오늘날의 전쟁이 미 육군이 1982년에 정립한 공지전투 교리에 의해 수행되고 있다고 주장하는 등 사실을 왜곡시켰다. 또한 이승만 대통령, 김정렬 전 공군참모총장의 실수의 산물인 총사령관제와 합참의장이 각 군 작전사령부 또는 각 군 참모총장을 지휘 통제하는 개념 등 군사 이론적으로 타당성이 없는 부분을 육군 중심 단일군 목적으로 지속적으로 이용했다. 지난 50여 년 동안 12차례에 걸쳐 추진된 국방개혁 가운데 국방개혁 2020을 제외한 11차례는 이 같은 과정을 통해 정립된 논리에 근거하고 있었다. 상부지휘구조는 통제형 합참의장제를 거쳐 육군 중심 단일군인 통합군으로 간다는 개념에 근거하여, 하부구조는 육군 중심으로 통폐합한다는 개념에 근거하여, 전력구조는 한반도 항공력을 군단장이 통제한다는 입체고속기동전 개념에 근거하여 국방개혁을 추진했다. 국방개혁 2020 또한 육군 의도대로 추진되었다.

라. 대통령에 무관하게 한국군의 국방개혁은 육군 이익을 지원해주는 통합군 중심의 상부지휘구조 내지는 육군 중심 입체고속기동전 전력구조를 추구하는 형태였다.

대통령의 선호가 지지 세력의 선호에 의해 대거 영향 받으며 대한민국 내부에서 육군을 지원하는 세력이 해군과 공군을 지원하는 세력과 비교하여 엄청난 수준이란 점에서 보면, 대통령에 무관하게 이 같은 대통령을 지지하는 세력이 육군을 지원하는 세력일 가능성이 높을 것이다. 즉 대부분의 국방개혁이 육군 이익을 지원해주는 형태일 것이다. 여기서 육군 지원 세력들이 통합군 중심의 상부지휘구조 내지는 입체고속기동전 중심의 전력구조를 추구할 것으로 가정할 수 있는 것은 자신의 입장에 따라 안보환경에 대한 평가뿐만 아니라 3군이 힘을 모아 전쟁을 수행하는 방법에 관한 관점이 달라지기 때문이다. 육군 입장에서 보면 육군 중심 단일군 내지는 육군 중심으로 항공력통합을 가능케 해주는 입체고속기동전 교리를 최상의 방안으로 평가할 것임은 당연한 현상이다. 한국군 국방개혁의 역사는 이 점을 보여주고 있다.

마. 대통령의 선호와 무관하게 국방부는 육군의 선호를 관철시킬 수 있는 입장이었다.

이는 청와대가 각 군과 합참이 아니고 국방부를 상대로 국방개혁을 추진하고 있기 때문이다. 더욱이 국방부장관과 합참의장이 육군 출신일 뿐만 아니라 이들 조직을 육군들이 주도하면서 국방부와 합참이 육군의 정체성을 대변하는 행위자 또는 에이전트로 기능할 수 있게 되었기 때문이다.

국방개혁과 관련하여 군을 통제하기 위한 방법에는 국방개혁 과정을 청와대가 직접 상세 통제하는 방법, 국방개혁을 추진할 사람의 선정을 통해 통제하는 방법이 있다. 노무현 대통령 당시 청와대는 국방부를 상세 통제하고자 노력했지만 국방에 관한 사소한 정보조차 쉽게 얻을 수 없었다는 점에서 통제가 불가능했다. 비육사 출신의 조영길 장군과 해군 출신인 윤광웅 제독을 국방부장관으로 선임했지만 육군 중심 국방부에서 이들 장관이 할 수 있는 일에는 한계가 있었다. 특히 육군에서 40여 년 간 생활하며 최고 계급까지 승진했던 육군대장 출신의 조영길 국방부장관에게 육군 병력 감축을 주도하라는 것은 지나친 요구였다.

4. 대통령의 선택

가. 대통령의 개인적 성향이 국방개혁 결과에 영향을 끼쳤다.

노태우 대통령과 이명박 대통령의 통합군 추구에 해군과 공군의 현역 및 예비역 장교뿐만 아니라 언론매체와 정치가들이 반발했다. 반발의 정도를 보면 노태우 대통령 당시와 비교하여 이명박 대통령 당시가 훨씬 격렬했다. 그런데 노태우 대통령이 해군과 공군의 저항을 수용한 반면 이명박 대통령이 자신의 선호를 고수했다. 이들 간의 차이를 설명해주는 부분은 대통령의 성향이다.

나. 한국군이 추진한 개개 국방개혁 간의 차이는 대통령의 초기 선호, 개인적인 성향과 의사결정 환경을 고려한 대통령의 최종 선택에 따라 달라졌다.

여기서 의사결정 환경은 국방개혁에 대한 국방부, 각 군, 언론매체, 정치권, 예비역 장군들의 반응을 포함하는 개념이다. 이 같은 점에서 보면 한국군 국방개혁 결정 과정에서는 안보환경의 변화에 대한 고려, 즉 국익에 대한 고려가 중요한 요소가 아니었다. 왜냐하면 대통령의 선택을 결정해주는 요소인 대통령의 최초 선호뿐만 아니라 대통령의 성향과 의사결정 환경이 임의적인 성격이기 때문이다.

5. 효율 및 효과적인 국방개혁

오늘날 국방개혁의 화두는 합동성이다. 합동성은 육군, 해군 및 공군의 존재를 인정하고 3군 균형발전을 강조하는 형태와 특정 군 중심으로 여타 군을 통폐합하는 단일군 형태가 있다. 오늘날 대부분 국가들은 3군 균형발전 형태를 추구하고 있다. 1954년의 한미합의의사록으로 인해 한국군이 육군 중심의 극단적인 비대칭구조가 되고 이 같은 육군이 “전쟁은 육군이 주도하고 해군과 공군이 육군을 지원해야 한다”는 문화를 견지하면서 지난 50여 년 동안 한국군은 육군 중심으로 해군과 공군 조직을 통폐합한다는 의미의 합동성 개념에 근거하여 국방개혁을 추진해왔다. 결과적으로 국방개혁을 통해 한국군이 보다 더 육군 중심이 되었으며, 전력건설을 포함한 다양한 측면에서 적지 않은 문제가 초래되었다.

한편 이 같은 육군문화로 인해 한국군은 합동교리 및 합동전략과 같은 군사이론을 제대로 구비할 수 없었다. 왜냐하면 "전쟁은 육군이 주도하고 해군과 공군이 육군을 지원해야 한다"는 육군문화와 전쟁에 관한 일반적인 이론이 배치되었기 때문이다. 국방대학 및 한국국방연구원을 포함한 한국군 안보공동체가 상대적으로 파워가 막강한 육군의 이 같은 문화를 지원하기 위한 조직으로 기능하면서 문제가 보다 어려워졌다. 1970년대 중반 이후 북한군과 비교하여 많은 국방비를 사용해왔으며 최근에는 20배 이상[12]의 국방비를 사용하고 있음에도 불구하고 북한군의 침공을 억제할 수 있을 것인지, 전시 북한군의 도발에 대항하여 국가를 제대로 방어할 수 있을 것인지 의문이 제기되는 상황이 되었다.

이 같은 상황에서 미국이 한국군에 대한 작전통제권 전환을 요구해왔다. 미군이 한반도 전쟁을 주도하는 상황에서는 미군이 정립한 개념에 한국군이 공감하는 표정을 지으면 되었지만 지금부터는 한국군이 주요 개념을 정립하고 미군이 공감하도록 만들 필요가 있을 것이다. 문제는 이미 언급한 이유로 인해 합동에 관한 정의를 포함하여 한미가 견지하고 있는 개념이 대단히 상이할 뿐만 아니라 한국군이 합동 교리와 전략을 등한시한 결과로 인해 한미 간에 대화가 쉽지 않을 것이란 점이다. 한국군의 실정에 누구보다 밝은 국방부장관과 합참의장을 역임한 고위급 육군 장군들이 전시작전통제권 전환에 극구 반대했던 이유에 이 같은 측면이 있을

12) "스톡홀름 국제평화연구소의 '군사 지출' 자료를 보면, 2012년 한국의 국방예산은 35조 6650억 원(317억 달러)으로 988억 원(9억 7340만 달러)인 북한의 33배나 된다." 송승훈, "[사설 속으로] 오늘의 논점 – 전시작전권 전환 재연기" 『중앙일보』(2013. 8. 6)

수도 있을 것이다.

이 같은 문제를 해결하기 위한 최우선적인 방안은 각 군 간 임무와 역할을 분명히 정의하는 일일 것이다.[13] 이는 군의 조직과 전력이 임무와 역할을 수행하기 위한 것이기 때문이다. 미군의 경우 수십 페이지에 달할 정도로 각 군의 임무와 역할을 분명하고 상세하게 정의[14][15]하고 있는 반면 한국군은 각군의 역할을 국군조직법[16]에 개괄적으로 정의하고 있는데, 이 같은 정의로는 군사력을 제대로 건설할 수 없을 것이다. 매년 미군은 자군의 임무와 역할 문제를 놓고 여타 군과 교리적으로 격렬한 논쟁을 벌이고 있다. 이는 임무와 역할에 따라 배정되는 예산과 전력이 달라지기 때문이다. 또한 미 의회는 4년마다 각 군의 임무와 역할에 관한 보고서를 제출하라고 미 국방성에 요구하고 있는데 이는 임무와 역할의 분명한 정의가 효율적인 전력 건설과 운용의 관건이기 때문이다.

한국군 내부에서 임무와 역할이 분명하지 않아 벌어지고 있는 가장 최근 사례에 북한 핵무기 및 탄도미사일에 대비하기 위한 Kill-Chain의 문제가 있다. 교리 및 한미연합사령부체제 측면에서 보면 Kill-Chain에 대한 책임은 공군에 있다. 한반도 항공력운용의 피지원사령관이 공군구성군사령관이기 때문이다. 국방개혁 2020 및 2025를 통해 육군의 군단 및 사단

---

13) 2010년 3월 26일 자운대에서 있었던 합동성 토론회에서 미 합동군사령부 부사령관인 미 육군중장 후버(Keth M. Huber) 또한 역할, 권한 및 책임을 정립하고 중복을 방지하는 문제의 중요성을 언급했다. "합동성강화대토론회", 합동참모본부(2010. 3. 25), p. 60.

14) Title 10, U.S. Code에는 미국의 각 군의 임무 및 역할과 조직이 상세히 정의되어 있다.

15) 예를 들면, 1948년의 KeyWest agreement에서는 공중우세 확보 및 유지, 대잠전 수행 등 21개의 공군 기능을 명시하고 있다. Daniel T. Kuehl, "Roles, Missions, and Functions: Terms of Debate." *Joint Forces Quarterly*(Summer 1984), pp. 103-105.

16) "육군은 지상작전을 주임무로 하고 이를 위하여 편성되고 장비를 갖추며 필요한 교육·훈련을 한다. 해군은 해상작전과 상륙작전을 주임무로 하고 이를 위하여 편성되고 장비를 갖추며 필요한 교육·훈련을 한다. 공군은 항공작전을 주임무로 하고 이를 위하여 편성되고 장비를 갖추며 필요한 교육·훈련을 한다."〈개정 2010.3.17〉고 정의하고 있다.

작전지역을 대거 늘린 결과 북한 지역의 많은 부분이 공군 작전지역에서 육군 작전지역으로 전환되었으며[17], 육군이 북한 전 지역을 육군 작전지역으로 만들고자 노력하고 있다는 점에서 보면 Kill-Chain에 대한 책임은 육군에 있다. 2010년 12월에 합동참모본부가 발행한 『합동화력운용』(합동교범 3-8) 그리고 합동표적위원회를 합참으로 옮겼다는 점에서 한반도 항공력의 피지원사령관은 합참의장이다. 이 같은 관점에서 보면 Kill-Chain에 대한 책임은 합참에 있다. 해군은 탄도미사일 방어를 자군이 담당하겠다고 한다.[18] 도대체 누구 책임인가? 이 같은 현상과 관련하여 예비역 육군 대령인 국민대학의 박휘락 교수는 다음과 같이 말하고 있다. "미사일 방어에 관한 책임 소재를 명확히 해야 한다. 누가 미사일 방어의 필요성과 필요한 무기체계에 대한 소요를 제기할 것인가? 육군인가, 공군인가, 해군인가, 합참인가? 명확히 해야 한다. 또한 북한이 한국의 어느 도시를 미사일로 공격하겠다고 위협할 경우 그 방어책임은 누구에게 있는가? 유사시 북한 미사일을 파괴하기 위한 계획, 권한위임 등을 누가 가질 것인지를 명확히 해야 한다."[19]

이처럼 책임이 불분명한 상태에서 북한 탄도미사일에 대비하기 위한 Kill-Chain이 구축될 수 있을까? 오늘날의 첨단 컴퓨터는 논리적으로 가능한 일만 할 수 있다고 한다. 논리적으로 올바로 정립되어 있지 않은 부분을 오늘날의 첨단 과학기술을 이용하여 구현할 수 있을까? 이처럼 임무와 역할이 불분명한 상태에서 체계를 건설하고자 하는 경우 귀중한 국민의 세금만 낭비하는 결과가 초래될 것이다.

둘째, 미사일, 고정익 및 회전익 항공기, 무인항공기를 포함한 한반도

---

17) 이는 한미 간에 그리고 육군과 공군 간에 합의를 본 사항은 아니다. 육군이 일방적으로 그처럼 만든 것이다.

18) "해군은 탄도미사일 방어 임무가 해군으로 알고 있더라." 예비역 모 공군대령의 증언.

19) 국방전문가포럼 좌담회, "박근혜 정부의 국방개혁 방향", 『군사세계』(2013. 5), p. 38.

의 모든 항공력을 통합해야 할 것이다. 외국군의 경우에 근거해 보면 해군과 육군은 임무와 역할이 중복될 가능성이 거의 없으며 공군이 해군 또는 육군의 임무를 수행하겠다고 주장하는 경우도 없다. 반면에 해군과 육군이 공군의 임무와 역할을 대신하겠다고 주장하는 경우가 있을 수 있다. 지난 60여 년 동안 현행작전 중심으로 운용해온 한국공군 장교들은 자군의 임무와 역할을 침해해가며 전력을 건설하고자 하는 해군과 육군[20]에 대해 거의 이의를 제기하지 않았다. 지상전을 육군이 해전을 해군이 주도하는 것처럼 공중전을 공군이 주도해야 할 것이다. 특히 전 세계를 상대로 전쟁을 수행하는 미군과 달리 한반도에서 전쟁을 수행하는 한국군은 각 군이 자군에 필요한 항공력을 별도 건설할 이유가 있는지 숙고해보아야 할 것이다.

이스라엘군을 포함한 선진국 군대의 경우 국방예산에서 항공력 관련 예산이 차지하는 비중은 상당히 높은 수준이고 이스라엘은 50%를 유지하고 있다. 한국공군이 매년 25% 정도 예산을 사용하고 있다는 점에서 보면 한반도 항공력 건설을 위한 또 다른 많은 예산이 해군과 육군에 배정되고 있는 것으로 볼 수도 있을 것이다. 해군과 육군이 미사일과 같은 항공력 건설에 적극 노력하고 있는 것이 이 같은 이유 때문일 수 있다.[21] 각 군은

20) 예를 들면, 한국전략문제연구소의 2010년의 합동성 토론회에서는 북한 탄도미사일 방어 임무를 육군이 담당해야 한다는 주장이 제기되었다. 문제는 한미연합사령부 체제에서 이것을 공군구성군사령관이 통제하고 있다는 점이다. 지대지미사일 운용과 관련해서도 공군과 육군이 대립하고 있다.

21) "…국방예산으로 육군은 구입할 것이 별로 없는 입장이었다. 그래서 전력증강 명분을 만들고자 노력했다.…" 임춘택 전 청와대 행정관(현재 카이스트 교수)과의 2012년 8월 23일 인터뷰; "육군은 50여% 확보하고 있는 예산을 사용하기 위해 계속 사업을 벌여야만 하는 입장이다.…육군과 해군은 예산이 남아도는 반면 공군 전력 건설이 문제다.…육군과 해군은 자군의 임무 역할 목적의 것이 아닌 공군 임무를 위한 체계를 건설하고 있는 것이다. 합동 차원에서 각군 예산이 융통성 있게 운용되어야 한다." 이한호 전 공군참모총장과의 2012년 7월 16일 인터뷰; 국방 투자비는 각 군 예산과 공통예산으로 구분된다. 여기서 이한호 전 공군참모총장이 언급한 부분은 순수 육군 투자예산을 의미한다. 대부분의

자군의 임무와 역할 수행을 위한 전력만을 건설해야 하며, 공군 작전영역인 전방전투지경선 너머 지역을 공격하기 위한 육군의 지대지미사일처럼 자군 작전이 아니고 타군 작전만을 지원하는 전력을 보유하면 곤란할 것이다. 이것이 적지 않은 국방예산의 낭비일 뿐만 아니라 전시 아군이 발사한 미사일에 아군 항공기가 격추되는 우군살상의 문제를 초래할 수 있는 사안이기 때문이다.

이 같은 문제를 해결한다는 차원에서 항공력 임무를 수행하는 각 군 조직을 통폐합할 필요가 있을 것이다. 독일공군이 런던을 공습한 1918년 영국은 육군과 해군의 항공 조직을 통폐합하여 공군을 창설했는데, 1940년 당시 독일군의 침공에 대항하여 영국을 방어하는 과정에서 이 같은 영국 공군이 크게 기여했다. 반면에 2차 세계대전 당시 일본의 도쿄가 연합국의 항공력에 공습을 당했던 것은 일본 육군과 해군이 항공력을 분할 운용했기 때문이었다. 한편 방대한 전력을 구비하고 있는 주변국들과 전쟁을 수행하는 이스라엘 군의 경우 미사일, 고정익 및 회전익 항공기, 무인항공기를 포함한 모든 항공무기를 공군이 통합적으로 운용하고 있다. 마찬가지로 2차 세계대전 당시 독일 군과 이탈리아 군이 막강한 연합국 전력에 대항하여 장기간 동안 버틸 수 있었던 것은 이들 군이 국가의 항공력을 단일군으로 통합하는 등 군을 효율적으로 조직하여 운용했기 때문이라고 한다.

2장과 3장에서 살펴보았듯이 교리적으로도 한반도 항공력을 단일군으로 통폐합해야 한다. 이는 우군살상을 방지하는 등 한반도 전쟁에 올바로 대비하기 위한 방안일 뿐만 아니라 국방예산을 대거 절감하기 위한 방안이다. 국방투자비에서 상당 부분을 차지하고 있는 한반도 항공력을 통

공통예산을 육군들이 사용하고 있다. 결과적으로 3장에서 살펴보았듯이 1980년대 초반 이후 지난 30여 년 간 육군이 국방 투자비의 50% 이상을 사용해왔다.

합적으로 건설하여 운용하면 중복전력과 비효율적인 전력의 건설을 사전 방지함으로써 엄청난 국방예산을 절감할 수 있다. 뿐만 아니라 한국군에 필요한 필수 항공 전력을 비교적 손쉽게 건설할 수 있는 등 군의 전투력을 효율적이고도 효과적으로 증진시킬 수 있을 것이다. 여기에는 해군 항공도 포함된다. 미군은 지상에서 이륙하는 항공기가 수행하는 대잠임무와 정찰임무가 해군의 임무가 아니라고 명시하고 있다.[22] 영국군 또한 이 같은 임무를 공군이 수행하고 있다.[23] 이는 정보 전력에도 해당되는 사항이다. 미군의 경우 전 세계 도처에서 전쟁을 수행한다는 차원에서 각 군이 엄청난 규모의 정보 전력을 보유하고 있다. 그러나 한반도와 같은 전쟁에서 이들 정보 전력은 공군구성군사령관의 통합 지휘 아래 운용되고 있다.

셋째, 각군이 국방예산에서 매년 일정 부분을 할당받아 자군 전력을 건설하는 관행에서 탈피해야 한다. 각 군 차원이 아니고 국방차원에서 우선순위가 높은 체계들이 획득되도록 해야 한다. 오늘날 국방 투자비에서 해군과 공군이 각각 25% 육군이 50% 정도를 사용하고 있는데 여기에는 거의 변함이 없다. 이처럼 각 군이 고정된 예산을 배당받아 전력을 건설하게 되면 특정 군의 경우 국방 차원에서 긴요한 체계를 구입하지 못하게 되는 반면 예산에 여유가 있는 군은 건설할 체계가 없어 고민하는 상황이 벌어

---

22) "1996년의 Goldwater-Nichols Act에서는 "해군정찰, 대잠수함전 그리고 함선 보호"에 대해 일반적으로 책임지는 군은 해군이란 내용의 법규를 삭제하였다. 이들 활동은 지상에 기반을 둔 항공기들이 요구되는 형태의 것으로서, 지상에 기반을 둔 해군 항공기들을 공군에 병합해야 한다는 주장에 대항해 해군이 근거로 내세우던 주요 내용들이었다." Lederman, 김동기, 권영근 번역, 『합동성 강화 : 미 국방개혁의 역사』(서울 : 연경문화사, 2002), p. 214.

23) 예비역 공군중장 서진태 장군과의 2013년 6월 28일 인터뷰; "미국은 대형 수송헬기를 육군에서 운영하는데 영국에서는 왜 공군에서 맡고 있느냐고 질문하자 미국의 육군항공대는 영국공군 전체보다도 전력 규모가 크기 때문에 비교해서는 안 된다고 잘라 대답했다.…Nirmod와 같은 대형해상초계기도 같은 이유로 공군에서 운용한다고 했다." 서진태, "국방정책의 투명성과 공정성", 『군구조 관련 논문 발표집』(공군본부, 1998. 1), pp. 36-37.

진다. 상황에 따라 국방예산의 많은 부분이 육군, 해군 또는 공군에 융통성 있게 배정될 수 있도록 제도와 절차를 정립해야 할 것이다. 이처럼 하고자 하는 경우 국방부장관을 민간인 출신으로 바꾸어야 할 것이다.

국방부와 같은 각 군 간 조직에서 민간인 출신 국방부장관의 간섭이 우선순위 설정 측면에서 대단히 중요한 부분인 반면 군인들 간에는 우선순위 설정이 대단히 어려운 문제이기 때문이다. 민간인의 간섭이 없는 경우, 민간인 출신만이 갖고 있는 합법적인 권한의 행사가 결여되어 있는 경우 군은 각 군 간에 국방예산을 일정 비율로 나누어 편성하는 경향을 취하기 때문이다. 각 군은 자군 중심의 전쟁을 준비할 것이며 효과적으로 상호 협조하지 않을 것이기 때문이다. 각 군은 자군 혼자서 전쟁을 수행하고 있다는 인상을 주는 방식으로 소요(所要)를 제기할 가능성이 있기 때문이다. 이들 각 군은 국가의 대전략에서 추구하는 정치적 측면과 제대로 통합되는 교리를 만들 수 없을 것이기 때문이다.[24][25]

투자비의 거의 50% 이상이 육군에 배정되어 있는 상태에서 육군 출신 국방부장관이 우선순위에 근거한 전력 건설을 추구할 수 있을가? 우선순위가 떨어지는 육군 헬리콥터와 미사일의 건설을 자제하면서 상대적으로 우선순위가 높은 공군의 고정익항공기를 구입할 수 있을가? 예비역 모 육군 장교는 자신이 국방부에 근무할 당시 우선순위에 입각한 전력건설을 국방부장관에게 건의했더니 "그렇게는 할 수 없다"는 답변을 들었다고 2013년 7월 필자에게 말한 바 있다.

---

24) Barry R. Posen, *The Source of Military Doctrine*(Ithaca, New York: Cornell University Press, 1984), pp. 53-54.

25) 한국군의 경우 대부분 육군 참모총장 내지는 합참의장 출신을 국방부장관으로 임명하고 있는데 이는 민간인 출신이 아니다. 이 같은 사람의 경우 자신과 장기간 동안 군에서 생활했던 사람 또는 국방부장관을 그만 둔 이후 함께 생활하게 될 사람들의 눈치를 보지 않을 수 없을 것이다. 즉 특정 군 중심의 시각을 견지하지 않을 수 없을 것이다.

넷째, 각 군이 자군의 임무와 역할에 근거하여 그리고 안보환경의 변화를 고려하여 융통성 있게 평시 전력을 건설하고 전시 운용할 수 있으려면 국방부, 합참, 합동참모대학과 같은 합동조직에 근무하는 육군, 해군 및 공군 장교들이 계급과 숫자 측면에서 1 : 1 : 1 균형을 유지해야 할 것이다. 이미 살펴본 바처럼 육군, 해군 및 공군은 나름의 정체성과 이익에 근거하여 행동하는 행위자인데 오늘날의 합동전은 이 같은 각 군을 기반으로 하고 있다.

오늘날 군사이론가들은 이 같은 각 군을 빨강, 노랑, 파랑이란 3원색에 비유하고 있다. 3원색을 적절히 배합하여 다양한 색깔을 표현할 수 있는 것처럼 국가가 직면하게 될 다양한 위기에 대응할 수 있으려면 독특한 정체성을 견지하고 있는 육군, 해군 및 공군이 필요할 것이다. 한편 오늘날의 합동전은 공중에서는 독수리처럼, 해상에서는 상어처럼, 지상에서는 사자처럼 싸우도록 하고, 이들 행위가 동일 목표를 겨냥하게 하는 노력에 다름이 없다. 국방부 및 합참과 같은 합동조직에 근무하는 3군 장교들이 계급과 숫자 측면에서 균형을 이루지 못하는 경우 특정 군 중심으로 전력을 건설하고 운용하게 되면서 국가가 직면하게 될 다양한 위기에 제대로 대응할 수 없게 될 것이다. 천안함 피격 사건은 이것을 보여준 극명한 사례일 것이다. 외국군의 경우에도 해군 및 공군과 비교하여 육군의 병력이 많은데 이는 공군이 장교 중심 군대, 해군이 부사관 중심 군대인 반면 육군이 사병 및 병력 중심 군대이기 때문이다.

그럼에도 불구하고 국방부, 합참, 합동군사령부와 같은 합동조직에 근무하는 각 군 장교의 비율을 1 : 1 : 1 균형 편성하고 합참의장을 순환 보임시키고 있는 것은 이처럼 할 때만이 각 군이 여타 군의 일을 자신의 일처럼 합심해 해결하고 전력 건설과 운용 과정에서 완력이 아니고 대화를 통해 문제를 해결할 수 있기 때문이다. 합동 차원에서 문제를 해결할 수 있기 때문이다. 육군의 고급 장교 숫자를 줄여서 합동조직 운용에 필요한 해군과 공군의 장군 및 영관 장교 숫자를 늘려주어야 할 것이다.[26]

다섯째, 전시 미군의 지원 정도를 고려하지 않는 상태에서 국방을 개혁해야 할 것이다. 이는 전시 미군의 도움을 받지 않아야 할 것이란 의미가 아니다. 가능한 한 많은 도움을 받을 수 있으면 좋을 것이다. 이는 효율적으로 사용하는 경우 한국군의 국방비가 미군의 지원을 별로 의식하지 않아도 북한 위협에 대비할 수 있는 수준이 되고 있다는 사실과 항공력, 해상전력 및 정보 전력을 미군이 지원해준다는 가정 아래 국방을 개혁하면 미군의 지원이 없는 상태에서는 제대로 기능하지 못하는 비정상적인 전력과 조직이 되기 때문이다. "지상전은 한국군이 해전과 공중전은 미군이 주도해야 한다"는 미국의 한반도 국방정책을 한국군이 육군 중심으로 전력을 건설하고 조직을 편성해야 하는 개념으로 해석[27]하여 국방예산의 많은 부분을 육군에 배정한 반면 육군 입장에서 구입해야 할 부분이 충분히 있는지 의문이 가는 상황이 초래되었다.

반면에 예산이 부족한 공군이 한반도 전쟁에서 중요한 의미가 있는 항공력과 정보전력을 제대로 건설하지 못하게 되면서 한국군이 적지 않은 국방비를 사용하고 있음에도 불구하고 비효율적인 전력을 구비하고 있는 결과가 초래되었다. 육군이 해군 함정을 구입하여 운용할 수 없을 것이란 점에서 배정된 자군 예산을 사용하고자 하는 경우 육군이 공군 임무를 대

26) 3장에서 살펴보았듯이 육군 병력 규모를 고려해보아도 한국육군은 해군 및 공군과 비교하여 지나치게 장군의 숫자가 많다. 또한 군사정부 시절 육군은 자군의 장군 숫자를 100명, 대령 및 중령 숫자를 1,000명 늘렸다고 한다. 한국육군은 전 세계 도처에서 전쟁을 수행하기 위한 수많은 고급 사령부를 운용하고 있는 미 육군보다도 장군 숫자가 많다고 한다. 미 육군에 장군이 많은 것은 고급사령부 유지 때문이다. 예를 들면, 중부사령부 등 고급사령부의 경우 병력은 거의 없는 반면 지휘부는 전구사령부의 편제를 유지하고 있기 때문이다. 한국육군의 장군 숫자는 지나치게 과도한 실정이다.

27) 미군이 한반도 전쟁과 관련하여 한국군에게 지상전을 주도하도록 했던 것은 미군이 지상전을 주도하는 경우 많은 미군이 살상될 수 있을 것이란 인식 때문이었다.

신 수행하고자 노력해야만 하는 상황이 되었다. 국방개혁 2020, 2025, 307 당시 육군이 중복전력 건설과 우군살상 가능성에도 불구하고 공군 작전 지역을 대거 침해해가며 헬리콥터, 전차, 지대지미사일, 무인항공기와 같은 무기를 대거 획득하고자 했던 것은 이 같은 이유 때문이었을 것이다. 또한 국방부 및 합참과 같은 합동조직을 육군 중심으로 편성함에 따라 해상 및 공중 작전뿐만 아니라 오늘날의 합동작전을 수행할 수 없게 되었다.

오늘날 한국군은 국방부 및 합참과 같은 합동 조직뿐만 아니라 국방연구기관들이 특정 군 중심으로 변질되어 있다는 문제를 해결해야 한다. 수백 조가 소요되는 국방개혁을 보편적으로 인정받고 있는 합동전략 및 교리와 같은 군사이론에 입각하여 추진하지 못하는 현상을 치유해야 한다. 언제까지 국방개혁이란 용어가 신문의 지면을 도배하는 반면 국방개혁이 제대로 진행되지 않는 현상을 방치해야 할 것인지? 이는 국민들이 결정해야 할 사항일 것이다. 이외에도 지난 수십 년 동안 통폐합한 각 군 조직을 원위치 시키는 문제, 군사적 전문성이 있는 장교들이 군을 이끌고 갈 수 있도록 하는 문제, 각 군 대학, 국방대학과 같은 학교기관의 교수진을 전문화시키는 문제, 각 군을 지원하기 위한 연구소를 설립하는 문제 등 한국군에는 시급히 해결해야 할 많은 문제가 있다.

또한 한국군은 국방개혁을 통해 자생력이 있는 미래 지향적인 조직으로 변모해야 한다. 6.25 전쟁 이후 조성된 지상군 중심, 보병 중심의 한국군은 안보환경의 변화, 교리 및 전략과 같은 요인들을 고려해 한국군이 만든 것이 아니고 미국이 만들어준 것이었다. 자국의 세계전략에 따라 미국이 대한민국에 강요한 것이었다. 대한민국의 북진 통일 추구로 인해 세계대전이 발발하는 현상을 방지하기 위해 독자적인 전쟁 수행이 곤란한 조직, 미군이 없으면 제대로 기능할 수 없는 육군 중심, 보병 중심 조직으로 만든 것이었다. 미국 경제의 악화, 중국의 부상과 같은 요인으로 인해 미국은 점차 한국군에 자립을 요구하고 있다.

한편 출산율 저하와 같은 요인으로 인해 한국군은 더 이상 지상군 중심의 전력을 유지하기가 곤란한 실정이다. 더욱이 산업화시대와 달리 정보화시대에는 특정 군 중심의 군사이론을 견지하는 경우 전시 군사력 운용은 말할 것 없고 평시 군사력 건설도 곤란한 실정이다. 정보통신기술의 비약적인 발전으로 항공력의 위력이 막강해지면서 미국, 일본, 중국, 러시아와 같은 주변국 또한 지상군을 대거 감축하고 해군과 공군, 특히 항공력 중심으로 군을 개편하고 있는 실정이다. 어떻게 해야 할 것인가?

군을 새롭게 만들고자 하는 경우 전쟁과 정치의 관계에 대한 이해, 정치적 목표를 달성하기 위한 전쟁 수행 방법의 문제, 육군, 해군 및 공군이 합동으로 전쟁을 수행한다는 것의 의미, 육군, 해군 및 공군의 의미뿐만 아니라 이들 각 군이 수행해야 할 임무와 역할에 대한 새로운 개념 정립이 요구될 것이다. 역으로 말하면 각 군, 국방부 및 합참과 같은 거대 조직의 임무 및 역할의 올바른 정립이 가장 시급한 문제다. 이처럼 정립되어 있는 임무와 역할에 따라 조직과 편성이 결정될 것이며, 각 군의 싸우는 방법이 결정될 것이기 때문이다. 각 군의 싸우는 방법을 기반으로 합동으로 전쟁을 수행하는 개념이 나올 것이기 때문이다. 오늘날 한국군에서 크게 문제가 되고 있는 입체고속기동전 개념과 육군 중심 단일군인 통합군이란 개념은 각 군의 임무·역할의 불분명과 합동전 수행 개념에 대한 이해 부족 때문에 생긴 현상이다.

그러나 이는 말은 쉽지만 결코 쉬운 일이 아니다. 왜냐하면 지난 60여 년 동안 유지해온 조직을 새롭게 조형하는 과정에서는 기득권 세력들의 반발이 엄청날 것이기 때문이다. 도처에서 다양한 논리를 전개하며 변화에 필사적으로 저항할 것이기 때문이다. "한번 정착된 제도는 지구에 거대 행성이 충돌하는 것에 버금가는 충격이 있는 경우에나 변할 것이기 때문이다." 지난 수십 년 동안 진행되어온 한국군 국방개혁은 이것을 보여주는 단적인 사례다. 이미 400여 년 전 마키아벨리는 변화의 어려움을 다음과 같이 표현했다.

> 새로운 질서를 주도하는 것보다 어려운 일, 성공에 의문이 가는 일, 보다 위험이 따르는 일은 없다. 왜냐하면 구질서의 유지를 통해 이득을 보는 모든 이들이 개혁가의 적(敵)인 반면, 새로운 질서로 인해 이득을 보는 사람들의 지원은 미온적이기 때문이다.… 실제 경험해보기 이전에는 새로운 것은 진정 신뢰하지 않는 인간들의 불신 때문이다.[28]

"전쟁은 너무나 중요한 문제이기 때문에 장군들에게 맡길 수 없다"[29]는 1차 세계대전 당시의 프랑스의 유명한 수상인 클레망소(Georges Clemenceau)의 말처럼 "평시 전쟁을 억지하고, 전시 전쟁을 효과 및 효율적으로 수행할 목적의 수백 조가 소요되는 국방개혁은 국가적으로 너무나 중요한 일이기 때문에 군인들에게만 맡겨 놓으면 안 될 것이다." 대통령을 포함한 국민들의 적극적인 참여가 요구될 것이다. 세계의 많은 국가들을 상대하고 있으며 전 세계 도처에서 벌어지는 사건들을 마치 자국의 일처럼 고민하는 미국 대통령 또한 국방개혁에 많은 시간을 투자하고 있다. 2차 세계대전 당시 발간된 알렉산더 세바스키(Alexander Serversky)의 『항공력을 통한 승리(Victory Through Air Power)』란 책은 미국에서 500만 부 이상이 팔렸다고 한다. 국방에 대한 미국 대통령과 미국국민의 관심은 이처럼 지대하다. 북

28) Stephen Peter Rosen, *Winning the Next War*(Ithaca, New York: Cornell University Press, 1991), p. 1에서 재인용; Niccolo Machiavelli, *The Prince*(New York: New American Library, 1952), Book 6, "Of New Dominions Which Have Been Acquired By One's Own Arms and Ability," pp. 49-50.

29) Eliot A. Cohen, *Supreme Command*(New York, NY : The Free Press, 2002), p. 54.

한과 대치하고 있는 대한민국에서 국방개혁의 문제 이상으로 중요한 문제가 또 있는가?

국방개혁 측면에서 보면 한국군은 개선이 요구되는 부분이 없지 않은 듯 보인다. "미국에서 공부한 사람은 미국에서 가장 존경받는 집단이 군의 장교단임을 알게 된다. 그러나 대한민국 장교들이 존경받는 집단인지 의문이다."[30]는 서울대학교 신성호 교수의 발언, "오늘날 국방과 관련해 해결해야 할 일이 산적해 있다. 그런데 무엇이 진실인지 잘 모르겠다. 결과적으로 의사를 결정할 수 없다. 예를 들면 이명박 정부에서 국방부장관을 역임한 이상희, 김태영, 김관진 장관에게 상부지휘구조 개편에 관해 질문하면 답변이 다르다. 이상희 장관과 김태영 장관은 군정과 군령을 당연히 분리해야 한다고 주장하는 반면 김관진 장관은 반드시 통합해야 한다고 하더라.…"[31]란 유승민 국회 국방위원장의 발언은 이 같은 사실을 보여주는 나름의 사례로 보인다.

한국군이 국민들로부터 보다 신뢰받는 조직이 될 수 있기를 기원하면서 영국의 저명한 사학자(史學者)이자 군인인 존 하켓(General Sir John Winthrop Hackett) 대장의 다음과 같은 글을 마지막으로 이 책을 마치고자 한다. "사람은 이기적(利己的)이고, 겁이 많으며, 충성심이 부족하고, 거짓되며, 성급하고, 헛맹세하며, 도덕적으로 부패하면서도 군인이 아닌 또 다른 분야에서 두각(頭角)을 나타낼 수 있습니다. 예를 들면, 사람은 창의력이 풍부한 예술가, 또는 매우 우수한 과학자이면서 매우 사악(邪惡)할 수 있습니다. 사악한 사람은 결코 될 수 없는 것에 훌륭한 군인이 있습니다. 따라

30) 2012년 11월 27일 전쟁기념관에서 있었던 KODEF 주관 "21세기 한국의 건실한 국방정책 방향은"이란 세미나에서의 서울대학교 신성호 교수의 발언.

31) 2012년 11월 27일 전쟁기념관에서 있었던 KODEF 주관 "21세기 한국의 건실한 국방정책 방향은"이란 세미나에서의 유승민 국회 국방위원장의 발언.

서 군은 국가 내부에서 힘의 원천이 될 수밖에 없는 도덕적 보고(寶庫)입니다."[32]

32) 미 공군사관학교 생도들을 대상으로 1970년에 행한 다음 연설문 참조. General Sir John Winthrop Hackett, "The Military in the Service of the State." *Foundations of Military*(New York : Forbes Custom Publication, 1998), p. 97.

색인

ㄱ

ㅈ

ㅊ

ㅋ

ㅌ

ㅍ

ㅎ

한국군 국방개혁의 변화와 지속
– 818계획, 국방개혁 2020, 국방개혁 307을 중심으로 –

발행일 2013년 10월 31일
지은이 권영근
펴낸이 이정수
책임 편집 최민서·신지항
펴낸곳 연경문화사
등록 1-995호
주소 서울시 강서구 양천로 551-24 한화비즈메트로 2차 807호
대표전화 02-332-3923
팩시밀리 02-332-3928
이메일 ykmedia@naver.com
값 25,000원
ISBN 978-89-8298-152-4 (93340)

이 도서의 국립중앙도서관 출판시도서목록(CIP)은 서지정보유통지원시스템 홈페이지(http://seoji.nl.go.kr)와 국가자료공동목록시스템(http://www.nl.go.kr/kolisnet)에서 이용하실 수 있습니다.(CIP제어번호: CIP2013022210)